U0620120

国家科学技术学术著作出版基金资助出版

科研机构管理
组织视角下的政府与科学

温 珂 霍 竹 等／著

Management of
Public Research Institutions

Organizational Perspective
on the Relationship Between Government and Science

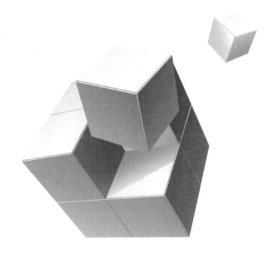

科学出版社
北 京

内 容 简 介

本书以国家科研机构为对象，从政府与科学的契约关系出发，围绕组织形式、资助模式、人才管理、绩效评价、成果转化、科技合作等方面，系统归纳了当前世界主要科技强国国家科研机构的运行管理特征，对于新形势下我国优化国家科研机构布局、形成国家实验室体系具有重要的决策参考价值。本书全面回顾了国家科研机构的缘起和演进过程，并结合科技发展态势和全球竞争格局重构需求，研判国家科研机构的未来图景，提出从科层管理转向柔性治理的发展趋势。

本书既注重实践归纳，也细致剖析典型案例，具有较强的可读性，可供各级决策管理部门领导干部、科研机构管理人员、相关领域专家学者和社会公众参考阅读。

图书在版编目（CIP）数据

科研机构管理：组织视角下的政府与科学 / 温珂，霍竹著. —北京：科学出版社，2023.11

ISBN 978-7-03-076344-0

Ⅰ. ①科… Ⅱ. ①温… ②霍… Ⅲ. ①科学研究组织机构-管理模式-研究 Ⅳ. ①G311

中国国家版本馆 CIP 数据核字（2023）第 179430 号

责任编辑：牛 玲 刘巧巧/责任校对：贾伟娟
责任印制：赵 博/封面设计：有道文化

科学出版社 出版
北京东黄城根北街 16 号
邮政编码：100717
http://www.sciencep.com
北京市金木堂数码科技有限公司印刷
科学出版社发行 各地新华书店经销
*
2023 年 11 月第 一 版 开本：787×1092 1/16
2024 年 10 月第二次印刷 印张：33 1/2
字数：480 000
定价：198.00 元
（如有印装质量问题，我社负责调换）

序　一

　　国家科研机构作为最高层次的科研组织，是围绕国家需求和国家目标而建立的科研机构，是国家战略科技力量的重要组成部分。纵观世界科学技术发展史，国家科研机构受到高度重视，得到了长足发展，在国家科技、经济和社会发展及国家竞争中发挥了重要作用。

　　中华人民共和国自成立伊始，在国防、航空、重要工业、农业和社会领域建立起包括一批国家科研机构在内的科研体系，对促进新中国的科技发展起到了不可替代的作用。20世纪70年代末，中国科技事业和科研工作者们迎来了"科学的春天"，科技体制改革的步伐进一步加快。80年代，国家对科研机构实行"稳住一头，放开一片"的政策，推动了科技与经济的结合，为经济发展注入了强劲的动力。90年代，随着技术开发类科研机构进行企业化转制，我国科研机构组织体系发生了重大调整。党的十八大以来，国家进一步突出科研机构的职责与使命，扩大科研相关自主权，引导和鼓励科研机构在科研组织模式、资源配置方式、科技评价等方面进行治理结构和体制机制创新。这些措施极大地激发了科研机构的创新活力。作为科技管理战线的老兵，我亲身参与和见证了科研机构的发展与改革历程。

　　时至今日，国际上风起云涌、大国博弈，各国加快部署新科技战略。我国深入实施科教兴国战略、人才强国战略和创新驱动发展战略，国家科研机构在开辟发展新领域和新赛道、塑造发展新动能和新优势上将继续发挥举足轻重的作用，与国家实验室、高水平研究型大学、科技领军企业共同成为创新主体，和创新资源、创新生态共同构成国家科技创新体系。

　　国家科研机构形式多样、各有特点，与其所在国家的历史沿革、发展阶段、社会人文等因素密切相关。近年来，国家科研机构作为创新生态系统的治理载体，融合科学、技术、创新等多维度的混合组织特征日益显著，不断完善其治理结构和运行机制。而研究这一组织形态，尤其是从组织模式与社会治理的视角进行深刻阐释的专著屈指可数。《科研机构管理——组织视角下的政府与科学》一书从系统观出发，以政府与科学的契约关系为主线，聚焦组织形式、资助模式、人才管理、绩效评价、成果转化以及科技合作等主题，结合主要科技发达国家的创新体系特征和国家科研机构在国家创新体系中角色定位，对代表性国家科研机构的治理结构和运行管理典型案例进行了系统介绍和比较分析，对提升我国科研机构运行管理的水平和效率有很好的借鉴作用。该书编写团队长期从事科研机构理论研究与管理实践工作，经过一年多的打磨，该书实现了理论与实践的有机结合，立体展示了纵横两维的科研机构发展历程，具有较强的可读性，可以作为国家科研机构发展历程的参考与见证。

　　希望我们的国家科研机构能够不忘初心、牢记使命，紧密围绕"四个面向"，充分发挥其建制化、体系化和综合性优势，有效解决影响和制约国家发展全局和长远利益的重大科技问题，加快建设原始创新策源地，加快突破关键核心技术，支撑科技强国建设，实现高水平科技自立自强。

2023 年 10 月

序　二

国家科研机构是一国建制化开展基础科学研究和战略前沿技术研究的跨学科的综合性集成平台，服务国家战略需求是国家科研机构的使命定位。第二次世界大战后，以大科学为特征的国家科研机构在世界各国快速发展。当前，新一轮科技革命和产业变革突飞猛进，在人工智能、生命科学、新能源等前沿技术领域，越来越多小而精且更具开放性的科研机构在大学里诞生，与大学融合发展。在完成科研任务的同时，这些科研机构在培养年轻科学家和工程师方面的优势更加突出，正在为各国创新发展开辟新动能和新赛道。

面对新科技革命和世界竞争格局深度调整形成的历史性交汇，党的二十大报告提出，"优化国家科研机构、高水平研究型大学、科技领军企业定位和布局，形成国家实验室体系"[①]。部署国家实验室和全国重点实验室是我党适应变革重构国家科研组织体系的重要举措。中国共产党一直高度重视科学技术工作。早在 1939 年 5 月就在延安成立了自然科学研究院，为促进陕甘宁边区经济建设发挥了积极作用；1949 年 11 月，即新中国成立后的一个月就成立了中国科学院，足见中国共产党对支持建制化科研队伍建设的重视。实践证明，我国科学技术和创新能力能够从整体上快速缩小与世界先进水平的差距，正是得益于通过中央级科研事业单位将一大批精英科技人才汇聚起来以国家需求为导向有组织地开展科研。

---

① 习近平. 高举中国特色社会主义伟大旗帜 为全面建设社会主义现代化国家而团结奋斗——在中国共产党第二十次全国代表大会上的报告. https://www.gov.cn/xinwen/2022-10/25/content_5721685.htm[2022-10-25].

　　然而，一直以来关于国家科研机构如何履行其使命定位的理论认识却远远落后于实践，不能满足制定政策所需。当然，这一问题不只是被中国学术界所忽视，各国学者关于公立科研机构的理论和实证研究也都非常匮乏。学者们把对知识生产的关注焦点放在了大学。尽管科研机构同大学一样在国家创新体系中都是知识生产组织，但无论从组织方式还是从组织结构来看，科研机构都具有自身独特的管理特性。首先，科研机构的生产活动方式经常是有组织规划而不是自由探索的；其次，科研机构面向应用情境兼具科层制和联合治理的结构特征，使其能够快速有效地汇聚人、财、物，完成其使命定位。

　　《科研机构管理——组织视角下的政府与科学》从经费、人才、绩效、合作和成果转化等多个方面，讨论了政府与国家科研机构的关系。书中既有对政府与科研机构之间关系和互动机制的专题分析，也有对各国代表性科研机构的实践剖析，是一本非常不错的便于快速、全面了解国家科研机构管理的书籍。当两位作者邀请我为该书写一篇序言时，我欣然应允了。这首先是因为我与他们两位长期合作，十分熟悉。本书作者之一温珂，长期面向科研机构管理实际问题开展相关研究，尤其聚焦科研机构能力建设，为中国科学院、科学技术部等国家科研机构主管部门进行科技体制改革提供了支撑；先后承担了国家自然科学基金的青年项目和面上项目，具有扎实的理论和实践积累。另一位作者霍竹，在科学技术部多年从事科技政策和评估工作，拥有丰富的实践经验和勤于思考的能力。此外，我愿意为该书作序的更重要的原因是当前我国正在加强国家战略科技力量建设，各地政府掀起争建国家实验室和新型研发机构的热潮，然而关于科研机构怎么建、怎么管，其实是缺乏规律性认知和决策依据的。放眼全球，全面了解主要科技强国是如何从其国情出发建立和发展出各自的国家科研机构体系，将有助于增进对我国政府与科研机构关系实践的理性思考，进而指导我们的实践，期待该书能有此功用。

　　近年来，国内讨论国家战略科技力量和新型研发机构的相关文献和著作逐渐增多。与它们相比，该书有三个方面的工作值得关注和重视。

（1）该书从科研活动的专业性和不确定性出发，从理论上阐释了政府与科研机构之间形成管办分离和契约关系的原因。政府是科研机构的设立者，是科研机构最重要的经费来源，但不能是科研机构的直接管理者。契约成为政府和科研机构二者关系的协调途径。契约将国家科研机构的使命定位具象化，为政府评价和监管科研活动提供了依据，也让科研机构获得了契约框架内的自治。

（2）该书全面系统地回顾了国家科研机构的诞生与发展历史，有助于读者更深刻地理解国家科研机构与生俱来的使命导向。从服务于与宗教的斗争，到服务于国家军事安全、经济安全和社会公益，政府支持科研机构的动机隐含了科学技术的功利主义，而科研机构的研究内容和组织方式的演进则直接体现了国家需求的变化。今天，从总体国家安全观来理解国家科研机构的使命、定位和布局是恰当和必要的。

（3）该书尝试勾勒国家科研机构未来发展的图景，透过各国应对新科技革命带来挑战的积极探索，让我们看到国家科研机构的组织形态和发展模式正在被重塑。从政府主导设立到社会力量和市场资源更多参与到科研机构的建设和运行，国家科研机构的边界柔性、功能混合和空间分散等特征愈发突出，虽然它与大学的区别仍将存在，但不容忽视的是，科研机构与大学深度融合的发展趋势也在加剧。

今天，国家科研机构的组织形式正在发生深刻变革。相信伴随我国国家科研机构的布局优化和国家实验室体系的逐渐形成，国内关于科研机构的理论和实证研究将会越来越多，也期待在不久的将来，科研机构研究能够成为组织研究领域的显学。

2023 年 10 月

前　言

　　国家科研机构是为服务于国家目标而设立的建制化开展研究与开发活动的正式组织，是一国科技竞争力的关键支撑。高水平科技自立自强筑基于国家战略科技力量，而国家科研机构是国家战略科技力量的中流砥柱。科研机构是与大学、企业、政府相提并论的一类组织形态。之前的相关研究，对科研机构的名称采用了多种表达方式，如"公立科研机构"——是为了突出其主要源于公共财政支持的特征，也有使用"国立科研机构"——因实践中各国科研机构主要是由中央或联邦政府设立。不少学者用国家实验室替代国家科研机构，事实上前者仅是国家科研机构的一种类型。国家科研机构与国立科研机构也略有不同，国家科研机构除了包括国立科研机构以外，还包括了那些初始并不是由中央政府或联邦政府设立、但在服务国家安全和发展目标的过程中逐渐成为主要由中央政府或联邦政府资助的科研机构。

　　从历史上看，国家科研机构既从事响应国家战略的"顶天"活动，承担政府部署的国防安全、太空探索、卫生保健等科研任务，也致力于服务市场的"立地"项目，提供科技基础设施、开展人才培养和促进成果转化等。今天，以智能、绿色和健康为特征的新一轮科技革命孕育兴起，日益推动知识生产从以学科为基础的模式转向应用导向下的模式。在这一背景下，国家科研机构不再仅仅是科研活动者，更成为汇聚创新要素引领创新生态系统建设的科研组织者，在国家创新系统中的作用愈发凸显。新中国成立以来，以中国科学院为代表的国家科研机构一直是科技体制改革和国家创新体系建设的骨干引领力量。然而，国家科研机构在理论和实证研究中却被长期忽视了。为数不多的关注国家科研机构的著作，也多为介绍性描述，鲜有对其组织特征及运行规律的探讨。新形势下，国家科研机构融合科学、技术、创新等多重制度逻辑的混合组织特征日益显著，同时作为创新生态系统的治理载体，其不断完善治理结构和运行机制，为系统性地针对这类组织开展深入研究提供了现实基础，而不断推进治理实践的进程中，国家科研机构所面临的严峻挑战，国家任务的时限性与团队建设的长期性之间的协调张力，更对打开科研机构管理的"黑盒子"提出了迫切需求。

撰写本书的目的即是尝试响应需求，将多年来关于国家科研机构的理论探索和实践认知全面系统地予以呈现。温珂和霍竹在长期合作中逐渐形成了撰写本书的共识和内容框架。本书分为专题篇和国别篇两个部分。专题篇包括第一章至第十章，首先从系统观出发提出了科研机构理论研究的分析框架，然后依据该框架，以政府与科学的契约关系为主线，聚焦组织形式、资助模式、人才管理、绩效评价、成果转化以及科技合作等不同主题，透过对各国的比较分析，形成对科研机构运行管理的规律性认知。国别篇包括第十一章至第十八章，重点对美国、德国、日本、法国、英国、韩国、俄罗斯以及中国等8个主要科技强国进行案例分析，既包括对各国创新体系特征和国家科研机构在国家创新体系中角色定位的介绍，也详细介绍了各国科研机构的治理结构和运行管理情况。

本书是大家共同努力的成果和集体智慧的结晶。研究团队来自中国科学院科技战略咨询研究院、科技部科技评估中心和中国科学技术发展战略研究院，共有二十余位作者参与了书稿撰写。专题篇由温珂牵头完成，国别篇由霍竹牵头完成。各章的撰稿人如下：第一章，温珂、游玎怡、张宁宁；第二章，温珂；第三章，游玎怡、温珂；第四章，李振国、温珂；第五章，游玎怡、温珂；第六章，李天宇、游玎怡；第七章，霍竹、刘霞；第八章，张宁宁、温珂、游玎怡；第九章，崔婷、温珂、李振国；第十章，温珂、吕佳龄、张亚峰；第十一章，张玉娇、崔婷；第十二章，刘华仑、侯姗姗、李天宇；第十三章，侯林珊、康琪；第十四章，孙雁、黄雨婷、林佳梦；第十五章，李佳莹、刘小丹、王茜；第十六章，郭昉、康琪、包瑞；第十七章，杨芳娟、崔婷、傅嘉烨；第十八章，范云涛、霍竹、魏鹏、崔婷。全书由温珂和霍竹统稿审定。参考文献由崔婷整理。协调二十余人的研究团队是一项系统性工程，参与单位都是国家高端智库建设单位，难免会因紧急科研任务影响撰写节奏；而且当前处于变革时期，各国不断推进国家科研机构改革的实践探索，也增加了及时跟踪和不断更新资料的工作量，撰写难度部分地超出了预期。感谢团队中每个人的坚持和努力，最终让本书付梓。在撰写过程中，团队成员还有力地支撑了2021年《中华人民共和国科学技术进步法》第五章的修订工作，以及面向2035年新一轮国家中长期科学和技术发展规划相关主题的研究工作。

　　本书得到了国家自然科学基金面上项目（71974185）、科技部科技创新战略研究重大项目（ZLY202015）、中国科学院战略研究与决策支持系统建设专项系列项目（GHJ-ZLZX-2017-35、GHJ-ZLZX-2019-32-4、GHJ-ZLZX-2020-32-4、GHJ-ZLZX-2022-22-2）的支持，得到了国家科学技术学术著作出版基金的资助。书稿在相关内容的形成过程中，得到了中国科学院发展规划局和科技部政策法规与创新体系建设司等部门相关同志的支持。本书能够顺利出版，得到了科学出版社的大力支持和帮助。在此一并表示感谢。

　　虽然研究团队查阅了大量相关资料并经常一起讨论交流，但囿于水平所限，书中难免存在不足，恳请广大读者和专家学者批评指正。

温珂　霍竹

2023年8月

目　　录

第一篇　专 题 篇

第二篇　国　别　篇

第一篇 专题篇

第一章

绪　　论

————————

从 1666 年法兰西科学院成立至今，政府资助科研机构的历史已经长达 300 多年，在这个过程中，科研机构的使命定位和组织形式经历了多次变革。然而，一直以来，对科研机构的关注和研究都远远不够。以科研机构为对象的实证研究和理论研究是如此之少，以至于各个国家的科研机构都蒙上了神秘的面纱。当前，主要科技强国都在积极部署新的科研机构，寻求发展的新动能和新优势，科研机构在国家创新系统中的作用日益凸显。因此，了解和把握科研机构管理和运行规律的需求日益迫切。从科研机构的活动实践来看，科研机构既是从事知识生产的组织，也是促进知识应用的创新主体，同时还是国家安全的守卫者，并且逐渐成为推动国家发展的重要力量。科研机构长期探索累积的丰富管理实践，为开展相关理论研究提供了现实基础；同时，创新系统观和组织管理学的发展，也为科研机构管理实践研究提供了理论支撑。

第一节　科研机构的内涵与分类

科研机构，全称为"科学技术研究开发机构"，是指建制化从事研究与开发（R&D）活动的专业组织。作为一类正式的组织形态，科研机构自诞生之日起就具有依靠公共财政支持的特征，其英文常用表达是 public research institutes，中文翻译为公立科研机构。从国内各级政府发布的政策文件来看，我国政策语境中的"科研机构"与"公立科研机构"同义。不过,在我国科学技术相关法律规定中,公立科研机构特指利用财政性资金设立的科学技术研究开发机构。在本书中,科研机构主要是指国家科研机构。

一、科研机构的内涵

科研机构是有计划、有目标、有组织地开展研发活动的行为主体,是一种正式的组织形态,其目标主要是发现和创造新知识。

(一)科研机构是知识生产的科层制组织

自人类社会出现伊始,组织就产生了。组织是团队进行分工与协调的单元,具有目标明确和决策规则、边界动态可变并呈阶段性等特征。一般认为,组织具有"过程"和"实体"两层含义,前者体现了对某种活动或关系的协调,后者则主要指社会各个组成部分的表现形式。组织既是推动经济社会发展的主体,也是经济社会发展的结果,其内在规律伴随着经济和社会的发展而不断变化,发挥主导作用的组织处于动态变化中。

从历史上看,人类社会至今大致经历了从农业社会向工业社会再向知识社会的演变,主要组织形态因时代而变化。在农业社会,土地是最基本的生存资料,生产目的主要是自给自足,以传统的小农经济为主,社会发展水平低,生产规模小且封闭。在此背景下,耕织结合的家庭是主要生产单位,通过从自然界直接获取资源或进行简单的手工加工来维系生存。进入工业社会,工厂和大型企业应运而生,成为主要组织形态。以蒸汽机的发明和广泛使用为标志的第一次技术革命突破了自然动力的局限,实现了大生产和机械化,工厂成为主要的组织形式。以电力和内燃机为标志的第二次技术革命,推动人类从蒸汽时代步入电气时代,催生了电力、电气制造、汽车、飞机、石油化工等一大批技术密集型产业,大型企业组织也日益普遍。

今天,在知识经济时代背景下,人类活动迈入一个新的知识密集期,科学研究活动成为驱动经济社会发展的关键动力,知识生产组织成为创新和发展的策源地。科研机构即是最具代表性的专业从事知识生产活动的正式组织,是具有同一目标和一定结构的知识生产行为系统。

从组织目标来看，科研机构相较于大学具有更加明确的知识产出目标。与大学不同，这一目标通常不是自发形成，而是由规划设定的。因为科研机构通常具有明确的科研任务，解决国家面临的重大科学技术问题是其基本的使命定位。

从组织结构来看，科研机构遵循了科层制，因资源配置和任务完成的需要而具有层级式管理特征。韦伯将科层制组织视为理性组织，认为科层制通过严格的规章制度、专业受训的人形成了更强的资源获取和动员能力，比其他形式的组织更有效率。为了实现组织一致性，科研机构通常会制定章程，并在内部管理中设置多个层级。

明确的使命定位和科层制结构，使得科研机构能够有效组织人力、物力和财力，围绕国家需求开展协同攻关，保障了公共财政投入效率。

（二）科研机构是科学共同体的治理单元

科学建制的核心是科学共同体，它是由科学家组成的专业团体，拥有共同追求的目标，为加强交流、促进科学进步而结合在一起。"科学共同体"的概念发源于 20 世纪中叶，与现代科学及其分支学科的诞生紧密相关。早期的科学共同体主要是一些松散的组织，如英国皇家学会（The Royal Society），并不具有实体组织形式，主要在吸引和集聚科学家、促进交流合作、推动科学普及、影响科技政策制定等方面发挥作用。随着科学研究的职业化、规模化发展，科学共同体也出现了更加紧密的实体组织形式——科研机构。科研机构与科研人员之间存在直接的人事关系，并且往往设立了专门的科技管理部门。这样科研机构能够更加有力地组织科研人员分工合作、进行特定项目科学研究、共同推动科学进步。

在内部治理方面，科研机构能够发挥科学共同体在促进科学交流、维护竞争与合作、培养人才、监管学术诚信与发表成果等方面的作用，保持科学共同体的活力与凝聚力。特别是维护竞争与合作，科研机构往往是利用了科学共同体的运行机制，既能集聚优势资源，又能建立有效的协调机制，既保护科学家的学术自由，发挥其主动性和积极性，又避免无序竞争和过度内耗，形成了完成较大规模研究任务的组织能力。在与政府的关系治理方面，科研机构既是科技政策的作用对象，又能代表学术共同体发出声音和争取资源。政府是科学研究的主要资助者，希望实现一定的研究目标，提高研究的产出率。但由于缺少信息和专业知识，政府很难独立决定资助重点、直接监管科研活动。科研机构代表学术共同体与政府协调沟通，呼吁政府关注自身的研究内容，争取更加充分的人力、物力和财力资源；与政府签订契约，按照契约要求组织科研活动，通过自治机制提高经费的使用效率。

显而易见，与学会等松散的科学共同体形式相比，以实体组织形式存在的科研机构具有更加完备的内部治理和关系治理功能，成为科学共同体的有效治理单元。

二、科研机构的分类

可以从多个维度对科研机构进行分类。

从功能定位来看，有致力于提供科学咨询的荣誉性科研机构，如美国国家科学院，更多的则是开展研发活动的实体性科研机构，如法国国家科学研究中心（CNRS）、美国联邦资助的研究发展中心（FFDRC）、中国科学院等，这些机构也是本书的研究对象。

从是否具有独立法律地位来看，科研机构可以分为法人主体和非法人主体。同为法人单位的科研机构，其注册类型在各国法律体系中也有所不同。在德国，马克斯·普朗克科学促进学会（简称马普学会，MPG）、亥姆霍兹国家研究中心联合会（简称亥姆霍兹联合会，HGF）等科研机构注册为社会团体；在日本，2015 年为 31 个主要从事科学技术研究开发业务的科研机构单独创设了国立研究开发法人这一类法律主体制度[①]。非法人单位的科研机构，一般是法人单位下设的研究实体，如德国马普学会注册为法人，其下属几十家研究所则为非法人研究实体，法国国家科学研究中心也主要是由许多非法人研究单元构成。此外，也有法人单位下设法人单位的科研机构体系，代表机构是德国亥姆霍兹联合会和中国科学院。亥姆霍兹联合会于 2001 年注册为科技社团法人，其下属 18 个研究中心[②]或注册为公法基金会或注册为有限责任公司，均为独立法

---

① 肖尤丹, 刘海波, 肖冰. 国立科研机构立法在中国为何难解？——专门立法必要性再研究[J]. 科学学与科学技术管理, 2018, 39(4): 35-46.

② 参见亥姆霍兹联合会北京代表处网站相关信息（https://www.helmholtz.de/en/international/beijing-office/）。

人。中国科学院则与其下属 100 多家研究所形成了院-所两级法人的治理结构。

从活动类型来看，有侧重自由探索和公益性基础研究的科研机构，如德国马普学会和莱布尼茨学会，这些机构的规模往往不大；也有侧重应用开发的科研机构，如德国弗劳恩霍夫协会（又译作弗朗霍夫协会，FhG），与产业界保持着紧密合作；更多科研机构则是组织开展包括战略性基础研究和应用研究的综合性研发活动，其中有些承担着运维大科学装置并前瞻部署战略研究重任的科研机构，在国家科技布局中更是具有举足轻重的地位。

第二节　科研机构的职能与角色

一、科研机构是当代最活跃的研发组织

科研机构作为一类研发活动组织，经常被描述为帮助技术创新跨越"死亡之谷"或者填补基础研究与试验开发之间空白的主体[①]。从历史上看，科研机构存在多种功能使命：既从事与政府任务相关，立足国家战略的"顶天"基础研究；也从事以市场为导向，服务市场需求的"立地"项目研究和技术转移；还从事科学基础设施提供、教育和培训、技术转让等活动，从多个方面为企业提供技术援助和解决实际问题[②]。

在新一轮科技革命如火如荼、经济社会加速转型发展的背景下，科研机构的重要性愈发凸显。当前，科技创新呈现出多点突破、系统性发展和交叉汇聚的态势，不断催生和孕育新学科、新领域，知识生产过程呈现越来越突出的交互性特征，科研机构在组织功能上具有灵活地适应创新融合的先天优势[③]，使其在促进跨学科、跨领域的科研供给方面发挥越来越重要的作用。一方面，科

① Chen K, Kenney M. Universities/research institutes and regional innovation systems: the cases of Beijing and Shenzhen[J]. World Development, 2007, 35(6): 1056-1074.
② OECD. Public research institutions: mapping sector trends[EB/OL]. http://dx.doi.org/10.1787/9789264119505-en[2011-09-02].
③ 温珂，刘意，潘韬，等. 公立科研机构在国家创新系统中的角色研究[J/OL]. 科学学研究, 2023, 41(2): 348-355.

研机构具有更突出的任务导向特征，往往是面向实际问题开展研发活动，在解决实际需求的过程中，更容易促进知识融合并催生领域交叉新知识的出现；另一方面，科研机构的研发活动呈现多样性，不仅帮助企业在现有能力上更进一步，降低创新风险[1]，而且可以执行连接用户需求和供应方（资源拥有者）的特定活动[2]，解释企业的技术需求，并将整个需求传递给大学[3]。

从各国实践看，科研机构改革长期以来是科技体制改革的重点和国家科技政策的前沿。在中国，以中国科学院为代表的国家科研机构是科技体制改革的"排头兵"，不断根据国家经济社会发展的需要，从功能定位、管理体制和运行方式等方面进行适应性调整。欧美等科技强国，也不断优化科研机构的管理体制机制，理顺政府科学关系，突破结构性限制，创新资源配置模式，强化国家目标导向下的知识生产和创新。当前最具代表性的改革探索是美国、德国、法国等国家正在新兴领域加快部署分布式、网络型科研机构，这些新型科研机构更具空间分散、边界柔性、功能混合和要素汇聚等特征，保证了科学研究和技术创新的灵活性和自主性，更加顺应了科技、经济和社会发展的内在要求。

二、科研机构是决定一国科技竞争力的关键载体

当前，科技作为影响国家战略资源要素供给的关键要素，为各国的综合国力赋能，深层次重塑世界竞争格局。科技竞争力是一个国家的竞争实力和竞争潜力的综合体现，代表一个国家在国际竞争环境下，有效动员、使用科技资源并且转化为科技产出的能力[4]。科研机构在研发投入、知识创造及知识溢出等方面，对一国科技竞争力发挥着重要影响。

研发投入方面，科研机构是政府科技资源的主要承载者[5]，是政府科技经

---

[1] Intarakumnerd P, Goto A. Role of public research institutes in national innovation systems in industrialized countries: the cases of Fraunhofer, NIST, CSIRO, AIST, and ITRI[J]. Research Policy, 2018, 47(7): 1309-1320.

[2] Dodgson M, Bessant J R. Effective Innovation Policy: A New Approach[M]. London: Routledge, 1997.

[3] Nerdrum L, Gulbrandsen M. The technical-industrial research institutes in the Norwegian innovation system[J]. Working Papers on Innovation Studies, 2007, (31): 327-349.

[4] 穆荣平, 陈凯华. 2019 国家科技竞争力报告[M]. 北京: 科学出版社, 2021.

[5] 张义芳. 政府科研机构的组织特性、功能作用与体制变革[J]. 中国科技论坛, 2011, (8): 5-10.

费的主要执行主体。与大学和企业相比，各国国家科研机构具有人员规模大、政府研发经费投入多等特点。从政府研发经费投入看，各国 30%—40%的政府研发经费投向了国家科研机构。例如，美国国家科研机构研发经费占政府研发总投入的 40%左右，德国国家科研机构研发经费占政府研发总投入的 45%左右[①]。从科研机构的经费来源看，各国科研机构经费来源中政府投入的占比大都在 80%以上。德国弗劳恩霍夫协会的比例相对较低，但也超过了 60%。并且，政府研发投入以相对稳定的预算拨款为主，占比在 50%以上[②]。稳定的经费支持有助于形成科研机构对研发活动的稳定预期，保证大规模、高风险科研工作的连续性和稳定性。

当然，不同国家科研机构的研究重点有所不同，形成各自侧重的功能定位。有的主要服务国家科技战略需求和开展前瞻性基础研究，有的服务新兴、交叉等技术前沿问题，还有的面向市场需求，促进科技与经济的有效融合。

知识创造方面，科研机构位于国家创新体系的"知识生产"环节，是知识创新的主体，部分地决定了一国知识供给的能力和质量。许多国家科研机构肩负一国发展科学技术的使命，不断探索和创新，产生了一大批原创性科学成果，实现了创新能力质的飞跃[③]。在 2021 年自然指数（Nature Index）排行榜中，排名前 5 位的机构中有 3 家是科研机构，分别是中国科学院、德国马普学会和法国国家科学研究中心。其中，中国科学院已连续 9 年位列全球榜首，展示了科研机构强大的知识生产能力。科研机构在自然科学领域的高质量科研产出上的强劲表现，为实现科学技术的跨越式发展提供了强大的支撑。

知识溢出方面，科研机构作为国家创新体系的重要组成部分，在集聚创新资源、催生产业集群和推动创新发展方面发挥着骨干引领作用。今天，从各国政府的战略重点和政策实践来看，科研机构对创新的贡献正获得越来越多的关注。无论是美国的北卡罗来纳州研究三角园区、英国的哈维尔科学创新中心、法国的格勒诺布尔科技园区，还是日本的筑波科技城，政府部署科研任务支持科研机构发展的同时，均有意识地引导当地创新创业生态系统的形成与发展，

① 白春礼. 国家科研机构是国家的战略科技力量[N]. 光明日报, 2012-12-09(1).
② 代涛, 阿儒涵, 李晓轩. 国立科研机构预算拨款配置机制研究[J]. 科学学研究, 2015, 33(9): 1365-1371, 1404.
③ 樊春良. 新中国 70 年来中国科学院的创新、改革与发展之路[J].中国科学院院刊, 2019, 34(9): 992-1002.

并取得了显著成效。中国在《中华人民共和国国民经济和社会发展第十三个五年规划纲要》中，首次明确提出在重大创新领域组建一批国家实验室，汇聚全球一流人才，打造创新高地。自 2014 年以来，我国政府陆续出台了在上海、北京、合肥和粤港澳大湾区建设综合性国家科学中心，以及建设北京、上海、粤港澳大湾区、成渝和武汉科技创新中心的战略规划，核心载体是共享重大科学基础设施的科研机构（定位为建成国家实验室），进一步折射出科研机构在汇聚创新资源、引领创新创业生态建设和经济高质量发展的功能优势。

第三节　科研机构的研究现状

一、与大学的差异日益受到关注

科研机构与大学虽然都是知识生产主体，但二者在功能和结构上的差异性，导致各自在知识生产中发挥的作用有所不同。在创新环节上，大学致力于自由探索，以发现新知识为主要目标，较少考虑对创新的直接影响[1]。科研机构则更侧重从事面向应用的知识创造活动，能够承担大学无力进行的或需要大型科研设施的、新领域的以及跨领域的交叉融合性科研活动。这些活动一般会围绕国家战略需求，具有较强的任务导向性，在创新链条上覆盖的环节也更多。

在组织形式上，大学一般实行的是"校-院-系"三级组织的科层制体系，这种稳定的组织体系，能够承接外界（政府与社会）所期望的培养人才的功能。科研机构的层级化组织形式则较为灵活，通常与行业、部门或技术专业化相关联[2]，能够根据任务和技术需求，建立联盟、法人组织或者虚拟化的网络等多种形式的组织，从而更好地适应技术发展的需求。Giannopoulou 等[3]在前人研

---

[1] Giannopoulou E, Barlatier P J, Pénin J. Same but different? Research and technology organizations, universities and the innovation activities of firms[J]. Research Policy, 2019, 48(1): 223-233.

[2] Readman J, Bessant J, Neely A, et al. Positioning UK research and technology organizations as outward-facing technology-bases[J]. R&D Management, 2015, 1: 1-12.

[3] Giannopoulou E, Barlatier P J, Pénin J. Same but different? Research and technology organizations, universities and the innovation activities of firms[J]. Research Policy, 2019, 48(1): 223-233.

究工作的基础上，针对科研机构和大学二者在目标、服务内容、知识类型、资金来源、组织模式、战略和利益、地理邻近性和认知邻近性等方面存在的差异进行了系统梳理（表 1-1）。科研机构在功能多样性和组织灵活性方面具有较大的优势，表现出对科技和产业关系的强大适应能力。

表 1-1　科研机构与大学作为产业合作伙伴的差异

类别	科研机构	大学
目标	提高企业竞争力	创造新知识和教育
服务内容	咨询、技术服务、诊断	培训、提供设备、研发项目
知识类型	技术和管理	基础知识
资金来源	公私混合资助或产业资助	公共资助或公私混合资助
组织模式	团队形式	官僚形式
战略和利益	短期导向	长期导向
地理邻近性	重视与本地的合作及合作频率	较少考虑本地产业需求
认知邻近性	与产业之间容易沟通与理解	对产业缺乏理解

资料来源：Giannopoulou E, Barlatier P J, Pénin J. Same but different? Research and technology organizations, universities and the innovation activities of firms[J]. Research Policy, 2019, 48(1): 223-233.

二、关注科研机构的研究议题

当下，科研机构被赋予更多的功能和使命，学术界对科研机构的关注逐渐增多。结合组织研究方向，如组织新制度主义、组织关系治理、组织科学管理理论、组织行为理论等，理解科研机构体制管理差异、与政府的关系治理特征，加强科研机构的内部管理及其组织行为研究等，成为目前关注的热点议题。

1. 科研机构与制度环境

组织是处于社会环境和历史影响之下的有机体，其演变过程是适应环境、与环境相互作用的过程。科研机构的管理与实践都是在一定的环境下进行的，其管理运行与环境密切相关。美国在分权思想下，由能源部（DOE）、国防部等不同政府部门管理科研活动的行政体制，决定了其国家科研机构的分散布局。德国经过第二次世界大战（简称二战）、冷战、两德统一及加入欧洲联盟新时期的演变，在联邦政府层面逐渐形成了由德国联邦教育与研究部（BMBF）、联邦经济事务和气候行动部（BMWK）①主要负责的科研管理体系，与地方政府协商建立了共同资助亥姆霍兹联合会、马普学会、弗劳恩霍夫协会和莱布尼茨学会等国家科研机构的体制。法国是单一制国家，财政收入高度集中于中央政府，国家科研机构的经费主要来源于国家科研署。在历史上，法国率先成立了第一家建制化国家科研机构——法兰西科学院，今天，法国国家科学研究中心则是法国和欧洲最大的国家科研机构。实践表明，国家科研机构的创新行为具有历史继承性，与所处的制度环境密切相关②。

2. 科研机构与政府的关系

政府财政投入是科研机构最重要的经费来源，旨在支持科研机构组织和开展服务于国家发展需求、促进经济社会进步的科研活动。然而，由于科研活动的专业性、不确定性和复杂性，政府很难对科研机构进行直接管理，不恰当的管理和干预不但可能降低科研机构的运行效率，甚至可能违背科研活动的基本准则。因此，在实践中，政府都在努力推行既保证科研机构的自主性和活力，又保障科研活动为国家战略需求服务的治理模式，探索适合政府与科研机构的良好互动关系③。当前科研机构的组织类型日益多元，如何处理政府与科研机构之间的关系，优化政府干预方式，愈发引起人们的重视。已有学者着手分析政府资助的定位和边界，探索差异化的资助类型和体量。同时，政府对科研机构负有监督和控制责任，如何设计科研机构的绩效管理内容和机制，引导科研机构既服务于国家战略使命又保障其高效运行④，也成为科技政策研究的热点。

---

① 在 1998 年以前称为联邦经济部，1998 年与 2002 年称为"联邦经济与科技部"，2002 年该部与德国其他部委合并，组建联邦经济与劳工部。2005 年，德国政府重新组建联邦经济和科技部。2013 年，联邦经济和科技部撤销，调整组建"经济和能源部"，2021 年再改组为联邦经济事务和气候行动部。

② Intarakumnerd P, Goto A. Role of public research institutes in national innovation systems in industrialized countries: the cases of Fraunhofer, NIST, CSIRO, AIST, and ITRI[J]. Research Policy, 2018, 47(7): 1309-1320.

③ 张义芳. 公立科研机构组织形态演变与政府治理模式选择[J]. 科学学与科学技术管理, 2009, 30(7): 49-53.

④ 代涛, 阿儒涵. 政府对大学和国立科研机构科研资助的第三条道路[J]. 科学学与科学技术管理, 2016, 37(2): 53-61.

3. 科研机构内部管理

科研机构是配置科技资源、组织科研活动的实体组织。作为独立正式的研发组织，其内部的管理体系是影响科研活动的关键因素。科学管理理论提出，组织的管理体系、组织形式等是提高组织效率的关键。科研机构在建立之初就具有强烈的使命感，以追求管理的制度化和体制化为特征的科层制组织形式是科研机构管理的共同特征①。然而，随着新兴科技对研发重点领域的调整，科研活动呈现出更强的探索性和不确定性特征，这使其显著区别于其他许多可以规范化、量化考察的活动。科研活动的管理已经不再局限于传统的层级管理方式，而是在尊重科技活动规律和要求的基础上，形成灵活、动态的内部治理途径。已有研究从组织内部管理的角度出发，从组织架构、职能配置、运转机制、人员编制、经费管理、考核与评估等方面②③，分析适合科研机构发展的先进管理模式和制度，探索建立有利于激发科研机构自主性和竞争性、提高科研机构创新能力的内部治理体系。此外，也有部分研究关注到组织中的个体，从变革型领导的领导力④和科研人员的创造性行为出发，强调建设高效的科研团队的重要性。

4. 科研机构组织行为

科研机构是国家创新体系的重要构成主体⑤，规模化地开展跨学科、跨领域的基础研究和交叉融合性科研活动⑥，在各国的科技布局中发挥着重要作用。在新一轮科技革命的推动下，科研机构发挥着愈发重要的作用，其组织行为也受到越来越多的关注。现有研究将科研机构的组织活动分为两种：促进知识生产的研发活动和推动知识应用与扩散的中介活动⑦。研发活动是科研机构的核心行

---

① 张义芳. 公立科研机构组织形态演变与政府治理模式选择[J]. 科学学与科学技术管理, 2009, 30(7): 49-53.

② 张义芳. 公立科研机构政府资助新机制: 美日经验及启示[J]. 科技管理研究, 2009, 29(5): 116-118.

③ 肖尤丹, 刘海波, 肖冰. 国立科研机构立法在中国为何难解?——专门立法必要性再研究[J]. 科学学与科学技术管理, 2018, 39(4): 35-46.

④ Burns J M. Leadership[M]. New York: Harper & Row, 1978.

⑤ 张志强, 熊永兰, 安培浚. 科技发达国家国立科研机构过去二十年改革发展观察[J]. 中国科学院院刊, 2015, 30(4): 517-526.

⑥ 温珂, 蔡长塔, 潘韬, 等. 国立科研机构的建制化演进及发展趋势[J]. 中国科学院院刊, 2019, 34(1): 71-78.

⑦ Intarakumnerd P. Two models of research technology organisations in Asia[J]. Science, Technology & Society, 2011, 16(1): 11-28.

为①。作为学术和公共研究领域的重要组成部分②，科研机构所从事的基础性和战略性研究能够引领科学技术前沿，为社会相关的科学研究和高技术发展提供支撑③。中介活动则是促进知识应用、实现知识价值的关键行为。目前的研究从知识转移与扩散④、吸收能力⑤等角度解释知识应用的重要性，发现科研机构在推动知识应用过程中，不仅促进了知识的扩散，增强了企业的知识吸收能力，也在互动过程中解读社会趋势和需求，促进了自身创新。面对技术选择风险越来越大、创新不确定性越来越强的科研场景，科研机构的知识中介行为愈发受到重视。与一般的服务中介组织不同，科研机构具有解决创新系统失灵的中介功能，能够在长期、复杂的经济系统转型中发挥中介作用，联合相关行动者支持学习过程⑥。

第四节 科研机构管理分析框架

一、融合功能和结构两个视角认识科研机构

科研机构兼具科层制结构的组织性特征和科学共同体的自主性特征，完成科研任务的同时也鼓励自由探索的前沿研究。组织性主要体现在承担国家重大科技任务时，科研机构表现出科层制结构的分层与分工特征，具有稳定性强、专业化水平高、严密、效率高等优点。科研机构能够结合国家战略目标和科学积累，有组织地开展研究选题、研讨技术路线，组织跨学科、跨部门的优秀科

① OECD. Public research institutions: mapping sector trends [EB/OL]. http://dx.doi.org/10.1787/9789264119505-en[2011-09-02].
② Barge-Gil A, Modrego A. The impact of research and technology organizations on firm competitiveness: measurement and determinants[J]. The Journal of Technology Transfer, 2011, 36(1): 61-83.
③ 王玲. 国际大科学计划和大科学工程实施经验及启示[J]. 全球科技经济瞭望, 2018, 33(2): 33-39.
④ Teece D J. Technology transfer by multinational firms: the resource cost of transferring technological know-how[J]. The Economic Journal, 1977, 87(346): 242-261.
⑤ Cohen W M, Levinthal D A. Absorptive capacity: a new perspective on learning and innovation[J]. Administrative Science Quarterly, 1990, 35(1): 128-152.
⑥ van Lente H, Hekkert M, Smits R, et al. Roles of systemic intermediaries in transition processes[J]. International Journal of Innovation Management, 2003, 7(3): 247-279.

研团队围绕研究选题进行稳定、持续的协同攻关，协调技术人员与研究人员，共同建设、运行和维护重大科技基础设施。自主性主要体现在开展自由探索研究时，科研机构能够尊重科学家个体的兴趣、专业判断和选择。科学共同体以自治为基石，强调科学家追求真理的自由，要求允许科学家自由选择议题、方法和路径。内化于科学家个体的专业知识、灵感与直觉是推动科学前沿进步、探索未知领域最为重要的指南和动力，许多重大的技术突破都源自科学家出于兴趣的自选课题。科研机构为科研人员的自主性提供了保护性的制度外壳，支持科研人员开展自由探索。

同时，科研机构是国家创新系统的重要主体，与大学、企业等组织之间有着密切的联系。随着知识的发现和应用被紧密地整合在一起，知识市场的扩张和科学技术的市场化程度越来越高，学术界和产业界的合作关系愈发重要。科研机构的科研活动是在和政府、企业、大学等各类组织交互的场景下开展的，知识的传递和交换过程受到所建立的正式或者非正式合作机制的影响，如政府、企业的经费支持、与高校共享科研设施等。随着知识复杂性的增加和全球竞争的加剧，科研机构更加重视与其他组织建立合作网络。科研机构在合作网络中的角色和定位，决定了其与企业和大学之间沟通交流的机制，从而深刻影响着科研机构获取和利用创新资源的效率。科研机构能够通过影响和控制合作网络的信息和资源流动，影响其他组织的行为，加强各主体之间的协同合作。Vestal 和 Danneels[1]研究发现，科研机构通过建立本地合作网络，能够提升本地组织间的知识交换质量，从而加强知识和信息在区域创新系统内的流动，有助于优化区域创新生态。

以上内外部特征，决定了仅从功能或仅从结构出发很难全面地分析和研究科研机构，需要将其置于系统中，融合功能和结构两个维度，搭建科研机构管理的分析框架。

二、科研机构管理分析框架

组织功能的发挥和外部关系的治理，是相互作用、相互影响的，共同依赖

---

① Vestal A, Danneels E. Knowledge exchange in clusters: the contingent role of regional inventive concentration[J]. Research Policy, 2018, 47 (10): 1887-1903.

于政府与科学间关系的管理体制。本书通过功能定位和关系治理两个视角来建立如图 1-1 所示的科研机构管理的分析框架。

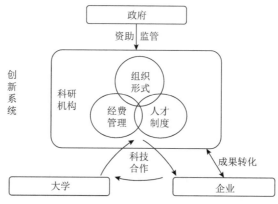

图 1-1   科研机构管理的分析框架

从功能定位来看，围绕科研机构的组织形式、经费管理和人才制度等方面，理解科研机构如何通过制度设计保障其作用的实现。其中，组织形式是指科研机构围绕科研任务进行的组织设计与资源汇集；经费管理主要涉及科研机构的经费来源、经费结构、规模确认机制等；人才制度则包括人才引进、岗位设置、薪酬激励等多个维度。组织形式、经费管理和人才制度几个方面并非各自独立，而是具有一定的互动与组合关系。例如，组织形式会影响人才和经费的动员、组织与协调，由此财务制度与用人制度要与组织形式相适应；经费管理与人才制度之间也是相辅相成的，科研机构的经费投入结构与规模，往往与岗位设置、薪酬激励等有关。

从关系治理来看，作为科研机构主要资助者的政府以及与科研机构具有紧密合作关系的大学、企业等创新主体均会对科研机构产生重要影响。政府对科研机构的直接影响主要体现在事前的资助与事后的监管两个方面。政府常通过签订契约的方式约定资助的目标、形式和规模，而契约中约定的目标也将成为政府监管科研机构的依据，各类科研机构评价模式相应而生。政府资助与监管模式，都将影响科研机构的内部治理，塑造科研机构的经费管理与组织形式。需要注意的是，当透视政府与科研机构的关系时，不应仅将科研机构作为政策的作用对象，而应将其视为积极的行动者，通过主动变革和自下而上的机制，影响着政府对科研机构的目标设置与监管方式，甚至对一国的科技与创新政策产生深远影响。

　　大学和企业都是科研机构的重要合作者，多元主体的合作促成了科研机构网络特征与节点属性的形成。特别地，科研机构与企业的合作常以委托研发与技术转让、许可的形式存在。一方面，企业的需求引导着科研机构的知识创造、传播与应用，也可能改变和塑造着科研机构的组织方式、经费管理与用人制度；另一方面，科研机构的许多成果通过企业实现转化，并最终产生经济和社会效益。

　　功能定位和关系治理共同决定了科研机构在国家创新系统中的功能特征和结构特征。建立现代科研院所制度的改革进程中，把科研机构视为一类治理载体，加强政府与科研机构关系的理论和实证研究，将有助于科研机构的实践发展。

第二章

政府创设科研机构的缘起与演进

———————

政府创设建制化科研机构，是响应近代科学发展的结果。伴随科学技术在国家安全和发展中发挥着日益重要的作用，公立科研机构得到快速发展。这些建制化开展研发活动的专业机构加速了科学技术的进步，科学技术的进步反过来也改变着这些机构的组织形式和运行机制。

第一节　近代科学与建制化科研机构的诞生

一、近代科学的出现

近代科学被认为是文艺复兴和宗教改革的产物。诗人和画家激发了人们对自然现象的兴趣，宗教改革运动解放了人的思想，提倡人人按照自己的方式理解上帝，给人以强大的力量去探索自然界。科学先驱们虽仍笃信宗教，但对自然现象秉持了世俗的注重事实的态度。人们对知识的探求，变得世俗化了，走出中世纪的修道院而进入近代世界。

近代科学的发展，直接得益于古代流传下来的天文学、数学和生物学论著。然而，古代的科学知识仍然是一个整体，尚未与哲学分离，也没有分化出众多的门类。近代之初，伴随着人们日益关注自然事实，重视经验尤其是实验，实验验证的科学与思辨哲学开始分离。科学成果的积累不可避免地会带来科学内部的分工，从而形成不同的学科门类。当然，科学在冲破宗教枷锁的过程中不是全线出击的，而是一部分一部分地在不同时期里推进，带头的是天文学，然后是 16 世纪的物理学，化学在 18 世纪得到发展，生物科学则直到 19 世纪才取得进展①。

近代科学的主要特征之一是使用科学仪器。它们使观察者改进原来可能仅仅用感官进行的观察，甚至发现原来可能根本观察不到的东西，为各种现象的精准测量提供了便利。"对各种现象的测量以及把他们定量地关联起来，在近代科学中起了那么大的作用，以致很难设想要是没有上述的和类似的科学仪器的帮助，近代科学会有可能存在。"②

技术的发展，同样为近代科学的发展做出了认真的准备。技术人员不可避免地从直接研究事实中获取知识，任何权威的书本对他们都可能毫无用处。起初，他们的实践知识是靠口头传播的，所以不可能对纯粹科学产生很大影响。但是有些技术人员开始使用语言来表述了，或者更确切地说是诉诸文字了，在印刷术发明之后，他们的书对人们对近代科学的客观态度的发展起了一定的作用③。

二、近代科学的诞生地：科技社团

科技社团形成于 17 世纪并非偶然，它是那个时代精神的重要标志。人的精神长期受传统和权威的神学禁锢，许多人受到了哥白尼、伽利略等科学先驱们对实验科学的热忱的感染，决心投身实验科学，合力推动了科技社团的出现。这些科技社团是类似沙龙的非正式组织，一般由兴趣和爱好相近的学者，找个固定地点，定期聚会讨论自然问题。

为什么大学没有发展出近代科学？虽然文艺复兴向基督教世界吹进了一股清新的凉风，但在大学里，人们仍然关注书本知识而不是对自然的第一手研究。所以，在教会控制之下的大学对科学采取了冷漠态度，无法为自然科学的

---

① 亚·沃尔夫. 十六、十七世纪科学、技术和哲学史[M]. 上册. 周昌忠，等译. 北京: 商务印书馆, 2016: 10.
② 亚·沃尔夫. 十六、十七世纪科学、技术和哲学史[M]. 上册. 周昌忠，等译. 北京: 商务印书馆, 2016: 16.
③ 亚·沃尔夫. 十六、十七世纪科学、技术和哲学史[M]. 上册. 周昌忠，等译. 北京: 商务印书馆, 2016: 13.

发展提供空间。当时，绝大多数现代思想先驱都脱离了大学，或者同大学保持松散的联系。想要培育新的科学精神，就必须有新的本质上真正世俗化的组织。科技社团正是顺应时代的新需要而诞生的，在这些机构里，现代科学找到了自己的机会①。

17 世纪上半期的科技社团，还都只是非正式的松散型组织。当政府期待这些社团做出有用的发现，而对其制定了资助制度时，专职开展科学研究的建制化科研机构才真正诞生了。

三、建制化科研机构登上历史舞台

宗教改革后形成的社会功利主义的价值观，无意中与科学可以创造物质财富这一功能不谋而合，政治因素在近代科学的发展中发挥了重要作用。与天主教进行斗争的政府，更倾向于对那些探求自然知识的人采取一定程度的宽容态度，给予相当自由。几个标志性科研机构的建立，如意大利的西芒托学院、英国皇家学会、法兰西科学院和柏林学院，向世人展示出建制化科研机构登上历史舞台的过程。

（一）西芒托学院②

西芒托学院成立于 1657 年，其前身是伽利略两个最杰出的门徒——维维安尼和托里拆利在美第奇家族资助下创建的一个实验室。这个实验室完善地配备了当时所能获得的科学仪器。在 1651—1657 年，各方面科学家，如解剖学家波雷里、丹麦解剖学家和矿物学家斯特诺、胚胎学家雷迪和天文学家多美尼科·卡西尼等，为了进行实验和探讨问题，定期在这个实验室里聚会。1657年，西芒托学院设立为一个较为正式的组织。但是，成立后仅 10 年，即 1667年，西芒托学院的活动即告中止。因为在那年，学院的资助人利奥波尔德亲王被封为了红衣主教。西芒托学院的意义在于：开始有组织地采用精密的实验方法，通过观察证据来得出结论，过程中学者们放弃了思辨的遐想。

① 亚·沃尔夫. 十六、十七世纪科学、技术和哲学史[M]. 上册. 周昌忠, 等译. 北京: 商务印书馆, 2016: 70.
② 亚·沃尔夫. 十六、十七世纪科学、技术和哲学史[M]. 上册. 周昌忠, 等译. 北京: 商务印书馆, 2016: 70-71.

（二）英国皇家学会①

追随弗朗西斯·培根的实验哲学的先行者们，从 1645 年开始每周聚会讨论自然问题，他们有著名数学家和神学家约翰·沃利斯②、切斯特主教约翰·威尔金斯③、物理学家乔纳森·戈达德④等。社团成员约定把神学和政治排除在讨论范围之外。1649 年，社团因沃利斯、威尔金斯和戈达德等迁居牛津而分成两个分支：牛津学会和伦敦学会。牛津学会后于 1690 年告终。伦敦学会则一直兴旺，保持了在格雷歇姆学院每周聚会传统。1658 年，因政治动乱，聚会一度中断。但查理二世复辟后，聚会又恢复。动乱促使学会中的核心人员制订了一项计划，旨在建立一个致力于实验知识探索的正式学会。1662 年 7 月 15日，计划得以实现——英国皇家学会蒙特许批准成立。

学会从一开始就形成了一个惯例，在会议上把具体的探索任务或研究项目分配给会员个人或小组，要求他们及时汇报研究成果。早期的会议，是会员做报告和演说，演示实验，并对这些引起的问题进行活跃讨论和探究。随着时间的推移，逐渐建立了一些委员会来指导相关活动。例如，有委员会收集关于自然现象的报告，有委员会致力于改进机械发明，还有天文学、解剖学和化学等学科的委员会。

1665 年 3 月，时任学会秘书亨利·奥尔登伯格⑤出版了《哲学汇刊》，内容主要包括会员提交的论文和摘要、各方面报告的观察到奇异现象的报道，与外国研究者的学术通信和争论，以及最新出版的科学书籍的介绍，被认为是真正意义上的世界近代第一份科学技术学术期刊。

---

① 亚·沃尔夫. 十六、十七世纪科学、技术和哲学史[M]. 上册. 周昌忠，等译. 北京: 商务印书馆，2016: 75-82.
② 约翰·沃利斯（John Wallis, 1616—1703）， 英国数学家，毕业于剑桥大学伊曼纽尔学院，对现代微积分的发展有很大贡献。
③ 约翰·威尔金斯（John Wilkins, 1614—1672）不仅是一名神学家，更是一位数学家和哲学家，是新哲学的提倡者，是哥白尼学说的拥护者，最早提出登月思想，被称为"登月鼻祖"。
④ 乔纳森·戈达德（Jonathan Goddard, 1617—1675）是一位英国医师，在 1651 年被任命为牛津大学墨顿学院的校长，1660 年 11 月成为英国皇家学会的创始院士，一直是该学会的活跃成员。
⑤ 亨利·奥尔登伯格（Henry Oldenburg, 1619—1677），生于德国不来梅，曾于 1653 年担任外交官，1656年进入牛津大学学习。1662 年 7 月 15 日由国王特许状指定为英国皇家学会的创会会员、理事会成员和学会首任秘书，直到 1677 年 9 月逝世一直担任学会秘书。

英国皇家学会以会员形式吸引对实验科学感兴趣却未必是学者的人员加入，导致了这一组织只能是自由松散的学术团体。会员们对一切新奇的自然现象普遍感到好奇，但是，他们把网撒得太广，因此丧失了长期聚焦有限问题统一开展研究所能带来的益处。

（三）法兰西科学院①

对于现代科学组织而言，法兰西科学院的成立被认为是最具有奠基意义的事件。法兰西科学院是世界上最早以正式组织的形式建制化开展研究的国家科研机构，由政府拨款支持，科学院院士可以从国家得到丰厚的年薪和研究经费支持。此举开创了通过独立科研组织建制化开展科学研究活动的先河，标志着职业化科学家及科研组织的产生。

推动法兰西科学院成立的关键人物是柯尔贝尔，他是法国国王路易十四的近臣，是一位重商主义者，坚定认为科学有朝一日会在支配世界中发挥重要作用。在柯尔贝尔的建议下，1666年12月22日法兰西科学院正式成立。法兰西科学院成立之初的成员规模仅有20人左右，成员得到国王的津贴，研究活动也得到资助。研究分成数学（力学和天文学）和物理学（当时认为物理学还包括化学、植物学、解剖学和生理学）。院士们在毗邻皇家图书馆的一个房间里，每周聚会两次，共同进行研究。这一模式下的科学研究活动重理论，轻实验和经验，推崇对自然的理论抽象和精准测量，这些成为现代科学研究精神的基础。

（四）柏林学院②

柏林学院成立于1700年，是德国伟大的哲学家、数学家戈特弗里德·威廉·莱布尼茨③追求科学理想的体现，是他多年精心策划的产物。莱布尼茨认为，对青年的教育应该注重客观事实，适当讲授数学、物理学、生物学、地理

---

① 亚·沃尔夫. 十六、十七世纪科学、技术和哲学史[M]. 上册. 周昌忠，等译. 北京：商务印书馆，2016: 82-87.
② 亚·沃尔夫. 十六、十七世纪科学、技术和哲学史[M]. 上册. 周昌忠，等译. 北京：商务印书馆，2016: 87-90.
③ 戈特弗里德·威廉·莱布尼茨（Gottfried Wilhelm Leibniz，1646—1716），德国哲学家、数学家，是历史上少见的通才，被誉为17世纪的亚里士多德。他和艾萨克·牛顿先后独立发现了微积分，还发现并完善了二进制。

学和历史学等具有重要意义。莱布尼茨尝试与志同道合者合作建立一个社团，来宣传和实践他的观点。关于这个社团的组成和活动内容，他做过各种设想：由人数有限的学者组成，职责是记载实验，同其他学者和外国科学社团通信和合作，建立一个大型图书馆，就有关商业和技术的问题提供咨询，等等。莱布尼茨甚至曾为这个设想中拟成立的社团命名为：德国技术和科学促进学院或学会。他的这一设想在其实地调查法兰西科学院和英国皇家学会的工作以后，而发生变化。他提出，应建立一个人员精干且有充分经费并装备仪器的社团。1676 年，莱布尼茨成为汉诺威公爵的图书馆馆长，因这个家族的一个女儿与普鲁士选帝侯弗里德里希一世结婚，莱布尼茨得以有机会游说弗里德里希一世支持他在柏林建立科技社团。1700 年 7 月 11 日，柏林学院终于获得了特许状，莱布尼茨出任院长，设立了院务会负责学院的行政管理和选举新院士的工作。1710 年，学院使用拉丁文出版了《柏林学院集刊》第一卷。按照莱布尼茨的设想，柏林学院应该成为遍布德国、最终是整个文明世界的社团网的中心。当然，这一计划并未实现。不过，莱布尼茨的努力却深刻影响了建制化科研机构在欧洲的发展进程。1724 年圣彼得堡学院的建立，即被认为源于莱布尼茨对彼得大帝的影响。

第二节　大学改革运动与科学研究进入大学

早期的科学院所创建的以少数权贵和学术精英为主导的科学研究组织模式，在德国大学改革运动之后开始发生变化。科学研究成为大学的职责构成，现代研究型大学成为重要的科研活动组织。

一、哈勒大学赋予教师双重角色

18 世纪发端于德国的大学改革运动，最直接地得益于自然科学研究的发展。自然科学发展推动了资本主义生产方式的加速发展，要求提供具有新型知识的人才，迫使大学重新审视教学内容。被认为是现代大学先驱的哈勒大学①率先倡导创造性的科学研究。在大学中首次设"科学研究会"，进行自然科学研究。给予教师们追求学术自由的机会，支持他们在学校内外进行科学研究和学术探讨，这使得教师不仅是教育者也是研究者。赋予教师双重的权利和角色，对于世界高等教育史来说是突破性的发展。

二、柏林大学主张科学研究是第一位的

1810年，威廉·冯·洪堡②主导创办新型的柏林大学③，提倡"学术自由""教研合一"等新思想，相比于哈勒大学仍坚持教学为主、科研为辅的办学理念，柏林大学将研究任务确立为大学教授的正式职责。尊重自由的学术研究，成为柏林大学的精神主旨。柏林大学从根本上打破了传统大学只是传授已有知识的旧观念，树立起"传授知识与创造知识相统一"的现代大学理念④。大学承担起教学与科研并重的使命，基于学术研究水平聘任大学教授的举措稳定下来并被制度化。

为使教学与科研相结合，柏林大学普遍采用了开设讲座的方法，并首创了引导学生进行精深研讨的Seminar（可译作讨论会）教学法：在教授的指导下，把学生分成若干研究小组，围绕研究的科研课题进行深入讨论，这种研究小组成为科学研究的苗圃，许多博士生的毕业论文就是在这种研究中完成的。

---

① 哈勒大学设立于1694年，位于在当时德国日渐发达的勃兰登堡-普鲁士邦。在哈勒大学，由三位重要的历史人物——法学家克里斯蒂安·托马西乌斯（Christian Thomasius）、神学家弗兰克（August Hermann Francke）、哲学家克里斯蒂安·沃尔夫（Christian Wolff）开启了德国现代大学的探索之路。在三位的共同努力下，哈勒大学成为当时德国境内乃至欧洲大陆上最为重要、最有声望的大学。参见王保星. 德国现代大学制度的发轫及其意义映射——基于哈勒大学和哥廷根大学创校实践的解析[J]. 中国高教研究, 2018, (9): 41-46.

② 在19世纪初的德国大学改革中，威廉·冯·洪堡（Wilhelm von Humbold, 1767—1835）也许是人们提起次数最多的思想家，他在柏林大学的创立过程中发挥了极为关键的作用。洪堡是哥廷根大学的毕业生，在哥廷根大学所受的教育使他认识到，大学只有不断革新才能具有较强的生命力，固守传统只能扼杀大学的活力。1809年，他出任普鲁士王国内政部文化及教育司司长，开始对普鲁士教育进行全面的改革，其中大学改革是核心。

③ 最初名为柏林弗里德里希·威廉大学。

④ 易红郡. 美国现代研究型大学的产生及发展[J]. 学位与研究生教育, 2000, (3): 70-74.

Seminar 教学法后来被众多欧美大学所仿效。

三、大学实验室的发展

19世纪60—70年代，大学实验室发展成为国家科研机构的重要组成部分，如生理学家路德维希[①]和心理学家威廉·冯特[②]在莱比锡大学创建的新型生理学实验室和实验心理学实验室，成为当时生理学和心理学的学术"圣地"。科学研究活动在大学里的建制化发展自此进入新的阶段。此后，美国开始改革原有的高等教育组织方式：一方面，在原有的英式学院里建立研究生院，如哈佛学院、耶鲁学院、哥伦比亚学院、普林斯顿学院等传统学院相继成立研究生院；另一方面，创办以科研和培养研究生为主要任务的独立的研究型大学，以约翰斯·霍普金斯大学的成立为标志事件。此后新建的芝加哥大学、斯坦福大学等也都将研究生培养和学术研究放在突出地位。至 19 世纪末在美国形成的现代研究型大学，是在德国大学将教育和科研相结合的学徒制模式基础上，进一步把研究生培养推向标准化、规模化和正规化的模式。

在二战之前，美国的研究型大学中已经涌现了一批致力于发展顶尖科技的实验室，如加州大学的辐射实验室、加州理工学院的喷气推进实验室、芝加哥大学的冶金实验室等。这些实验室参与了包括"曼哈顿计划"在内的尖端武器项目研究。1946 年，芝加哥大学冶金实验室被命名为"阿贡国家实验室"（ANL），成为美国第一个命名的国家实验室。加州大学辐射实验室在创始人欧内斯特·劳伦斯（Ernest O. Lawrence）去世之后更名为"劳伦斯伯克利国家实验室"（LBNL），仍然由加州大学代管[③]。

[①] 路德维希（C. F. W. Ludwig，1816—1895），19 世纪德国生理学家，生于德国中部的威斯豪森（Witzenhansen）。1839 年毕业于马尔堡大学，获医学博士学位。1846 年在马尔堡大学任比较解剖学教授，1849 年在苏黎世大学任解剖及生理学教授，1855 年在维也纳大学任生理学及动物学教授，1865 年在莱比锡大学任生理学教授。

[②] 威廉·冯特（Wilhelm Wundt，1832—1920）是德国著名心理学家、生理学家，心理学发展史上的开创性人物。他被公认为是实验心理学和认知心理学的创始人。1875 年应聘于莱比锡大学任哲学教授，1889 年荣任莱比锡大学校长，在莱比锡大学共任教 45 年，直到去世。

[③] 卢潇. 美国研究型大学国家实验室的科技创新机制[J]. 大学教育科学，2015, (1): 110-115.

第三节 国家安全需求与二战后国家科研机构的
快速发展

一、二战前公益性科研机构的创设

从 19 世纪末到二战之前，德国相继在农业、地理、卫生等社会公益领域建立了 40—50 个专业化的国家科研机构，包括成立于 1911 年的马普学会的前身凯泽-威廉学会。同一时期，美国政府设立了对美国科技发展发挥了重要作用的海军研究实验室①和国立卫生研究院②。

二、美国国家实验室的快速发展

二战中，军事科技应用对战争结果的影响促使美国政府关于科学研究的意识和观念发生转变，集中体现在美国总统科技顾问万内瓦尔·布什（Vannevar Bush）在战争即将结束时向美国罗斯福总统提交的《科学：无尽的前沿》报告中。这份报告强调了基础研究的重要性，为政府资助基础研究提供了决策依据③。二战后，在政府全面干预和计划管理的美国新政体制下，以联邦实验室④为代表的美国国家科研机构迎来了发展的黄金时期。"曼哈顿计划"的成功，催生了洛斯阿拉莫斯国家实验室（LANL）、橡树岭国家实验室（ORNL）、阿贡国家实验室等。在现代财税制度和政府财力大幅提升的背景下，充足的研究经费和各类人才涌入，推动美国的大学实验室从传统的单一学科研究模式快速转

---

① 美国海军研究实验室（NRL）是在爱迪生的建议下于 1923 年成立的。

② 美国国立卫生研究院（NIH）初创于 1887 年，是美国海军总医院（MHS）（现在的美国公共健康服务中心）的一间卫生学实验室，目标是为公众健康服务。1930 年，美国国会通过 "Ransdell 法案"，将其正式更名为 the National Institutes of Health。1947—1966 年，是 NIH 快速发展的黄金时代。

③ Bush V. Science: The Endless Frontier[M]. Washington: United States Government Printing Office, 1945.

④ 联邦实验室包括所有国家实验室、所有联邦政府资助的研究开发中心——不管该中心是由政府还是承包商运营，只要是由联邦政府资助即算在内。

变为综合性、多学科的大科学发展模式。美国原子能委员会、美国国防部和美国能源部等一批拥有充足经费、大量专业人才和实验设备的具有研究基地性质的国家实验室体系开始形成。

三、欧亚国家重建和发展国家科研机构

在战后重建过程中，欧洲主要国家纷纷以美国国家实验室为范本，重建和发展本国的科研机构体系。法国先后成立了原子能安全委员会、法国农业科学研究院[①]以及国家信息与自动化研究院[②]等机构；德国成立了马普学会、弗劳恩霍夫协会以及德国反应堆控制站管理和运行事务工作委员会（德国亥姆霍兹联合会的前身）[③]等。同一时期，亚洲主要国家以政府投入为主，快速建立起自己的国家科研机构。中国于 1949 年成立了中国科学院；日本于 1956 年和 1966年分别成立了国家金属材料技术研究所（NRIM）和国家无机材料研究所（NIRIM）；韩国于 1966 年创设了韩国科学技术研究院（KIST）等。

第四节　巴斯德象限理论与国家科研机构的改革

20 世纪 70 年代，西方国家爆发了严重的经济危机，美国开始从全面干预的凯恩斯主义政策逐渐转向放松管制的新自由主义政策，80—90 年代新公共管理运动席卷西方世界。在科技领域，美国国内也开始反思其二战以来的政策理念和原则。1997 年普林斯顿大学唐纳德·斯托克斯（Donald E. Stokes）提出了巴斯德象限理论，引发了美国科技政策的转向。根据追求基础知识推进程度和服务于应用目标程度这两个维度，斯托克斯将科学研究活动分为四类，分别

---

① 法国农业科学研究院（INRA）成立于 1946 年，是欧洲最大的农学研究机构，其在农学方面的研究有力地支撑了法国农业的现代化和可持续发展。1984 年，INRA 划归法国国家教育研究与技术部和法国农业与渔业部共同管辖。

② 法国国家信息与自动化研究院（INRIA）创建于 1967 年，致力于信息通信科技的基础与应用研究，由法国高等教育与研究部和法国经济工业就业部共同管理。

③ 后面国别实践中有详细案例介绍。

是由应用引起的基础研究（巴斯德象限）、纯基础研究（玻尔象限）、纯应用研究（爱迪生象限）和既没有探索目标也没有应用目标的研究（皮特森象限）。从历史发展来看，自 19 世纪以来，许多根本性的知识是头脑中想着某种特定用途的基础研究产生的，基础研究可以同时是好奇心和用途双重驱动的。巴斯德象限的科学研究成为政府与科学共同体之间的契约关系的一个基本出发点。在新的政策理念影响下，国家科研机构随之发生了一些重大变化，研究重点从国防技术研究拓展至民用技术和跨学科及前沿研究；社会主体逐渐进入国家科研机构的运行管理，国有民营等管理模式开始出现。

一、研究重点拓展至民用技术

自 20 世纪 90 年代末开始，世界主要国家纷纷启动对国家科研机构的改革，强调将面向交叉与前沿学科的基础研究与服务支撑国家战略需求相结合，促使国家科研机构更加深刻地嵌入市场经济体制，使其成为国家创新体系的重要组成部分。欧美国家科研机构的研究重点从国防技术研究转向了国家能源和安全领域，公益性领域（如农业、环境和公共卫生），需要前瞻部署的生物、材料等领域，以及跨学科交叉的重大综合研究领域等。

中国科学院于 1998 年启动"知识创新工程"试点，重构中国科学院作为中国最高国家科研机构的知识创新能力。新建了若干研究所，探索国家科研机构引领区域创新发展的科研组织新模式。

德国政府于 2001 年将拥有 18 个研究中心、运行大科学装置的亥姆霍兹联合会设立为正式注册的独立研究实体，倡导开展跨机构、跨领域的应用导向基础研究[①]。马普学会更是在 1970 年成立了专业的产权运营机构——马普创新公司，采用多维举措提升基础研究的市场适用性、促进科技成果的产业化运用。

日本政府于 2001 年将隶属于其经济产业省的工业技术院（工业技术院的历史最早可以追溯到 1882 年成立的地质调查所）重组为独立行政法人——日本产业技术综合研究所（AIST）。

---

① 温珂, 郭雯, 何宏. 变革发展中的德国亥姆霍兹联合会[N]. 光明日报, 2017-12-07(1).

二、提高独立性和运行效率

随着科学技术的进步，国际科技竞争日趋激烈，国家科研机构的战略地位不断提升。面对美国的技术和商业攻势，欧洲以增进整体科技实力为目标，着手改革科技体系和国家科研机构。世界各国为适应这种潮流，也纷纷推进本国科研机构的体制改革，并取得了良好的成果。

英国采用三种方式推动国家研究机构的私有化改革：第一种是国有民营，即由政府拥有资产、私有组织或大学代表政府进行管理运行，如英国国家物理实验室（NPL）；第二种是转制为担保有限公司，由知名协会、工业代表机构和专业团体等组成保证人，负责组织和管理公司，如英国运输研究实验室、洛桑实验站；第三种是出售，实现完全的私有化[①]。

日本则将明确政府职责、激发研究机构活力作为行政改革的一部分，在1999 年通过了《独立行政法人通则法》等相关法律，对国家科研机构进行了大幅度改革。根据改革相关规定，从2001 年起，日本的89 所公共科研机构不再是有关政府部门的直属单位，而是逐步转变为59 个独立行政法人。独立行政法人参照公司法人模式设置，设有理事会、监事会来管理整个科研机构，拥有广泛的科研自主权。政府不干预具体的日常业务活动，但主管省厅会对机构按计划目标进行审核和3—5 年的中期评估考核[②③]。

第五节 新科技革命与国家科研机构的新发展

当前以智能、绿色和健康为特征的新一轮科技革命兴起，推动科研活动的开展和组织方式发生深刻变革，国家科研机构再次面临适应变革的巨大挑战。

---

① 孙锋, 刘彦. 英国公共科研机构私有化改革后管理运行模式探析——以英国物理、化学、洛桑实验室为例[J]. 科技管理研究, 2011, (4): 40-45, 52.

② 杜小军, 张杰军. 日本公共科研机构改革及对我国基地建设的启示[J]. 科学学研究, 2004, 22(6): 606-609.

③ 张志强, 熊永兰, 安培浚. 科技发达国家国立科研机构过去二十年改革发展观察[J]. 中国科学院院刊, 2015, 30(4): 517-526.

一、科研机构组织形态的变化

从全球来看，为迎接新科技革命和产业变革的挑战，各国政府都在调整和优化国家科研机构的布局。尤其是在人工智能、大数据等新兴领域，美国、德国、爱尔兰等国正在加快部署分布式、网络型科研组织。

这些新型科研机构一方面具有边界柔性的特征，以开放结构保持科学前沿探索。事实上，自 20 世纪 60 年代中期开始，法国国家科学研究中心就开始了柔性科研组织模式探索，目前近 90% 的研究单元是与外单位联合组建而成立的混合科研单元。边界柔性使得科研机构网络不但保持了及时拓展研究内容和吸纳新资源的灵活性，而且在更大的开放程度上促进信息、资源和知识的交流，进而保持在科研前沿。

另一方面，空间分散促进区域与国家的创新协同。美国在其"国家制造业创新网络"计划下专门成立了"制造业创新研究所"（IMIs），作为政府和市场共建新型国家科研机构的一项尝试。制造业创新研究所由政府和市场共同投资，业务范围包括应用研究、开发和示范项目、继续教育和培训、探索提高研发创新能力的方法以及共用基础设施等。与传统的运行大科学装置、实施大型科技计划的国家科研机构不同，这种"轻资产"的新型科研机构更侧重于发挥区域创新平台的功能。不过，这种把工业界、学术界（包括大学、社区学院、技术研究机构等）、联邦实验室、联邦政府、州政府等利益相关者集聚在一起的尝试也面临巨大挑战，存在许多对于这些科研机构能否有效发挥作用的质疑。

二、与大学一起深化科教融合

受新科技革命的影响，研发活动的动态性趋势不断凸显，新兴领域持续浮现，因此，拓展和改革传统的人才培养方式显得尤为迫切。国家科研机构与大学合作探索形成了未来科技人才培养的新渠道。通过科教融合，研究生有机会使用国家科研机构的大科学装置、建立合作网络、开展前沿课题研究。

目前，美国、德国、法国、日本等国家的国家科研机构很少独立开展研究生教育并授予学生学位，代之以项目资助、合作研究等联合培养的方式开展研究生教育。例如，美国国立卫生研究院主要是通过各层次的研究生资助计划参与研究生培养；阿贡国家实验室向博士研究生群体提供 3—12 个月的科学研究项目，可以独立使用大科学装置、与国家实验室科学家就前沿问题联合研究。

法国国家科学研究中心和德国马普学会、亥姆霍兹联合会等通过在大学设立研究单元，并且以科研人员承担部分教学任务以及指导研究生的形式参与联合培养。以亥姆霍兹联合会为例，联合培养博士研究生的导师组由研究中心主导师、至少两名研究员、学校导师、日常导师构成，研究生获得使用大型科研装置的平等权利。亥姆霍兹联合会还寻找合适渠道推介研究生的成果，支持其建立研究合作网络，奖励其在实验研究/知识产权/技术转移中的重要进展等。日本理化学研究所则通过与日本多所大学合作建立研究生院制度，来实现联合培养研究生（特别是博士生）。

三、新形势下即将被重塑

回顾科研机构的诞生与发展历史，以实验科学为特征的近代科学，催生了建制化的科研机构；国家使命的导向推动了国家科研机构的快速发展；现代国家竞争对科技实力的倚赖，促使国家科研机构在国家创新体系中发挥日益重要的作用。今天，世界竞争格局深度调整与新科技革命形成历史性交汇，国家科研机构的组织形态和发展模式正在被重塑，其功能日益多元，网络特征和任务特征使其在科技资源配置中仍具有特殊优势。从政府主导设立到社会力量和市场资源融入科研机构的运行，作为专门从事科学研究的一类知识生产组织，国家科研机构已形成其有别于大学和企业的管理运行框架，对其进行归纳和深入比较是必要的，这将有益于把握科技创新竞争的主动权。

第三章

契约关系：明确国家科研机构的使命定位

早期，怀揣追求真理目标的科学家们拥有较高的自由度和自主权，当时的科学研究主要是科学家好奇心驱动的自由探索。随着科学的建制化和职业化发展，特别是大科学研究需要公共财政的大规模投入，财政资金的公共性和目标性冲击了纯粹的学术共同体自治，如何平衡科研自主和财政投入的公共性成为重要命题。

围绕国家科研机构的设立和运营，世界各国摸索形成了一些典型的管理制度。一条设立和运营相分离的国家科研机构发展道路逐渐清晰：政府通过签订契约，引导科研机构的领域布局，据此对科研机构的活动绩效进行评估，但在契约下给予科学自治的空间。从制度设计看，章程确定了科研机构的基本功能、活动范围和享有的权利，保护机构自主性；理事会制度则建立起多个利益相关方的联合决策机制，平衡各利益相关方的偏好并实现科学自治。从运营模式看，为保障科研活动的自主性和灵活性，国有民营的方式被创造出来，政府与市场和社会分别负责科研机构的不同投入需求。

当然，由于国家科技管理体制的差异和机构所属研究领域的不同等原因，科研机构与政府签订契约的内容和方式、章程形式与内容、理事会的构成与职责、科研机构运营模式等方面，也呈现出不同特点。

第一节 科研活动的特征和治理要求

一、科研活动的特征

（一）探索性与不确定性

研究方向的识别依靠人的创造性工作。科学研究具有前沿性和探索性特征，对于科学前进方向的感知往往很难编码化，而是累积在科学家整个职业生涯的信息收集、思考和研究中，是科学家基于专业知识、半意识化的猜测。内化于科学家个体的专业知识、灵感与直觉是推动科学前沿进步、探索未知领域最为重要的指南和动力。科学家的自由度越高，就越能充分运用自身的知识和经验去识别研究问题和选择研究方向，也就能够越充分地调动和发挥科学家的创造性。

研究过程无法被事前规划，研究结果也难以被准确评估。对于科学家如何探索前沿领域、可能遇到的困难和如何解决这些困难，无法在事前给出规范化的操作指南。必须通过探索与试错，寻求一条可能的前进之路。这可能需要很长时间，也可能最终被证明无效，但却是探寻前沿科学的必经之路。科学家在事前规划的研究过程和技术方案，预判需购买的设备、各项经费的使用比例等，都面临着不确定性，科学共同体以外的人员更加难以判断研究方向和技术路线的选择是否可行。但总体而言，科学家的专业能力越强、越热情而投入，就越可能克服探寻之路中的障碍，降低失败的可能性，提高成功的概率[1]。而行使监管权的政府，既难以在事前评定出更具前景的研究议题，也难以在事后对科研活动效果和科研人员表现进行精准评估。

（二）公共性与外部性

科研人员并非完全没有私利，面临诚信挑战。传统观点认为，科学家所拥

---

[1] Polanyi M. The autonomy of science[J]. The Scientific Monthly, 1945, 60(2): 141-150.

有的自主权不以谋求任何私利为目的，而完全是为了更好地追求真理，促进新观点、新学说的迸发，但这一假设在现实场景中可能并不成立。当科学家成为一种职业，对科学的追求中难免受到个人利益偏好的影响。N 射线骗局①、萨默林老鼠免疫事件②、心肌干细胞事件③等科技界的系列丑闻，暴露出科学家群体也会受到名利等因素的诱惑而采取有违专业精神和职业道德的行动。这些骗局造成大量财政经费的浪费，带来恶劣的社会影响。如此，科学活动的公共性和科学共同体的客观性受到质疑，如何保证科研诚信成为重要议题。

使用公共财政投入，面临效率要求。即使不考虑这些私利因素，假设科学家完全以真理为目的，但科学家所追求的真理可能并非国家的战略需求。科研机构中的科学家群体高度依赖公共财政投入，就有必要取得纳税人的信任和支持——纳税人往往将这一权力交由政府行使，而政府作为国家公权力的行使主体，有必要对科研机构和人员的活动进行引导和监督。那么，国家安全、经济发展、公众利益等更具公共物品属性的产出要求，就被纳入了对科研活动的期待之中。人们并不希望只是单纯资助科研人员"基于兴趣的研究"，而是希望这些研究能够为这些宏大图景做出贡献。特别是随着科技渗透于经济社会的方方面面，科研产出的外部性要求更加凸显，因此，人们希望为科学活动设定可观测的绩效目标，使其服务于宏观图景，并以此作为拨付公共科研经费的依据和合法性基础。

---

① 1903 年，法国南锡大学的物理学教授布朗德洛特发文宣称自己发现了一种新型射线——N 射线，引起法国物理学界的狂热追捧。在之后的三四年时间里，有 100 多位科学家相继在科研期刊上发表了 300 多篇关于 N 射线的论文，布朗德洛特被法国科学院授予勒贡奖。后来，这一集体自我欺骗被光学家罗伯特·伍德教授揭穿，证明 N 射线并不存在。

② 20 世纪 70 年代初，美国纽约斯隆-克特林研究所的科学家威廉·萨默林声称，他成功地将黑老鼠的皮移植到了白老鼠身上，这对器官移植来说具有重要意义。1974 年，萨默林的造假行为被揭露，原来他是借助一支黑色的毡制粗头笔才取得这一成果的：小白鼠背上的黑色斑点能被洗掉。这件丑闻被称作"美国科学界的水门事件"。

③ 2001 年皮艾罗·安维萨教授研究组提出"心肌干细胞"（c-kit）的概念，此后有关促进心脏再生的研究主要集中在寻找心肌干细胞，很多临床试验也纷纷展开。直到 2018 年 10 月，美国哈佛大学医学院公布调查结果，安维萨的 31 篇学术论文存在数据造假，应予撤稿。造假持续的 17 年中，仅美国国立卫生研究院支持这项研究的资金就高达 5000 万美元。

二、科研活动的治理要求

（一）赋予科研自主权

科学活动的探索性和不确定性特征，使其显著区别于其他许多可以规范化、量化考察的生产类和建设类工作。对科研活动的管理也不宜套用行政管理或工程管理的方式，而是要在尊重科技活动规律和要求的基础上，形成灵活、动态的治理途径。无论是发现还是解决科学问题，都高度依赖科学家自主的创造性活动；而监管行为必将挤占一部分自主空间，可能会对科学家的创造性活动和科研管理的效率产生不利影响。例如，基于绩效的竞争性经费资助，事实上鼓励了科学家选择更容易获得资助的选题，而不是基于专业判断的更具挑战、更有价值的选题。这也就意味着，科学家将识别研究问题和选择研究方向的权力部分让渡给了资助方，而资助方往往并不具备科学家所拥有的专业知识。结果是，这种让渡可能对前沿探索产生不利影响，科学家不容易在尚未萌芽的领域内开展工作。又如，对科研经费使用的严格限制，可能使科研人员无法购买所需的仪器设备，或将大量时间用于编写预算、应对经费审计，造成精力的分散和时间的浪费。因此，形成鼓励自由探索、高度自主的制度设计，有助于培育和保护科学家的创造性，并使其将更多时间和精力集中于科研工作，在宽松包容的环境中大胆尝试和小心求证。

（二）保障公共财政经费的使用效率

公共财政经费资助的科研活动理应受到监管，提高财政经费的使用效率也是科研活动治理必须考虑的重要问题。科学共同体的自治存在局限性，因此以创造性活动为名回避监管并不可取。由于科技活动的成本和收益都具有很强的外部性，因此目标导向的监管要求是完全合理的——外部性越强的科研活动，越应当强调"合法性"基础。同时，对科研活动的管理也必须置于法律框架之下，人员聘用和经费使用都应当符合一定的规则并受到必要的监督。

可见，科研活动的自身特征要求形成恰当的监管尺度，即在赋予科研自主权的同时，保障公共财政经费的使用效率。把握好政府监督与科学共同体自治之间的平衡关系，是科研活动治理的核心要求。

第二节　订立契约：组织目标和项目目标

政府是国家科研机构的主办者，希望科研机构能够服务于国家发展需求、促进经济社会的进步。然而，由于科研活动的专业性和不确定性，政府很难直接对其进行管理。不恰当的管理和干涉不仅不利于提高科研效率，甚至可能破坏科研人员的创造性基础、阻碍对前沿领域的探索。因此，管办分离与契约管理应运而生。

管办分离是指明晰政府和科研机构的权责边界，在给予科研机构更多自主权的同时，增强政府监督的有效性。也就是说，政府是科研机构的举办者，是科研机构最重要的经费来源，却不是科研机构的直接管理者；政府承担对科研机构的监督职责，但科研活动的开展却是由科研机构自主决定的。契约关系成为政府和科研机构二者关系的协调机制。契约规范了政府对科研机构的资助和监督内容，也明确了科研机构的权利和义务。

各国政府主要采用签订契约的方式，将国家科研机构的使命定位具象化。通过与机构签订契约，明确科研活动目标以及政府与科研机构双方各自的权益，为政府评价和监管科研活动提供依据，并使科研机构实现契约框架内的自治，在对内和对外两个层面上平衡科学与政治的关系。对内方面，自主管理的科研机构限制了政府影响科研活动的权力边界，为内部科研人员提供制度性外壳，保护科研人员的自主探索性和风险创造性，使其能够基于自身的知识积累和专业判断去选择技术路线、把握研究进展。对外方面，科研机构将政府、科学家和公众等利益相关主体引入科研活动的选题决策和监督过程，建构治理体系，从而保证科研机构的活动结果有利于实现正的外部效应，服务于国家目标和公共利益。契约主要包括两种形式，一种是组织目标契约，另一种是项目目标契约。

一、组织目标契约

科研机构是配置科技资源、组织科研活动的实体组织，也是汇聚科研人员的制度性载体。就科研机构的发展目标订立契约，可以在发挥科研机构主体责任、引导和保证科研活动效率的同时，放权给科研机构，赋予科研人员自主空间，保护科研人员的创造性。

美国、法国、日本等主要国家的政府都通过与国家科研机构订立组织目标合同的方式，对国家科研机构实行契约管理。通过约定科研机构的战略目标、当期任务、经费保障、绩效指标等，明确政府与科研机构双方的权利和义务。对政府而言，订立合同，明确科研机构的目标，有利于引导科研机构的活动服务于国家成立和资助机构所希望实现的宏观愿景；对科研机构而言，在获得政府支持的承诺后，有利于保障科研机构的平稳有序发展。在明确双方权利和义务的基础上，政府依据目标合同对科研机构实施评估和监管。一般而言，合同期满后，政府即以签署的合同为依据，通过内设机构或委托第三方机构的方式，组织专家对合同执行和落实情况进行评议和总结，阐述目标实现情况及影响，并据此给出今后的发展建议等。政府的监管标准明确，且较少或几乎不介入科研机构日常的运行，使科研机构能够根据合同目标自行设计工作方式、开展和推进研究工作。

法国国家科学研究中心是实行组织目标契约管理的代表性机构，隶属法国高等教育与研究部（简称法国教研部），是法国规模最大、覆盖研究领域最广泛的科研机构。法国国家科学研究中心与法国教研部每4年签订一次目标合同，合同内容包括：约定机构的战略目标、为实现这些战略目标拟采取的举措、根据举措设定的定性定量监测指标、主管部门应提供的政策和经费支持，等等。合同期内，由法国政府确定科研计划和项目并提供科研经费，法国国家科学研究中心按照合同约定开展相关研究。合同期满后，法国教研部委托法国科研与高等教育评估署（AERES），根据《科研单位评估标准》，以签署的合同为基础对国家科学研究中心进行独立评估。法国科研与高等教育评估署组织同行专家，对国家科学研究中心上一个合同期的工作状况进行评议，总结合同的执行和实施情况，阐述目标实现情况及影响，并据此给出今后的发展方向。经过评估后，法国教研部与国家科学研究中心签署下一阶段的合同，并落实资源配置[①]。

日本政府将理化学研究所（RIKEN）、产业技术综合研究所、物质材料研

---

① 吴海军. 法国国家科研中心及其管理制度建设[J]. 全球科技经济瞭望, 2014, 29(2): 33-40, 76.

究机构（NIMS）三家国家科研机构特设为一类特殊的、具有独立法律地位的活动主体——特定国立研究开发法人。依据日本《独立行政法人通则法》和《特定国立研究开发法人特别措施法》，特定国立研究开发法人在制订机构目标、评价和业务运营的基本方针时，日本内阁总理大臣和总务大臣将共同给予指导和做出决策①。所属政府部门（理化学研究所和物质材料研究机构为文部科学省、产业技术综合研究所为经济产业省）的主管大臣根据《科学技术基本计划》等国家战略，在征求综合科学技术创新会议的意见后，代表日本政府提出5—7年业务运行的中期目标要求；特定国立研究开发法人则根据目标制订相应的中期计划，计划须得到主管大臣的认可和审批。其中，中期目标一般包括为完成使命需部署开展的研究方向及成果普及、提高业务效率、改善财务等；中期计划则包括完成中期目标各项任务相对应的措施、预算、收支等。特定国立研究开发法人在每个事业年度开始时，根据中期计划制订年度计划，包括为完成任务具体开展的研究项目等②。计划执行情况由主管大臣进行评估，特定国立研究开发法人审议会则对主管大臣的评估标准和考核方法提出建设性意见。审议会的成员由既能把握学科前沿方向，又具有丰富管理经验的外部专家组成③。

美国能源部下属国家实验室主要通过签订管理和运营（management and operating，M&O）合同的方式运行。联邦政府部门与承包商（大学、企业和非营利组织等）签订具有法律效力的 M&O 合同，约定研究目标、安全、成本控制和场所管理等各项要求，以保证政府对国家实验室的领导和调控，确保国家实验室的活动有利于满足国家目标和需求。政府依据合同对管理和运行国家实验室的承包商进行绩效考核，对外发布评估等级，依据评估结果确定绩效奖金，并决定是通过"奖励任期"的方式对合同进行延期，还是要求承包商重新竞争 M&O 合同④。

---

① 日本 2015 年正式实施的《独立行政法人通则法》修订案中，将以研发相关活动为主要业务的独立行政法人单列为"国立研发法人"，共 27 家。2016 年 10 月，日本政府从国立研发法人机构中遴选出 3 机构，指定为"特定国立研究开发法人"。

② 王玲. 日本国立研发法人制度分析[J]. 全球科技经济瞭望, 2018, 33(8): 1-10.

③ 赵旭梅. 创新治理视角下日本新型科研院所制度研究[J]. 科技管理研究, 2019, (17): 91-98.

④ 赵俊杰. 美国能源部国家实验室的管理机制[J]. 全球科技经济瞭望, 2013, 28(7): 32-36.

二、项目目标契约①

除了直接与科研机构签订组织目标合同外，政府还采用项目方式，对科研机构进行契约管理。通过一个连续多年的、具有延续性的科技计划，间接引导科研机构的活动，围绕项目拨付经费，并根据项目完成情况评估科研机构。

德国亥姆霍兹联合会从 2001 年起，从机构契约改为项目契约，实行项目制管理。面对着拥有 18 个独立法人机构的亥姆霍兹联合会，联邦政府很难直接管理其分布在各州的研究中心。因此，政府与联合会聚焦领域部署科研任务，签订有关具体科研项目的契约，进行经费拨付和绩效评价，从而更好地将科研活动框定在选定的领域内，并促进各研究中心之间跨领域跨学科的合作。主要实施步骤如下：①德国联邦和州政府与亥姆霍兹联合会设定未来 5 年的总经费，聚焦六大领域，要求亥姆霍兹联合会提出这些领域下的具体科研计划；②联合会下设的各个研究中心的科学家围绕这些领域，自下而上提出科研项目建议；③亥姆霍兹联合会理事会组织国际专家，集中对各研究中心的项目建议进行评估，并做出是否资助以及资助额度的建议，并将建议提交给德国联邦政府教育及研究部；④德国联邦政府教育及研究部审批后向各个研究中心发出科研项目资助通知。

进入合同执行阶段，政府按照合同约定，将经费拨付至亥姆霍兹联合会总部，总部根据各研究中心在项目中的参与情况，在研究中心之间进行经费分配，各研究中心根据项目合同开展研究工作。

第三节　科学自治：章程和理事会制度

科研机构的章程是实施内部治理的行为规则，也是明确政府与科研机构关系、保障科学自治的关键所在，对科研机构实现规范管理具有重要意义。世界主要国家的科研机构均根据国家法律法规和出资者的约定，制定章程，明确机

---

① 英文表述是 program，中文一般翻译为"计划"，但由于"计划"在中文语境中既是名称也是动词，为不引起歧义，本书使用"项目"一词，实践中，科技"计划"往往也是通过一系列科研项目来执行的。

构的使命定位、业务范围、组织结构、决策监督程序、内部管理制度等。

许多科研机构在章程中将理事会制度确定为科学决策制度。理事会通常由科研机构的内、外部利益相关方代表共同组成，在体现科学自治、达成共识和推进执行方面发挥着重要作用。通过分离监督权与执行权，理事会制度能够较好地避免不当的控制或过度的干预，将外部监管内化为科研机构的自治行为。

一、科研机构章程的类型与内容

科研机构章程的形式和内容，与其所在国家的法律体系密切相关。世界主要发达国家科研机构的章程可以主要分为国家法律和组织规章两种类型，这两种类型的章程在内容上存在一定的差异。

（一）国家法律

英美法系国家在设立国家科研机构时，通常需要政府向国会/议会提交专门议案，并经国会/议会通过后才能实施，其修订和废止也需要经过正式的立法程序。这些由立法机构正式颁布的法律条文，就是科研机构的章程，其表现形式包括法令（act）、条例（ordinance）、宪章（constitution）或特许状（charter）等，可统称为国家法案。这类章程的目的是通过立法机构的授权以获得政府财政拨款的正当性，明确科研机构的使命定位以及相应的权利和义务等。

例如，美国国立卫生研究院的章程是《国立卫生研究院改革法》，由美国国会修订和审议通过。《国立卫生研究院改革法》规定了与卫生与公共服务部（HHS）的隶属关系，下设的研究所与研究中心的设置，科学评议委员会的组成和职责，经费来源，院长的任免、职责和权力，内外部的报告制度，以及下设各个研究所的章程，等等。其中，经费来源与国家目标相关，这是因为美国施行基于项目的预算拨款制度：国家科研机构的使命和定位是面向国家需求完成科研任务，美国国立卫生研究院也通过承担国家项目来获得科研经费。国立卫生研究院会在章程中列举所承担的国家项目以说明其经费来源[①]。

---

① 肖小溪，李晓轩. 科研机构章程的两种主要模式及启示[J]. 中国软科学，2017, (10): 23-30.

　　日本自实行独立行政法人制度以来，亦采用国家法案的方式确立国家科研机构的章程。国会为每一个国家科研机构制定一部法律，如《独立行政法人理化学研究所法》《独立行政法人产业技术综合研究所法》等，规定机构名称、业务范围、资本金、理事与理事长的职责与权力等[①]。以法案为章程管理科研机构，既尊重了科研机构的设置宗旨和业务性质的多样性，也能将主管大臣对研究机构的监督和干涉以及国家其他的干预限制到必要的最低程度，减少事先的参与和控制[②]。

　　（二）组织规章

　　在大陆法系国家中，科研机构通常以私法人性质存在，包括私法财团和私法社团两类。按照大陆法系对私法人的管理规定，科研机构成立时，需要向政府注册登记机构提交章程并备案。这份章程并不属于法律文件，只是科研机构根据私法财团或者私法社团相应法律条文的要求，由科研机构自己制定的内部管理的文件，通常称为章程（statutes）或规制（regulations）。这类章程主要是对机构内部运行的原则性规定，在保障科研机构自治、限制政府权力方面发挥着重要作用。

　　德国享誉世界的三大国家级科研机构（马普学会、弗劳恩霍夫协会、亥姆霍兹联合会），实际上都是私法财团法人。这三个机构的章程均是由机构理事会制定，并由机构总部向所在地负责私法财团注册、登记和监管的政府部门提交，待批准后正式实施的。财团法人的法律地位决定了这三大国家级科研机构既不是政府部门，也不是政府下属的科研机构，而是具有完全自主权的科研机构。其章程主要规定了机构的组织结构和职责、决策机制、运行和管理原则等。例如，马普学会章程明确了理事会是马普学会的核心决策机构，并限制了政府官员进入马普学会理事会的人数和投票权力，从而保障机构的自治权。

　　2013 年，俄罗斯联邦政府启动对俄罗斯科学院（RAS）的重大改革，新章程的制定成为改革的关键举措。新章程重新界定了俄罗斯科学院与俄罗斯联邦

---

① 贺德方. 美国、英国、日本三国政府科研机构经费管理比较研究[J]. 中国软科学, 2007, (7): 87-96.

② 中国科学院. 日本产业技术综合研究院理事谈科技体制改革[EB/OL]. https://www.cas.cn/xw/zjsd/200906/t20090608_643872.shtml[2003-12-31].

政府之间的关系，明确俄罗斯科学院是由联邦财政投入的非营利性法人单位，体现了俄罗斯科学院与代表俄罗斯联邦政府的联邦科学机构署之间分权的改革思路。该章程规定了俄罗斯科学院以全体会员大会和主席团为管理机构，并明确了全体会员大会和主席团的定位、成员、议程程序等。该章程于 2014 年 3 月由俄罗斯科学院全体大会通过，并于当年 6 月得到政府审批①。

二、理事会的产生方式与主要职能

在实行理事会制度的科研机构中，理事会是最高决策机构，成员构成通常较为多元，一般包括主管政府部门代表或出资方代表、外部专家、科研机构内部代表等各利益相关方。这种复杂多元的背景身份，能够更充分地代表各方利益、调动各界资源，并有利于实现理事会内部的权力制衡。理事会在确定机构发展战略、选择和监督高层管理者、审议预算和经费分配方案、审议年度工作报告、决定组织重大事项等方面发挥决定作用。

（一）理事会的产生方式

理事会成员的产生方式包括自上而下任命和自下而上选举两种。

1. 自上而下任命

自上而下任命的典型做法是由政府任命理事长、理事长提名和任命理事。例如，日本理化学研究所实行理事会制度，理事长由首相任命，任期 4 年；理事会中的其他 5 名理事和 2 名监事则由理事长任命。类似地，产业技术综合研究所也实行理事会制度，理事会设理事长、副理事长和理事。理事长为法人代表，由主管大臣任命②。

2. 自下而上选举

自下而上选举则主要由全体会员大会选举产生理事，会员或理事选举产生

---

① 肖小溪，李晓轩. 科研机构章程的两种主要模式及启示[J]. 中国软科学, 2017, (10): 23-30.
② 胡智慧，王建芳，张秋菊，等. 世界主要国立科研机构管理模式研究[M]. 北京: 科学出版社, 2016.

理事长。例如，德国科研机构大多按照民法规定的程序、以法人社团等形式注册，以全体会员大会作为最高权力机构、理事会为最高决策和执行机构。理事会成员一般通过选举产生，由联邦或州政府、科技界、经济界的代表担任。例如，马普学会的理事会由 32 名一般评议员和 15 名当然评议员构成。其中，32 名一般评议员由全体会员大会选举产生，人员来自科学界、企业、政府部门、媒体或其他机构；15 名当然评议员包括马普学会的主席、科学委员会的主席团成员、3 个学部的主席团成员、秘书长、学部推选的科学家代表、5 位来自联邦政府和州政府相关部门的部长或副部长等[①]。弗劳恩霍夫协会的理事会成员由全体会员大会选举产生，任期 5 年，理事会成员进一步选举产生理事会主席[②]。理事会成员主要来自政府、科技界和工商界。其中，政府人士分别代表联邦政府和地方政府；科技界人士为世界知名科学家或特定领域的资深专家；工商界人士一般为全国性经济团体的代表、著名企业的经营管理者[③]。

还有许多国家科研机构会将两种途径结合起来，通过任命和选举分别产生部分理事。例如，法国国家科学研究中心的理事会主席由国家科学研究中心主席兼任，人选由高等教育、研究与创新部（MESRI）部长提名，法国总统任命，任期为 4 年，最多连任 2 届。理事会主席都是科学研究领域中的杰出人才[④]。理事会的其他 20 名成员由各利益相关主体代表组成，包括 3 名由教研部与财政部指派的国家代表、1 名法国大学校长会议代表、4 名科技界代表、4 名社会经济界代表、4 名劳动界代表、4 名由中心内部选举出的员工代表[⑤]。

（二）理事会的主要职能

理事会代表公众利益负责监管科研机构的运行，主要职责包括：①规则制定，包括制定和修改科研机构的章程、条例等重要文件；②人员任免，包括任免科研机构的高层管理人员、分支机构负责人等；③资源分配和项目管理，包

---

① 白春礼. 世界主要国立科研机构概况[M]. 北京: 科学出版社, 2013.

② 胡智慧, 王建芳, 张秋菊, 等. 世界主要国立科研机构管理模式研究[M]. 北京: 科学出版社, 2016.

③ 周晓旭, 朱光明. 德国非营利科研机构模式及其对中国的启示——以弗琅霍夫协会为例的考察[J]. 东岳论丛, 2007, 28(2): 45-50.

④ 白春礼. 世界主要国立科研机构概况[M]. 北京: 科学出版社, 2013.

⑤ 胡智慧, 王建芳, 张秋菊, 等. 世界主要国立科研机构管理模式研究[M]. 北京: 科学出版社, 2016.

括审议和批复预算、决算，对立项和项目执行情况进行审查和监督等；④机构管理，主要是指下设多个研究所或研究中心的机构，理事会还负责决定这些机构的新建、变动与撤销，并对机构进行评估和管理。

在德国，弗劳恩霍夫协会的理事会主要承担修改协会章程及选举条例、聘任条例等重要文件、任免执行委员会领导人及其成员、任免学部负责人、审议并批准协会的发展规划和年度计划、决定协会所属科研机构的新建和变动、审查并批准财务预算方案和决算报告、审查重大科研项目的评估结果等职能①。马普学会的理事会享有机构规章的制定权，负责委任学会主席及执行委员会的其他成员，对秘书长的委任有决定权，批准总预算、年度报告和年度财务报告，做出研究所建立与关闭的决议，决定下设机构的股本权益等②。

法国国家科学研究中心的人事和管理职权则更加集中于理事会主席（如前所述，理事会主席也是国家科学研究中心的主席），由理事会主席直接任命科学主任（负责管理国家科学研究中心下设的研究院）、资源主任（负责行政与财政事务管理，以及地区代表处的行动管理）和直属研究单元的负责人，联合实验室则在与共建机构商议后任命负责人。主席每年至少召集 4 次理事会会议，确定理事会的议程，组织并引导讨论研究所的各项事务，包括编制和调整预算、管理财务账目、管理资产、撰写年度工作报告、制定参加社会性相关活动政策、确定对外合作开发费用标准、确定派出人员薪酬等。理事会经科学委员会（内部咨询与评估机构）的建议可创建、重组或撤销研究机构，确定联合研究单元的合作协议中有关目标、经费分配、人员配备等内容③。

日本产业技术综合研究所的理事会职责主要包括确定科研方向、审议预算和经费分配方案、审议年度工作报告、任免院所领导及其他重大问题的决策。决策的执行情况则主要由监事会负责监督。在科研方向确定方面，每年研究部门主管需在和理事长直接沟通后递交项目研究计划，理事长会与各研究部门主任进行一对一的合同目标管理④。一方面，允许各研究部门有一定的科研选择

① 周晓旭，朱光明. 德国非营利科研机构模式及其对中国的启示——以弗琅霍夫协会为例的考察[J]. 东岳论丛, 2007, 28(2): 45-50.

② 白春礼. 世界主要国立科研机构概况[M]. 北京: 科学出版社, 2013.

③ 吴海军. 法国国家科研中心及其管理制度建设[J]. 全球科技经济瞭望, 2014, 29(2): 33-40, 76.

④ 胡智慧，王建芳，张秋菊，等. 世界主要国立科研机构管理模式研究[M]. 北京: 科学出版社, 2016.

自由；另一方面，各研究部门的立项和成果均纳入产业技术综合研究所的评估范围，评估结果与研究部门下阶段研究经费的增减挂钩[①]。

第四节 管办分离：国有民营

二战前，国家科研机构大多采用国有国营（government-owned and government-operated，GOGO）的运营方式，即政府拥有资产、政府直接管理运营。科研机构的管理人员和科研人员均为政府雇员，薪酬体系参照政府公务员。主管部门对国家科研机构的研究方向和运行管理具有关键影响，往往根据国家需要制订计划，直接管理国家科研机构事务和执行研究计划。这一模式在承担高风险、长周期、多学科交叉的探索性、前瞻性研究任务、重大科研计划攻关任务方面具有优势，可以最大程度地贯彻政府意志、服务国家利益，可以规避市场变化带来的风险，同时也有利于建立稳定的研究队伍。然而，国家科研机构的自主权相对较小，管理模式也容易趋于僵化，导致运行效率偏低。并且，由于科研人员是政府雇员，工资水平不高，也不利于通过市场规律和激励机制吸引高水平人才和激发创造潜力。

二战以后，为快速转化科技成果形成军事作战能力，美国创造出国有民营（government-owned and contractor-operated，GOCO）这一新的国家科研机构运营模式。国有民营是指政府拥有资产、确定定位和任务，通过招标方式，委托大学、企业或其他非营利机构运营国家实验室。在美国，国家实验室实行董事会或理事会领导下的主任负责制，大部分人员由实验室的承包商根据项目需求以合同制方式聘用，少数人员则是政府委派在国家实验室工作的政府雇员（驻地办公室人员）。一方面，政府作为资产拥有者和委托方，可以对承包商的管理进行监督和绩效评估，协调解决国家实验室运营中出现的问题，确保其不偏离国家发展战略目标。另一方面，这一组织模式在人员规模和薪酬设置上的自主权较大，更有利于吸引高水平人才，使资源配置和使用更加灵活，此外，该

[①] 连瑞瑞. 综合性国家科学中心管理运行机制与政策保障研究[D]. 中国科学技术大学博士学位论文, 2019.

模式还能够利用大学、企业等承包商的研发和管理经验提高研发效率，并快速响应国家的研究重点和社会需求；在技术转移方面的自主权也较高，一般可以与其他主体签订合作伙伴协议，共享知识产权成果。

GOCO 模式在保持国家科研机构对国家需求的快速响应能力的同时，使得科技资源配置和使用更加灵活高效，能够充分运用大学和企业的研发与管理经验，提高研发效率、推动科学技术进步。美国能源部所属的 17 个国家实验室中，有 16 个采用了 GOCO 模式。这种管理模式在长达 60 年的时间内为美国保持科学上的卓越地位和美国国家安全做出了重要贡献，证明了这种管理模式是成功的[①]。这些成功实践对其他国家产生了深远的影响，特别是英国国家物理实验室（NPL）从 GOGO 模式转为 GOCO 模式，积极回应了这种时代潮流[②]。日本将公立科研机构从政府部门直属单位转变为独立行政法人。今天，管办分离、提高科研机构的独立性已经成为主要国家科技治理体系的基本特征[③]。

一、运营商的类别和产生

具体负责国家科研机构运行管理的机构大致包括大学、大学与其他机构联合成立的有限责任公司、其他联合公司、信托基金 4 类。以美国能源部下属的16 个按照 GOCO 模式运营的国家实验室为例，其中 5 个由大学直接与美国能源部签订合同并负责运行管理；4 个由大学作为共同管理者，与信托基金、公司等机构联合成立有限责任公司后，通过公司与美国能源部签署并执行合同；3 个由其他机构联合成立的有限责任公司与美国能源部签署合同运行管理、4个由信托基金与美国能源部签订合同进行管理[④]。

英国的 NPL 原来是由英国商贸与工业部（DTI）管理并提供研究经费的国

---

① 赵俊杰. 美国能源部国家实验室的管理机制[J]. 全球科技经济瞭望, 2013, 28(7): 32-36.

② 周寄中, 蔡文东, 黄宁燕. GOCO模式及其对我国国家科研院所体制改革的启示[J]. 中国软科学, 2003, (10): 95-100.

③ 张志强, 熊永兰, 安培浚. 科技发达国家国立科研机构过去二十年改革发展观察[J]. 中国科学院院刊, 2015, 30(4): 517-526.

④ 何洁, 郑英姿. 美国能源部国家实验室的管理对我国高校建设国家实验室的启示[J]. 科技管理研究, 2012, (3): 68-72.

家标准实验室，主要从事测量标准的研究以及与工程材料、信息技术（IT）相关的工作。20 世纪 90 年代，随着 DTI 投入到标准计量学研究的预算不断减少，NPL 经历了从 GOGO 向 GOCO 模式的转制。为选择合适的运营商，DTI 发出邀标书，并提出战略计划、详细的服务范围、承包商、DTI 和客户的具体责任、资产的所有权、控制与管理、知识产权、行为监督、质量保证和控制机制、服务收费等多个方面的协商要求。许多公司和机构积极响应，其中 5 家通过了筛选并参加竞标。最终，英国信佳集团（Serco）中标，在 1995 年与 DTI 签订了为期 5 年的合同，负责管理 NPL[①]。此后，DTI 与信佳集团多次续签合同，直至 2012 年底，英国政府认为信佳集团作为商业公司的运营方式与 NPL 的长期目标和学术属性之间的矛盾不可调和，决定在 2014 年委托运营合同到期后不再与信佳集团续约[②]。2014 年，经过一系列招投标程序后，思克莱德大学、萨里大学两所大学最终在竞争中胜出，于次年正式成为 NPL 的战略合作伙伴。

二、运营商的职能

一般而言，在国有民营的模式下，政府职能部门与运营商的职责分工包括以下内容。

（1）政府职能部门：①代表国家与负责国家科研机构具体运行管理的机构（运营商）签订合同，明确每个科研机构的使命；②为科研机构提供运行经费；③根据合同对科研机构成果进行年度考评。

（2）运营商：①依据合同管理科研机构，为科研机构提供良好的科学研究环境，包括引进研究人员、创造脱离政治压力的学术与组织环境；②邀请同行专家对科研人员的学术研究进行评价；③在完成政府合同约定的前提下，为科研机构争取多种经费来源，包括承担来自其他市场主体的研究任务。

加州大学是劳伦斯伯克利国家实验室的管理者，也是劳伦斯利弗莫尔国家实验室（LLNL）、洛斯阿拉莫斯国家实验室的共同管理者，共参与了美国能

---

① 叶展成. 英国国家物理实验室的体制改革及效果[J]. 全球科技经济瞭望, 2000, (2): 50-51.

② National Measurement Office, Department for Business, Innovation & Skills, The Rt Hon David Willetts. Future operation of the National Physical Laboratory (NPL) [EB/OL]. https://www.gov.uk/government/speeches/future-operation-of-the-national-physical-laboratory-npl[2021-11-27].

源部 3 个国家实验室的运行与管理。通过合作，加州大学的学生和科研人员得以使用由美国能源部支持的先进科研仪器，国家实验室在完成与能源部签订的合同目标时，也获得了加州大学科学家的加入和协作，有效调动了大学的人力和智力资源，使其服务于国家实验室的任务目标[①]。

根据信佳集团在管理 NPL 时与政府签订的合同约定，信佳集团作为实验室运营商的职责包括：①在英国政府承诺提供的研究经费范围内，确定实验室的年度研究内容，并报 DTI 批准；②对 DTI 的资助项目内容提建议，并共同确定哪些项目由 NPL 作为"单独投标人"承担，哪些将在公开竞争招标的基础上确定；③选聘和管理研究人员，制定实验室雇员薪酬激励制度，并负责员工的养老金计划；④为使用实验室的土地、房屋和主要设施支付租金。在此基础上，NPL 的活动还受到一定的限制和监管，包括：①可以使用实验室资产完成商业活动，但不能影响对 DTI 交付合同任务的履行，且 DTI 对 NPL 的商业活动具有否决权；②英国皇家科学院和英国皇家工程院的一些著名科学家和工程师组成一个小组，监督 NPL 的科学研究水平和运行状况，定期向英国政府提供报告[②]。如此，按照 GOCO 模式运营的 NPL 用人方式更加灵活，在研究项目的确定上也拥有更多的自主空间。

第五节　中国国家科研机构：走向契约管理

与主要发达国家相比，我国科研机构管理体系较为复杂。根据《中国科技统计年鉴 2022》，2020 年我国政府部门所属科研机构 2962 个，其中，中央部门所属机构 746 个[③]。这些中央级科研机构面向国家重大需求，主要从事前沿性、战略性研究，主要受到中央财政经费的资助，也受到一定的地方财政支持。

从科研机构与政府的关系看，中央级科研机构经历了管办分离的改革历

---

① 何洁, 郑英姿. 美国能源部国家实验室的管理对我国高校建设国家实验室的启示[J]. 科技管理研究, 2012, (3): 68-72.

② 刘育新, 吴英, 黄英达. NPL: 政府所有委托管理的实验室——英国科研机构改革的一种模式[J]. 中国软科学, 1997, (8): 9-12.

③ 国家统计局. 中国科技统计年鉴 2022[M]. 北京: 中国统计出版社, 2022.

程，即不断减少政府对科研机构微观事务的干预。从科研机构的内部管理看，建立法人治理结构的改革路径日益清晰。完善中央级科研机构章程、实现章程管理的改革正在进行中。

一、开展管办分离的科研机构改革

1985 年前，在计划经济体制下，政府对中央级科研机构实行全额拨款，对科研人员采取行政化管理，通过项目形式对课题组下达研究任务，这种管理方式具有典型的政府主导的行政管理特征。尽管这一模式有利于集中人力、财力、物力组织攻关活动，但由于科研自主权很低，科研活动大多反映主管部门的意志，经费使用效率并不高。此后的数十年中，经过多轮改革，逐渐走出了一条管办分离的发展之路，科研机构在人员、经费和设施管理等方面拥有越来越多的自主权。

技术开发类科研院所的企业化转制。1985 年颁布的《中共中央关于科学技术体制改革的决定》，以拨款制度为突破口推行科研院所改革。1994 年国家科学技术委员会、国家经济体制改革委员会联合下发《适应社会主义市场经济发展、深化科技体制改革实施要点》，提出在微观层面建立现代科研院所制度和现代科技企业制度，在宏观层面建立现代科技行政管理体制。1996 年颁布的《国务院关于"九五"期间深化科技体制改革的决定》，提出能够为企业提供技术开发的机构可以直接进入企业序列；鼓励技术开发和技术服务型机构创造条件实行企业化管理。2000 年国务院第 38 号文件《关于深化科研机构管理体制改革的实施意见》向企业化转制的科研院所提供了扶持政策，并对按非营利机构运行和管理的科研院所实施了改革激励。

社会公益类科研院所建立治理结构。社会公益类科研机构继续保持在事业单位序列，但也逐步树立起科研自主权的理念和治理意识，不断完善治理制度。1995 年颁布的《中共中央、国务院关于加速科学技术进步的决定》，提出试行理事会领导、由科技人员代表组成的监事会监督、院所长负责的新型管理制度。2012 年中共中央、国务院印发的《关于深化科技体制改革加快国家创新体系建设的意见》，提出建立健全现代科研院所制度，制定科研院所章程，完善治理结构，进一步落实法人自主权，探索实行由主要利益相关方代表构成的理事会制度。2015 年，中共中央办公厅、国务院办公厅印发的《深化科技体制改革实施方案》再次强调，要完善科研院所法人治理结构，推动科研机构制定章程，探索理事会制度，推进科研事业单位取消行政级别；推进公益类科研院所分类改革，落实科研事业单位在编制管理、人员聘用、职称评定、绩效工资分配等方面的自主权。2018 年，中共中央办公厅、国务院办公厅印发的《关于深化项目评审、人才评价、机构评估改革的意见》进一步强调，要推动中央级科研事业单位制定实施章程，确立章程在单位管理运行中的基础性制度地位；加快推进政事分开、管办分离，赋予科研事业单位充分自主权，对章程明确赋予科研事业单位管理权限的事务，由单位自主独立决策、科学有效管理，少干预或不干预。2019 年，科技部、教育部、国家发展和改革委员会、财政部、人力资源和社会保障部、中国科学院联合印发的《关于扩大高校和科研院所科研相关自主权的若干意见》明确提出推动扩大高校和科研院所科研领域自主权，要求完善章程管理和绩效管理，优化科研管理机制，改革人事管理方式，完善绩效工资分配方式等。

政事分开、管办分离的发展路径日渐清晰，政府对科研机构主要负责政策法规制定、公共服务、监督保障等，减少对科研机构主体进行直接干预。科研机构在人才培养、吸引、使用和评价中发挥主导作用，在科研经费的预算制定、调剂使用等方面也拥有更多自主权。

二、推进章程管理尚需实践探索

2017 年 9 月，科技部、中央机构编制委员会办公室、人力资源和社会保障部印发《关于中央级科研事业单位章程制定工作的指导意见》将制定科研机构章程作为推动中央级科研事业单位创新管理机制、完善法人治理结构、健全现代科研院所制度、提升科技创新能力的重要举措。该意见指出，"科研事业单位章程是科研事业单位管理运行、开展科研活动的基本准则，是科研事业单位举办单位或主管部门、科技行政管理部门、登记管理机关以及社会各界开展科研事业单位监督评估的重要依据"，要求中央级科研事业单位"依据《中华人民共和国科学技术进步法》、《中华人民共和国促进科技成果转化法》等法律法规"制定章程。2021 年新修订的《中华人民共和国科学技术进步法》明确规定科研机构应当依法制定章程，将其作为推进章程管理的前置要求，强调科研机构章程要明确其职能定位和业务范围。

事实上，早在 1950 年，中国科学院就制定了《中国科学院暂行组织条例草案》，并在此后根据国家科技管理体系和中国科学院实际情况经历多轮修改。2019 年 7 月 25 日，中国科学院党组会议修订并通过了最新的《中国科学院章程》，明确了中国科学院的定位、主要职责、领导体系、组织管理、科技管理、人才管理、财务管理等多个方面的内部管理规定。

从政策和实践看，我国推动科研机构制定的章程更接近大陆法系中的组织规章，即由科研机构制定的有关自身治理的文件。然而，大陆法系科研机构章程的主要定位是保障科研机构自治，但我国政府与科研机构之间的契约关系尚需进一步厘清，科研机构的自主权也需要在依据章程管理的实践中不断落实[1]。此外，由于缺乏立法层面对中央级科研机构法律主体性质的明确，科研机构在组织机制、人才培养、经费管理、支撑保障等诸多方面仍面临事业单位一般性制度的约束，制约了其战略性作用的发挥[2]。

三、建立中国特色理事会制度

理事会制度作为创新科研院所治理方式的重要内容，在我国受到越来越多的关注和重视。2005 年 4 月国家事业单位登记管理局颁布实施的《事业单位登记管理暂行条例实施细则》最早从规章层面提出法人治理结构的事业单位组织机构形式。2011 年 7 月国务院办公厅出台的《关于建立和完善事业单位法人治理结构的意见》明确了建立和完善事业单位法人治理结构的基本原则和总体要求，细化了决策监督机构及理事会构成、管理层权责、章程制定等主要内容。2012 年 9 月中共中央、国务院印发的《关于深化科技体制改革加快国家创新体系建设的意见》，明确了科研院所改革方向和目标，要求建立健全现代科研院所制度，制定科研院所章程，完善治理结构，进一步落实法人自主权，

---

① 肖小溪, 李晓轩. 科研机构章程的两种主要模式及启示[J]. 中国软科学, 2017, (10): 23-30.
② 肖尤丹, 刘海波, 肖冰. 中国科学院法律主体性质及其立法重构[J]. 中国科学院院刊, 2017, 32(10): 1133-1141.

探索实行由主要利益相关方代表构成的理事会制度。2017 年，科技部、中央机构编制委员会办公室、人力资源和社会保障部联合印发《关于中央级科研事业单位章程制定工作的指导意见》，将建立法人治理结构纳入章程内容，对具备条件的科研事业单位可根据国家法规政策，以及实际情况和发展需要，建立法人治理结构，设置理事会，实现决策权、执行权和监督权互相分离、协调运行。

在这些政策引导和制度保障下，部分新成立的科研机构率先做出有益探索。中国科学院深圳先进技术研究院作为中国科学院与地方政府在转变发展方式、支持区域创新发展方面的新型研发机构，自成立起即实行理事会管理。2010年，根据《中国科学院与合作方共建研究机构理事会章程》，由共建三方成立第一届理事会。中国科学院担任理事长单位，深圳市人民政府、香港中文大学担任副理事长单位，中国科学院广州分院、深圳市相关局委参与。中国科学院深圳先进技术研究院理事会的主要职责包括：负责审议中国科学院深圳先进技术研究院重要规章和制度，提出所长（院长、主任）与副所长（副院长、副主任）的建议人选，审议发展战略、规划及法定代表人任期目标，审议年度工作报告、财务预算方案和决算报告，审议批准中国科学院深圳先进技术研究院的薪酬方案等。[①]

四、契约管理的两个方向

为适应科研活动的探索性、不确定性、公共性和外部性特征，世界主要发达国家纷纷建立起管办分离、契约管理的政府与科研机构关系，形成目标导向下的科研自治。政府依据签订的组织目标合同或项目目标合同，资助与监管科研机构；科研机构则通过章程管理和理事会制度实现科研自治；国有民营模式的制度创新进一步提高了科研机构的灵活性和运行效率。

我国科研机构改革正不断深化，政事分开、管办分离的发展路径日渐清晰，推进章程管理和建立理事会制度是改革的重要内容。面向未来，建立政府与科研机构之间的契约关系包括以下两个重点方向：①立足长期战略，通过立法确

① 理事会[EB/OL]. https://www.siat.ac.cn/jgsz2016/lsh2016[2021-08-27].

认和重构国家科研机构的法律主体性质，明确其与政府的关系、使命定位、机构设置、组织方式等，切实推进章程管理；②立足中期任务，加强项目牵引，由国家和科研机构共同确定未来 5—10 年的重点攻关领域、签订项目目标合同、依据合同进行资助与监管。长期战略与中期任务相协同，将有助于实现与我国国情相适应的、目标导向下的政府与科研机构关系。

第四章

组织形式：践行使命定位的建制化科研

———————

组织是偏好、信息、利益和知识相异的个体或群体相互之间协调行动的系统[①]，组织形式也就是为实现组织目标，协调个人和群体之间行动的方式。科研机构由政府建立并资助，自诞生以来就围绕国家发展战略需求，有组织、规模化地开展跨学科、跨领域的交叉融合性科研活动。科研机构的科研活动组织方式随时代发展不断演化，既体现在研究选题、研究过程等环节，也体现在组织架构等方面。当前，世界各国国家科研机构都立足本国国家创新系统，面向不同的国家需求和目标定位，建成了各具特色的组织形式。本章将归纳各国国家科研机构组织科研活动的类型和特征，重点介绍国家科研机构的任务形成、内部研发和跨机构合作研发的组织方式，并总结对我国国家科研机构建设的启示。

第一节　科研机构的使命定位与有组织的科研活动

一、科研机构的使命定位

科研机构的使命定位源于履行政府赋予的职责和功能，随着政府需求的调整，其使命定位也相应变化。法兰西科学院作为最早的国家科研机构，成立之

———————

① [美]詹姆斯·马奇，赫伯特·西蒙. 组织[M]. 邵冲译. 北京: 机械工业出版社, 2008.

初主要研究皇室大臣交给的问题。19世纪下半叶到20世纪初，西方国家出于提供公共服务的需要，在农业、地质、卫生、渔业、林业等领域建立了一批国家科研机构，服务国家利益和目标。二战后，世界各国认识到科学技术的重要性，于是在核能、空间等领域大力发展国家科研机构，以支撑国家安全和战略需要。20世纪80年代开始，世界主要国家开始大力推动科技与经济的结合，国家科研机构针对产业发展需求，开展了一些规模大、时间长、企业难以承担的技术研发。

当前，世界各国国家科研机构的使命定位各有不同，概括起来主要有以下几方面：一是服务国家目标。紧紧围绕国家经济社会发展和国家安全的重大需求，开展目标导向的重要基础研究、战略高技术研究和重大公益研究，突破关键核心技术，提供系统解决方案。二是开展基础前沿研究。集中解决新兴、交叉、综合性的前沿科学问题，聚焦未来技术前沿，创造新知识，形成集群优势，加深人类对自然、社会及自身的理解，为新兴技术提供源头。三是提供创新平台，建设、管理和运行国家大型科技基础设施，研发重大科研设备，为全国研发力量提供开放共享的创新平台，开展国际交流与合作。四是培养创新型人才。在科技创新活动中，培养造就高层次创新人才；发挥科研资源丰富的优势，与大学、企业等联合培养优秀青年人才[①]。

二、有组织的科研活动

（一）特征

与大学和企业不同，国家科研机构开展有组织、建制化的科研活动，其科研活动主要有以下特征。

一是需求牵引。国家科研机构以服务国家战略需求为主责。自国家科研机构出现以来，其科研活动大都具有明确的国家需求或目标导向，主要包括以下几种：①与国家利益和国家安全相关的重大战略性科技问题研究；②耗资大、风险高，企业、高校和其他社会组织不愿开展或无力开展的前沿、基础和共性研究；③可提高人民生活质量的医学、农业等公共研究；④政府履行技术监督、

① 白春礼. 世界主要国立科研机构概况[M]. 北京: 科学出版社, 2013: 19-20.

计量标准、质量检测等职责所需研究[①]。

二是多学科交叉融合。自近代以来，科学研究从"小科学"时代发展到"大科学"时代，科学问题的综合性和复杂性显著提升，科学研究呈现出难度高、参与人数多、涉及学科广等特点，越来越需要以有组织的集体方式开展，如曼哈顿计划、阿波罗计划、人类基因组计划、哈勃空间望远镜计划等。这与国家科研机构任务导向的定位相契合，使国家科研机构成为开展综合性科研的主要载体，得到了快速发展。这些科研以复杂昂贵的实验设备为支撑，形成了以团队合作方式规模化开展跨学科、跨领域交叉融合性研究的特征。

三是多主体共同参与。随着科学研究与社会经济发展的联系愈发紧密，知识经济得到了迅速发展，从事科学研究的主体不断增多，除了大学、科研机构以外，企业在科学研究中的投入不断增强、作用日益显著，科学研究越来越需要多学科、多机构的广泛合作，呈现出网络化、生态化的发展趋势。20 世纪80 年代后，国家科研机构从服务国家安全需要向服务经济、社会发展的多方面需要转变，与企业、大学等机构的合作也就更加广泛、深入，众多主体共同参与到国家科研机构的科研活动中。

（二）分类

国家科研机构的科研活动可以从多个角度进行划分。

（1）从科研活动目标来看，国家科研机构既有服务于国家当前需求的集中攻关研究，如原子弹的研制，也有服务于长远需求的探索性研究，如引力波研究。

（2）从科研活动类型来看，国家科研机构的研究涵盖各种类型。一般认为，科研活动可以分为基础研究、应用研究和试验发展。国家科研机构以国家安全和发展需求为导向，除马普学会等专注于基础研究的科研机构外，大部分科研机构都会从任务出发，组织包括基础研究、应用研究和试验发展的综合性研究。

（3）从科研活动的组织边界来看，为应对知识创造不确定性，国家科研机构突破组织边界与其他科研机构、大学、企业等开展跨机构合作，促进优质科技资源强强联合。例如，法国国家科学研究中心自 1966 年就开始了柔性科研组织模式探索，截至 2017 年，近 90%的研究单元是通过与国家科学研究中心

[①] 胡智慧，王建芳，张秋菊，等. 世界主要国立科研机构管理模式研究[M]. 北京：科学出版社，2016: 2.

以外的单位联合组建，研究单元每四年进行一次更新、调整①。

第二节　有组织的科研任务形成与类型

国家科研机构开展有组织的科研活动，首先需要将国家需求转译为科学和技术问题，确立科研任务。根据不同的任务需求和科研活动特征，国家科研机构的科研任务形成大致包括以下几种类型。

一、国家安全需要、产出明确的综合研究

此类科研任务来源于维护国家国防、产业等方面的安全需要，产出目标明确，需要动员大规模科研力量开展系统性、工程性研究。这类研究往往采用自上而下的方式，由政府直接定向委托。例如曼哈顿计划，1942 年由美国总统直接领导的"最高政策小组"（美国战时的最高决策机构）确定要赶在任何敌国之前造出能用于实战的原子弹，联邦政府采用工程原则推进曼哈顿计划，动员政府部门、大型工业企业和科学家一起解决了科学研究中许多悬而未决的问题，掌握了原子弹批量生产的相关技术②。曼哈顿计划历时 3 年，不仅制造出了原子弹，也建设、发展了洛斯阿拉莫斯国家实验室等科研机构，为美国能源部国家实验室体系建设奠定了基础。

二、国家竞争需要的战略和新兴领域研究

此类科研任务由政府出于竞争考虑部署，但产出目标可能并不明确，往往是问题或方向性的描述。这类研究多采用自上而下和自下而上相结合的任务形

---

① 盛夏. 率先建设国际一流科研机构——基于法国国家科研中心治理模式特点的研究及启示[J]. 中国科学院院刊, 2018, 33(9): 962-971.

② 路风, 何鹏宇. 举国体制与重大突破——以特殊机构执行和完成重大任务的历史经验及启示[J]. 管理世界, 2021, (7): 1-18.

成机制，由政府、科研机构、企业等相关主体共同将需求转译、分解为可以落实的科技项目。

一是国家战略必争领域任务形成方式。国家在战略必争领域的科技需求一般由国家科研机构的科研人员与政府部门工作人员通过头脑风暴等方式，面对面交流，共同凝练、遴选，合作转译为具体科研项目。例如，德国亥姆霍兹联合会围绕能源，地球与环境，健康，航空、航天与运输，物质，关键技术六大领域开展研究工作，其科研项目都是在"圆桌"上共同制定的，亥姆霍兹联合会与来自联邦政府和州政府的出资方代表进行深入探讨、协商，并协助政府部门确立相关研究项目[①]。

二是新兴领域科研任务形成方式。新兴领域具有较高的不确定性，需要各方在推进过程中深入交流、沟通，调整和细化科研任务。例如，美国国家实验室参与建设的制造业创新中心，旨在加速先进制造技术成果的转化和产业渗透。美国联邦政府确定各个创新中心的技术领域，由各个制造业创新中心根据本领域的产业需求和技术发展等情况，制定各自的技术转化路线图，并通过"产学研政"互动的方式制订出相应的研究与开发计划。为制定技术转化路线图，制造业创新中心会定期举办由"产学研政"代表参与的研讨会，研判产业界需要的、具有较高转化可能性的先进制造技术和工艺。最后，制造业创新中心在研究与开发计划的基础上，向各个合作成员机构征集研发提案，并通过招标方式，遴选出最优方案，提供资助[②]。

三、科学发展需要的前沿性和基础性研究

此类科研任务面向科学技术发展需求，既包括天文、物理等学科领域的前沿探索性研究，也包括服务、支撑科学技术整体发展的大科学装置的研制和建设。由于专业性较强，这类研究往往采用自下而上的方式，由科研人员或科学共同体凝练形成科研任务。

---

① 德国亥姆霍兹联合会. 德国国家实验室体系的发展历程: 德国亥姆霍兹联合会的前世今生[M]. 何宏, 等译. 北京: 科学出版社, 2019.

② 国务院发展研究中心"激发创新主体的活力"课题组. 美国制造业创新中心的运作模式与启示[J]. 发展研究, 2017, (2): 4-7.

一是探索性科研任务形成方式。科研前沿探索并不具有明确的应用目标，而是充满了不确定性，因此，国家科研机构往往通过遴选关键人物来部署前沿研究任务。例如，马普学会秉承哈纳克原则，通过全球公开招聘遴选研究所所长，研究所所长负责确定研究所的科学目标、优先支持领域，对人员招聘、经费管理、部门设置以及选择合作伙伴及其合作形式拥有决定权。

二是大科学装置任务形成方式。大科学装置投资巨大，需要对其必要性和可行性进行广泛调查、科学论证、严谨评估，在此基础上，由相关部门根据国家科技发展的整体计划进行合理决策。例如，日本大科学装置建设一般由国立研究开发法人或科学家、学术团体调查研究并提出项目建议，经专门设立的权威学术团体或专家委员会对必要性和可行性进行调查研究、论证后，提交文部科学省。文部科学省在评估、审议通过后向综合科技创新会议和财务省提出项目计划和预算要求。在获得综合科技创新会议批准后，大科学装置项目才可以实施。

第三节 科研机构内部科研活动组织形式

国家科研机构结合使命任务特点和科学研究规范，形成了不同于大学、企业的体系化组织方式，既保持了应对复杂问题的灵活性，也具有开展系统性大规模研究的组织能力。

一、科研机构的组织架构

（一）完善的评议决策部门

国家科研机构大都设立了学术委员会、咨询委员会等部门为科研机构的发展和科研活动的开展提供咨询建议，以适应科研工作极高的复杂性和不确定性。例如，德国亥姆霍兹联合会下属的波茨坦地学研究中心（GFZ）设有科学顾问委员会和内部科学委员会，科学顾问委员会负责就研究战略、计划和发展等问题提供建议和咨询，内部科学委员会负责对基础科学研究相关的重要决策提供建议；美国国立卫生研究院的每个研究所、中心都设有咨询委员会，由所长、院外科学家和公众代表组成，负责评估和批准所有的研究项目和合同项目；有院内项目的研究所还设有科学顾问委员会，由来自世界各地的专家组成，负责评估实验室的研究项目和研究者的晋升及任期。

（二）健全的行政管理部门

国家科研机构的科研活动涉及人员、经费、仪器设备等众多方面。因此，国家科研机构内部都建有任务管理、人事管理、财务管理、设备与设施管理等行政管理部门，为开展有组织的科研活动提供必要的管理支撑。

（三）多样的研发组织架构

研发活动部门是国家科研机构的核心单元，负责具体开展相关科研工作。由于使命任务的多样性，国家科研机构大都构建了柔性的研发组织架构，主要有以下两种。

一是矩阵式研发组织架构。一些国家科研机构为了兼顾学科领域研究和科研任务执行，构建了专业方向和任务领域交叉的矩阵式架构。例如，波茨坦地学研究中心构建了研究主题和专业方向交叉的矩阵式组织体系，聚焦全球过程、板块边界系统、地球表面和气候相互作用、自然灾害、地球资源、地热能源系统、大气和气候、海洋等 8 个研究主题方向，明确研究目标和研究内容，组织大地测量部、地球物理部、地球化学部、岩土部、地球档案部、大地构造学部和地质服务部等 7 个研究部不同程度地参与各个研究主题的研究工作[①]。

二是功能式研发组织架构。一些国家科研机构为了履行多种使命任务，根据科研特点构建了不同的功能单元。例如，日本产业技术综合研究所专注于创造和应用对日本工业和社会有用的技术，以及"弥合"创新技术萌芽与商业化之间的差距，内部设有研究所和研究中心。其中，研究所是开展研究、培训研究人员的基本单元，开展目标导向的基础研究工作，致力于自身和公司间的转

---

① 刘文浩, 郑军卫, 赵纪东, 等. 德国 GFZ 国家实验室管理模式及其对我国的启示[J]. 世界科技研究与发展, 2017, 39(3): 225-231.

化研究，如电化学能源研究所等；研究中心是响应产业和社会需求的临时研究单位，通过调动所需人员将产业技术综合研究所的创新技术与商业化联系起来，促进与公司的合作研究，如可再生能源研究中心等[①]。

（四）多类型科研管理体制

部分国家科研机构仅聚焦在国家安全、空间科技、能源开发、环境保护、疾病防治中的某个领域，或物理学、化学、医学等某个学科方向，这类科研机构为单一性的国家科研机构，往往具有相对扁平的管理架构，如费米国家加速器实验室（FNAL）。部分国家科研机构则由多个领域或多个学科方向的功能单元构成，为综合性国家科研机构，如德国的亥姆霍兹联合会、马普学会等。为履行国家赋予的使命定位，综合性国家科研机构需要进行跨学科、跨领域、多层级协调，也就形成了院-所两级管理体系。由于研究所法律地位、各国科技体制等方面存在差异，综合性国家科研机构形成了多样的总部-专业所（中心）的两级管理架构。从管理体制来看，主要有集中决策式和分散协商式两种。

一是集中决策式。总部机构承担了战略规划、资源配置、评估、跨研究所（中心）协调等主要职能，多见于集中系统式科学研究的组织，比较典型的是德国亥姆霍兹联合会。亥姆霍兹联合会的核心决策机构是全体会员大会和评议会，负责制定发展战略和项目发展框架。评议会由联邦政府、州政府、科学界、产业界的代表组成，对所有重大决策进行商议，并选举主席与副主席。虽然亥姆霍兹联合会下属研究所都是独立法人机构，但实行项目导向的科研资助模式（program-oriented funding，PoF），各研究所的经费统一由联合会进行配置，各研究所围绕六大领域提出项目建议，亥姆霍兹联合会组织国际专家评估项目的学术质量和战略相关性，由评议会审议后，提出最终项目建议。亥姆霍兹联合会还组织国际专家开展周期性评估，联邦政府和州政府依据评估意见决定在每个计划项目上的资金投入。

二是分散协商式。总部机构承担战略规划、评估等工作，并组织跨研究所（中心）的科研活动；研究所（中心）仍具有较高的自主性，可以选定研究方

---

① 孟潇, 董洁. 日本产业技术综合研究所的发展运行经验及对新型科研机构的启示[J]. 科技智囊, 2020, (8): 66-70.

向、配置科研资源等，多见于分散分布式科学研究的组织，如马普学会、弗劳恩霍夫协会等。尽管马普学会、弗劳恩霍夫协会的组织架构与亥姆霍兹联合会相似（全体会员大会和评议会是最高决策机构，负责战略规划和研究实体建立、合并、解散等重大事项），但各研究所在经费配置和研究方向选择方面的自主权更大。在经费配置方面，马普学会是由学会与所长通过协商方式确定研究所年度经费总额；弗劳恩霍夫协会将国家下拨的事业费中的少部分（约占 1/3）无条件分配给各研究所以保证战略性、前瞻性研究，其余经费则按研究所上年的总收入和来自企业合同的收入情况进行拨付。在跨机构协调方面，弗劳恩霍夫协会通过对 2 个以上研究所合作研发的项目提供专项补贴，鼓励共同承担大型课题。在科研管理方面，马普学会、弗劳恩霍夫协会研究所的负责人在科研业务领域都享有充分的自主权。

二、科研机构的基本研究单元

自科学研究进入"大科学"时代以来，科研活动呈现出团队化、组织化特征，形成了两种主要的基本研究单元。

一种是研究部。国家科研机构将系统性研究分解成若干方向或主题成立研究部，将在相同或相近方向、主题下开展研究工作的科研人员划归到同一个研究部。此类研究单元多出现在研制和运行大科学装置等组织开展集中系统式研究的国家科研机构中。例如，中国科学院高能物理研究所主要从事高能物理研究、先进加速器物理与技术研究及开发利用、先进射线技术与应用的综合性研究，建设并运行北京正负电子对撞机、大亚湾核反应堆中微子实验、中国散裂中子源等大科学装置，其研究部门主要围绕大科学装置建设和应用组织，设有实验物理中心、加速器中心、计算中心、粒子天体物理中心等。

一种是课题组。课题组出现于 20 世纪 50 年代，由一个学术带头人带领科研团队开展研究，多出现在开展分散分布式研究的国家科研机构中，如开展生物技术研究的科研机构。学术带头人带领的完备科研团队一般包括研究人员、实验技术人员、访问学者、外部顾问、博士后、研究生等。其中，研究人员参与研究设计和具体的研究工作，帮助学术带头人实现研究目标；实验技术人员负责实验仪器、设备的运行和管理；访问学者来自其他科研机构，可以短期参与科研项目；外部顾问通过个人服务协议方式参与到科研项目中，提供咨询服务等科研支持；博士后协助学术带头人开展具体研究工作；研究生协助导师开展科研工作，并接受具体的指导和培训[①]。例如，2020 年，德国马普学会拥有23 000 多名员工，其中独立学术带头人约有 700 人，其余为一般研究人员、非研究人员、博士后、研究生、访问学者和本科生[②]。学术带头人在科研过程中享有很大的自主权，在很多科研机构中可以对人力等资源进行自主分配，并承担相应的义务。

三、围绕领域和任务的竞争与合作

国家科研机构的内部科研活动组织，既聚焦领域多途径培育科研能力，也加强规模化团队合作完成国家科研任务，实现领域发展和力量统筹的协调。

一是按领域部署科研力量。国家科研机构大都按领域建设科研队伍，并进行合理部署，这在综合性国家科研机构中表现得尤为突出。例如，法国国家科学研究中心于 2008 年对内部科研组织进行了大规模改革，按科学领域将研究单元整合形成了 10 个创新研究院，分别是生物科学创新研究院、化学创新研究院、生态与环境创新研究院、人文与社会科学创新研究院、信息学与其交互作用创新研究院、国家数学与交互作用创新研究院、物理创新研究院、工程与系统科学创新研究院、国家核物理与粒子物理创新研究院、国家宇宙科学创新研究院。德国亥姆霍兹联合会自上而下地确立了能源，地球与环境，健康，航空、航天与运输，物质，关键技术六大科研领域，各研究中心在相关方向上开展竞争与合作。

二是科学规划重点任务。国家科研机构或是组织国内外专家组成咨询机构或专家小组等，对领域发展进行系统规划，明确未来一定时期内发展的重点任务，或是根据政府的重点需求制定规划。例如，美国能源部国家实验室组织专家参与 4 年一次的能源评估（QER）和 4 年一次的技术评估（QTR），深入了

---

① 王纬超，陈健，曹冠英，等. 对科研组织管理新模式的探索——以北京大学为例[J]. 中国高校科技, 2019, (3): 13-16.

② MPG. Jahresbericht Annual Report 2020[EB/OL]. https://www.mpg.de/17039594/annual-report-2020.pdf [2021-07-24].

解能源部的战略部署和行动设计，并在主管办公室的指导下制订年度计划，作为开展工作的基础。以科学办公室（SC）主管的国家实验室年度计划的制订流程为例，每年科学办公室都会设定年度计划预期，评估实验室的核心能力和任务，并发布规划指南；国家实验室制订计划并提交科学办公室，共同探讨未来的方向、优势、劣势、当前和长期的挑战，以及资源需求，最终形成年度计划[①]。项目的提案征集由科技主管撰写，同时不断征求研究人员和其他专家的意见，提案征集的内容包括拟资助经费和拟研究方向，之后由能源部各主管办公室进行评估。

三是以重大任务统筹科研力量。国家科研机构在承担重大科研任务时，往往统筹内部各相关科研单元力量开展研究，如大科学装置研制、建设任务。国家科研机构在大科学装置的预研和建设阶段，都会抽调相关科研人员、技术人员等组建团队，组织化推进相关工作。例如，中国科学院高能物理研究所在"十二五"期间开展了高能同步辐射光源验证装置（high energy photon source test facility，HEPS-TF）的建设，在加速器、光束线和实验站上通过关键设备的研制和技术的验证，为大科学装置建设奠定技术基础；在建设阶段，组建工程指挥部，下设总体协调、总调度组、工程办公室、安环办公室等，以及加速器、光束线站、束测控制、通用设施、基建及园区建设 5 个部，统筹所内外力量共同推进[②]。

四是以竞争方式遴选优势力量、促进合作。国家科研机构虽有较为稳定的支持，但在组织内部科研活动时仍经常采用同行评议方式，通过竞争配置各类科技资源，保障科研资源投入到重要的、具有创新性的研究方向。例如，美国能源部国家实验室可以利用实验室总预算的 6%开展实验室指导的研究和开发（LDRD）项目，旨在提前布局新兴领域，培养、招募下一代科学家和工程师，这些自主部署的科研项目通过竞争性方式遴选。德国亥姆霍兹联合会自 2003 年开始实行项目导向的科研资助模式，对内容严格限定、满足战略评估、通过竞争方式遴选出的科研计划或项目提供 5 年的稳定支持，国际评审委员会评估这

---

① DOE. Laboratory Planning Process[EB/OL]. https://science.osti.gov/lp/Laboratory-Planning-Process [2022-07-03].

② 中国科学院高能物理研究所. 高能同步辐射光源组织机构[EB/OL]. http://www.ihep.cas.cn/dkxzz/HEPS/xmgk/zzjg/[2022-07-03].

些项目的学术质量和战略相关性。各个中心之间是既竞争又合作的共存关系。例如，亥姆霍兹联合会在能源领域设有能源效率、材料与资源，可再生能源，储存和交联基础设施，信息技术和能源效率，技术、创新与社会，核废料清理、安全和辐射研究，核聚变 7 个研究计划，从不同方面为实现可持续能源系统提供解决方案。德国航空太空中心（DLR）、卡尔斯鲁厄理工学院（KIT）、亥姆霍兹柏林材料与能源研究中心（HZB）、亥姆霍兹德累斯顿-罗森多夫研究中心（HZDR）、亥姆霍兹波茨坦地学研究中心、亥姆霍兹环境研究中心（UFZ）等共同参与这些计划的竞争与合作。

第四节　跨机构合作的科研活动组织形式

随着科学研究的复杂性日益增强，国家科研机构从自身使命和任务需求出发，与大学、企业、其他科研机构等开展了大量跨机构合作，构建了广泛的科研网络，形成了较强的协同组织能力。

一、跨机构合作的驱动力

国家科研机构开展跨机构科研合作的驱动力主要有以下几种。

一是共用科研设施、实现资源共享。当前，科学研究越来越依赖先进的科研仪器和装置，国家科研机构通过与其他机构合作，构建科研仪器和装置群服务科学研究。例如，中国科学院国家天文台等机构参与了国际恒星观测网络（SONG）计划，该项目在南半球和北半球的不同经度区间选取观测站建设 8 架天文望远镜组成全球联网观测系统，对同一目标进行全天不间断观测，开展时域恒星物理方面的研究[①]。

二是加强学科互补、完善领域布局。国家科研机构通过在某些学科领域与大学等机构开展合作研究，充分发挥各自研究优势，共同实现科研能力的提升。

---

① 中国科学院南京天文光学技术研究所. 主要项目介绍[EB/OL]. http://www.niaot.ac.cn/jgsz/kyxt/wyjgc/zyxmjs/201112/t20111223_5128152.html [2022-07-05].

例如德国亥姆霍兹联合会电子同步辐射加速器中心和达姆斯达特重离子研究中心将自身在加速器、激光和 X 射线技术领域的丰富经验与弗里德里希·席勒大学在强功率激光物理的优势结合，共同组建了亥姆霍兹耶拿研究所，利用高功率激光器和粒子加速器设施进行基础和应用研究。

三是统筹优势力量、开展科研攻关。国家科研机构在承担国家重大科研任务时，通过与大学、企业和其他科研机构合作，整合各领域优势科研力量集中攻关。例如，美国能源部组织实施的 E 级计算项目（Exascale Computing Project，ECP），领导团队来自橡树岭国家实验室、阿贡国家实验室等 6 个国家实验室，15 个国家实验室与一些企业共同参与了此项计划，已经制造出"第一台真正的 E 级计算机器"。

二、跨机构合作的组织方式

国家科研机构与其他机构共同投入科技资源开展跨机构的科研合作，既有契约方式，也有股权方式。鉴于股权方式的组织管理因新组建主体的单位性质不同而有较大差异，本部分主要介绍契约合作方式的特点。

（一）跨机构合作的决策机制

国家科研机构为了协调组织跨机构科研活动，构建了以下 2 种主要的决策管理机制。

一是通过理事会共同管理。一些国家科研机构往往与合作方共同组建理事会负责跨机构科研合作的管理。例如，联合生物能源研究所（JBEI）由劳伦斯伯克利国家实验室等 6 家国家实验室、6 个学术机构和 1 个行业合作伙伴共建，集合了各合作主体的科学专业知识、资源致力于开发先进的生物燃料；理事会是联合生物能源研究所最高级别的内部管理机构，由来自合作方的执行代表组成，负责资源分配和监督、首席执行官（CEO）的任命、审查并批准总体预算和研究计划等重大事项[①]。

二是由所长或主任负责管理。一些国家科研机构成立的非法人科研机构由

---

① JBEI. Board of Directors[EB/OL]. https://www.jbei.org/people/leadership/board-of-directors/ [2022-07-21].

所长全权负责管理。例如，爱尔兰国家研究中心是大学、企业、科研机构共建的非法人机构，中心主任作为中心项目的主申请人和执行委员会的主要成员，对中心的学科发展目标有决策权，对国际同行专家的遴选有自主权，对运行、行政事务有管理权，对经费的分配和使用有决定权。

（二）跨机构合作的资源投入

国家科研机构的跨机构合作既有在国家科技计划支持下开展的，也有自主合作的。国家科技计划支持的跨机构合作往往在资源投入等方面有所要求，如爱尔兰国家研究中心计划要求中心经费预算至少有30%来自企业资助，各方依相关要求投入资源。更多的情况下，国家科研机构视具体情况与合作方通过协议等方式约定资源投入。例如，法国国家科学研究中心通过签署议定书方式，在大学、其他科研机构甚至企业中组建混合科研单元，协议规定各自派遣的研究人员数量和分摊经费，以及科研战略、结构调整和公共设备管理、研究成果产出和知识产权归属等方面的事项。一般情况下，人员和科研经费投入以法国国家科学研究中心为主，工作场所通常设于高校等合作方。德国航空太空中心新建的非法人科研机构由航空太空中心与联邦政府和所在地州政府共同商定，依据联邦和州两级政府9:1的财政分摊制度获得资金支持。

国家科研机构与大学等共建的非法人科研机构用人制度更加灵活，其科研人员既可以来自合作方，也可以招聘全职、兼职人员。例如，爱尔兰国家研究中心既有合同制全职人员，也有来自大学和科研机构的兼职人员，兼职研究人员享有隶属单位提供的基本经济保障，领取全爱尔兰统一的与职称对应的固定工资。

（三）跨机构合作的实施机制

国家科研机构面向短期任务或长期研究组织跨机构科研的方式与科研机构内部的科研组织基本相似。

一是充分发挥专家的咨询功能。各领域专家组成多个委员会为跨机构科研提供专业化咨询建议、帮助确立研究方向或技术路线。例如，联合生物能源研究所的咨询委员会由来自国家实验室、学术界和工业界的战略顾问组成，负责就研究方向和发展愿景提供战略建议，审查整个联合生物能源研究所的研究计划。行业代表还会与研究团队深入交流，提供领域专业知识和指导[1]。美国能源部国家实验室在以联合研发协议方式与产业界共同开发极紫外光刻机的过程中，组建了顾问委员会和行业咨询团队，顾问委员会由美国国防部、美国国防部高级研究计划局（DARPA）、美国国防研究与工程管理部、美国商务部等国家部门成员组成，从宏观角度对极紫外光刻机研发提供指导；行业咨询/顾问团队则是定期组织产业界、大学和政府机构的专家共同评估项目进展，研判具有发展潜力的技术，并提供技术路线选择建议[2]。

二是按领域或任务部署研究力量。根据跨机构合作的目标，科研力量或是按照学科、领域进行部署，或是按照任务的环节、模块进行部署。例如，在极紫外光刻机的研发过程中，美国能源部桑迪亚国家实验室（SNL）、劳伦斯伯克利国家实验室、劳伦斯利弗莫尔国家实验室的科研人员与极紫外光刻有限责任公司的工程师组成了联合研发小组，并按照极紫外光刻机的关键技术划分为工程测试标准、掩膜坯、掩膜成像、光学设计和制造、钼涂料、干涉测量、极紫外（EUV）辐射光源开发、操作环境测试、光刻胶开发和测试等若干项目组。

（四）跨机构合作的评估

国家科研机构开展的跨机构合作往往都要接受评估，尤其是共建的非法人机构会定期接受评估，以做出有关机构存续、支持资助等重大决策。例如，法国国家科学研究中心与其他机构共建的联合研究单元每四年重新续约，国家科学研究中心会根据自身战略需求或评估情况决定是否续约，抑或是调整研究方向，对实验室进行改组。爱尔兰科学基金会（SFI）以"学术成果、人力资本产出、资助来源、产业化"等指标为导向，设定年度量化目标，引导爱尔兰国家研究中心服务国家战略需求。SFI采用专家评议及定量评估的方法，根据中心在申请书中的设定目标，对研究中心取得的进展、产出/成果和成效进行考核，对未能达到目标要求的研究中心暂停资助。

---

[1] JBEI. JBEI Advisory Committee[EB/OL]. https://www.jbei.org/people/leadership/jbei-advisory-committee/ [2022-07-21].

[2] 房超, 班燕君. 美国虚拟国家实验室协同创新机制——跨学科、全链路的灵活协同创新模式及启示[J]. 科技导报, 2021, 39(20): 133-141.

三、跨机构合作发展趋势

当前，重大科技项目或计划已经成为发达国家协调各种科技力量推进科技发展、服务国家战略目标的重要手段，如纳米计划、量子计划、脑科学计划等。国家科研机构在这些计划制定和实施过程中发挥了重要作用，尤其是通过合作研发、共建机构、人才培养和交流等多种形式，与大学、企业、其他科研机构开展深入合作，形成了网络化的大科学组织方式。跨机构合作愈发频繁、合作程度愈发深入、合作形式愈发多样。

例如，德国亥姆霍兹联合会近年来已经实现了从运营大科学装置到系统科研的转变，面向重大挑战提供解决方案，充分利用网络化组织方式集中国内外科研力量，打造了一支灵活的集群式科研战队开展系统性研究。亥姆霍兹联合会通过项目导向的科研资助模式增进了联合会内部的合作，并把外部的合作伙伴纳入计划项目，以提高科研质量；通过建设"虚拟研究所"，以亥姆霍兹联合会一个或多个研究中心的关键研究为核心，与大学建立长期的合作关系，开展联合研究；通过参与德国"卓越计划"（The German Excellence Initiative）等，与外部科研团队建立新的战略合作伙伴关系。

第五节　对我国国家科研机构开展有组织科研的启示

自开启国家战略科技力量的系统性重构以来，我国国家科研机构在新时期的使命定位正进行适应性调整。面向世界科技前沿、面向经济主战场、面向国家重大需求、面向人民生命健康的不同需求，需要国家科研机构建立相应的组织方式。从国际经验来看，有以下相关启示。

一、优化科研任务凝练方式

科技体制改革以来，我国通过拨款制度、组织结构及人事制度等方面的改革，"放活科研机构"，使其主动服务经济建设争取多渠道的经费来源。同时，我国也逐步建立了由国家自然科学基金、国家科技重大专项、国家重点基础研究发展计划等构成的国家科技计划体系，形成了一套完整的组织专家研究编写规划、指南的任务凝练方式，并主要通过竞争性项目部署。

当前，我国国家科研机构较少建制化地参与科研任务凝练工作，主要是由科研人员牵头组织研究团队承担国家科研任务，国家科研机构作为依托单位对项目执行实行监督管理。从国际经验来看，国家科研机构不仅仅是科研任务的承担者，在科研任务的凝练过程中也发挥着重要作用。根据科研活动的特点、任务需求的特征，形成了多样化的参与方式。面向新时期的使命定位，我国需要在科研任务凝练中进一步发挥国家科研机构的作用，根据国家需求的特点完善科研任务的凝练方式，并有效组织相关任务部署。

二、完善科研机构治理结构

科技体制改革之初，我国国务院各部门着手进行组织结构调整，实行政研职责分开，对科研机构的管理由直接控制为主转变为间接管理，并扩大科研机构的自主权，实行所长负责制。结合竞争性项目部署方式，各国家科研机构都逐步成长为独立开展科研活动的主体，即使是综合性国家科研机构如中国科学院、农业科学院、林业科学研究院等，院级组织对下属研究所的影响也主要体现在人事任免方面。各研究所的科研团队通过争取国家、地方、企业的各类科研项目，分散开展研究工作，这导致院-所两级机构的科研组织能力不断被弱化。

发达国家综合性国家科研机构根据科研任务的特点构建了不同的院-所两级组织体系，既发挥研究所的科研自主性，又强化院级机构的战略布局、组织协调功能。近年来，我国的一些国家科研机构也开始尝试通过重点项目整合各研究所的科研力量。面向未来，我国国家科研机构需要根据使命定位重新构建科研组织能力，针对不同科研活动的特点，重塑院-所两级的科研组织体系，加强院级机构的战略研究和部署、科研力量整合和协调的能力，强化研究所的科研组织，提升整体能力。

三、加强科研机构的组织能力

在我国推进中央科技计划和科研机构改革的进程中，竞争性科研项目与课题组相耦合逐渐形成了国内有组织科研的重要组织方式。科研人员通过申请竞争性科技项目，带领课题组成员团队作战，很大程度上调动了科研人员的积极性。但从国际经验看，这种组织方式适用于在分散分布式科研中遴选人才，开展多路径探索，但不利于开展大规模、系统性科研活动。面向未来，我国国家科研机构要以国家战略需求为导向，着力解决影响制约国家发展全局和长远利益的重大科技问题。因此，也就需要形成与重大的系统性研究相适应的管理架构、研究单元与任务组织方式，强化科研机构统筹协调各方科研力量的能力。

四、健全网络化大平台组织体系

当前，大科学已不仅表现为科学装置和科研机构规模的大型化，更表现为通过跨学科、跨国界的合作实现科研组织的网络化，如人类基因组计划等。主要国家的国家科研机构都在通过多种形式构建科研合作网络，将全球优势科研力量纳入到自身的科研体系中。而目前我国国家科研机构的对外合作大都还是基于小规模的项目、团队分散开展。面向未来，我国将牵头组织更多的国际大科学计划和大科学工程，国家科研机构需要构建广泛的科研合作网络，形成开放性、平台化的组织体系。

第五章

资助模式：政府对国家科研机构的经费支持

从各国的经验来看，国家科研机构的经费来源主要是财政性资金。中央和地方各级财政性资金应该为国家科研机构提供多少资金支持、以何种机制投入等问题，是决策者和学者共同关注的焦点，也是比较各国政府资助模式时讨论的核心。本章重点从三个方面比较各国政府对国家科研机构的资助模式：一是资助主体，主要国家的中央政府是国家科研机构最重要的经费来源，也有地方政府按协议提供资助；二是资助结构，从稳定支持与竞争性经费的比例来看，大多数国家科研机构获得的财政性资金投入都以稳定支持的预算拨款为主，而部分机构中也存在相当比例的竞争性项目经费，因此，稳定性支持与竞争性支持相结合的经费投入结构较为普遍；三是资助机制，包括按照科研任务划拨经费、依据科研人员划拨经费和根据机构取得的竞争性经费比例匹配财政投入等多种途径。

第一节　资助主体：中央（联邦）政府是主要投入者

从主要科技强国的普遍经验看，中央政府在国家科研机构的经费投入中占据核心位置，是国家科研机构的主要资助者。个别国家（以德国为代表）的地方政府会根据协议约定，为国家科研机构匹配相应比例的科研活动经费。

一、中央（联邦）政府

一般而言，中央政府为国家科研机构提供充足经费支持，确保国家科研机构围绕国家需求解决重大科技难题的使命定位，开展基础性、战略性和公益性的研发活动。依靠中央政府的科研经费投入，美国、德国、法国、日本等国的许多国家科研机构建设和运行大型科技基础设施，发起和组织较长周期、较高风险的大型科技计划。这些大型科技基础设施和科技计划直接服务于国家安全和国民经济建设需要，使国家科研机构在推动国家科技进步、社会发展等方面发挥着不可替代的作用。

美国国家实验室的研究经费主要来自联邦政府部门。根据美国《联邦采购条例》[①]，国家实验室接收的资金中至少有 70% 必须来自联邦政府，且国家实验室接受非联邦部门的资助时应获得主要资助单位的同意[②]。因此，尽管这些实验室也通过竞争申请、与企业合作、慈善机构捐助等方式获得额外的经费和项目，但政府外的经费来源占比较小。以能源部下设的 16 家以国有民营方式运行的国家实验室为例，2019 财年源于联邦政府的资助比例范围从 89.21%（国家可再生能源实验室）到 99.83%（普林斯顿等离子体物理实验室），其中 14 家实验室的联邦政府资助占比都在 95% 以上。

德国联邦政府是国家科研机构的主要资助者。例如，亥姆霍兹联合会主要利用大型设备开展跨学科的前瞻性研究，重点应对科学、社会和经费发展的紧迫挑战，其超过 2/3 的经费由政府提供，其中的 90% 来自德国联邦政府。以 2019 财年为例，亥姆霍兹联合会获得总经费为 49.6 亿欧元，其中 32.5 亿欧元（约占 66%）来自联邦和州政府。自 2016 年以来，联邦政府增加了对亥姆霍兹联合会的经费投入，故政府投入中的联邦政府占比实际已经超过 90%[③]。

---

① 《联邦采购条例》（Federal Acquisition Regulation，FAR）是关于美国政府采购的主要规则集，是所有执行机构在使用财政拨款采购物资和服务时所依据的法规。

② 寇明婷，邵含清，杨媛棋. 国家实验室经费配置与管理机制研究——美国的经验与启示[J]. 科研管理，2020, 41(6): 280-288.

③ HZI. Facts and figures 2020: The Helmholtz Associations' annual report [EB/OL]. https://www.helmholtz.de/fileadmin/user_upload/03_ueber_uns/zahlen_und_fakten/Jahresbericht_2020/20_Jahresbericht_Helmholtz_Zahlen_Fakten_EN.pdf[2022-08-10].

法国的国家科研机构主要依靠政府拨款，用于人员工资和直接科研活动经费。以法国国家科学研究中心为例，2020 年年度总经费的 34.86 亿欧元中，76% 由中央政府预算拨款[①]。近年来，法国政府对国家科学研究中心的拨款金额和占比较为稳定，但也会根据年度实际研究需求等进行调整。

二、地方政府

在德国，地方政府也是国家科研机构的重要资助者。作为联邦制国家，德国各个州享有一定的独立性，常常在资助跨地区开展的科研活动中进行协作并分担费用。根据《德意志联邦共和国基本法》的规定，联邦政府与州政府按比例承担对科研机构的经费支持。根据协议以及科研机构性质的差异，不同科研机构受到地方政府的资助比例不尽相同。需要注意的是，德国州政府对国家科研机构的资助并非直接将经费拨款给位于本州内的科研机构，而是按照约定比例出资后，由联邦政府在全国范围内进行统筹分配。

例如，德国马普学会主要从事自然科学、人文科学、社会科学三大领域的基础研究，超过 80% 的经费来自联邦政府和州政府。根据《德意志联邦共和国基本法》第 91 条 b 款以及《关于联合科学大会联合资助条约的实施协议》（AV-MPG），联邦政府和州政府按 1∶1 的比例承担经费；联邦政府和州政府还可以在该分配方案之外，支付超出各自资助份额的款项。与之相似，莱布尼茨学会总预算的 70% 左右由政府提供，联邦政府和州政府也按照 1∶1 的比例出资。比较而言，亥姆霍兹联合会和弗劳恩霍夫协会的政府资金中，来自州政府的部分占比偏低，均为 10% 左右[②]。

在日本，隶属地方政府部门的公立研究机构主要由地方政府承担研发经费，中央政府仅有少量资金扶持。但此类机构主要以所在地的自然条件和经济基础为依托，以振兴和发展当地产业技术为目标，为地方企业提供技术服务，承担试验开发、转化、测试等工作，与国家科研机构的使命定位存在较大区别[③]。

---

① CNRS. 2020 a Year at the CNRS [EB/OL]. https://www.cnrs.fr/sites/default/files/pdf/RA_CNRS2020_web%20% 281%29-compress%C3%A9.pdf [2023-05-18].

② 白春礼. 世界主要国立科研机构概况[M]. 北京: 科学出版社, 2013.

③ 刘娅, 王玲. 日本公共科研体系经费机制研究[J]. 科技进步与对策, 2010, 27(4): 99-106.

第二节　资助结构：预算拨款为主，竞争经费为辅

政府对科研机构的经费投入，包括稳定性预算拨款与竞争性经费两种资助途径。稳定性预算拨款主要是指政府对符合资助条件的科研机构进行的稳定、长期的资助，一般由政府按年度一揽子拨付给国家科研机构①。竞争性经费主要是指在特定计划框架内，研究执行者向资助机构提交研究方案申请；资助机构按照一定程序进行审核和筛选后，选择部分执行者进行资助。国家科研机构通过与大学、企业等其他主体的竞争，方案获批后才能得到经费资助。比较来看，国家科研机构（对于存在多级组织结构的科研机构，这里指第一级单位）获得的政府经费投入大都以稳定性预算拨款为主，辅以一定比例的竞争性经费。

一、预算拨款保障持续科研活动

由于国家科研机构从事着重要的基础性、战略性和公益性研究，因此获得的财政科技投入中，预算拨款占据很高比例。稳定支持，一方面有助于确保科研机构开展高优先级的研究、服务于国家宏观愿景和需求，另一方面能够减少科研人员申请竞争性经费的不确定性及用于申请项目的时间和精力，保障科研人员集中精力、潜心研究。但值得关注的是，稳定资助可能由于缺乏有效监督和评价机制，导致科研机构出现活力不足、效率不高等问题。为缓解这些问题，欧、美、日等国家和地区采取了两种提高预算拨款使用效率的经验做法：事后的绩效评估和科研机构内部对预算拨款的竞争性二次配置。

（一）预算拨款+绩效评估

在预算拨款占比较高的国家科研机构中，事后绩效评估是监督经费使用效

---

① 在部分科研机构中，这种经常性拨款并非以机构资助的形式完成，而是通过定向委托任务的方式，按照项目拨付。

率的重要手段。政府往往会对国家科研机构在一定时期（通常是 3 年或 5 年）内的科研产出和绩效进行评估与监督，并将评估结果作为决定下一周期预算拨款的重要依据。评估方式包括但不限于由科研机构提供自评报告、主管部门监督、审计部门评估、第三方评估等。通过评估科研机构的产出质量，监督和激励研究活动，保证稳定性财政拨款的使用效率。

例如，马普学会以基础研究为己任，适宜机构预算拨款为主的稳定支持模式。2020 年，马普学会的资金总收入为 25.46 亿欧元，其中 80.1% 的收入来自机构预算拨款，用于支持科研人员从事新兴前沿领域的研究[①]。马普学会每两年开展一次对研究所的评价，评价结果不好的研究所将减少 25% 的预算拨款。评价结果还会用于调整研究所的方向甚至关闭研究所，以确保研究所高水平的科学研究质量。

日本政府稳定支持国家研究机构的经费被称为运营费交付金，是为了维持机构业务正常运行而拨付的资金，用于机构人员的工资和退休金、最低限度研究经费、研究基础运营费等。国家研究机构根据《独立行政法人通则法》和独立行政法人个别法（如《独立行政法人理化学研究所法》）及中长期目标的要求，拟订计划并编制业务经费预算，经省厅独立行政法人评价委员会审查同意后报财务省批准拨付。以产业技术综合研究所和理化学研究所为例，2020 财年，两个机构获得的运营费交付金占各自全部收入的比例分别为 57.11%[②]和42.79%[③]。实际拨付过程中，运营费交付金并非完全通过行政手段确定，而是加入了中期目标管理和绩效评估机制。政府部门与独立行政法人机构签订目标协议，由评估机构按照协议评估科研机构的业务绩效。评估意见是科研机构未来经费增减的重要依据，主管部门将根据评估意见，在财政预算中列支科研机构的运营费交付金[④]。

---

① MPG. Pakt für forschung und innovation: die initiativen der Max-Planck-Gesellschaft[EB/OL]. https://www.mpg.de/17174459/paktbericht-2020.pdf[2021-07-23].

② 国立研究開発法人産業技術総合研究所. 財務諸表等[EB/OL]. https://unit.aist.go.jp/acdi/ci/zaimusyohyo/r2kakutei.pdf[2022-08-10].

③ 国立研究開発法人理化学研究所. 財務諸表[EB/OL]. https://www.riken.jp/medialibrary/riken/about/info/zaigen/zaimu-2020-1.pdf[2022-08-10].

④ 代涛, 阿儒涵. 政府对大学和国立科研机构科研资助的第三条道路[J]. 科学学与科学技术管理, 2016, 37(2): 53-61.

（二）预算拨款+内部竞争

部分科研机构在获得政府稳定资助后，会建立内部的竞争性配置方式，即政府稳定资助科研机构，而科研机构下属研究单元以竞争性方式获得经费。在这一方式下，科研机构具有较大的资源配置权限，能够基于研究积累和优势领域，确定符合国家目标和机构定位的优先发展方向，并促成内部研究单元之间的竞合关系。这种稳定支持与内部竞争相结合的资助模式，有利于在维持机构可持续发展、支持长周期高风险研究的同时，克服稳定性支持可能存在的资源利用效率不高、缺乏激励等问题。亥姆霍兹联合会是"预算拨款+内部竞争"的典型代表。一方面，联邦与州政府一次性设定亥姆霍兹联合会未来 5 年的总经费，为其提供稳定的经费资助。这部分经费约占亥姆霍兹联合会经费总额的70%。另一方面，亥姆霍兹所包含的 18 个具有法人身份的研究中心，在获得科研项目和经费支持方面存在竞争性。具体而言，首先，由亥姆霍兹联合会组织各研究中心围绕本系统的六大领域提出研究项目建议，并按照自上而下的方式进一步拆解为更多的研究议题，各研究中心的研究人员通过不同的研究议题投入到项目中[①]。随后，联合会总部组织国际专家对项目建议进行评估，形成评估报告及对各中心科研议题的排名和预算。最后，由亥姆霍兹联合会的理事会审议评估报告，判断科研项目中每个研究中心的科研绩效、贡献能力，对项目进行权衡，确定科研项目立项、资助与合作模式后，向联邦教育与研究部提出科研项目申请[②]。

类似地，美国能源部国家实验室的联邦政府资助以稳定支持为主，实行预算管理，但在实验室内部各个课题组之间进行竞争性配置。预算确定阶段，首先，由国家实验室的研究部或课题组以机构使命为基础，提出若干研究课题；随后，美国国家实验室主任审批确定优先项目，并打包形成此领域的研究项目，提交至能源部项目审批和预算部门；最后，能源部审批各项目，确定预算优先项目后，将所有项目打包，向总统和国会申请机构科研预算。预算配置阶段，能源部以项目为基本拨款单元，采用"R&D 一揽子计划管理"的方式，将预

---

① 一个科研项目中可能包含由多个研究中心承担的不同科研议题。

② Goebelbecker J. The role of publications in the new programme oriented funding of the Hermann von Helmholtz Association of National Research Centres (HGF)[J]. Scientometrics, 2005, 62(1): 173-181.

算经费以计划项目的形式分解并定向配置到各个实验室、课题组，实行项目合同制管理。机构运行经费实际包含于项目经费中，以管理费的形式体现。管理费提取的具体比例由能源部总部和实验室协商确定，可达到总经费的40%左右[①]。实验室科研人员的薪酬也全部来自项目经费，以稳定的基本薪酬为主，不存在可变薪酬。如果业绩突出，可以在基本薪酬的基础上增加绩效，但也属于稳定性报酬[②]。这种经费配置方式具有稳定资助与内部竞争相结合的特征。一方面，国家实验室层面的经费实行预算管理，具有稳定性：下年度预算经总统、国会审批后，即可获得政府部门的直接拨款[③]。另一方面，尽管实验室从联邦获得预算是非竞争性的，但具体由哪个研究部或课题组承担项目则具有竞争性，取决于课题组以往的绩效和提交的研究项目。例如，美国橡树岭国家实验室、洛斯阿拉莫斯国家实验室等实验室的经费中，3/4 为来自能源部的财政预算拨款，竞争性经费比例很低[④]。同时，在实验室内部进行竞争性配置，避免了稳定支持的"大锅饭"问题，较好地提升了研发活力[⑤]。

二、竞争性经费发挥激励作用

由于资源的有限性和全球对科技竞争力的普遍关注，越来越多的国家开始在科研经费投入中引入竞争机制：通过项目竞争等方式，形成基于研究质量的经费配置途径。这一方式将科研人员的收入、科研机构的运行经费等与竞争结果挂钩，有助于使科研机构更加重视绩效管理，提高经费配置的有效性。但是，如果竞争性经费占比过高，也可能带来研究焦点的分散或偏移，研究人员可能会更多地投入短期目标导向的项目研究，而减少对满足国家需求的任务的研究，也更少基于兴趣开展高质量探索性研究。由于只有项目管理部门认可的选题和研究设计才能获得立项支持，因此管理部门在事实上控制着科研方向和研

---

① 吴建国. 美国国立科研机构经费配置管理模式研究[J]. 科学对社会的影响, 2009, (1): 23-28.

② 白春礼. 世界主要国立科研机构概况[M]. 北京: 科学出版社, 2013.

③ 吴卫红, 杨婷, 陈高翔, 等. 美国联邦政府科研经费的二次分配模式及启示[J]. 科技管理研究, 2017, 37(11): 37-43.

④ 贺德方. 美国、英国、日本三国政府科研机构经费管理比较研究[J]. 中国软科学, 2007, (7): 87-96.

⑤ 吴建国. 国立科研机构经费管理效益比较研究[D]. 西南交通大学博士学位论文, 2007.

究行为，限制了科研人员的选题自主权。科研机构也难以自主布局研究方向和任务，不利于科研机构长期稳定地推动科学进步。同时，科研项目的过度竞争还容易衍生学术垄断、学术浮躁等不良风气，会对人才培养与队伍建设产生不利影响[①]。

从世界主要国家的经验看，一般是在稳定资助的基础上，设计一定比例的竞争性经费来激发活力。韩国政府对科研机构的资助主要包括两部分：政府资助金和研究经费开发资金。其中，政府资助金由预算直接拨款，是拨付给科研机构维持正常运转的基础运营费；研究经费开发资金则由政府部门随研究课题拨出，为竞争性经费，并可从中列支科研人员的劳务费。2022 年，韩国科学技术院接受来自政府的资助金 1989.15 亿韩元、研究经费开发资金 2266.97 亿韩元，竞争性经费的占比为 53.26%[②]。韩国的预算直接拨款的经费也与课题相联系。如果在课题竞争中失败，科研人员的工资将有所下降，科研机构也无法得到足够的管理经费[③]。

类似地，日本政府对国家科研机构的资助包括稳定性运营费交付金与竞争性研究资金两类。其中的竞争性研究资金包括需要申请的设施装备费补助金、特定先进大型研究设施关联补助金等，是给予科研人员购置和维护设施、开展研究活动的资助[④]。在竞争性配置中，日本政府还形成了许多特色制度。一是为避免不合理重复和过度集中，使用跨部门研发管理系统记录各政府部门所有的竞争性科研经费项目的具体信息，包括研究人员姓名、所属机关、研究主题、研究概要、研究期限、预算数额等。一旦发现不合理的研究复制和研究经费过度集中，新的研究计划将不被采纳，且研究预算将被取消或减少[⑤]。二是相当规模的竞争性经费由政府部门委托中间机构代为负责资金支持项目的评审、核

① 刘太刚, 刘开君. 论我国竞争性科研项目经费配置模式的困境及优化路径——兼论竞争性和非竞争性科研经费协调投入机制[J]. 天津行政学院学报, 2017, 19(5): 3-10.
② ALIO. 공공기관 경영정보공개시스템[EB/OL]. https://alio.go.kr/item/itemReportTerm.do?apbaId=C0159&reportFormRootNo=31401&disclosureNo=[2023-05-25].
③ 白春礼. 世界主要国立科研机构概况[M]. 北京: 科学出版社, 2013.
④ 刘娅, 王玲. 日本公共科研体系经费机制研究[J]. 科技进步与对策, 2010, 27(4): 99-106.
⑤ 夏欢欢, 钟秉林. 论日本竞争性经费配置机制对我国创新科研管理的启示[J]. 高校教育管理, 2016, 10(3): 87-93.

准、拨款和监督工作，政府只做出资人，不充当具体的管理者[①]。三是为提高经费使用的灵活性，独立行政法人在资金使用方面不受会计法及国有资产法限制，给予法人主体较大的财务自主权和试错容忍度[②]。

第三节　资助机制：基于科研任务、人员以及与市场化经费匹配

科研经费的资助机制主要包括三种类型：一是基于科研任务确定经费规模，并以项目（包括定向支持项目与竞争性项目）形式配置科研经费；二是基于政府认可的科研人员规模，按照人员数量配置经费；三是以市场为导向，根据科研机构对外竞争经费的规模，匹配财政性资金。

一、基于科研任务

基于科研任务的资助机制，将科研经费以项目的形式投入到科研机构，包括非竞争性与竞争性科研任务。定向支持的非竞争性科研任务，一般以国家需求为导向，首先在国家战略目标下制定科研任务，根据任务分解形成项目，并相应编制财政预算、明确项目需求与考核指标等。竞争性科研任务，一般由科研人员、团队等向发布任务的拨款机构提交资助申请报告，由拨款机构依据其预算规模、预设程序和申请报告评议结果，确定资助对象。

1993 年，美国国会通过了《政府绩效与结果法》（GPRA），要求国家科研机构制定至少 5 年的战略规划，并以任务为导向，确定每年的年度计划和目标。在 GPRA 框架下，年度预算的编制应基于年度计划和目标，且每年均需要提交反映绩效目标完成情况的绩效报告。战略规划、年度计划和年度绩效报告

---

① 刘娅, 王玲. 日本公共科研体系经费机制研究[J]. 科技进步与对策, 2010, 27(4): 99-106.

② 李向荣. 国外典型科研组织创新机制对我国高校科研机构改革的启示[J]. 科学管理研究, 2019, 37(4): 164-168.

是预算审批的重要参考。例如，美国国家航空航天局是美国政府系统中主要的航空航天科研机构，其定位、承担的国家任务与经费配置紧密相连。美国国家航空航天局的经费核算步骤如下。

（1）美国国家航空航天局根据国家发展目标和机构使命确定三大战略目标，并围绕战略目标形成 8 个重点领域。

（2）美国国家航空航天局在每一个领域内进一步明确具体的任务和目标，并按照任务确定经费需求，形成下一年度的绩效计划，与对上一年度目标完成情况的评估报告一同提交美国行政管理和预算局（OMB）与美国国会。

（3）美国行政管理和预算局根据各机构提出的各自的预算请求，经审核后统一汇编成总预算，交总统审核、国会听证和审批，最终将拨款方案以立法的形式颁布[①]。

亥姆霍兹联合会超过 80%的科研经费都以项目为单元进行配置[②]。科研经费不是单独分配给各个研究中心，而是按领域和任务进行划拨的。需要注意的是，任务经费中的 60%—70%是人员经费，用于发放研究中心内部人员的工资和绩效等。在核定任务时，参与研究的人员数量对项目金额具有重要影响，反映出研究中心、总部和政府对于该项目需要多少人员参与的认知结果；反之，如果某个中心或课题组无法获得足够的任务经费，它将面临缩减规模直至关闭（而中心或课题组内部人员的薪酬并不会受到较大影响）[③]。

除了此类定向支持的非竞争性项目外，许多科研机构还向第三方资助机构申请竞争性项目。例如，日本的科研机构可以通过自上而下委托和自下而上申请两种渠道获取项目经费[④]。其中，自上而下委托为各政府部门自行设立的使命导向研究，为实现规定的明确目标而公开招募研究者；自下而上申请则主要资助自由探索式研究，鼓励学者以求知为导向，自选研究问题、创造

① 代涛, 阿儒涵, 李晓轩. 国立科研机构预算拨款配置机制研究[J]. 科学学研究, 2015, 33(9): 1365-1371, 1404.

② Facts and figures 2020: The Helmholtz Associations' annul report [EB/OL]. https://www.helmholtz.de/fileadmin/ user_upload/03_ueber_uns/zahlen_und_fakten/Jahresbericht_2020/20_Jahresbericht_Helmholtz_Zahlen_Fakten_ EN. pdf [2022-08-10].

③ 访谈记录. 与亥姆霍兹联合会中国首席代表何宏博士, 2021 年 5 月 26 日.

④ 刘娅, 王玲. 日本公共科研体系经费机制研究[J]. 科技进步与对策, 2010, 27(4): 99-106.

性地开展研究①。

英国国家物理实验室也会从其他政府部门获得竞争性的合同项目收入。例如，承担英国交通部的委托进行交通基础设施监控与醉驾立法等相关工作；为环境、食品和农村事务部以及金融服务管理局提供食品、农业、空气和水等的质量监控服务；英国国防科技实验室分4年向国家物理实验室投入700万英镑用于建设量子导航仪元件②③。

二、基于科研人员

基于科研人员的资助机制强调科学自治，根据政府认可的机构人员规模，提供运行经费。科研机构通过遴选科研人员、中长期评估等方式，引导科研活动方向，确保其符合研究机构的使命愿景；而科研人员获得充分的自主权，可以根据自身研究兴趣和对研究方向的判断和把握，决定选题和技术路线，开展自由探索。与此同时，国家根据合同约定，定期评估科研机构的表现。

德国马普学会是围绕科研人员确定经费投入的典型代表性机构，把"以重要的研究人员为中心建立研究所，并为这些研究人员提供尽可能完善和优越的工作条件，使其不受干扰而专心从事研究工作"作为开展科学研究的重要原则之一④。在这一原则下，马普学会致力于寻求合适的学科带头人和科学家，根据研究工作的科学质量协商经费额度。各研究所的年度预算经费总额在研究所设立时由学会总部与所长协商确定；科学家的年度科研经费则在招聘科学家时，由所长与科学家协商确定⑤。政府拨款每年增加5%，按照研究所实际需求包干使用⑥。与此同时，马普学会在中期规划中讨论和调整各个研究所的科研

---

① 夏欢欢, 钟秉林. 论日本竞争性经费配置机制对我国创新科研管理的启示[J]. 高校教育管理, 2016, 10(3): 87-93.

② AIRTO. A taxonomy of UK national laboratories[EB/OL]. https://www.airto.co.uk/wp-content/uploads/2021/03/MASTER_AIRTO_PRESENTATION_WED_31.pdf [2022-02-21].

③ BEIS. UK Measurement Strategy-confidence in Investment, Trade and Innovation[R]. London: Crown, 2017.

④ 胡智慧, 王建芳, 张秋菊, 等. 世界主要国立科研机构管理模式研究[M]. 北京: 科学出版社, 2016.

⑤ 吴建国. 国立科研机构经费使用效益比较研究[J]. 科研管理, 2011, 32(5): 163-168.

⑥ 吴建国. 德国国立科研机构经费配置管理模式研究[J]. 科研管理, 2009, 30(5): 117-123.

任务，根据需要进行调整、合并与重组，关闭不再符合学会使命愿景的研究所的现象也十分常见[①]。通过这种方式，既为科研活动提供了长期稳定的支持，有助于进行系统的学科建设，激发人的积极性和创造性，又能保持学会的灵活性，防止盲目扩大规模，确保研究的卓越水平。

法国国家科学研究中心也主要基于固定在编人员进行经费配置。例如，法国国家科学研究中心在 2020 年执行的预算构成中，拥有国家公务员身份的固定人员的经费占 67.18%，用于其工资与科研活动所需经费；运行与非项目费占 23.4%，主要用于采购办公家具和能源、税费、分期偿还及预付款等。项目费仅占 0.8%，主要用于重大项目研发。另外，非公务员身份的人员（2020 年仅占全部人员数量的 4.6%）的工资收入从科研中心的自有资源中开支，占 7.91%[②]。

三、匹配市场化经费

还有一类特殊的科研经费资助机制，以市场投入为基准，根据从市场获得的经费匹配相应比例的财政经费。这种方式既鼓励科研机构多争取产业界项目，从事更多有助于解决产业共性问题的研究，解决经济社会中的实际问题；又使科研机构可以利用政府的非竞争性拨款开展战略性、前瞻性研究，保证研究机构的基本运行和公共服务的非营利性。为保持对产业的引领作用，并发挥研发溢出效应，这些机构更加有效地运用政府经费，通过对关键新技术的前瞻研究，提高对未来技术需求的响应能力。如此，既提高了政府经费的使用效率，又激发了研究机构的活力和自主发展能力。

这种资助方式又被称为"弗劳恩霍夫模式"（Fraunhofer model），由德国弗劳恩霍夫协会提出，并于 1973 年得到德国联邦内阁和联邦州委员会的正式批准。此种方式，协会经费的多少与自身的收入能力挂钩，上一年度的竞争性

---

① 郑久良, 叶晓文, 范琼, 等. 德国马普学会的科技创新机制研究[J]. 世界科技研究与发展, 2018, 40 (6): 627-633.

② CNRS Conseil d'administration. Les Comptes 2020 du CNRS[EB/OL]. https://www.dgdr.cnrs.fr/dcif/Chiffres-cles/comptes-2020/Rapport%20CNRS_CF_2020.pdf[2022-08-10].

收入是下一年度非竞争性经费分配的依据①。在"理想结构"下，弗劳恩霍夫协会从产业和政府项目中获得约 70% 的经费，这些经费被称为"竞争性资金"；从德国政府获得约 30% 的"非竞争性资金"，用于保障研究所的战略性、前沿性研究。同时，这 30% 的非竞争性经费金额与上一年度协会所获竞争性资金挂钩，约为竞争性资金的一半②。值得一提的是，弗劳恩霍夫协会对各研究所进行年度评价时，将年度总经费中竞争性经费是否达到 70% 作为重要的评价指标，在诊断研究所发展情况时发挥了重要作用③。

以 2020 年为例，弗劳恩霍夫协会的年度总经费为 28.92 亿欧元，其中项目经费 16.24 亿欧元，包括来自企业、产业和贸易组织的项目收入为 6.62 亿欧元。市场化经费占项目经费收入的 41% 和总经费的 23% 左右④。这种投入方式激励弗劳恩霍夫协会面向市场和企业提供广泛的研发服务，并根据市场的现实需求不断调整自身的学科布局，以提高解决现实问题的能力和运行效率。

第四节　对我国国家科研机构资助模式的启示

一、统筹强化中央政府的投入主体地位

2006 年及以前，我国的科技投入以中央财政为主，《国家中长期科学和技术发展规划纲要（2006—2020 年）》出台后，自 2007 年起，地方财政科技投入开始与中央持平，并在 2012 年后超过了中央财政科技投入（图 5-1）。

---

① 孙浩林, 高芳. 弗朗霍夫学会服务企业的机制研究及对我国的启示[J]. 全球科技经济瞭望, 2018, 33(4): 46-53.

② 刘强. 德国弗朗霍夫协会企业化运作模式[J]. 德国研究, 2002, 17(1): 62-65.

③ 吴建国. 德国国立科研机构经费配置管理模式研究[J]. 科研管理, 2009, 30(5): 117-123.

④ Fraunhofer. Annual report 2020: for a secure future: resilience through innovation[EB/OL]. https://www.archiv. fraunhofer.de/Fraunhofer_Annual_Report_2020/#0[2022-08-10].

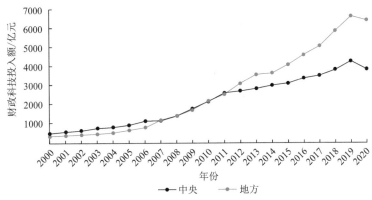

图 5-1　2000—2020 年我国财政科技投入额
资料来源：笔者根据历年《全国科技经费投入统计公报》整理

　　近年来，随着央地共建科研机构的兴起，地方政府在国家科研机构经费投入中的占比逐渐提高。地方政府的参与大大提升了国家科研机构的经费规模，也加强了机构与地方产业之间的互动，推动了国家科研机构更好地服务于地方经济社会的发展要求。与中央政府考虑国家战略需求相比，地方政府更多立足本地发展或政绩需要，以帮助本地企业解决生产中的技术问题、较快产出有显示度的成果为主要目标。这使得地方政府容易跟风将资金投入到特定的几个热点领域，可能带来了一些新问题和潜在风险。一方面，周期长、风险性高的战略性研究受到冷落，国家科研机构存在使命漂移的风险。另一方面，争相引进或建立热点领域的科研机构、相似的热门项目在科研机构内陆续上马，远超科研的实际需求，不仅造成重复建设，还带来各地之间的人才过度竞争——经济发达地区的政府往往给出非常优厚的人才待遇，甚至直接从已有类似项目的地区"抢人"。这种跟风投入和过度竞争不利于全国范围内科研活动的合理布局与有序开展，还可能影响人才心态，助长浮躁风气，对科研文化培育和科技事业的长期健康发展造成不利影响。

　　不容忽视的是，国家科研机构的使命是满足国家需求，需要对很长时间内可能毫无回报的基础研究、对事关国家安全的大科学装置长期、持续地投入。而这些投入都远超地方政府的能力范围和利益诉求，德国亥姆霍兹联合会的发展历程已经就这一认识判断给出了实践注解。接下来，有必要从两个方面强化中央政府在国家科研机构经费投入中的主体地位。一是提高中央政府的资助比例，有效资助长周期、高风险的战略性科学研究，确保国家科研机构的使命实现；二是发挥中央政府在机构、项目布局中的决定性作用，统筹使用地方科技经费。特别是在新成立国家科研机构时，应当由中央政府统筹布局，确定不同地区新建机构的重点领域和方向，降低地方政府短期诉求的影响。同时，可借鉴德国的政府科研经费配置方式，突破地方政府单纯资助辖区内研究机构的思路，建立中央政府主导、地方政府跨区出资、共同商议优先议题、研究成果开放共享的科研机构经费投入方式。

二、分类开辟多个资助序列

1985 年科技体制改革后，引入市场竞争机制、优化科研经费配置成为主基调，竞争性科研经费比重全面提高。以中国科学院为例，2019 年总收入为783.2 亿元，其中财政补助收入 380.51 亿元，占比不足 50%，低于美国国家实验室、德国马普学会、法国国家科学研究中心等世界一流国家科研机构中稳定性支持的比例。竞争性支持极大地调动了被计划经济体制束缚的创新活力，释放了科研机构和科研人员的积极性与科研潜能，推动我国与发达国家在科研实力方面的差距不断缩小。但同时，过度竞争、重大原始创新不足、科研机构稳定发展能力弱化等弊端也逐渐暴露。

随着我国的创新活动从模仿走向引领，从引进、消化吸收再创新走向原始创新，创新活动的不确定性风险持续提高，对科研经费稳定支持的要求也不断提高。2012 年 9 月中共中央、国务院印发的《关于深化科技体制改革加快国家创新体系建设的意见》要求，"健全竞争性经费和稳定支持经费相协调的投入机制，优化基础研究、应用研究、试验发展和成果转化的经费投入结构"，但对于具体的研究范畴界定与投入结构设计还缺乏详细举措。

在世界主要发达国家中，国家科研机构的稳定性资助占比与机构定位和特点紧密相关。应当将稳定性与竞争性经费比例的调整，与科研机构分类改革相结合，根据科研机构的定位和特点，设置不同比例稳定性资助经费的序列。例如，对于基础研究序列，参考美国国家实验室、德国马普学会等，提供80%—90%的稳定支持；对于应用研究序列，则参考日本产业技术综合研究院、德国弗劳恩霍夫协会等，提供 40%左右的稳定支持。同时，为避免获得高比例稳定支持的科研机构依然申请过多竞争性项目，可探索建立不同科研机构序列之间的进入与退出机制。例如，参考德国马普学会、弗劳恩霍夫协会之间的动态调整机制，对于高稳定支持序列的科研机构，如果周期性评估时发现稳定支持部分的实际占比低于 70%，则退出基础研究序列、进入应用研究等其他序列，获得更低比例的稳定支持。如此，通过动态调整，既为愿意从事前沿性、基础性研究的机构提供稳定支持，又保持机构在未来选择参与更多应用研究的灵活性。

三、组织协调任务配置与内部竞争

从资助机制来看，当前我国政府对国家科研机构的稳定支持以基于人员的支持为主，按照核定的编制数量确定预算拨款的规模；科研任务则主要是竞争性支持。这带来两个方面的问题：①由于大多数科研机构均采用人员与编制相对应的方式，预算拨款不可避免地限制了科研机构的人员聘用，一定程度上削弱了机构的用人自主权；②由于科研任务主要由科学家带领团队以竞争性方式获得，科研机构缺乏布局能力，科研人员也难以开展长期、稳定的持续研究。

因此，建议完善基于科研任务的稳定资助模式，围绕国家科研机构的使命定位，设置更多定向支持的非竞争性科研任务。参考亥姆霍兹联合会和美国国家实验室的做法，从以下三个方面优化资助结构和机制。第一，发挥科研机构在选题上的积极性，平衡科学自治与公共财政资助的合法性要求。根据预算额度，由科研机构组织内部科学家代表和外部专家共同研讨，综合考虑国家重大战略需求、科研机构的使命定位、科研人员的研究兴趣与专长等确定选题，并将选题上报资助机构。第二，以任务形式配置经费，提高科研机构的资源动员和系统集成能力。资助机构确认选题后，以科研任务为机制，拨付科研经费，并以任务为中长期绩效考核的基本单元。科研机构根据科研任务集中优势力量，协调不同研究中心的科研人员开展联合攻关。第三，科研机构内部以竞争方式获取相关项目，形成内部研究单元之间的竞合关系。确认科研任务后，由科研机构根据各研究单元的定位、研究领域和能力等因素，综合评判和决定任务配置方式。评判时，可适当向跨研究单元联合申报的项目倾斜，从而鼓励跨部门合作研究，增强科研机构解决重大问题的能力。此外，还可以配套内部研究单元的动态调整机制，对那些偏离科研机构战略定位、科研潜力不佳的研究单元减少任务配置，必要时可以重组或解散这些研究单元。

第六章

人才管理：国家科研机构的引人与用人

人才是发展的第一动力，健全和优化人才管理制度是建设国家科研机构的关键保障。历史经验表明，一流科学家与技术人才的集聚程度与使用绩效，决定了国家科研机构的使命实现，并最终影响国家对新一轮科技革命与产业变革的控制能力、世界科学中心的形成与转移[①]。各国均把国家科研机构的人才问题放在人才战略的关键位置，探索形成了各具特色的高层次人才引进、聘用和激励机制，以期赢得人才竞争的主动权。

本章具体围绕人才引进、岗位聘用和薪酬激励三个方面，系统梳理美国、德国、法国、日本等各国科研机构的人才管理制度，并总结对我国国家科研机构完善和优化人才管理制度的启示。

第一节　开放多元的全球高水平人才引进制度

技术移民对提升创新型国家的科技创新能力和创新绩效具有显著的正面影响[②]，而吸纳世界高水平科技人才正是国家科研机构的优势之一。国家科研机构立足国家战略使命，借助大科学计划和大科学装置形成了与其他创新主体

---

① 王通讯. 人才高地建设的理论与途径[J]. 中国人才, 2008, (2): 31-32.

② 周丽群, 连慧君, 袁然. 国际劳动力流入对美国创新影响的实证分析——兼论对中国吸引国际人才的启示[J]. 中国软科学, 2021, (6): 53-63.

广泛而多元的合作模式，具有强大的全球人才集聚功能。从欧美各国实践来看，国家科研机构中高水平外籍人才比重较高，人员流动性强。2020年德国马普学会中 54.6%的科学家岗位为外籍学者，其中博士后、博士生绝大多数为外籍①。

一、面向全球吸引高水平科技人才的政策举措

国家科研机构吸引全球一流科技人才，离不开国家层面的政策支持。各国多措并举，通过完善技术移民法律法规、移民配额向紧缺人才与国家科研机构倾斜、优化 STEM［科学（science）、技术（technology）、工程（engineering）、数学（mathematics）］留学生实习与工作签证、建立高水平人才网络等各种途径，为人才引进营造良好的制度环境。

（一）为高水平科技人才开辟绿色通道

高水平科技人才的竞争，是各国科技竞争的关键。世界主要国家均为高水平科技人才开辟了技术移民的绿色通道，通过取消配额限制、取消工作邀约限制、减少居留时间要求等举措，简化申请程序，吸引顶尖人才。

美国自20世纪初开始不断完善技术移民法案，先后通过《紧急限额法案》（Emergency Quota Act）、《1924年移民法案》（Immigration Act of 1924）、《移民和国籍法案》（Immigration & Nationality Act）、《移民与国籍法修正案》（Immigration & Nationality Act Amendments）等多部法案，设计了移民积分制度、担保制度、劳动力市场测试制度、职业清单制度、外国人身份转换制度、移民配额制度等机制，不断保障技术移民群体能够为美国经济社会发展带来贡献。为吸引全球一流的战略科学家、科技领军人才，专门设置"杰出才能者"优先职业移民（EB-1A）和"杰出教授或研究人员"（EB-1B），前者甚至不需要申请劳工证和雇主邀请就可以独立向美国移民局提出申请②。

---

① MPG. The Max Planck Society in facts and figures[EB/OL]. https://www.mpg.de/facts-and-figures[2021-01-01].

② USCIS. Employment-Based Immigration: First Preference EB-1[EB/OL]. https://www.uscis.gov/working-in-the-united-states/permanent-workers/employment-based-immigration-first-preference-eb-1[2021-10-01].

日本长期以来的引才策略是重点吸引技术移民。随着 2008 年日本人口的负增长，2009 年，政府的高技能专业人才接受促进委员会（Council for the Promotion of Acceptance of Highly Skilled Professionals）提出了一项开创性的提案，通过引入"高技能外国专业人士积分制优惠待遇"来增加高技术移民的数量。该制度的正式名称为"外国高技能人才积分制移民优惠待遇"（Points-Based Preferential Immigration Treatment for Highly Skilled Foreign Professionals），并于 2012 年正式实施，给予高技能移民一系列制度优惠，包括授予 5 年逗留期限，放宽配偶的工作许可，将申请永久居留权（绿卡）的在日滞留时间从 10 年（且工作满 5 年）缩短至 3 年[①]。前自民党首相安倍晋三于 2012 年重新掌权，对该制度进行了改革，包括降低最低工资门槛（年薪 300 万日元以上可申请技术移民），并提供更慷慨的专属待遇，如仅需 1 年的快速永久居留权。日本议会于 2014 年进一步修订了《移民法》，以简化居留身份的类别，方便高技能移民可以有更灵活的职业选择[②]。

2020 年 1 月，英国公布了以吸引全球顶尖科学家、数学家、技术人才为目标的"全球人才签证"（Global Talent Visa），取消对工作邀请的要求，且不设配额上限，申请的程序也更加便利、快速。

（二）完善针对 STEM 专业的留学生的临时签证政策

世界主要发达国家非常重视留学生资源，特别欢迎 STEM 专业的留学生在本国继续从事技术类工作。近年来，许多国家通过延长临时签证时间的方式，为留学生提供更长的择业时间和更多的就业机会。

美国为 STEM 学科领域提供技术服务的具备杰出优点和能力的科研人员，提供 H-1B 临时工作签证。相比于申请企业职位的人才需要面对每个财政年度 8.5 万个 H-1B 签证配额的竞争，申请或受雇于国家科研机构、大学等非营利研究组织的人员则不会面对配额限制。这一倾斜性签证政策为国家科研机构吸引优秀人才提供了有利条件。2022 年 1 月，美国白宫政府颁布针对 STEM 留学

---

① 王灵桂, 魏斯莹. 国外高科技人才政策及启示[M]. 北京: 社会科学文献出版社, 2020: 135-136.

② Wakisaka D, Cardwell P J. Exploring the trajectories of highly skilled migration law and policy in Japan and the UK[J]. Comparative Migration Studies, 2021, 9(1): 1-18.

生的签证新规，包括国土安全部（DHS）计划增加云计算、数据可视化等 22 个留学生学位授予专业，针对 STEM 专业的留学生通过专业实习培训（optional practical training，OPT）的 F-1 签证长达 36 个月，为持有 J-1 签证的 STEM 领域的本科生和研究生提供从此前的 18 个月延长至 36 个月的额外学术培训。同时，国土安全部正在更新其与"非凡能力"（O-1A）非移民身份相关的政策手册[1]。

2007 年，德国修订《移民法》，通过"工作移民行动"降低德国 STEM 专业的留学毕业生收入标准，放宽行业限制[2]。2012 年 8 月，德国引进欧盟"蓝卡"制度，给予留学生 6 个月的毕业过渡期，毕业就职两年后可申请永久居留许可。2018 年 12 月，德国联邦政府通过了《专业人才战略》，规定 STEM 专业的留学生可以在毕业后 18 个月内申请居留许可，进一步为这些人才在德国找到工作机会提供了便利[3]。

日本政府自 2007 年开始大量接收海外留学生，曾在 2008 年公布了"留学生 30 万人计划"，同时修改入境管理条例，为"具有专门知识和技术"的 STEM 专业人才提供在日本就业的机会，最长居留期从 3 年延长到 5 年[4]。

（三）有助于海外技术移民融入本国社会的配套制度设计

除简化移民申请程序、为留学生提供更长择业期外，世界主要发达国家还重视支持性、配套性服务的提供。通过协助家庭安置与子女教育、学历与职业资格互认等方式，帮助海外技术移民更好地融入本国社会。

为帮助海外技术专家和技术工人融入德国社会，2011 年 6 月，德国联邦政府发布《技术工人战略》，提供包括：赞助面向潜在技术专家和熟练工人的

---

[1] The White House. Fact Sheet: Biden-Harris administration actions to attract STEM talent and strengthen our economy and competitiveness[EB/OL]. https://www.whitehouse.gov/briefing-room/statements-releases/2022/01/21/fact-sheet-biden-harris-administration-actions-to-attract-stem-talent-and-strengthen-our-economy-and-competitiveness [2022-01-25].

[2] 高峰, 唐裕华, 张志强, 等. 21 世纪初主要发达国家科技人才政策新动向[J]. 世界科技研究与发展, 2011, 33(1): 168-172, 92.

[3] 王灵桂, 魏斯莹. 国外高科技人才政策及启示[M]. 北京: 社会科学文献出版社, 2020: 87-94.

[4] 郑永彪, 高洁玉, 许暄宁. 世界主要发达国家吸引海外人才的政策及启示[J]. 科学学研究, 2013, 31(2): 223-231.

双元职业技术培训（包括工作培训和理论培训）[①]；强化学徒期、大学学位、双元职业培训的执业许可制度；帮助其进行家庭安置和子女教育，减轻社会负担等[②]。2019 年 6 月，德国联邦议院通过《新技术移民法案》，并于 2020 年 3 月开始执行。该法案将技术专业人才的学历门槛降低到本科以下；在提供生活来源证明的情况下可获得最长 6 个月的临时签证用于工作寻找、职业培训、语言学习、居住安置等；对德国人与非欧盟外国人在求职优先级上不再有区分；此外，技术专业人才可以先进入德国，再对学位学历、职业资格等进行认证；特别地，对于拥有"高度发达的实用专业知识"的 IT 专家可以免于进行相关认证。

（四）对"散居者"特殊人才群体的吸引与联系

"散居者"（diaspora）一般指经母国培育成长后移民海外的高技能人才。各国均重视"散居者"在缄默知识溢出、科技成果转化、合作网络构建、吸引外商投资、侨汇等方面的积极作用，将其视为国家发展的外部建设者而非旁观者。很多国家针对"散居者"设立专门管理机构，并尝试赋予其一定的公民权利，如发放绿卡、居留许可等，以促进其在母国与移民国之间的"人才环流"[③]。

美国从 2011 年开始协调全球合作计划秘书办公室（GPI）与美国移民局合作成立国际散居联盟（IdEA），专门用于"散居者"群体的联系与治理[④]。

德国则通过人才回流计划（Germany's Return Programme）、德国学者国际网络（Germany's German Academic International Network，GAIN）等，搭建学术网络，加强"散居者"对本国的知识与技术溢出，帮助超过 20 000 名在美国、其他欧盟国家"散居者"搭建更丰富的桥梁[⑤]。

---

① Bundesministerium für Wirtschaft und Energie. Germany's dual vocational training system[EB/OL]. https://www. bmwi.de/Redaktion/EN/Downloads/duales-ausbildungsprogram.pdf?__blob=publicationFile&v=4 [2022-01-26].
② 王灵桂, 魏斯莹. 国外高科技人才政策及启示[M]. 北京: 社会科学文献出版社, 2020: 89.
③ 黄海刚. 散居者策略: 人才环流背景下海外人才战略的比较研究[J]. 比较教育研究, 2017, 39(9): 55-62.
④ 黄海刚. 散居者策略: 人才环流背景下海外人才战略的比较研究[J]. 比较教育研究, 2017, 39(9): 55-62.
⑤ 黄海刚. 散居者策略: 人才环流背景下海外人才战略的比较研究[J]. 比较教育研究, 2017, 39(9): 55-62.

二、充分发挥平台引才的组织优势

在用人友好的政策环境支撑下，国家科研机构依托先进的大科学装置和一流的科研团队，不断吸引全球高层次科技人才。平台引才和事业引才是国家科研机构对全球高水平人才产生虹吸作用的突出优势。

（一）通过短期项目与大数据监测发现和吸引世界人才

设置短期访问学者项目，是发现人才的重要途径。许多国家科研机构常常在短期访问学者中设置科研奖励，通过择优奖励的方式，增加与优秀科技人才的合作黏性，以期最终达到吸引其加入的目的。

德国马普学会还专门建立了全球科技人才大数据监测平台，关注相关领域高水平科学家的科研产出、合作网络与流动迁移情况。针对发现的具有高水平科学家潜质的人才，马普学会通过提供研究项目、研究团队、科研经费等一系列支持，吸引其加入[1]。

许多国家科研机构还设有国际人才办公室，提供"一站式"服务，用以解决外籍科学家、技术专家的移民与工作签证办理、配偶居留签证、子女国际学校安置、住房安置、银行卡和信用卡办理、医疗健康保险办理、语言培训等各方面问题，创造温暖、包容的国际人才工作环境。

（二）借助大科学装置集聚全球科研人员

各国普遍将大科学装置布局在国家科研机构中，这就为其吸引高水平科技人才提供了得天独厚的平台资源优势。在开放科学背景下，国家科研机构通过同行评议方式，择优选择世界各地的优秀科学家进入和使用其领先科研基础设施。这极大地吸引了高水平科技人才到国家科研机构开展科研工作，有利于知识技能溢出与科研深度合作。

例如，德国亥姆霍兹联合会依托 18 个研究中心部署了加速器、未来能源、地球与环境观测、高级计算、强磁场、离子设施、光源、航空航天、粒子与宇

---

① MPG. Max Planck talent companion: guide to human resources development offers[EB/OL]. https://www.mpg.de/14342741/talent-companion.pdf[2021-10-01].

宙、材料开发、纳米技术等若干方向的数十个大科学装置。2019 年，这些大科学装置吸引了来自 130 余个国家的 11 603 名国际设施用户、访问学者①。

美国能源部国家实验室维护和运营着 29 个大科学装置，包括超级计算机、粒子加速器、大型 X 射线光源、中子散射源、纳米科学和基因组学等，每年吸引数以万计的研究人员前去进行跨学科前沿研究，是国家实验室促进人才高水平集聚和环流的关键要素②。2022 财年，美国能源部国家实验室接纳了来自全球的 38 558 位设施用户③。

（三）建设世界一流团队，招揽世界一流人才

国家科研机构汇集了大批高水平科学家，也是诺贝尔奖等国际知名科学大奖获得者的摇篮。据不完全统计，截至 2021 年底，美国国立卫生研究院、美国能源部国家实验室、德国马普学会（含前身威廉皇帝科学研究所）、法国国家科学研究中心分别培养出 130 名、118 名④、37 名⑤⑥、23⑦名诺贝尔奖获得者。⑧诚然，相当部分诺贝尔奖获得者获奖时间与研究巅峰存在较大的时间滞后性，但是一旦其获得诺贝尔奖，就会形成显著的人才集聚效应。这些诺贝尔奖获得者将获得更为丰富的科技资源，一定程度上帮助国家科研机构构建人才团队的雁阵格局。来自全球的科研人员在这些国家科研机构中有更多渠道接

---

① HELMHOMTZ. Facts and Figures 2020: The Helmholtz Associations' annual report[EB/OL]. https://www.helmholtz.de/fileadmin/user_upload/03_ueber_uns/zahlen_und_fakten/Jahresbericht_2020/20_Jahresbericht_Helmholtz_Zahlen_Fakten_EN.pdf [2021-10-01].

② DOE. User facilities at a glance[EB/OL]. https://science.osti.gov/User-Facilities/User-Facilities-at-a-Glance#0 [2021-10-01].

③ DOE. Office of science: Data Archive[EB/OL]. https://science.osti.gov/User-Facilities/User-Statistics/Data-Archive[2023-10-21].

④ DOE. DOE nobel laureates[EB/OL]. https://science.osti.gov/About/Honors-and-Awards/DOE-Nobel-Laureates [2021-10-09].

⑤ MPG. Nobelpreise[EB/OL]. https://www.mpg.de/preise/nobelpreis[2021-10-09].

⑥ MPG. Nobelpreisträger*innen in der Max-Planck-Gesellschaft[EB/OL]. https://www.mpg.de/237655/nobelpreise-der-kwg[2021-10-06].

⑦ CNRS. The CNRS celebrates 80 years of existence[EB/OL]. https://www.campusfrance.org/en/the-cnrs-celebrates-80-years-of-existence[2021-10-09].

⑧ 白春礼. 人才与发展——国家科研机构比较研究[M]. 北京: 科学出版社, 2011: 38.

触到诺贝尔奖获得者及其核心团队成员，获得前沿科学灵感和丰富科研机会，加速创新。

例如，德国马普学会定期为全球的博士研究生与博士后举行林道诺贝尔奖得主大会（Lindau Nobel Laureate Meetings），每年吸引全球 600 位年轻学者参会，会后筛选 25 位优秀学者在马普学会进行深度参观、学术展示、前沿讨论，并给其充分的自主权选择意向加入的研究所。此外，马普学会设立诺贝尔获得者奖学金（Nobel Laureate Fellowship Award），资助内部优秀的博士后研究人员，提供为期 3 年的成为诺贝尔奖获得者团队成员的科研机会，以此获取诺贝尔奖获得者团队一切可能的科研资源与学术环境。

第二节　多序列、多层级的岗位设置及聘用体系

国家科研机构普遍形成了包括科学家、工程师、行政管理等岗位序列的分类制度，并采取长期聘用、合同聘用、双向聘用等多元化聘用方式，提高人才的有序流动与合理竞争。

一、岗位序列分类

（一）科学家岗位：从事交叉学科与前沿探索的生力军

国家科研机构拥有大批从事重大科学工程和交叉研究的科学家，其科学家岗位有明确的层级划分，主要包括战略科学家岗位、科技领军人才岗位、职员科学家岗位、博士后科研助理岗位、访问学者与设施用户等几种常见类型。

战略科学家具有科研路线、科技资源自主权，负责研判学科发展方向、设施建设规划、内部人事调整、上级部门沟通协调等宏观管理职能。科技领军人才更偏向执行层面，包括团队管理、科研组织、设施管理等具体研究职能。职员科学家则重点在项目研究和设施使用上，保障科研任务顺畅运行。博士后科研助理更多地作为早期科研力量，在与职员科学家配合下共同执行科研任务。访问学者与设施用户属于特殊的流动性科学家，其人事关系并不属于国家科研

机构，但是其在国家科研机构期间需要服从机构的运行及管理规定。

（二）工程师岗位：坚持使命导向服务大科学装置的支柱力量

国家科研机构通过设立工程师岗位稳定拥有一批高水平工程师队伍，他们具有与企业资深的技术研发人员相当的水平，且能够为科学家提供大量的个性化技术服务。部分国际知名科研机构的工程师岗位职工数量几乎与科学家岗位比重相当。例如，2018 年法国国家科学研究中心拥有超过 1.3 万名工程师，占总职员数的 41%[①]；2019 年德国亥姆霍兹联合会拥有近 1.6 万名工程师，与科学家数量接近，占总职员数的 38%；2020 年德国马普学会拥有 3990 名工程师，占总职员数的 17%[②]。

在国家科研机构中，工程师的主要职责包括：①建设、运行、维护科研基础设施，特别是耗资巨大、建设周期漫长、工程复杂度高的大科学装置，供大学、企业和国际顶尖研究者使用；②发明、试验和生产小批量、定制化的机械构件和电子元器件，以满足科研需求；③及时维护中小型科研仪器；④承担工程类项目研发。

（三）行政管理岗位：大兵团科研作战的保障部队

卓越的科研与工程依赖于一批可信赖的行政管理人员，国家科研机构作为一个复杂的、多元的、高流动性的科研活动主体，为维持其高效运转，还包含一系列行政管理岗位。国家科研机构行政管理岗位的职能包括：保密、通信、财务、法务、人力资源等传统职能；对工程文件、研究档案、技术转让的流程管理；学术宣传，如对科学家的演讲材料与海报进行制作、协调文献出版物出版、进行视频剪辑渲染等。

2020 年，德国马普学会拥有 4739 名行政管理人员，占职员总数的 20%[③]；2020 年美国能源部国家实验室拥有 4962 名研究/技术管理人员（工程管理、研究管理、技术管理）和 3144 名运营支持管理人员（业务管理、计算机系统、

---

① CNRS. 2018 A year at the CNRS[EB/OL]. https://www.cnrs.fr/sites/default/files/news/2019-10/RACNRS2018EN2-min-formatx.pdf[2021-10-09].

② MPG. Jahresbericht Annual Report 2020[EB/OL]. https://www.mpg.de/17039594/annual-report-2020.pdf [2021-10-09].

③ MPG. Jahresbericht Annual Report 2020[EB/OL]. https://www.mpg.de/17039594/annual-report-2020.pdf [2021-10-09].

通信、环境、设施运营、人力资源、法律、技术转让、战略规划），二者之和占职员总数的 12%[①]。

二、岗位聘用方式

（一）长期聘用：少量科学家与绝大多数工程师/行政管理人员

长期聘用的目标是稳定住一批"常备科研力量"，进行战略性、基础性的重大任务与前沿科学研究。一般而言，科学家岗位中仅有较少的战略科学家、科技领军人才等可以在国家科研机构中获得长期聘用，如美国能源部国家实验室的荣誉职员科学家、高级职员科学家以及德国亥姆霍兹联合会的 W2 和 W3 级别的科学家为长期聘用。获得长期聘用的高水平科学家，主要职能是稳定科研机构和团队的发展方向、保障科研体系安全可靠与平稳运转。与科学家岗位不同，绝大部分工程师岗位和行政管理岗位均为长期聘用方式，这主要是出于敏感性与稳定性的考虑。

当然，基础研究领域的国家科研机构职员科学家也可能存在较高的长期聘用比例。例如，2020 年，德国马普学会有 6216 名科学研究助理，其中 4786 名为机构资助的长期聘用科研人员，占比高达 77%；同时，2020 年德国马普学会中 3990 名工程师有 3807 名属于长期聘用，4739 名行政管理人员有 4674 名属于长期聘用，占比分别达到 95%和 99%[②]。

（二）合同聘用：初级科学家

国家科研机构通常采取合同聘用方式为初级科学家提供工作机会。一是鼓励年轻科研人员流动，促进知识与技能的溢出与交换，促进科研活力与人才竞争。二是青年科研人员在国家科研机构已经享受了若干年大科学装置的优先使用权，职业和技能溢价较强，有责任为学术界与产业界贡献智力资源，并为其他青年科研人员让出接触大科学装置、高水平团队的岗位机会。

---

① DOE. Demographic data for the national labs[EB/OL]. https://nationallabs.org/staf[2021-10-09].

② MPG. Jahresbericht Annual Report 2020[EB/OL]. https://www.mpg.de/17039594/annual-report-2020.pdf [2021-10-09].

美国能源部国家实验室的职员科学家、博士后多为合同聘用。美国国立卫生研究院对于博士后和低级别的职员科学家有 5—8 年聘用期限规则：一般不应在国立卫生研究院停留超过 5 年，如有特殊需要可以延期，但不应超过 8 年[①]。德国马普学会由于主要进行基础研究，合同聘用比例相对较低，2020 年，其 2450 名研究助理和博士后中有 615 名为第三方资助的合同聘用[②]。

（三）双向聘用：科学家合理有序的流动保障

国家科研机构与大学、企业建立了多样的合作模式，联系密切，也因此形成了科学家岗位的双向聘用。这种双向聘用是机构之间"旋转门"的重要基础，更加有利于促进人才流动。

1. 与大学合作

（1）鼓励大学教授进入国家科研机构，包括合作研究和履历提升两类。合作研究主要是指大学教授通过申请联合研究计划、科研休假、客座研究员等方式参与国家科研机构的研究工作。例如，美国能源部提供为期 5 年、价值 1250 万美元的资助用于建设"新型纠缠技术的量子应用网络试验台"（QUANT-NET），吸引了一大批的大学科研人员进入国家实验室参与大团队、强交叉的联合前沿研究[③]。德国亥姆霍兹联合会通过虚拟联合研究中心、优先项目、研究小组等形式，促进德国大学教授进入国家科研机构进行跨学科研究。2019年，W2 和 W3 级别的大学教授在亥姆霍兹联合会研究中心的兼职人数达到 686 人。履历提升则是对美国、英国等国家大学中的"非升即走"与德国大学中的"非走不升"两种制度的回应，大学科研人员在职业瓶颈中考虑前往国家科研机构继续丰富自己的科研履历[④]。

① NIH. 5-year/8-year duration rule[EB/OL]. https://oir.nih.gov/sourcebook/personnel/recruitment-processes-policies-checklists/5-year-8-year-duration-rule[2021-10-09].

② MPG. Jahresbericht Annual Report 2020[EB/OL]. https://www.mpg.de/17039594/annual-report-2020.pdf [2021-10-09].

③ Kincade K. Berkeley Lab, UC Berkeley, Caltech to build quantum network testbed[EB/OL]. https://cs.lbl.gov/news-media/news/2021/berkeley-lab-uc-berkeley-caltech-to-build-quantum-network-testbed/[2021-10-09].

④ 李晓轩, 李萌. 我国科技人才队伍建设的三个问题[J]. 中国科学院院刊, 2010, 25(6): 588-594, 601.

（2）鼓励国家科研机构的科学家进入大学，培养和发现人才。大学在通识教育和人才培养方面具有优势，且美国、德国、法国等国的国家科研机构甚至不具有学位授予资格。如此，科研机构与大学的发展具有功能互补性，科研机构的科学家通过参与大学的人才培养工作，实现科教融合。德国马普学会鼓励科学家参与德国大学卓越计划，联合培养青年科研人员、接受大学的教授和荣誉教授任命、接受大学的重点研究领域资助等。据统计，马普学会超过80%的科学家都积极参与大学的人才培育与挖掘工作。

2. 与企业合作

基于国家科研机构强大的产业服务能力，企业和科研机构之间的双向聘用频繁发生。美国能源部国家实验室允许科学家进入企业开展技术转移与成果转化合作，从事兼职活动，促进前沿技术加速产业化，也同意国家科研机构聘用企业专家参与相关研发活动。基于此，双方科学家、技术专家在合作研究与开发协议（CRADA）、战略合作伙伴项目（SPP）、技术商业化协议（ACT）、技术援助协议（TAA）、小企业创新研究（SBIR）、小企业技术转让（STTR）等丰富的合作框架下开展联合研究和技术援助，共同参与科技成果转移转化。

第三节　约束与激励并举的薪酬制度

国家科研机构根据一国针对公务员群体的薪酬管理规定，形成了与科研活动特征相适应的科研人员薪酬设计及管理制度，包括依据岗位序列与职级结构确定薪酬水平、规范兼职/兼薪和绩效比例、针对高水平科学家设置特殊的薪酬管理区间、强化对面向产业用户需求的科研人员的薪酬激励等。

一、参照公务员实行年薪制

薪酬水平方面，国家科研机构通常采取对照公务员的薪酬级别体系，通过年薪制稳定科研队伍的收入预期。在此基础上，根据地区经济水平差异，制定区域间的薪酬调整系数，引导区域间人才的合理流动。许多国家科研机构还针对高级别科学家设置了单独的薪酬区间，其薪酬水平与高级别行政官员相当。

美国国家科研机构职员科学家的薪酬通常由美国联邦人事管理局（OPM）每年更新的薪酬级别文件中的"通用规则"（general schedule）序列与"地区调节工资"（locality adjustment）乘数共同决定。通用规则共分 15 级（GS1—GS15），每级又分 10 档，基本年薪从 19 738 美元（GS1，1 档）到 143 598 美元（GS15，10 档）不等；地区调节工资乘数则根据地区物价水平，在"通用规则"序列基础上调增 15.95%—41.44%[①]。美国能源部国家实验室还为高级别科学家开辟了单独的薪酬序列——"ST 序列"（scientific or professional positions），年薪与国家实验室主任的"SES 序列"（senior executive service）趋同，年薪从 132 552 美元到 199 300 美元不等[②]。

日本理化学研究所在完成法人化改革后成为独立行政法人科研机构，在薪酬上参照公务员制度，主要依据日本人事院有关规定、《独立行政法人通则法》以及机构自身有关薪酬的规定[③]。对于长期聘用职员，日本理化学研究所设置了 9 个薪酬级别（1—9 号俸），固定月薪从 68.9 万日元（1 号俸）到 117.5 万日元（9 号俸）不等，其中理事长为 6 号俸以上，理事为 4—6 号俸，监事为 4 号俸以下[④]。

德国马普学会、亥姆霍兹联合会、弗劳恩霍夫协会都采取《德国公共部门员工工作与薪酬协商契约》（TVöD）所规定的薪酬水平作为基本工资，实现与公务员工资的接轨。同时，德国联邦政府给予国家科研机构一定的选择权，在特定情况下其可以不按照《德国联邦公共部门薪资条例》和《德国公共部门员工工作与薪酬协商契约》关于薪酬管理的相关规定，自行确定 W3 级别科学家的薪酬。

在年薪制的基础上，许多国家同时限制国家科研机构科研人员绩效奖励和

---

① OPM. Executive order 13970: adjustments of certain rates of pay[EB/OL]. https://www.opm.gov/policy-data-oversight/pay-leave/salaries-wages/pay-executive-order-2021-adjustments-of-certain-rates-of-pay.pdf[2020-12-31].

② OPM. Salary table No. 2021-SL/ST rates of basic pay for employees in senior-level (SL) and scientific or professional (ST) positions[EB/OL]. https://www.opm.gov/policy-data-oversight/pay-leave/salaries-wages/salary-tables/pdf/2021/SLST.pdf[2021-10-23].

③ 林芬芬, 严利. 日本科研人员薪酬分配现状及启示[J]. 中国科技资源导刊, 2017, 49(3): 56-60.

④ 国立研究開発法人理化学研究所. 役員報酬規程[EB/OL]. https://www.riken.jp/medialibrary/riken/about/info/kitei- yakuin-1.pdf [2021-10-23].

兼职/兼薪情况下的工资总额。绩效奖励方面，美国联邦人事管理局对科学家的绩效奖励规定极为严苛，规定获得"完全成功级"（fully successful level）或更高级别绩效评级的 ST 序列战略科学家可能获得现金奖励，但超过 10 000 美元的奖励须获得美国联邦人事管理局批准；超过 25 000 美元的则必须得到白宫的批准（这种情况极少发生）[①]。

兼职/兼薪方面，国家科研机构规范对科学家兼职的工资总额限制。科学家如果有兼职/兼薪行为，需要每月如实填写在若干兼职科研机构的等效科研时间分配比重，并据此从不同组织中获得相应比例的收入。由于同级别、同水平的科学家在国家科研机构与大学通常享受类似的年薪水平，因此科学家没有在不同组织进行兼职/兼薪以赚取超额报酬的动机。

二、对服务产业用户需求的科研人员提供薪酬激励

面向产业用户需求的国家科研机构通常采用比公务员体系更加灵活的薪酬体系，按照市场机制设置一定的薪酬激励空间，避免高水平科技人才向产业界的非合理流失。

例如，美国国家标准与技术研究院（NIST）通过宽带绩效薪酬制度试点改革，将国家科研机构普遍执行的"通用规则"序列等级进行合并，将科学家岗位、工程师岗位、行政管理人员岗位的薪酬等级从原来的 15 级均合并为 5 级，并且薪酬幅度范围由低级别到高级别递减，旨在变相提高低级别职员的绩效水平，缩小与产业界的工资收入差距。

德国则颁布《德国教授薪酬改革法》，为科研人员实施协商契约外绩效报酬提供了可能性。特别是如弗劳恩霍夫协会这样面向市场需求的国家科研机构，可以根据需要开发出具有高弹性范围的可变薪酬，以趋近行业平均薪酬水平，避免人才外流。可变薪酬既取决于员工绩效表现，也取决于弗劳恩霍夫协会整体的盈利状况[②]。

---

① OPM. Policy, data, oversight senior executive service[EB/OL]. https://www.opm.gov/policy-data-oversight/senior-executive-service/scientific-senior-level-positions/[2021-10-23].

② Fraunhofer-Gesellschaft. Variable vergütung[EB/OL]. https://www.fraunhofer.de/de/ueber-fraunhofer/corporate-responsibility/personalmanagement/variable-verguetung.html[2021-10-23].

第四节 对我国国家科研机构人才队伍建设的启示

国家科研机构的人才使用，既有适用于各国体制的特殊性，也有作为科研机构的共同性。多年来，我国国家科研机构通过改革用人制度，试点针对高水平科技人才的引进和培养政策，引导国家科研机构聚焦使命定位开展科研活动，学术影响力、产业服务能力均得到显著提升。然而，必须承认，我国国家科研机构与国际一流水平科研机构相比，在提高人才国际化水平、建设工程师队伍、建立人才"旋转门"机制、完善人员薪酬体系等方面仍存在一定差距，国际经验对我国科技人才制度建设依然具有较大的借鉴价值。因此，我国应持续深化国家科研机构的用人制度改革，持续激发创新人才的活力。

一、加大国际化人才吸引与集聚能力

我国国家科研机构的国际化人才队伍规模很小，与世界同水平机构的差距明显。以中国科学院为例，截至 2018 年，外籍科研人员占比仅为 1.44%，远远落后于日本理化学研究所 24.27%、法国国家科学研究中心 27.11% 和德国马普学会 36.6% 的外籍科学家比例，折射出全球化人才队伍建设上的巨大差距[①]。

我国应尽快健全适合国情的技术移民体系，进一步发挥国家科研机构人才集聚的功能。一是发挥国家科研机构的科技咨询作用，协调有关部门尽快建立适合国情的技术移民体系。我国技术移民政策体系还未建成，缺乏国家层面的移民积分制度、担保制度、职业清单制度、外国人身份转换制度等一系列配套政策，我国全球化集聚各层次人才面临制度性障碍。应当以国家需求为牵引，促使国家科研机构优先引进全球高水平人才，降低其他条件限制，缩短申请流程，简化申请手续。

---

① 张杰. 以高水平国际化推进国际一流科研机构的建设——世界科技强国大家谈[J]. 中国科学院院刊, 2018, 33(1): 1-8.

二是发挥大科学装置对全球人才的集聚作用。大科学装置是集聚人才的重要平台，应当在加快建设全球一流的装置平台的同时，重视高水平的设施服务供给与配套措施。制定针对外籍人才的开放共享战略，吸引各国人才共同开发利用平台，积极争取设施用户加入我国国家科研机构。

三是发挥跨学科优秀团队在人才吸引中的有效作用。在中美科技领域摩擦日益加剧的背景下，国家科研机构应肩负国家使命，通过优秀科研团队、科研人员之间的民间科研合作与交流等自下而上的柔性方式获取全球科技人才信息，积极接触已经在海外获得教职却发展受阻的科研人员，以及滞留海外希望回国的 STEM 专业毕业的博士与博士后，为他们回国发展创造良好的条件。

二、稳定工程师队伍

我国国家科研机构普遍存在"重研究、轻工程"的现象，科研人员更青睐科研岗位，工程师经常是退而求其次的选择。工程技术人才创新动力不足，不愿长期从事持续改善设备和平台性能的工作，与世界知名国家科研机构中工程师提供的高水平工程技术支撑与服务相比，差距较大。这主要是由于我国国家科研机构中的工程师在职称晋升上与科学家相比存在天然劣势，且工程师岗位收入又普遍低于产业界。例如，目前国家科研机构的科研人员可以通过承接横向科研项目、在新型研发机构兼职等方式提升薪酬水平，而国家对大科学装置的建设和运行经费中都没有保障工程师岗位的投入，同时工程师在国家科研机构中缺乏对技术路线和科技资源的调配权力，导致工程师群体的职业生涯天花板显得远低于科研人员群体，职称、工资、使命感等水平的长期不足，一定程度上引起了工程师群体人员流失、职业倦怠，降低了国家科研机构工程师群体的创新绩效水平。

未来，有关部门应加快针对工程师的体制机制改革，特别是开展国家科研机构工程师评价、激励、保障的综合改革。国家科研机构应出台具体办法，规范工程师的职级设置，畅通晋升渠道。对工程师普遍采取长期聘用机制，参考产业界平均薪酬水平满足其收入预期。将使用科研仪器装置产生成果的收益与工程师共享，提高工程师的归属感，激发其创新热情。

三、促进不同科研主体之间的人才流动

早在 20 世纪 90 年代深圳清华大学研究院、中国科学院深圳先进技术研究院等新型研发机构设立时，就进行了大量的人才机制探索。然而，这些探索并未突破事业单位管理规定的束缚，未能建立基于"旋转门"机制的人才双向环流，人才引进与聘用中仍存在一定的障碍。针对国家科研机构人员兼职/兼薪带来的时间分配、薪酬分配、成果归属、考核评价等问题仍缺乏具体的法规政策指导，国家科研机构通常对科研人员的兼职/兼薪行为进行内部审批，但对具体操作中的问题长期处于"模糊状态"。基于此，大部分新型研发机构仍普遍采用"柔性引进"的方式，带来大量国家科研机构科研人员的兼职/兼薪现象。科研人员可能通过兼职/兼薪获得超额报酬，由此引发在多个地方挂名、不能聚焦主责主业、科研浮躁等问题。

未来，应规范科研人员兼职/兼薪行为，并畅通多部门所属的科研主体之间的"旋转门"。一方面，要建立更加灵活的人才流动机制，使科研人员能够多次在科研机构、大学、企业等不同组织间流动，从而根据实际需求，选择阶段性的主要工作地点，始终从事最有兴趣和最擅长的工作，激发人才活力和创造力。另一方面，要出台对兼职/兼薪的限制性规定，如限制兼职的数量、要求明确时间比例，并据此发放报酬、限制超额报酬等。

四、优化科研人员的薪酬结构与水平

与发达国家科研机构相比，我国国家科研机构的人员基本工资占比过低，科研人员需要通过承接较多竞争性项目以维持工资水平。高竞争性给科研人员带来了工资波动的焦虑，也不利于稳定研究方向和开展持续研究。借鉴国际通行做法，可以从以下三个方面做出改进。

（1）提高基础研究人员的基本工资比例。对于国家科研机构中从事基础研究、应用基础研究的科研人员，应提高基本工资占比，设置与岗位、职级对应的薪酬总额区间，稳定其工资收入预期。

（2）强化对应用研究、工程技术人员的绩效激励。应用研究与工程技术人员往往具有较高的潜在市场工资，应当允许根据市场情况对相关人员进行绩效

奖励，从而留住高水平人才，激励其开展具有真实需求的研究。

（3）规范兼职/兼薪行为。新型研发机构对国家科研机构中科研人员的"柔性引进"，带来大量兼职/兼薪现象。由于缺乏制度规范，科研人员可能通过兼职/兼薪获得超额报酬，由此引发部分科研人员在多个地方挂名、不能聚焦主责主业、科研浮躁等问题。未来应出台对兼职/兼薪的限制性规定，如限制兼职的数量、要求明确时间比例并据此发放报酬、限制超额报酬等。

第七章

绩效评价：对国家科研机构的监督与评估

20 世纪 70 年代末到 80 年代初，为克服官僚主义，提高行政管理效率，优化资源配置，英国、美国、法国等西方国家纷纷开启了新公共管理改革，即在设定的公共服务绩效目标的基础上对公共部门提供公共服务的全过程进行跟踪监测并做出系统的绩效评价。从 90 年代开始，公共绩效评价制度逐步扩展到了以公共财政资助为主的国家科研机构，这进一步强化了对国家科研机构在履行法定职责、选择科研方向、提供公共服务等方面的引导，实现了全过程监督管理。

第一节　各国逐步建立国家科研机构绩效评价制度

政府对国家科研机构的监督与评估始于英国，规范于美国。继美国《政府绩效与结果法》后，各国纷纷通过国家立法或政府规章制度的形式将科研机构绩效评价工作纳入制度化轨道。

一、英国：作为公共部门绩效管理改革延伸的国家科研机构绩效评价

在英国，建立国家科研机构绩效评价制度是公共部门绩效评价改革的构成部分之一。英国撒切尔政府对公共部门进行绩效评价改革以后，各个部门便不

断完善绩效评价制度。1979 年开始的"雷纳评审"就是对公共部门的经济性和行政效率水平进行全面评估和测定，为撒切尔夫人行政改革蓝图的设计和有效实施提供了基础[①]。1980 年，为给部长提供全面规范的信息，英国环境大臣赫赛尔廷（Michael Heseltine）率先在部门内部建立了部长管理信息系统（management information system for ministers），将绩效评估和目标管理集成于一体。1982 年，撒切尔政府公布了著名的"财务管理新方案"（financial management initiatives），要求政府各部门树立浓厚的"绩效意识"。1986 年，英国内阁办公室成立了组织协调各部门评价工作的评估办公室。1989 年英国财政部发行了《中央政府产出与绩效评估技术指南》，为绩效评估机制的建立和完善提供了业务和技术指导[②]。在各部门的努力下，英国公共部门绩效评估逐渐走上了普遍化、规范化、系统化和科学化的道路，国家科研机构作为一类公共部门，其绩效评价制度就是在这一过程中逐步建立起来的。

二、美国：政府绩效管理框架下的国家实验室绩效评价

美国国会于 1993 年通过了《政府绩效与结果法》[③]，首次通过立法保障了联邦机构绩效评价的制度化和规范化，并引起了国际社会的广泛关注。《政府绩效与结果法》规定，只要是联邦机构（包含国家实验室），都必须在《政府绩效与结果法》框架下制定长期战略规划报告、年度绩效计划和年度绩效报告。这 3 份报告要提交给美国国会、美国审计总署（GAO）以及白宫行政管理与预算局。《政府绩效与结果法》要求联邦科研机构尤其是国家实验室必须首先履行自己的职责、完成国家紧迫的战略研究任务，不能把本职工作放到一边。

与其他联邦部门一样，美国国家实验室首先将使命具体化为 5 年绩效目标，形成战略规划，主要包括部门使命、主要职能、运作目标以及实现目标的

① 王雁红. 英国政府绩效评估发展的回顾与反思[J]. 唯实, 2005, (6): 48-50.
② 周志忍. 公共组织绩效评估——英国的实践及其对我们的启示[J]. 新视野, 1995, (5): 38-41.
③ 吴丛, 韩青, 阿儒涵. 美国联邦政府科技预算绩效评价的发展演变与启示[J]. 中国科学院院刊, 2023, 38(2): 230-240.

管理过程、技能、人力、信息、资本和其他资源的描述；然后把目标层层分解，落实在年度绩效计划之中，行政管理与预算局要求年度绩效计划必须涵盖机构预算中的每一项活动，要列举具体及可测量的绩效目标，年度绩效计划服务于战略规划并保持一致；再依据年度绩效计划编制绩效指标，即用客观、可量化、可衡量的或者经行政管理与预算局授权的可替代形式来表述目标，建立绩效测量体系。美国国家实验室每年均需要提交年度绩效报告，报告上一年度绩效指标的实现情况。国会和行政管理与预算局对美国联邦实验室的 5 年战略规划报告、年度绩效计划和年度绩效报告进行评审。年度绩效报告反映"年度绩效计划"与"战略规划"实施情况，包括上一年度中年度绩效计划实现程度；如果绩效目标未能实现，应解释未能实现的原因、绩效目标不切实际或者不可行的原因以及改进建议。美国国家实验室每年获得经费预算与其制定的战略规划、年度绩效计划和年度计划完成情况直接相关。

三、法国：基于目标合同的国家科研机构绩效评价

法国的科技评价制度由来已久。1982 年 7 月，法国颁布实施《科研与技术发展导向与规划法》，决定于同年 11 月组建"国家科学研究委员会"（CoNRS），全面负责对科研人员、团队、科技成果进行定期的全面评价，正式拉开了以政府为主导搭建科技评价体系的序幕。1985 年 12 月，法国总统签署第 85-1376 号法案，颁布实施《科学研究与技术发展法》，再次以法律条款形式强调了科技评价的地位与作用，规范了科技评价的工作要求，并提出了要对国家科研机构定期进行全面的评价[①]。1989 年 5 月，法国正式组建国家科研评审委员会（CNER），对国家科研机构围绕国家战略需求开展科学研究的情况进行评价[②]。

2001 年 8 月 1 日，法国新《财政法组织法》（La loi organique relative aux lois de finances，LOLF）经法国议会投票通过并公告颁布。按照新 LOLF，法

① 顾海兵，姜杨. 法国科技评估体制的研究与借鉴[J]. 上饶师范学院学报，2004，24(4): 1-5.

② 杨国梁，孟溦，李晓轩. 法国 INRIA 管理与评估实践分析[J]. 科学学与科学技术管理，2008，29(12): 172-177.

国政府自 2006 年 1 月 1 日起开始实施"任务—项目—行动"的三层公共预算新框架①，建立起以结果和绩效为导向的绩效型公共预算体系。2006 年 4 月，法国政府在新 LOLF 框架下改革运行已久的科技评价体系，开始对国家科研机构实行基于目标管理合同的绩效管理模式，并组建专门的评价机构。同年 11 月，法国总统签署第 2006—1334 号法案，批准组建科研与高等教育评估署，负责评价所有国家科研机构、高等教育机构、大型研发企业、基金资助机构等。为应对全球金融危机以及完善国家创新体系的需要，2014 年 11 月，法国组建了科研与高等教育最高评价委员会（HCERES），统一负责政府层面的高校和科研机构绩效评价工作②。

四、日本：基于中长期目标的独立行政法人绩效评价

日本科研机构评价体系的变迁可以透过两条主线的交织发展来理解：国家层面评价制度的变迁和国家科研机构管理模式的变迁。

从国家层面的评价制度看，20 世纪 90 年代，日本提出了科技创新立国的方针。1995 年颁布的《科学技术基本法》（Science and Technology Basic Law）是日本所有科技政策的基础，规定了日本科技政策的制定和评估都由政府组织进行，同时要求加强对科技经费使用效率的管理③。1997 年，日本提出第一期"科学技术基本计划"，指出要严格执行研发评估。同年，为了与第 1 期"科学技术基本计划"配套，日本综合科学技术会议（2014 年更名为"综合科学技术创新会议"）出台了《国家研究开发通用评价方法实施指南》，开始实施现行的科技评估体系。此后，为了与第 2、3、4 期"科学技术基本计划"配套，先后在 2001 年、2005 年、2008 年和 2012 年对指南进行了四次修订，不断完善科技评估体系，并将研发政策评价指南更名为《国家研究开发评价指南》④。

① 黄严. 新 LOLF 框架下的法国绩效预算改革[J]. 公共行政评论, 2011, 4(4): 101-128, 180.

② 杨国梁, 孟溦, 李晓轩. 法国 INRIA 管理与评估实践分析[J]. 科学学与科学技术管理, 2008, 29(12): 172-177.

③ 张丹凤, 宋元. 日本的科技成果管理研究及对我国的启示[J]. 国土资源情报, 2008, (11): 52-56.

④ NAIS. 崔紫晨: 日本科技评估政策发展及其对我国的启示[EB/OL]. https://www.cnais.org.cn/cn/arcview/588.html[2016-03-16].

可以说，日本《科学技术基本法》确立了科技评估的法律地位，指出了科技评估的意义，明确了政府的责任。"科学技术基本计划"提出了科技评估的基本原则。《国家研究开发评价指南》规定了不同类型科技评估的基本方式和原则。各省厅根据《国家研究开发评价指南》制定本省厅的研究开发评价指南，确定在本省厅实施研究开发评价的对象、目的、方法等事项[①]。

从国家科研机构的管理模式看，日本在 1999 年通过立法对国家科研机构进行独立行政法人化改革。从 2001 年开始，日本对所有国家科研机构实行"中（长）期目标+绩效评价"的基本管理模式，并建立了以国家科研机构主管部门为核心、总务省对评价结果进行核查的多层次绩效评价体系。在国家科研机构的"中期计划"执行完成时，需对国家科研机构进行绩效评价，评价结果必须及时向社会公布以获得公众的监督和支持。2015 年 4 月《独立行政法人通则法》修正法案将 31 个国家科研机构从当时的独立行政法人中划分出来作为"国立研究开发法人"，同时积极推动"特定国立研究开发法人"制度的完善和实施。国家科研机构的法人地位由独立行政法人转为国立研发法人，研发法人的中长期规划目标年限从原来的最长 5 年延长至最长 7 年，评价标准也由注重"效率"向注重"成果"转变。

五、德国：注重学术自由和科学质量的国家科研机构评价

德国是一个崇尚科学自治的国家，自 2007 年 9 月德国总理默克尔提出拟订《科学自由法》以来，德国政府多次强调"给科学以自由"的必要性和紧迫性。2012 年 10 月，德国联邦议院通过《科学自由法》，并于 2013 年 1 月 1 日正式生效。作为保障大学以外研究机构财政预算框架灵活性的法案，该法案的推出是德国科学研究获得更大自主权的一个里程碑[②]。根据《科学自由法》，非大学研究机构在财务、人事、投资、建设、管理等方面将获得更大的自由，被允许使用非公共来源的第三方资金吸引高素质研究人员，并可快速进行科研

设施采购和建设，促进了科研机构与市场的有效对接，使其更快进入到国际竞争环境中。法案的适用范围也从马普学会、弗劳恩霍夫协会、亥姆霍兹联合会、莱布尼茨学会和德国科学基金会（Deutsche Forschungsgemeinschaft, DFG）扩展到洪堡基金会和德国学术交流中心等政府资助的非大学学术和研究机构[1]。

在《科学自由法》框架下，德国建立了一套多层级的科技评价体系。联邦和州政府主要对国家和政府的重大政策、规划进行评估，如大学和研究机构的创建，相关工作主要委托第三方的德国科学委员会开展评估。德国马普学会、弗劳恩霍夫协会、亥姆霍兹联合会、莱布尼茨学会四大科研机构的总部主要负责组织和开展对下属研究所的绩效评价工作，并各自构建了符合自身定位和科研活动特点的研究所绩效评价体系。

第二节　国家科研机构绩效评价的主要类型

经过 20 多年的实践与发展，美国、德国、英国、法国、日本等国构建了与自身宏观科技管理体系相适应的国家科研机构绩效评价体系。本节从评价主体、评价内容和指标、评价流程和方法、评价结果应用等四个方面介绍三种不同类型的国家科研机构绩效评价实践。

一、以服务部门职责使命为核心的国家科研机构绩效评价

面向国家战略需求、具有明确的职责使命和公益属性的国家科研机构的绩效评价主要围绕机构的战略目标展开，确保战略目标的实现，以美国能源部国家实验室绩效评价为典型代表。

美国能源部国家实验室的组织形式主要包括两类，一类是 GOGO 模式的实验室，一类是 GOCO 模式的实验室[2]。本部分主要介绍 GOCO 模式的国家实

---

[1] 德联邦议院通过《科学自由法》[EB/OL]. https://news.sciencenet.cn/htmlnews/2012/10/271045.shtm[2012-10-30].
[2] 李强, 李晓轩. 美国能源部联邦实验室的绩效管理与启示[J]. 中国科学院院刊, 2008, 23(5): 431-437.

验室绩效评价情况。

美国能源部国家实验室绩效评价的主体是学术声誉较高的外部专家，包括领域专家和用户专家，其中，来自产业界的专家占一半左右。

美国能源部国家实验室绩效评价的主要标准是 8 个绩效目标[①]（包括 3 个科学技术绩效目标和 5 个管理运营绩效目标，具体见表 7-1）的完成情况。以绩效目标为依据，针对国家实验室完成科学技术任务情况及其内部管理与运营情况进行全面评估，审视实验室运营承包方是否能够有效提升国家实验室实现科技目标的能力[②]。

表 7-1　美国能源部国家实验室绩效目标[①]

序号	绩效目标
1	科技的使命达成情况
2	研究设施的设计、施工和操作
3	科技项目或计划的管理
4	实验室的领导和监管
5	环境安全和环境保护的集成化
6	商业系统
7	设施维护
8	安全管理与应急管理

美国能源部国家实验室绩效评价采用定量方法和专家评议相结合的方法。主要评价流程包括：国家实验室管理方撰写年度绩效报告等材料并提交；外部评议专家审阅相关资料并进行实地调研；评议专家共同对实验室的绩效情况做出评价结论。另外，定量方法（主要是计量学方法）常作为同行评议的辅助手段，为专家评价提供支撑。

美国能源部国家实验室绩效评价结果采用"分级+得分"的形式，分值的分配方式如表 7-2 所示；其中，B+及以上的等级被定义为国家实验室绩效水平符合能源部的绩效预期，B+以下的等级表示国家实验室没有完成某项绩效目

---

① 李强. 美国能源部国家实验室的绩效合同管理与启示[J]. 中国科技论坛, 2009, (4): 137-144.

② 肖小溪. 国家科研机构治理结构研究[D]. 中国科学院大学博士学位论文, 2013.

标，仍有改善的空间。

表 7-2　美国能源部国家实验室绩效评估计分与分级对照表[①]

分级	得分	分级	得分
A+	4.3 — 4.1	C+	2.4 — 2.1
A	4.0 — 3.8	C	2.0 — 1.8
A-	3.7 — 3.5	C-	1.7 — 1.1
B+	3.4 — 3.1	D	1.0 — 0.8
B	3.0 — 2.8	F	0.7 — 0
B-	2.7 — 2.5		

绩效评估结果是能源部对国家实验室进行资源分配和优化调整的重要依据之一，直接影响对国家实验室的经费支持力度和承包管理合同续约情况。另外，绩效评价还帮助国家实验室查找问题与不足，提出改进建议，最终达到提升实验室科研水平的目的。

二、以科学研究质量为核心的国家科研机构绩效评价

对面向国际科学前沿研究的科研机构的评价，尤其重视基础研究的质量和水平，关注科研机构在国际同领域的地位，以德国马普学会研究所绩效评价为典型代表。

德国马普学会建立了以科学研究质量为核心的研究所绩效评价制度，包括2年一次的研究所评价和6年一次的领域评价。研究所评价和领域评价均委托由外部专家组成的专业咨询委员会进行评估，外籍专家所占比重超过50%。其中，在6年一次的领域评价中，马普学会把主题接近的研究所合并成一个研究领域进行战略评审和比较。

马普学会主要评价研究所的整体研究质量与水平、研究单元和领域在国际上的地位。具体评价内容包括：目前的研究动态、新的研究倡议、与其他科研机构的合作和新的公开出版物、人力资源的使用、预算和引入的第三方资金等。

---

① 卫之奇. 美国能源部国家实验室绩效评估体系浅探[J]. 全球科技经济瞭望, 2008, 23(1): 35-40.

评价时，研究所还要对其出版物做出具体的分析和阐述，以期能够显示研究所在国际比较中的地位。

马普学会 2 年一次的研究所评价主要采用同行专家评议法。评价程序主要包括专家遴选、研究所提交状态报告、专家实地考察、形成初步评价意见、评价意见和报告提交等环节。专家遴选先由研究所推荐，马普学会主席聘任，任期一般为 6 年，可以续聘。6 年一次领域评价的程序与研究所评价大致相同，各研究所均需要根据各自的研究领域情况撰写状态报告并递交到科学咨询委员会。研究所提交状态报告（英文）由被评估的研究所递交，篇幅在 100 — 600 页，因研究所的规模而有浮动。专家实地考察一般为 2 — 3 天，包括召开预备会、举行闭门会议（推选本次咨询委员会主席）、听取研究所所长报告和各研究室报告、参阅墙报、组织调查访谈等环节。咨询委员会根据被评研究所现状报告，结合实地考察情况，形成初步评价意见。咨询委员会将评价意见和报告提交领域委员会，由领域委员会进一步召开会议探讨研究领域的发展前景，最终的评价意见和报告在评价结束 3 个月直接送交马普学会主席。

研究所评价结果主要用于促进研究所保持高水平科学研究质量，改进管理工作，并作为资源分配的重要依据。马普学会总部根据评价结果调整研究所研究方向，对评价结果不好的研究所将减少部分经费分配甚至关闭研究所[①]。

三、以服务市场需求为主的国家科研机构绩效评价

以服务市场需求为主的国家科研机构，绩效评价重点关注科技成果的迅速产业化、共性技术和前沿技术的探索，以日本产业技术综合研究所绩效评价为典型代表。

AIST 由日本经济产业省主管，是日本最大的国家科研机构之一。AIST 以努力"建设可持续发展的社会"为目标，围绕能源·环境、生命工程学、信息·人类工程、材料·化学、电子学·制造、地质调查以及计量标准七大研究领域布局研究单元，通过政产学研深入合作，创造和应用对日本工业和社会有用的技

---

① 李晓轩. 德国科研机构的评价实践与启示[J]. 中国科学院院刊, 2004, 19(4): 274-277, 303.

术，并将创新技术商业化①。

　　AIST 绩效评价的基本依据是其与主管大臣（经济产业大臣）协商确定并经国家综合科技创新会议审议通过的 5—7 年的中长期发展目标。评价指标也由经济产业大臣确定。在制定评价指标时，经济产业大臣要参照 AIST 的中长期目标，设置定性和定量两方面指标，量化指标是专家定性评价的参考依据。

　　AIST 绩效评价主要采用定量方法与专家评议相结合的方法。评价流程主要包括自评价、主管部门评价、综合评价三个基本环节，其中主管部门评价最为重要。自评价由 AIST 进行自我评价；主管部门评价由经济产业大臣委托第三方机构，对 AIST 中长期计划的实施状况进行全面调查和分析，包括年度评价和中长期目标评价；综合评价则由总务省对 AIST 主管部门所提交的评价结果进行核查。

　　评价内容方面，经过多个中（长）期目标的制定和绩效评价实践后，主管大臣在进行绩效评价时，不再以完成设定目标为唯一标准，而是根据科技前沿动态和国际领先程度，对科技成果的新颖性和创新性进行专业评估；评估内容也不再是对可预见目标或对过去绩效的评估，而是对取得成果的潜在应用价值加以预评估，包括对科技成果是否有助于解决实际问题等进行评价。

　　主管部门会依据绩效评价结果对 AIST 建设的必要性、组织运营及其他各类业务开展情况进行总结分析，研究改进措施和资源配置②。

第三节　我国国家科研机构绩效评价的探索与发展

　　几乎与欧美国家开展新公共管理运动同步，我国也开始进行科技体制改革。1985 年 3 月 13 日发布《中共中央关于科学技术体制改革的决定》，改革拨款制度，开拓技术市场，不再单纯依靠行政手段管理科学技术工作③。《中

① 李顺才，李伟，王苏丹. 日本产业技术综合研究所（AIST）研发组织机制分析[J]. 科技管理研究, 2008, (3): 76-78.

② 刘霞. 高技术研究机构制度安排研究：基于机构可持续发展的视角[D]. 中国科学院大学博士学位论文, 2018.

③ 中国科学院. 1985 改革科技体制[EB/OL]. https://www.cas.cn/zt/jzt/kxhyzt/qgkjdhztbd/lszl/200601/t20060109_2664493.shtml[2006-01-09].

华人民共和国科学技术发展十年规划和"八五"计划纲要（1991—1995—2000）》提出，要开展国家、部门、地方经济和科技重大政策实施的评价研究，建立评价指标体系、评价模式和评价方法，标志着我国的科技评价工作开始起步。1994年，中国科学院开始对下属研究所进行评价，并于2000年成立了中国科学院管理创新与评估研究中心，开展科技评估理论研究与评估支撑工作。1997年，国家科学技术委员会依托中国科学技术促进发展研究中心组建了国家科技评估中心。2004年，科技部科技评估中心（国家科技评估中心）经中央机构编制委员会办公室批准成为具有独立法人资格的国家级专业化科技评估机构。经过不断的摸索与实践，我国科技评价体系日趋完善，国家科研机构绩效评价制度也逐渐建立起来。

一、我国国家科研机构评价的起步与探索

20世纪90年代，与其他科技对象一样，科研机构的评价问题开始受到国家的关注。政府相关文件明确了要重视科研机构的科研质量，但并没有特别强调绩效的概念，在具体实践中更多地采用定量化的指标和评价方法来考核科研机构的整体状况。

2000年底，科技部发布的《科技评估管理暂行办法》仅将科研机构的综合实力和运营绩效作为科技评估工作的对象和范围，未对科研机构评价做进一步规定，其他内容也未涉及科研机构评价。2003年，科技部等五部委印发的《关于改进科学技术评价工作的决定》要求"对机构和个人（或群体）重点评价具有代表性的突出成绩和典型事件，不得以数量代替质量"。2003年，科技部发布的《科学技术评价办法（试行）》要求："对研究与发展机构应根据其功能定位、任务目标、运行机制等特点，选择合理的评价方式和标准进行分类评价。""以政府财政资助为主的研究与发展机构，由科学技术主管部门会同相关部门共同组织委托评价，评价结果应与政府财政的投入水平相适应。""研究与发展机构的评价应当定期进行，评价周期一般为3至5年。"2006年，《国家中长期科学和技术发展规划纲要（2006—2020年）》提出"建立科研机构整体创新能力评价制度"，首次在国家层面上明确了科研机构评价工作的要求和发展方向。

在这一阶段，虽然相关文件要求根据科研机构特点开展分类评价和质量评价，但以科学引文索引（SCI）论文为主的定量评价指标在科研机构评价实践中占有相当大的比重。以中国科学院为例，在这一时期，中国科学院研究所评价体系先后经历了"蓝皮书"评价、二元评价、综合质量评估三个主要阶段，呈现出从定量评价向定性定量相结合逐步过渡的特征[①]。其中，"蓝皮书"评价体系（1993—1997 年）选取了论文、专利、项目、经费、人才、获奖等指标对研究所进行定量排名评价；二元评价体系（1998—2004 年）包含基于研究所创新任务书的目标完成度的定性评价和承担战略性科研任务、发表高质量学术论文、申请专利、获得奖励、培育人才、产生重大社会经济效益等的定量评价 2 个部分。综合质量评估体系（2005—2010 年）包括专家同行评议和定量监测等环节，通过定量监测指数的使用实现定量评价结果的横向和纵向可比。

二、我国国家科研机构绩效评价制度的建立

党的十八大以后，我国进一步深化科技体制改革，着重构建以科技创新质量、绩效、贡献为核心的科技评价体系，更大程度地发挥绩效评价结果对科技预算拨款、薪酬激励等方面的支撑作用。

2012 年中共中央、国务院印发的《关于深化科技体制改革加快国家创新体系建设的意见》提出"对科研机构实行周期性评估，根据评估结果调整和确定支持方向和投入力度"的要求，同时规定"根据不同类型科技活动特点，注重科技创新质量和实际贡献，制定导向明确、激励约束并重的评价标准和方法"。2015 年，《深化科技体制改革实施方案》指出"加快科研院所分类改革，建立健全现代科研院所制度""逐步建立财政支持的科研机构绩效拨款制度"。2017 年，党的十九大报告提出了"建立全面规范透明、标准科学、约束有力的预算制度，全面实施绩效管理"的要求，科技部、财政部、人力资源和社会保障部印发了《中央级科研事业单位绩效评价暂行办法》。2018 年 7月，中共中央办公厅、国务院办公厅印发的《关于深化项目评审、人才评价、

① 李晓轩，徐芳．"四唯"如何破：中国科学院研究所评价的实践和启示[J]．中国科学院院刊，2020，35(12)：
1431-1438．

机构评估改革的意见》明确提出建立"中央级科研事业单位绩效评价长效机制"。同年 9 月，《中共中央　国务院关于全面实施预算绩效管理的意见》提出"构建全方位预算绩效管理格局""实施部门和单位预算绩效管理""强化绩效目标管理""做好绩效运行监控""开展绩效评价和结果应用"。科技部等六部门印发的《关于扩大高校和科研院所科研相关自主权的若干意见》提出"完善机构运行管理机制……高校和科研院所实行中长期绩效管理和评价考核"。最新修订的《中华人民共和国科学技术进步法》（2021 年 12 月 24 日，由中华人民共和国第十三届全国人民代表大会常务委员会第三十二次会议审议通过，2022 年 1 月 1 日起施行）第五十三条规定"国家完善利用财政性资金设立的科学技术研究开发机构的评估制度，评估结果作为机构设立、支持、调整、终止的依据"，标志着我国国家科研机构绩效评价逐步进入法治化轨道。

三、我国国家科研机构绩效评价基本框架

在充分借鉴国外科研机构绩效评价经验的基础上，我国构建了基于科研机构类型（基础前沿研究类、公益性研究类、应用技术开发类三种类型）的绩效评价体系，实行综合评价与年度抽查评价相结合的中央级科研事业单位绩效评价制度[1][2]。

（一）评价内容

我国国家科研机构绩效评价的基本内容包括：绩效目标的设定情况、绩效目标的实现程度、实现绩效目标的管理效率、创新活动与成果的影响。评价指标框架由三级指标构成，一、二级指标为共性指标，三级指标为个性指标。综合评价以 5 年为一个评价周期，主要对职责定位、科技产出、创新效益等方面进行评价。同时，在评价周期内，每年按照一定的比例开展年度抽查评价，年

---

① 中共中央办公厅　国务院办公厅印发《关于深化项目评审、人才评价、机构评估改革的意见》[EB/OL]. http://www.gov.cn/zhengce/2018-07/03/content_5303251.htm[2018-07-03].

② 科技部　财政部　人力资源社会保障部关于印发《中央级科研事业单位绩效评价暂行办法》的通知[EB/OL]. https://www.most.gov.cn/xxgk/xinxifenlei/fdzdgknr/fgzc/gfxwj/gfxwj2017/201711/t20171108_136092.html [2017-11-08].

度抽查评价的重点是年度绩效完成情况、创新能力等重点方面。同时，围绕科研事业单位管理运行、科技创新，开展绩效执行监控，为综合评价、年度抽查评价等提供基础性支撑。

（二）评价流程与方法

为保证国家科研机构绩效评价体系科学、合理、可行，科技部、财政部、人力资源和社会保障部三部门从 2018 年起组织开展了多轮调研及绩效评价试点工作，并按照《中央级科研事业单位绩效评价暂行办法》规定的评价流程，连续两年针对国家科研机构绩效评价体系开展了试点，评价程序包括自评价、主管部门评价以及牵头部门组织综合评价三个基本环节。其中，自评价由被评科研机构组织开展，形成的自评价报告及其佐证材料是后续评价的基础；主管部门评价由被评科研机构的主管部门自行或委托第三方评估机构组织开展，可采用专家评议、文献计量、案例分析、问卷调查等方法进行评价，形成主管部门评价意见后作为综合评价的参考依据之一；科技部、财政部、人力资源和社会保障部在前两个环节的基础上，委托第三方机构开展综合评价，运用案卷研究、实地调研、问卷调查、专家评议等方法，结合绩效执行监控相关信息，形成国家科研机构综合评价报告、年度抽查评价报告等。

（三）评价结果与应用

根据《中央级科研事业单位绩效评价暂行办法》规定，综合评价和年度抽查评价结果实行计分制，并根据评分情况分为优秀、良好、一般、较差四级。国家科研机构、主管部门以及科技部、财政部、人力资源和社会保障部等宏观管理部门根据各自的职责和管理需要，将评价结果应用在改进组织管理、国家科研机构领导人员调整、任期目标考核、绩效工资总量核定等工作中。

第四节　当代国家科研机构绩效评价特征

上述对英国、美国、法国、日本、德国以及中国国家科研机构绩效评价相关的制度安排和具体实践进行了研究和总结分析。整体来看，当前国家科研机构绩效评价主要呈现出以下几方面的特点。

一是国家主导并推动建立相关制度。随着国际科技竞争的日益加剧，代表国家需求和公众利益的政府部门对推动国家科研机构绩效评价的动力越来越强烈。英国、美国等国在政府绩效管理体系下形成了对国家科研机构的评价模式，法国在新《财政法组织法》框架下逐步完善国家科研机构绩效评价制度，日本采用"中（长）期目标+绩效评价"的模式，我国则正在推进相对独立的国家科研机构绩效评价改革。这些评价体系均是由中央政府部门通过立法或专门的规章制度推动建立的。

二是主管部门发挥着关键核心作用。国家科研机构均有自身的使命和定位，并服务于特定的国家目标或政府部门职能。基于使命和战略目标的绩效评价成为各国对国家科研机构绩效评价的基本思路，政府主管部门在考核国家科研机构的使命定位、绩效目标完成情况方面发挥着重要作用。美国、日本等国家的行政部门直接承担主管责任，而德国四大科研机构的总部、中国科学院等则作为下属研究所的管理部门，充当着主管部门的角色。不管管理部门的属性如何，它们均负责组织下属科研机构的管理和绩效评价工作。

三是分类评价成为各国共识。从国际经验来看，国家科研机构的使命定位、评估目的及管理模式不同，绩效评价内容和指标也存在一定的差异。以基础研究为主的科研机构绩效评价主要关注科学研究质量和学术价值；以应用技术研发为主的科研机构绩效评价主要关注对经济社会发展的支撑和服务作用；政府部门所属国家科研机构的评价中，则将与主管部门职能的相符性和支撑性作为重要内容之一。我国对国家科研机构的分类评价也体现了这一思路，将国家科研机构分为基础前沿研究类、公益性研究类和应用技术开发类三种类型，分别设置评价重点和评价指标。

四是以同行评议为主。从国内外实践来看，国家科研机构绩效评价主要由政府部门直接委托同行专家组或委托第三方机构来承担。其中，第三方机构往往也会根据需要组建相应的专家组或专家委员会开展评价。被评科研机构自评价、实地调研、问卷调查、座谈交流是国家科研机构绩效评价常用的方法，定量数据分析结果逐渐成为专家同行评议的重要证据支撑，而非根据定量数据分析结果直接得出评价结论。

第八章

成果转化：为经济社会发展提供原动力

科技成果转化是指为提高生产力水平而对科学研究与技术开发所产生的具有使用价值的科技成果所进行的后续实验、开发、应用、推广直至形成新技术、新工艺、新材料，发展新产业等活动[1]。然而，由于"技术生产"和"经济生产"之间的逻辑存在较大的异质性[2]，一直以来如何促进技术转移与成果转化都是学术界、产业界和政府部门非常关心的重点议题，也是国家科研机构管理面临的重要挑战。实践中，各国在健全法律政策保障、成立专业服务机构、完善科技成果转化方式与激励制度等方面，展开了各具特色的制度探索[3]。

第一节　完善科研机构成果转化的制度环境

一、建立促进科技成果转化的法律体系

许多国家以促进科技与经济结合为目标，制定和颁布了相关法律法规和政策文件，激励科技成果转化，为推动科研机构的成果从实验室向产业界转移奠

---

[1] 中华人民共和国科学技术部.《中华人民共和国促进科技成果转化法》(2015 年修订)[EB/OL]. https://www.most.gov.cn/xxgk/xinxifenlei/fdzdgknr/fgzc/flfg/201512/t20151204_122621.html[2020-03-25].

[2] 柳卸林, 何郁冰, 胡坤, 等. 中外技术转移模式的比较[M]. 北京: 科学出版社, 2012.

[3] 许云. 北京地区高校、科研机构技术转移模式研究[D]. 北京理工大学博士学位论文, 2016.

定了制度基础。

（一）美国

20 世纪 80 年代以来，美国围绕促进联邦实验室与工业界互动的目标，陆续颁布了一系列促进科技成果转化的法律和政策，为国家科研机构积极开展成果转化与技术转移活动提供了动力和行为遵循。

1980 年颁布的《史蒂文森-威德勒技术创新法》（Stevenson-Wydler Technology Innovation Act），明确提出促进联邦政府技术资源的开发应用。作为美国第一部技术转让法，该法规定，凡是年预算在 2000 万美元以上的联邦实验室，必须设立专门的研究与技术应用办公室从事技术转移；各联邦政府部门至少将其研究开发预算的 0.5%用于支持下属实验室研究与技术应用办公室的工作①。这一法案为联邦政府研究机构的成果转化奠定了坚实的法律基础。1986 年颁布的《联邦技术转移法》（Federal Technology Transfer Act）是 1980 年《史蒂文森-威德勒技术创新法》的补充性法案，重点关注从联邦政府研究机构到商业部门的技术转移。该法明确了联邦实验室的技术转移使命；要求每个联邦实验室都须建立研究与技术应用办公室，负责实验室的技术转移、推广信息和支持服务；并将技术转移作为考核联邦实验室雇员业绩的一项指标。

之后，美国相继颁布了《1988 年综合贸易与竞争性法》（Omnibus Trade and Competitiveness Act of 1988）、《12591 号总统令》（Executive Order 12591）、《1989 年国家竞争性技术转移法》（National Competitiveness Technology Transfer Act of 1989）、《国家技术转移与促进法》（National Technology Transfer and Advancement Act）、《美国发明人保护法》（American Inventors Protection Act）、《技术转让商业化法》（Technology Transfer Commercialization Act）等法律，促进了联邦政府研究机构成果转化的法律体系逐渐建立并不断完善。2011 年，美国总统签署了《加速联邦研究技术转移和商业化进程，支持商业高速发展》的总统备忘录，强调联邦政府研究机构在促进技术转移中的主体作用②。随后，美国联邦政府研究机构的新发明披露和专利转让许可收益快速增

---

① 傅正华, 林耕, 李明亮. 我国技术转移的理论与实践[M]. 北京: 中国经济出版社, 2007.
② 陈诗波. 国有科技资源产权结构分析及制度构建探讨[J]. 中国科技论坛, 2010, (1): 106-110.

加，为经济高速发展提供了动力源泉。

（二）德国

德国政府一直高度重视科技成果转化，制定了若干具有德国特色的促进科技成果转化的法律。早在 1957 年，德国政府就颁布了《雇员发明法》（The German Employee Inventions Act），规定雇主享有要求专利的权利，即雇主可将任何由其雇员完成的发明转让给自身，并决定其将来的使用（如专利申请、专利转让等）。作为回报，雇主有义务为该雇员支付报酬，报酬一般根据该发明的实施情况而定。该法律不仅保护发明者对发明的第一所有权，还对发明如何转移给雇主、如何奖励发明者等具体举措做出明确规定。2002 年德国修订了《雇员发明法》，将发明所有权从科研人员转移给科研机构，对于职务发明成果，科研机构享有申请和使用专利的权利，发明人对于研发成果使用收益有分享的请求权。

（三）日本

20 世纪 90 年代以后，日本政府出台了一系列法律，积极鼓励产学研合作，促进科研机构的科技成果向企业转移，为中小企业提供了技术支持。1995 年颁布的《科学技术基本法》是支撑日本科学技术体系的基本法律。该法提出将"科学技术创造立国"作为基本国策，标志着日本将注意力转移到基础研究和应用研究的协调发展。1998 年颁布《关于促进大学等的技术研究成果向民间事业者转移法》，鼓励大学等研究机构建立技术转移办公室（TTO），旨在通过促进与技术相关的研究成果向私营部门转移，振兴大学、大学研究机构和国家科研机构等的研究活动，促进日本产业结构和国民经济的转型。1999 年，日本颁布《产业活力再生特别措施法》，规定研究类的机构对其利用政府财政资助完成的发明创造拥有所有权，但政府拥有"介入权"，并可收回所有权。

除以上法案外，日本还出台了《科学技术振兴事业团法》（1996 年）、《知识产权基本法》（2002 年）等法案，形成了一套相对完善的技术转移法律体系，激励科研机构通过技术转移为日本经济复苏做出贡献。

（四）英国

英国有关科技成果转化的法律法规历史比较悠久，涉及内容较为全面和完备。1965 年，英国政府便颁布了科学技术发展的基本法——《科学技术法》（Science and Technology Act），规范了有关科学研究的责任和权利。1967 年，英国政府颁布了《发明开发法》（Development of Inventions Act），规定政府资助的公立研究机构的所有研究成果都归国家所有，并由国家研究开发公司负责管理。1984 年 11 月，英国政府宣布废除法案这一规定，进一步提出新要求：如果研究项目是由英格兰高等教育拨款委员会（HEFCE）或研究理事会（Research Councils）资助的，除在资助前事先有约定以外（如军事项目研究），产生的知识产权属于研究机构。对于其他政府资助项目形成的知识产权，一般应属于研究机构。知识产权许可和转让收入在扣除相关费用（专利费、知识产权管理费等）后，一般分配给相关发明人、科研机构和发明单位，使直接或者间接对成果转化做出贡献的主体都可以得到奖励。这些法律法规的出台拓宽了科学成果转化的渠道，限制了非法垄断技术等对科技成果产业化的阻碍[①]。

二、将成果转化绩效纳入科研机构评价

许多国家制定法律，明确指出成果转化是科研机构的重要任务之一，同时规定将成果转化绩效纳入科研机构绩效考核的指标体系之中。

美国联邦政府各部门根据 1993 年颁布的《政府绩效与结果法》中"每个机构应提交年度绩效计划与报告，并将财政预算与政府部门绩效挂钩"的规定，制定了一套完整的联邦实验室绩效考核指标。例如，美国能源部下属的国家实验室对承包商的绩效评估设定了 8 项绩效指标，其中，5 项为管理运营绩效目标，3 项为科学技术绩效目标。根据 1986 年《联邦技术转移法》关于"每个实验室主管应确保在实验室职务说明、职员提升政策和在实验室工作的科学家和工程师的工作表现评价方面，对技术转移工作予以积极考虑"的要求，在每

一国家实验室绩效考核指标中，均设立了有关技术转移的专项考核指标，从资源效率和效能、商务系统以及技术转移和知识资产商业化效能等方面对国家实验室的技术转移工作进行评价。评估结果一方面与实验室承包商的绩效奖励经费挂钩，另一方面也是能源部与承包商续签实验室管理运营合同的重要审核内容[①]。

法国于 1999 年出台的《技术创新与科研法》明确规定，在政府与公共科研机构签订的合同中，应将技术转移作为科研机构的目标之一。2006 年颁布的《科研指导法》中，进一步明确提出对科研机构的评估应该加入科技成果转化这一指标。科研机构在进行评估时，应该提交关于成果转化的所有资料，评估结果与国家对科研和技术的预算挂钩[②]。

第二节　设立服务科技成果转化的专职机构

为了有效地促进科技成果的转化，科研机构开始设立专职机构来承担技术转移服务职能。这类专职机构一般由市场、财务和知识产权等领域的专业人员组成，在科研机构与市场之间发挥着重要的桥梁作用。

技术转移专职机构的设立也得到了政策制定者的高度重视。有的国家通过立法要求科研机构设立专职机构，推动成果转化。例如，美国《联邦技术转移法》明确规定，每个联邦实验室都应建立研究和技术应用办公室。过去的几十年中，在各国政策的大力支持下，技术转移专职机构的数量和规模呈显著增加趋势。

一、技术转移专职机构的类型

实践中，技术转移专职机构一般包括两种类型：科研机构内设部门和科研

① 林耕, 傅正华. 美国国家实验室技术转移管理及启示[J]. 科学管理研究, 2008, 26(5): 116-120.
② 胡智慧, 李宏, 张秋菊, 等. 国内外科技成果转化法律与政策对比分析(上)[J]. 科技政策与发展战略, 2013, (9): 1-28.

机构控股的法人机构。虽然组织形式有所不同，但二者的主要功能都是专业化地服务科研机构的成果转化。

（一）内设部门

作为内设部门的技术转移机构，具有接触和了解机构内科学家科研活动内容和成果特征的优势，面临的经营业绩压力较小，但也部分牺牲了人员聘用的灵活性。美国劳伦斯伯克利国家实验室设立了技术转移与知识产权管理部，直接受劳伦斯伯克利国家实验室主任的领导。技术转移与知识产权管理部下设专利办公室、特许权转让办公室、市场化和商业开发办公室及财务与管理办公室，负责7个实验室（先进科学实验室、生物科学实验室、能源科学实验室、计算机科学实验室、地球与环境科学实验室、能源技术实验室、物理科学实验室）的技术从实验室到市场的转化过程。除此之外，还设有运营部门，主要为技术转移与知识产权管理部提供设施、信息等服务。这种组织结构的设置，更有利于技术转移与知识产权管理部充分发挥协调和促进作用，最大限度地帮助各实验室的技术实现商业化[①]。在技术转移与知识产权管理部的支持下，劳伦斯伯克利国家实验室进行了多项技术许可，并依托实验室的技术成果形成了70多家初创公司[②]。

（二）法人机构

作为法人机构的技术转移机构，是指由国家科研机构控股、按照市场机制独立运作的成果转化机构。这类机构具有便利接触技术和市场需求的优势，以市场化的运作方式支持国家科研机构进行成果转化。比如，成立于1970年的马普创新公司是马普学会全资设立的非营利机构。马普学会通过签订书面协议形式向马普创新公司进行授权，全权委托马普创新公司处理知识产权和技术转移的各项事务。作为马普学会的全资公司，马普创新公司与马普学会下属各研究机构保持密切联系，推动专利工作的标准化和专业化进程。合作的主要流程

---

① 刘学之, 任怡静, 马婧, 等. 劳伦斯·伯克利国家实验室技术转移制度及效益分析[J]. 科技管理研究, 2014, 34(21): 95-100.

② 劳伦斯伯克利国家实验室官网. https://ipo.lbl.gov/licensees-and-startups.

是：当科研人员产生职务发明后，由科研人员所在研究所负责成果转化的顾问向马普创新公司报告；随后由马普创新公司接手专利申请、商业化等事宜。为了更专业和系统地推动成果转化工作，马普创新公司设立了多个部门，包括专利与许可部门、创业管理部门、合同与财务部门和行政管理部门等，并且配有相应的顾问团来监督公司工作，顾问团的成员主要来自政府、科学界和商业界代表①。马普创新公司采用了收支两条线的做法，其运行经费均由马普学会负责（来源于财政拨款），而实现成果转化所得的收入全额上缴，再由马普学会统一进行分配。马普创新公司于 1979 年进行了一次重组，此后共促成了约 4860 项发明创造，签订了 2930 多项使用协议，产生了 181 家衍生公司②。

二、技术转移专职机构的职能

技术转移专职机构的设立主要是为了服务科研机构的成果转化，主要采用知识产权管理、技术转移管理和投资管理合三为一的集中管理模式。集中管理的优势是便于执行统一的政策和标准，便于熟悉技术和市场情况，便于监督和控制技术转移的整个流程，从而有利于做好成果转化和技术转移工作。

从实践来看，无论是内设部门还是法人机构，主要发挥以下五方面作用。

（1）搜索具有潜在商业价值的发明。积极主动搜索可商业化的发明并且鼓励专利发明人公开披露，以尽早评估发明并制定成果转化的计划。

（2）管理知识产权。作为"知识产权的监护人"，协助评估、保护知识产权。在评估知识产权时，需要对制造可行性、新颖性、可商业化性等进行初步评估。同时需要与发明人和相关外部合作伙伴保持密切的联系，为技术评估提供稳健的指导。

（3）识别被许可人或者投资者。主动将技术发明宣传给更多的公司，以寻找更多的合作伙伴，增加许可交易的机会。

---

① 宋河发, 曲婉, 王婷. 国外主要科研机构和高校知识产权管理及其对我国的启示[J]. 中国科学院院刊, 2013, 28(4): 450-460.

② 马普学会官网. http://www.max-planck-innovation.de/.

（4）提供成果转化所需的资源和服务。在科研机构建立衍生公司时，技术转移专职机构需要保障新公司创立所需的人力和财力资源，并帮助申请外部资金，协助编写商业计划书。

（5）协调科学家、公司和科研机构之间的关系。成果转化涉及多个利益相关者，而企业与科研机构在目标、文化和组织结构等方面存在较大差异，可能会出现阻碍成果转化顺利完成的各种情况。技术转移专职机构需要搭建科学家和企业家之间的信息桥梁，拉近企业与科研机构的认知距离和组织距离，减少各方的目标和利益的冲突[①]。

在美国，《史蒂文森-威德勒技术创新法》和《联邦技术转移法》规定研究和技术应用办公室的职能应该包括：为实验室所从事的研究项目提供应用评估报告；为国家实验室研究项目进行产业化的信息推广；搭建国家实验室的研究、开发资源与产业需求信息相联系的平台；从事国家实验室的技术转移、信息推广和相关服务支持工作[②]。例如，劳伦斯伯克利国家实验室的技术转移与知识产权管理部，设定其目标为：将实验室的发明成果通过授权许可赋予能够成功使其商业化的公司，以促进劳伦斯伯克利国家实验室技术的有效利用，服务于社会发展；通过寻找产业伙伴投资实验室科研活动和通过许可收入支持未来实验室科研活动，以实现实验室的科学研究使命；赢得正当回报以及社会对实验室和发明者的认可；对区域和国家经济发展做出贡献。

马普创新公司的目标是：将基础研究成果转化为对经济和社会有用的项目。主要任务包括帮助马普学会的各研究所评估研究潜力，完成专利申请；在国内外物色有效的许可伙伴；与企业进行商业化谈判及过程监管；为研究所提供研究与经济对接的各种咨询等[③]。同时，马普创新公司还会同研究所一起制定商业最大化的策略，确定采取许可专利或者创办新公司的方式进行成果转化。马普创新公司立足于技术转移过程的每一个环节，采取多元化技术转移模式，并辅以完善的投融资机制、有活力的利益分配制度，推动了马普学会的成果转化。

---

① 李兰花，郑素丽，徐戈，等. 技术转移办公室促进了高校技术转移吗?[J]. 科学学研究，2020，38(1)：76-84.
② 许云. 北京地区高校、科研机构技术转移模式研究[D]. 北京理工大学博士学位论文，2016.
③ 周传忠. 科研机构成果转化市场机制研究[D]. 中国科学技术大学博士学位论文，2017.

第三节　科技成果转化的方式与激励制度

在实践中，科技成果转化的方式多种多样。根据成果权利转移情况可以划分为技术转让、技术许可和自主转化三种方式。其中，最主要的方式是技术转让和技术许可[①]，也有部分科研机构通过自主转化的方式进行成果转化。还有一些其他方式，或是转让和许可的特殊形式，如技术开发等，或是转让和许可的辅助形式，如技术咨询、技术服务等。

一、科技成果转化的方式

（一）技术转让：一次性最大化收益

技术转让是指技术拥有者作为转让方，通过签订转让合同将技术发明的所有权转让给受让方。在技术转让中，会事先对完成的科技成果进行评估，而且会充分考虑各种因素来决定是否进行技术转让。一般而言，当科技成果比较成熟且拥有良好的商业应用价值，或者直接转让更符合公众的利益时，科研机构会积极寻找合适的受让方，直接对成果进行技术转让。技术转让以最大化开发成果商业价值为原则，由受让方直接付给科研机构一笔成果转让费[②]。技术转让会使科研机构一次性获得较多的收入，但也将技术的所有权转让出去。同时，受让方为了更好地促进技术的成果转化，可能会要求技术人员伴随技术转让提供相关的"转让"服务。此方式对技术成熟度的要求较高，而且转让过程复杂，因此不是科研机构主流的成果转化方式[③]。

弗劳恩霍夫协会是德国最大的专利申请机构之一，十分注重与产业界的合作。2013 年之前，弗劳恩霍夫协会通常采用许可的方式将技术许可给企业进

① 周传忠. 科研机构成果转化市场机制研究[D]. 中国科学技术大学博士学位论文, 2017.
② 杨青. 美国国立科研机构科技成果产权管理研究[D]. 华中科技大学硕士学位论文, 2016.
③ 柳卸林, 何郁冰, 胡坤, 等. 中外技术转移模式的比较[M]. 北京: 科学出版社, 2012.

行使用。随着许多成熟的专利技术拥有了良好的商业化前景，2013 年以后，技术转让也成为协会重要的成果转化方式，知识产权的归属主要根据合同来确定[①]。这些成熟度较高的专利技术的研发，得益于科研人员对市场需求的全面掌握：弗劳恩霍夫协会建立了与企业的合作网络，推动研究所内部的商业化氛围和学习，使研究人员更能够根据市场需求从事技术创造。

（二）技术许可：保留所有权并变现

技术许可，是许可方通过采取与被许可方签订相关合同的方式，允许被许可方在合同所约束的条件范围内使用其技术。它不涉及技术所有权的转移，实质上是有关专利技术相关权能（技术使用权）的一种契约合同[②]。

技术许可分为普通许可、独家许可和独占许可。普通许可是指许可方按照合同约定的期限、地区和技术领域将技术许可给受让方，许可方保留了该技术的所有权，并且可以许可给第三方使用该技术。独家许可又称排他许可，是指许可方按照合同约定的期限、地区和技术领域，将技术许可给受让方，许可方保留了该技术的所有权和使用权，但是不得再许可给许可方以外的第三方实施该技术。独占许可是许可方按照合同约定的期限、地区和技术领域将技术许可给受让方，许可方和任何许可方以外的第三方都不得实施该技术。与技术转让相比，技术许可能够促进科研机构与企业之间的合作与互动，促进科技成果转化。实践表明，与转让相比，技术许可更适合科研机构成果转化，被科研机构广泛应用。

美国的阿贡国家实验室为快速推进技术许可，设立了一套快速便捷的技术许可流程，通过标准化、独家、固定费用的协议来评估有前途的技术。阿贡实验室与受让公司会签订期权许可协议，协议规定公司需要支付 1000 美元的期权费来获得 9 个月的独家技术许可[③]。9 个月内，被许可的公司可以探索该技术是否适合它们的业务，而无须担心技术被许可给其他公司；然后再决定是否进一步协商获取完整许可。在某些情况下，期权期可继续延长 9 个月再协商该

---

① 宋河发. 科研机构知识产权管理[M]. 北京: 知识产权出版社, 2015.

② 杨乐. 不完全竞争市场下企业技术创新与技术许可策略研究[D]. 华北电力大学博士学位论文, 2019.

③ 阿贡国家实验室官网. https://www.anl.gov/partnerships/argonne-express-licensing.

技术的独家商业许可。

弗劳恩霍夫协会在进行技术许可时，主要采用合同制研究、对外发放许可证等方式进行知识产权的商业化和成果转化。保留技术的所有权和控制权，通过专利战略持续促进成果转化[1]。对于执行合同科研期间产生的科技成果，弗劳恩霍夫协会进行专利申报保护，同时对客户授予独家或者排他性许可权，或者规定具体应用范围的使用期限许可等。

（三）自主转化：创办企业或技术入股

技术转让和技术许可都是科研机构将技术授予别人使用，使得科研机构可以在短时间获得一笔收入，反哺科研。除此之外，科研机构也可以对科技成果进行自主转化。在自主转化的方式中，科研机构具有较大的自主权，能够凭借专业知识持续跟进和完善技术的发展，从而决定技术发展的方向。但是该方式短期获利小，过程较为复杂。一般常见的自主转化方式有创办企业和技术入股两种。

创办企业是科研机构内部人员创办公司，从而实现技术的自孵化和商业化。这种方式更适合发展成熟和市场目标明确的技术，通过成立企业快速完成成果转化。创办企业这一方式的显著特点是依托科研机构，所背靠的技术、研发设施、专业人才甚至公司名称上有明显的所依托的科研机构痕迹。它们背靠科研机构，利用实验设备、资料和各类辅助性资源，开展技术商业化运作，是一种独特的技术转移方式。

技术入股是鼓励科研人员参与科技成果产业化的一种有效激励手段。一般而言，将科技成果这一无形资产作价后，作为成果持有人（或技术出资人）对公司的出资进行技术入股。技术出资方获得相应的股份和股东地位，相应的科技成果权归公司所有。技术入股可以使研发项目与市场需求紧密结合，提高成果转化的效率。但是由于技术是一种无形资产，如何确定技术的价值是技术入股的关键问题。目前一般采用的方式是评估定价，即由专业的技术评估机构对技术进行作价；另一种是协商定价，即由双方自行协商技术的价格，这种方式

---

[1] Fraunhofer-Gesellschaft. Annual Report 2021[EB/OL]. https://www.fraunhofer.de/en/media-center/publications/fraunhofer-annual-report.html [2023-05-23].

更加灵活，更能体现出资人的意志。通过技术入股，科研机构能够建立长期稳定的产学研合作机制，形成利益共同体，同时也保证科研人员持续跟进和改进技术，促进技术的产业化进程。

德国弗劳恩霍夫协会鼓励创办衍生企业。对于非常有市场前景的项目或愿意用所开发的项目创业的员工，弗劳恩霍夫协会允许他们离开协会开办独立的企业，通过衍生公司实现技术转化。创办企业的人员与弗劳恩霍夫协会保持紧密的联系，在产品研发、项目承担、市场化等方面进行合作。一方面，弗劳恩霍夫协会专门成立了弗劳恩霍夫企业部，在研究人员建立公司的过程中提供帮助和指导，降低其中可能的风险和不确定性。另一方面，弗劳恩霍夫协会也会入股创办的衍生企业，一般占总股份的 25%，扶持 2—5 年，如果企业开发创新产品获得成果则转股退出。

马普学会也鼓励科学家建立自己的技术公司，并为科学家创业提供以下支持：授予科学家返岗研究所的权利；为科学家提供基础设施支持；让科学家的设备保持其现值；帮助科学家掌握材料和控制技术的专业知识，并提供材料和样品；允许各个马普学会研究所和新成立的公司进行联合研究和开展项目工作；为新公司的科学家安排顾问和合作合同（通过马普创新公司）等。此外，马普学会可以作为技术投资者实现技术入股，即向衍生企业进行专利许可，获得公司股份，用来豁免许可费用。一般根据马普学会科学家在衍生公司中参与深度的不同，科学家可以全职投入商业活动中；也可以和马普学会继续保持雇佣关系，以兼职的方式投入到衍生企业之中，但是不能参与衍生企业的管理工作。

二、促进科技成果转化的激励——建立明确的收益分配制度

合理的成果转化收益分配制度有利于调动发明创造和技术转移的积极性，促进科技成果的转化。享有科技成果收益权对科研人员具有明显的激励作用。各国积极探索适合本国的收益分配制度，更好地保证科研人员的权益，调动他们的积极性。

（一）成果收益权属规定

收益权属规定和配置方式，是收益分配的基础规制，明确的收益权属能够调动主要部门参与成果转化的积极性和主动性，提高成果转化效率。

美国的《史蒂文森-威德勒技术创新法》（1980 年）以及《联邦技术转移法》（1986 年）和《1989 年国家竞争性技术转移法》（1989 年）确立了"谁完成，谁拥有"的原则，将成果收益权转移到完成单位手中，为科研机构收益权属规定提供了法律保障。法律明确规定，允许国家实验室在大多数情况下，保留政府资助的科技成果的知识产权，有权以自身的名义申请专利并享有专利权，政府只保留介入权[①]。同时，成果完成人享有成果的收益权，联邦政府雇用的科研人员获得收益后，剩余收益留归成果完成机构，机构负责人决定收益用途。这一规定保证了成果完成机构应得利益，用利益激励他们积极开展技术转移活动，开发技术商业化潜力。同时，法律规定了收益分配的比例。《联邦技术转移法》规定联邦政府雇用的科研人员，在职务发明专利的技术转移收入中可以获得不少于 15%的个人收益。《国家技术转移与促进法》（1995 年）规定，在专利技术获得许可后，科研机构须向发明人支付报酬。如果这项成果收入不超过 2000 美元，则全部收益归于发明人；如果这项成果收入大于 2000 美元，则先支付发明人 2000 美元，然后在余下部分中提成至少 15%给发明人，每人每年总收益不得超过 15 万美元。这一规定既保证了成果完成人的利益，使其更加努力开发新技术，同时又能对技术转移人员的非技术工作进行奖励，让他们更加尽心地将技术推向市场。

德国《雇员发明法》（1957 年）也明确规定了收益分配权属，即雇主（科研机构）作为知识产权所有人对其雇员产生的职务发明有保护和开发的义务。在职务发明人将关于发明的书面报告送达雇主的 4 个月内，只要雇主书面向发明人宣布占用此发明，则所有关于这项发明的权利均属于雇主。雇主享有专利的同时，需要承担专利申请、维护、转化等方面的全部费用。同时，雇员拥有向雇主索要报酬的权利。在明确报酬额度时，应考虑这项发明商业化的可能性、

---

① 邸晓燕，赵捷，张杰军. 科技成果转让收益分享中的政策改进[J]. 科学学研究，2011, 29(9): 1318-1322, 1341.

雇员在科研机构中的职责和所处位置、雇主为发明做出的贡献等因素。这种报酬请求权在雇主拥有法定独家发明使用权期间均有效。但是，《雇员发明法》没有对科研机构的收益分配比例做明确规定，各个研究机构的收益分配比例不同[①]。

（二）收益分配的方式

科研机构的成果转化收益需要合理分配给科研人员和科研单位等，以确保各方都能获得合理的收入报酬，调动各方成果转化的积极性。以最为常用的技术许可为例，实践中形成了两种主要的成果转化收益分配方式：固定比例和阶梯分配。

1. 固定比例

固定比例是指无论科技成果转化收益是多少，科研机构、发明者所在单位、发明团队、发明者个人将会得到固定比例的利益。例如，马普学会的成果转化收益中，研究机构获得 37%，发明人获得 30%，马普学会获得 33%；由马普创新公司负责分配，并抽取一定比例（1%）的红利。弗劳恩霍夫协会一般由学会的专利商业化协会进行成果转化，一般的收益分配比例为弗劳恩霍夫协会收取成果转化收益的 25%，发明人收取 20%，研究所收取 55%；学会还可以低于 25% 的参股额度投资新成立的技术公司。亥姆霍兹联合会首先会扣除约 10% 的前期的专利申请、注册等成本，然后按照联合会 30%、发明人 30% 和研究单位 30% 的比例进行成果转化收益的分割；各研究所可以通过参股的方式对技术转让的项目进行投资，参股份额最大为投资项目的 30%[②]。

2. 阶梯分配

阶梯分配方式是指随着成果转化收益的增加，实施不同的分配比例。该方式在美国国家实验室中比较常见。一般的分配流程是首先分配一定额度的收益给发明人，然后将剩余部分分配给成果完成的科研机构和发明人，分配比例在

① 王金花. 德国政府资助科研项目成果归属及收益分配浅析[J]. 全球科技经济瞭望, 2018, 33(9): 36-41.
② 王金花. 德国政府资助科研项目成果归属及收益分配浅析[J]. 全球科技经济瞭望, 2018, 33(9): 36-41.

不同金额阶梯中存在差异。例如，美国国立卫生研究院采取的是三级阶梯分配方式，如果成果收益在 2000 美元以内，全部收益归于发明人；收益大于 2000 美元小于 50 000 美元的部分，发明人的收益分配比例为 15%；收益大于 50 000 美元的部分发明人提成 25%。如果发明人将发明转让给美国政府，无论在职、退休或调出都能获得许可收益分配。其他很多国家实验室发明人收益分配都只有二级阶梯，在按规定获得首期收益后，直接按比例从剩余部分的收益提成，但是提成的比例不一[①]。同时，科研机构的收益分配有限额要求，除非有总统特许，每人每年收入上限为 15 万美元。

第四节　对我国国家科研机构促进科技成果转化的启示

自 20 世纪 80 年代以来，中国政府为促进科研机构的成果转化进行了一系列政策探索，经历了一个不断创新和深化的过程，形成了比较完整的科技成果转化政策体系，保障了科研机构成果转化的顺利进行。尤其是随着科技成果转化政策"三部曲"[②]的出台和实施，全国科技成果转化工作进入了新阶段。2019 年，中国科研机构成果转化的项目数增加了 3629 项，同比增加了 6.7%，合同金额增加了 80.5 亿元[③]。不过，与发达国家相比，我国的科技成果转化率仍然偏低。根据《2018 年中国专利调查报告》，50.8% 的科研院所科技成果转化率低于 10%。由此可见，科研机构科技成果的有效供给局面尚未形成。问题主要集中在三个方面：一是政策落地方面存在障碍，制约着科技成果的转移转化；二是技术转移服务机构的专业化能力不高，不利于科技与经济的对接；三是在收益分配制度上，对科技成果转化中的服务群体和环节关注仍然较少，不利于充分调动相关人员的积极性。因此，从法律制度、成果转化机构设置和利益分配来看，国外科研机构的成果转化管理对中国来说仍有许多值得借鉴之处。

---

① 杨青，钟书华. 美国国立科研机构科技成果收益权研究——基于美国 ARS、NIH 等 10 所科研机构[J]. 科学学与科学技术管理, 2015, 36(12): 33-38.

② 指《中华人民共和国促进科技成果转化法》《实施〈中华人民共和国促进科技成果转化法〉若干规定》《促进科技成果转移转化行动方案》三部法律和政策。

③ 根据《中国科技成果转化年度报告 2020（高等院校与科研院所篇）》整理。

一、推动政策协同和落地实施

近年来，与科技成果转化相关的政策高频迭代、层出不穷，在成果归属和成果转化权益方面都做了系统的规定。例如，《中华人民共和国专利法》（2000年）规定，全民所有制单位的职务发明和执行国家科研项目的成果产权归属从"国家所有"转为"承担单位所有"；后续国家新修订了《中华人民共和国促进科技成果转化法》（2015 年），颁布《实施〈中华人民共和国促进科技成果转化法〉若干规定》（2016 年），出台《促进科技成果转移转化行动方案》（2016 年），完成科技成果转化"三部曲"，推动科技成果使用、处置和收益权"三权下放"，用制度手段与经济激励推动技术转移转化。

但调研发现，很多政策在实际落地中仍存在障碍。比如，在知识产权作价入股方面，2020 年 5 月，科技部等九部门印发《赋予科研人员职务科技成果所有权或长期使用权试点实施方案》，规定"试点单位将其持有的科技成果转让、许可或作价投资给非国有全资企业的，由单位自主决定是否进行资产评估"。政策的初衷是将自主权和决策权下放给科研机构，但是由于知识产权作价入股的过程仍不可避免地受到国有资产监管体系的约束，为防止国有资产流失，科研院所还是会遵从审慎原则，通过严密的流程进行评估。科技成果作价入股的程序复杂、审核流程较长，可能延误科技成果转化的时机，政策红利未得到充分释放。

因此，我国在探索促进科研机构成果转化的制度方面，不仅要进一步细化各项法律政策保障成果转化的单位和科研人员的利益，还要监督法律政策的落实效果，破除各种阻碍科技成果转化的困难点。可以在借鉴发达国家经验的基础上，更好地处理政策模糊性等问题，为促进科研机构的成果转化打通政策通道，建成完备的科技成果转化政策体系和运作机制。通过细化法律政策和推动政策落地两个方面的努力，让政府真正成为助推科技成果转化的重要力量，让越来越多的科研机构积极加入到科技成果转化的进程中，使不同主体均能从科技成果转化中获益。

二、加强技术转移办公室的建设与管理

随着新一轮科技革命和产业革命的孕育兴起，技术转移服务不再仅仅包括资本、管理等知识支撑，而且需要社会、技术等专业知识提供。因此，一支跨领域、跨学科、跨专业的技术转移服务队伍，是新科技革命背景下加强科研机构科技成果转化能力建设的前提条件。

为了更好地适应时代的发展需求，政府和科研机构在探索建设技术转移机构方面做了一系列努力，如《国家技术转移体系建设方案》（2017 年）、《中央级科研事业单位绩效评价暂行办法》（2017 年）指出，要加强科研院所技术转移机构建设，创新科研院所技术转移管理和运营机制，建立职务发明披露制度，实行技术经理人聘用制，明确利益分配机制，引导专业人员从事技术转移服务。这显示出国家对科技成果转化服务支撑体系的重视。

但从实践来看，目前我国尚未形成有组织、网络化的科技成果转化队伍。根据调研，我国科研机构技术转移服务团队专业化程度较低、小而散等问题突出。由于从事科技成果转化的人员往往在单位中得不到重视，很多科研机构的技术转移管理人员的专业性不足，成果转化工作被简单化处理，服务呈现碎片化、分散化特点，无法满足科研机构成果转化的需要。

因此，要充分认识技术转移服务的专业性和综合性，加强技术转移机构的能力建设。技术转移机构不仅要承担技术许可、合作、服务及咨询等一般性职责，更要具备将技术成果从实验室转化到产业应用的技术集成和技术融资等扩展功能。为建成这样的技术转移机构，需要转换技术转移服务体系建设的经营思维，从侧重交易业务的知识产权管理转向与产业链各方的联合治理以及建设和运维中试平台等。在联合治理与建设运维的过程中，发挥技术转移机构的综合功能，不仅做好技术转移的服务工作，而且助力于克服创新活动中本身存在的碎片化问题，减少分散、交叉和重复创新。

三、优化科研机构成果转化收益的分配方式

成果转化的归属和收益权是激励科研机构和科研人员积极进行成果转化的保障。为此，国家不断完善相关法律规定，如《关于开展深化中央级事业单

位科技成果使用、处置和收益管理改革试点的通知》（2014 年）将科技成果的收益权赋予科研单位；2015 年修订的《中华人民共和国促进科技成果转化法》将科研人员获得的奖励和报酬数额占职务科技成果转让或者许可收入的法定最低比例由 20%提高至 50%。这些政策明确了科技成果的权益归属，体现了对科研人员发挥聪明才智、促进成果转化的激励。在此激励下，许多科研机构将转化收益分为团队和个人奖励、团队发展基金、院所统筹三部分，在保障个人利益、激励转化活动的同时，用转化收益反哺科研活动，助力科研团队和研究所的长远发展。

但是，当前的科技成果转化政策较多强调对个人利益的保障，对单位法人利益的关注和保障则相对较少。科技成果转移转化是一个系统性工程，需要科研机构长期投入，统筹调动多方资源。政策规定仅要求不低于 50%的净收入归个人和团队，但由于缺少上限要求，不同地区、单位间的竞争推高了这一比例，导致单位在成果收益分配中的占比往往很低。科技成果的形成需要较长的研发周期和较多的资金投入，过低的转化收益占比与单位的付出和投入不相匹配，容易打击科研机构促进成果转化的积极性，也不利于成果转化服务团队的建设。

因此，必须妥善协调单位和个人对科技成果的使用、所有、收益、处置等权益，在强调个人收益、激发科研人员积极性的同时，充分保障单位的收益，激励单位对科技成果转化活动的积极性，促进转化工作的长效开展。一方面明确科技人员科技成果的收益权，鼓励科技人员参与并主导科技成果转化；另一方面制度化设计科技成果收益权的分配对象、分配比例和分配方式，激发科技成果转化所涉及的科研单位、科技人员等利益主体的积极性和创造性。

四、完善科研机构成果转化考核制度和机构评价体系

自党的十八大以来，我国陆续出台了相关政策文件，完善了科研机构的评价制度建设。2012 年中共中央、国务院印发的《关于深化科技体制改革加快国家创新体系建设的意见》，提出要对科研机构实行周期性评估，根据评估结果调整和确定支持方向和投入力度，从而更好地发挥国家科研机构的骨干和引领作用。2018 年出台的《关于深化项目评审、人才评价、机构评估改革的意见》提出要坚持分类评价的原则，以 5 年为评价周期，对科研事业单位开展综

合评价，涵盖职责定位、科技产出、创新效益等方面。从全国范围来看，科研机构的类型多样，包括基础研究类科研机构、技术开发类科研机构和社会公益类科研机构，单一的评价指标显然不能适应这几类科研机构的内在发展。但是目前关于科研机构的分类评价还没有普遍开展，评价体系和评价方法还需要进一步完善。

要加强科研机构绩效评价的顶层设计，体现对科研机构成果转化工作的引导。尤其是针对技术开发类科研机构，在关注成果产出的同时，更要注重对成果转化成效的评价，提高评价体系中成果转化数量、质量和收益的权重。应当在推动分类评价的实践中不断完善科研机构的评价体系，及时总结经验与不足，结合实际情况修正完善评价指标、优化评价程序和方法，从而提高技术开发类科研机构的成果转化动力、释放成果转化活力。

第九章

科技合作：国家科研机构的网络建构

———

今天，科学家个体已经很难胜任大型科学研究，问题导向的跨学科研究决定了科技发展离不开科研合作，科学家之间和科研机构之间越来越多地以合作的形式组织起来进行知识创造[①]。通过与其他主体开展科技合作，科研机构可以获取包括资金、顶尖人才、先进设备、最新数据等研究资源，并且合作过程中往往更易于碰撞出研究灵感，提高科研产出能力。

从各国国家科研机构的合作实践来看，从大型科研任务到前沿科技探索再到应对人类共同挑战，集人员、项目、机构于一体的多层次合作日益普遍，合作的范围和形式不断拓延，呈现出多主体、宽领域、多模式、多层次、跨国别的网络化特征。本章围绕人员交流、项目合作、共建平台等三类科技合作途径，系统地介绍各国代表性国家科研机构科技合作网络的建构与特征。

第一节 人员交流：自由灵活的思想碰撞

科研人员层面的交流合作是科技合作最普遍和广泛的形式。从人员互访、研讨会、学术会议等交流活动，到科研人员兼职、联合培养青年科技人才等，

---

① 杨善林, 吕鹏辉, 李品晶. 大科学时代下的科研合作网络[J]. 西安交通大学学报(社会科学版), 2016, 36(5): 94-100.

科研人员交流的广度和深度不断拓宽。科研人员以交流合作的方式进入科研机构布局的合作网络中，作为科学创新源头的最小单元共同完成科学研究，通过交换科学思想、激荡科学想法，实现科学突破。

一、学术会议和研讨会

广泛参与各类研讨会、学术会议是科研人员开展科技合作最为常见的方式。这种交流学习的方式在组织形式、经费投入、参与人员等方面较为灵活，会议交流的时间随着领域技术的发展定期或不定期举办。通过参加会议，科研人员之间以及与项目管理官员、产业界科学家之间交流信息，了解科研的最新情况和成果，及时跟进科学技术的最新进展，拉近科研界与产业界的联系。

德国弗劳恩霍夫协会的研究所每年都组织举办多场研讨会，如 2022 年第一季度举办了"量子突破"学术会议和"甲醇作为可持续的氢载体"等在线研讨会[①]。邀请的领域专家多来自弗劳恩霍夫协会系统内的各研究所，会议形式包括报告、墙展、展览（应用研究领域会涉及）、现场讨论等。研究人员需要提前预约才能参与，其中在线研讨会只需注册登记便可远程参与。

二、访问学者

科研人员以访问学者的身份进行交流使科技合作更加深入，为科研机构、大学及国家实验室之间的深度合作提供途径，也有助于提高机构的国际声誉。访问学者是科研机构为培养学术带头人和学术骨干、提升学者科研素质和能力、提高教育教学与管理水平所采取的一种普遍交流方式[②]，既包括接收到访学者，也包括派出访问学者。通过科学家个体间的交流互动寻找建立长期合作的机会，并使科研机构在科学设备、观测数据和新思想等方面能够与时俱进。

美国能源部国家实验室每年接收大量的访问学者到访学习，如 2020 年有

---

① Fraunhofer-Gesellschaft. Events and Trade Fairs [EB/OL]. https://www.fraunhofer.de/en/events.html?cp=1&ipp=30[2022-03-09].

② 黄明东, 姚建涛, 陈越. 中国出国访问学者访学效果实证研究[J]. 高教发展与评估, 2016, 32(5): 50-61.

1611名访问学者到劳伦斯伯克利国家实验室访问学习，有1691名访问学者到橡树岭国家实验室访问学习。访问期间，优秀的学者与国家实验室的科学家进行深入、广泛的交流，探讨前沿研究领域，提高专业的学术思考水平。

美国国家标准与技术研究院的国际事务和学术事务办公室设有"国外客座研究员计划"，为国外科学家提供与国家标准与技术研究院的科学家进行合作的机会。客座研究员可分为三类：受本国机构资助的研究员、通过双边合作项目或国际组织支持的研究员、科学家与科学家之间直接合作或支持的研究员[①]。

德国弗劳恩霍夫协会设立了国际流动计划，旨在鼓励弗劳恩霍夫协会雇员开展国际交流访问，加强网络合作，并支持知识转移。该计划鼓励雇员前往德国以外的大学和非大学研究机构访问，且到访机构不局限于已经与弗劳恩霍夫协会建立联系的机构。任何科研领域和职业阶段的弗劳恩霍夫协会雇员都可以选择在国外学习和进修两个月到五个半月。

三、校研人员的相互兼职

高校和科研机构之间的人员相互兼职，是校研双方增进知识交流、更新知识储备的重要方式。一方面，国家科研机构的科研人员到大学兼职授课的情况非常普遍，科研人员在国家科研机构承担科研任务的同时，也承担部分教学或研究生培养的工作。另一方面，大学教师在完成大学授课的前提下也参与国家科研机构的部分研究工作。

德国马普学会有80%的科研人员参与了大学教学，同时也通过"马普客座研究员计划"吸引优秀的大学教师参与科学研究。大学教师可以申请成为马普学会的客座研究员，甚至可以领导研究所的研究小组，在研究所的资助下开展为期5年的科研工作。这种机制有效增进了马普学会与大学的合作力度。

美国国家实验室与其运营商（许多为高校）之间的人员兼职相当普遍。例如，美国能源部洛斯阿拉莫斯国家实验室的承包商为由巴特尔纪念研究所、得克萨斯　A&M　大学和加州大学共同构成的洛斯阿拉莫斯国家安全公司（LANS）。根据M&O合同，洛斯阿拉莫斯国家实验室的科学家和工程师可以

---

① 白春礼. 世界主要国立科研机构概况[M]. 北京: 科学出版社, 2013.

每两年在加州大学或得克萨斯 A&M 大学教授科学、工程或数学科目。同时，洛斯阿拉莫斯国家实验室为大学的科研人员提供特殊的研究机会，允许其在非线性研究中心、量子研究所等 5 个研究中心进行研究。

四、联合培养青年科研人才

国家科研机构常常主动发起联合培养人才项目，与大学共同培养博士生和博士后阶段的青年科学家。利用科研机构的研究设施资源和高校的教育资源，为青年科学家提供研究项目、资金支持、先进的设备设施和优秀的师资队伍等条件，培养适合科研工作的杰出科研人才。入选人才项目的博士研究生在攻读博士学位期间不只完成学校提供的教学计划、教学内容和培养目标，还会参与科研机构的科研项目，融入科研机构的发展通道，为将来的科研之路提供较好的实践经验。

此外，还有许多研究人员培训计划，由科研机构为其合作机构的科研人员有偿或者无偿地提供培训场所、设施设备及其他科研资源。例如，欧盟委员会联合研究中心（JRC）为研究人员培训提供设施使用权，包括来自新成员国和申请国的临时研究人员[①]。

德国马普学会通过多种方式联合培养人才。一是参与德国大学卓越计划。马普学会与合作高校联合任命教授和荣誉教授，确定资助重点研究领域，共同培养青年科研人员。二是设立"青年科学家小组"，联合其他机构共同资助培养具有国际竞争力的青年科学家。"青年科学家小组"入选者的年龄不超过35 岁，依托在某个马普学会研究所独立运作 5 年，到期即结束。多数入选者经过 5 年磨炼成为马普学会研究所或大学研究所的学术带头人。[②]三是与高校联合创建马普国际研究院，培养青年科学家。利用自身的影响力，马普学会30 多个研究所已经与伙伴大学共同建立了 60 多个国际研究院，指导 4000 多名博士生，且其中 65% 的博士生来自国外。在这些以跨学科研究为主的马普国

---

① OECD. Public research institutions: mapping sector trends[EB/OL]. https://www.oecd-ilibrary.org/science-and-technology/public-research-institutions_9789264119505-en[2022-01-20].

② 葛明义. 见证与马普学会科学合作三十年[J]. 中国科学院院刊, 2004, (3): 228-230.

际研究院，学位的授予权属于高校，马普学会则为博士生的培养提供人力和物力支持。马普学会获得了边攻读博士学位边做科研的杰出青年科研人才，特别是国外的青年科技人才，高校则成功地借助马普学会的国际影响力提升国际知名度和竞争力。

德国亥姆霍兹青年小组是校研双方专门针对培养青年科学家而建立的合作机制，小组的研究方向是从主题领域中选出，既符合亥姆霍兹专题研究又属于高校科研重点的方向。亥姆霍兹青年小组为有创新潜能的青年研究人员提供研究项目、交流机会与职业发展通道，这些青年研究人才有机会成为研究机构的终身科学雇员或获得大学的教授资格。通过各个高校青年研究人员的广泛参与而形成的网络化协同模式，扩大了参与各方的协同范围，共享资源、信息和成果[①]。

第二节　项目合作：任务牵引下的协同研发

由于科研任务的跨学科性质，单一机构往往难以承担全部科研任务，需要与其他主体合作承担，双方及多方相互弥补科研资源和能力的不足，协同实现共同的研究目标。在基础研究、应用基础研究及试验开发等不同类型项目的牵引下，科研机构和其他机构开展合作研究，共同完成研究目标、推动科技创新。以下按照项目来源不同，介绍国家科研机构在项目层面的科技合作形式。

一、合作承担政府部署的科研任务

政府资助的科技项目往往具有明确的"战略任务"的使命导向，围绕生命健康、能源环境、先进制造等事关国家发展和人民生命健康安全的重大需求。由于政府资助项目具有高投入、周期长、跨领域交叉、组织管理复杂和影响广泛等基本特征，大都需要科研机构同高校、企业共同承担合作研究。例如，美

---

① 周小丁, 罗骏, 黄群. 德国高校与国立研究机构协同创新模式研究[J]. 科研管理, 2014, 35(5): 145-151.

国政府资助的重大科技项目中,基础研究类计划往往由政府部门下属实验室和高校执行;技术开发与推广类计划则由政府实验室与公司签订合作研发协议来共同承担。美国通过推行"小企业创新研究计划""小企业技术转移计划""先进技术计划"鼓励并支持企业联合大学、科研机构共同承担研究项目。美国还通过《拜杜法案》《国家合作研究法》等法案,确立知识产权分配原则,建立联邦实验室与其他政府、大学及企业间的合作研究与开发协议,放松对合作创新的反垄断管制等,以此来鼓励大学、联邦政府研究机构与企业的联合研发。

德国弗劳恩霍夫协会联合莱布尼茨学会参与德国联邦教育与研究部资助部署的大型科研项目微电子研究中心(FMD)。德国联邦教育与研究部资助FMD 的经费规模约 3.5 亿欧元,其中弗劳恩霍夫协会获得了 2.8 亿欧元,莱布尼茨学会获得了 0.7 亿欧元。在 FMD 项目实施进程中,弗劳恩霍夫微电子联盟的 11 个研究所和莱布尼茨学会的高频技术研究所(FBH)和高性能微电子研究所(IHP)两个研究所为大量的工业客户(尤其是中小型企业和初创企业)提供优质的系统解决方案,帮助客户利用欧洲先进的设备仪器和技术库等进行新产品的开发,方便获取高科技技术。FMD 项目的实施力图使弗劳恩霍夫协会成为世界上最大的微电子和纳米电子应用研究、开发和创新领域的供应商[①]。

二、承担产业界委托的研发项目

国家科研机构承担产业界委托的研发项目是促进科研机构与产业界合作的重要机制,目的是将基础研究中获得的知识引入到创造性应用中,从而开发出具备应用潜力的新技术,或者是进行技术转移及科技成果转化应用。具体来看,企业与科研机构签订委托协议,提供研究经费,并依据签订的委托协议获得被委托机构的成果。该模式可以实现科研资金与市场资金的有效衔接,弥补科研机构资金的不足,有利于合理配置创新要素。

德国弗劳恩霍夫协会各研究所主要采取"合同科研"的方式为企业提供高

---

① Fraunhofer-Gesellschaft. Research fab microelectronics germany(FMD)[EB/OL]. https://www.fraunhofer.de/en/institutes/cooperation/research-fab-microelectronics-germany.html [2021-08-08].

质量的科研服务。首先，制造企业和服务企业将具体的技术改进、产品开发或者生产管理方面的需求有偿委托给研究所；其次，由研究所开展针对性的研发，通过多学科合作研发直接迅速地形成"量身定做"的解决方案和科技成果；最后，成果会被立即转交到委托方[①]。

三、联合资助共同研发项目

科研机构同合作方共同出资开展合作研究，共同确定研究课题和方案，或由其中一方提出选题，共同承担。联合资助研发项目的选题类型和领域范围较广，兼具专项性和针对性特征。从合作对象类型来看，包括依托大科学装置联合大学解决复杂科学问题、联合高水平研发公司解决棘手技术并实现落地转化、联合小型创新企业开发新技术使其产业化，等等。

依托大科学装置联合开展研究，是国家科研机构发起合作研发项目的常见形式。例如，亥姆霍兹联合会于利希研究中心（FZJ）拥有正电子发射断层显像（PET）和 9.4 特斯拉磁共振成像（MRI）大型成像设备，为了优化融合这两种成像技术，2010 年 5 月，于利希研究中心和马斯特里赫特大学就超高场磁共振成像签署了合作协议，于利希研究中心的物理学家和医生合作，同时发挥马斯特里赫特大学在成像技术和数据分析方法以及神经心理学领域的优势，把 2 个看似不相关的研究领域通过共同的研究目标有机地结合在一起[②]。

德国弗劳恩霍夫协会通过国际合作与网络（ICON）计划，与国际大学和卓越研究机构建立起基于项目的战略伙伴关系。2020 年，弗劳恩霍夫制造技术与先进材料研究所（IFAM）与斯坦福大学建立了合作项目大规模可编程薄膜涂层的等离子涂层工艺（PACIFIC），还与荷兰应用科学研究组织（TNO）等其他卓越合作伙伴创建了 4 个新的国际项目[③]。

美国国立卫生研究院与多家高水平的研究型企业合作，推进多领域项目深度研发和落地。2017 年，国立卫生研究院与 11 家技术领先的生物制药公司建

① 李建强，赵加强，陈鹏. 德国弗朗霍夫学会的发展经验及启示(上)[J]. 中国高校科技, 2013, (8): 54-58.

② 郑英姿，周辉. 德国亥姆霍兹联合会协同研究方式及大学合作启示[J]. 科技管理研究, 2013, (22): 84-87, 115.

③ Fraunhofer-Gesellschaft. Annual Report 2021 [EB/OL]. https://www.fraunhofer.de/en/media-center/publications/fraunhofer-annual-report.html [2021-08-06].

立合作伙伴关系以加速推进癌症治疗行动计划（PACT）[①]。PACT 是 5 年期合作项目，总资金投入为 2.15 亿美元，其中，11 家企业总投资 5500 万美元，国立卫生研究院总投资 1.6 亿美元。

澳大利亚联邦科学与工业研究组织（CSIRO）的工业合作伙伴很多是小型企业，它们并不具备独立开发的设备或技能。通过与企业合作开发新技术和新应用程序，CSIRO 协助企业采用先进制造技术并将其商业化，分担成本并共享知识产权。例如，CSIRO 与澳大利亚医疗技术公司 Anatomics 在 2017 年合作研发 3D 打印技术，首次成功在一名 61 岁患者体内植入 3D 打印的钛和聚合物胸骨和肋骨假体[②]。

四、自设基金资助合作

国家科研机构设立基金用于服务知识创新和技术转移，方便科学家创新技术和产品投放市场前的产品测试和验证等。基金类的项目通常有明确的资助方向，研究机构在同合作机构共同申请基金类项目时有明确的科研目标，方便开展各类研究活动，提高科研的产出效率。

德国亥姆霍兹联合会创新协作基金作为核心经费主要的资助形式之一存在，该基金需要通过竞争来实现其战略目标。其资助方式有五种：①亥姆霍兹科研联盟：关注未来的研究课题；②虚拟研究所：拓展与高校的联系网络；③青年科学家提升行动；④创新研究支撑框架：促进前沿研究，促进技术转移、机会均等以及科研的国际化；⑤卓越保障行动：推动具有良好前景的研究项目。创新协作基金通常由亥姆霍兹联合会的多个研究中心联合其他研究机构、大学和企业共同参与申请，在合作过程中重视跨学科研究团队的协同合作，研究解决社会各界提出的复杂系统问题[③]。亥姆霍兹联合会创新协作基金每年提供 240

① Foundation for the National Institute of Health. Partnership for Accelerating Cancer Therapies [EB/OL]. https://fnih.org/our-programs/partnership-accelerating-cancer-therapies-pact [2023-05-18].

② 李莹亮，靳松. 深化中澳科技合作，共同研发找寻商机——专访澳大利亚联邦科学与工业研究组织 (CSIRO)金属工业研究总监 Leon Prentice 博士[J]. 科技与金融, 2019, (10): 28-30, 27.

③ 郑英姿，周辉. 德国亥姆霍兹联合会协同研究方式及大学合作启示[J]. 科技管理研究, 2013, (22): 84-87, 115.

万欧元支持开创性的转让项目[①]。

第三节　共建平台：深度融合的中长期合作

　　共建合作平台，通过组织创新，建立起深度融合中长期协作的合作研究关系，是近年来愈发普遍的合作形式。这些平台或为新建实体，或为虚拟载体，汇集科研人员、科研经费、设备设施、优惠政策等创新资源和要素，将合作推至纵深。共建合作平台能够克服国家科研机构自身的劣势和不足，建立与自身优势互补的资源汇聚平台，开展各类合作活动，提高国际竞争力。

　　共建合作平台的类型多样，综合法人地位和组织形态两个维度，可大致划分为四类：法人实体合作组织、法人虚拟合作组织、非法人实体合作组织、非法人虚拟合作组织。各类形式下的代表性平台见表9-1。

表 9-1　共建合作平台的组织模式

法人地位	组织模式	代表性平台
法人身份	法人实体合作组织	（1）美国联合生物能源研究所、美国联合基因组研究所、美国能源生物科学研究所； （2）日本东京大学先端科技研究中心、电子项目共同研究机构、新一代电子计算机技术开发机构、国际超导产业技术研究中心
	法人虚拟合作组织	日本产业技术创新联盟——"技术研究组合"（日本新结构材料技术研究组合、超大规模集成电路技术研究组合）
非法人身份	非法人实体合作组织	法国国内科研混合单位
	非法人虚拟合作组织	（1）科研联盟（亥姆霍兹科研联盟）； （2）产业技术创新联盟（德国光伏技术创新联盟）； （3）虚拟研究所（亥姆霍兹虚拟研究所、"拓扑绝缘子"）

　　从各国实践经验来看，实体合作组织是由国家科研机构同合作伙伴按照共

① Helmholtz. Wissenschaftliche Leistung [EB/OL]. https://www.helmholtz.de/ueber-uns/wer-wir-sind/zahlen-und-fakten-neu/wissenschaftliche-leistung/[2022-03-12].

同目标建立的实体组织，依照不同部门和层级分配不同的权利和责任。实体合作组织利于开展长期的、系统的、深层次的科技合作，推动研究机构的科学研究、人才培养、成果转化应用以及提高学术的国际影响力等。按照合作机构是否具有独立的法律地位，分为法人实体合作组织和非法人实体合作组织。实体合作组织区别于其他组织模式的优势是在组织的分工基础上赋予各部门及每个人相应的权利和责任，能够集中力量解决重大科研攻关项目，提高科研产出水平。

虚拟合作组织常常具有联盟性质，绝大部分是非法人型组织，极少部分具备法人地位，例如，日本的技术研究组合是具有法人地位的虚拟合作组织。虚拟合作组织的具体表现形式，包括由科研机构、大学、企业等机构联合组建形成的科研联盟、产业技术创新联盟、虚拟研究所，以及科研合作平台和合作研究中心等。这些平台集合多家机构，以具有法律约束力的契约为保障，以各方的需求和共同利益为发展的基础，形成资源共享、优势互补、风险共担等优势的创新合作组织。这种合作组织可以是长期的，也可以是临时性的，在完成使命后要么解散，要么转变成实体的公司或其他形式的组织机构。相比于实体化合作平台，虚拟化的合作平台具有边界柔性的特点，对于其他合作主体进出合作平台的限制和要求相对较低。因此，虚拟合作组织的组织构成是动态的、暂时的，具有较大的灵活性，对外界环境具有较强的敏感性和敏捷响应的能力[①]。

一、法人实体合作组织

法人实体合作组织是最传统和最常见的共建平台，按照企业法人的形式建立，按照公司的治理模式制定章程，设立董事会等经营决策机构。法人实体合作组织能够独立承担民事责任，同时独立决策科研的经费、人员、机构的管理等事项。

美国劳伦斯伯克利国家实验室牵头，协同6个国家实验室、6个学术机构和1家企业合作伙伴共建了联合生物能源研究所。该研究所集合了各合作主体的科学专业知识、资源等，致力于将生物能源作物转化为经济可行的、符合碳

---

① 徐扬. 虚拟科研组织中的知识共享管理[J]. 科技进步与对策, 2010, 27(5): 97-102.

中和的生物燃料和可再生化学品。采取市场化企业的运营模式，高层领导包括首席执行官、首席运营官和部门副总裁。研究资金主要由能源部提供，人员主要来自劳伦斯伯克利国家实验室和合作伙伴机构。

日本电子项目共同研究机构是由东京大学生产技术研究所、先端科技研究中心、东京大学物性研究所、东京工业大学、广岛大学以及数十家企业进行合作共建的研究机构，预算由文部省和民间企业共同负担。新一代电子计算机技术开发机构则是由日本工业技术院电子技术综合研究所等与多家民间企业共同设立的财团法人。类似的机构还有东京大学先端科技研究中心、国际超导产业技术研究中心等[①]。

二、法人虚拟合作组织

从各国科研机构的科技合作情况来看，极少的虚拟合作组织是以法人形式注册的，比较典型的是日本的技术研究组合（产业技术创新联盟的一种）。这种形式的法人可便捷设立，比设立一般法人简单快速，并且存续期间可长可短，可根据组合目标情况随时解散。

日本对"技术研究组合"的定义是，由多个企业、大学和科研机构组成，以特定技术的共同研究开发为目的，相关主管部门大臣依法批准设立的具有法人资格的公共合作研究平台。在 2009 年 4 月修改《技术研究组合法》之前，日本技术研究组合均不存在传统意义上的组织结构形式（即机构化的实体）；2009 年修改后，可以选择设立为实体或非实体法人机构[②]。技术研究组合一般由大企业总裁或独立行政法人机构主管担任理事长，组合的研发人员均从不同

---

① 曹勇, 刘善珺. 日本的产学研联合研究体制[J]. 科学·经济·社会, 1994, 12(3): 27-29, 13.

② 1961 年日本政府颁布实施了《工矿业技术研究组合法》，鼓励企业间加强合作，参与政府主导的产业共性基础技术、关键技术的研发活动，推动产业技术创新，鼓励企业间成立"技术研究组合"（协作组织），法律规定的技术研究组合的特点是属于特殊法人协作组织，研究经费来自协作参与成员和政府补助，没有固定的合作期限，即完成目标任务即可解散。为适应产业技术日益高度化与复杂化的新形势，日本政府于 2009 年 4 月再次对该法进行了重大调整，并于 6 月 22 日颁布实施修改后的《技术研究组合法》，不再规定只有企业才可以参与研究组合，把范围扩大到企业、大学、独立行政法人研究机构；增加组合组织形式变更规定，规定研究组合可以重组为法人实体，包括有限责任公司或者合伙公司。参见：薛春志. 日本产业技术创新联盟的运行特点及效果分析[J]. 现代日本经济, 2010, (4): 48-52.

单位抽调，联合研发时短期集中，结束后返回各自单位。组合有一定的存续期，可在完成目标后解散，也可变更为股份有限公司，或拆分成立新公司，或与其他企业合并[1]。政府将技术研究组合作为重大产业技术研发的实施主体，以及创造知识产权、制定技术标准的重要平台，因而常以拨付委托开发费或补助金的方式，优先将各种国家级科技攻关项目及标准化项目交给技术研究组合具体实施。日本国家科研机构为了承接政府制定的科技计划项目可参与技术研究组合，以特定技术的共同研究开发为目的，针对前瞻、基础或共性技术开展官产学研联合攻关，突出技术联合攻关的产业化导向。

以日本通产省于 1976 年出面组建的超大规模集成电路（VLSI）技术研究组合为例，日本国家科研机构——工业技术研究院电子技术综合研究所和计算机综合研究所参与并建立了该组合。超大规模集成电路技术研究组合的成立是基于日本实施的超大规模集成电路项目。该项目投资 720 亿日元，目标是研究开发和制造高性能芯片，研发重点是微制造技术，核心是突破新的光刻方法和提高硅晶体的质量[2]。超大规模集成电路技术研究组合下设联合实验室，由 5 家成员企业和电子技术综合研究所共同派遣实验室研究人员组成；联合实验室下设 6 个研究室，由通产省从 5 家成员企业和电子技术综合研究所中各挑选一名优秀技术骨干担任研究室主任。其中，晶体技术研究室的主任由电子技术综合研究所派出的技术骨干担任。超大规模集成电路技术研究组合共存续了 4 年，其间共筹集了 737 亿日元研发资金。根据《工矿业技术研究组合法》规定，成员企业可以享受 8%—10% 的研发支出税收抵免等税收优惠[3]。

又如，日本新结构材料技术研究组合（ISMA）作为"革新性新构造材料等技术开发"项目的研究开发受托方于 2013 年 10 月 25 日成立。截至 2021 年4 月，成员包括 2 家政府研究机构（产业技术综合研究所、国立材料研究所）、2 所国立大学（大阪大学、东海国立大学机构）和 41 家企业（马自达株式会社、川崎重工业株式会社、三协立山株式会社等）。2021 年，ISMA 预算为

---

① 李杨，谢振忠. 借鉴日本技术研究组合制度，加快我国关键技术联合攻关 [EB/OL]. https://www.zhonghongwang.com/show-140-144438-1.html[2021-11-20].

② 殷群，贾玲艳. 中美日产业技术创新联盟三重驱动分析[J]. 中国软科学, 2012, (9): 80-89.

③ 李维维，于贵芳，温珂. 关键核心技术攻关中的政府角色：学习型创新网络形成与发展的动态视角——美、日半导体产业研发联盟的比较案例分析及对我国的启示[J]. 中国软科学, 2021, (12): 50-60.

29.7 亿日元。研究组合的各联盟成员通过共享研究人员、研究经费、设备等方式进行联合研究，共同管理成果。联盟中的成员或者单独负责，或者联合负责"革新性新构造材料等技术开发"项目的分支任务。比如，产业技术综合研究所负责通用基础技术等部分，产业技术综合研究所、三协立山株式会社等共同负责革新性镁材的开发部分[①]。

三、非法人实体合作组织

由于非法人实体机构不是具有民事权利能力和民事行为能力的行为主体，因此由国家科研机构和其他参与共建的主体来领导和管理此类合作机构，共同对合作机构行使学术和管理权，共同承担研究机构的研究经费、人员、设备、技术等。合作机构往往成立理事会，行使决策权以及协调解决合作各方在合作机构运作过程中出现的问题。

法国国内科研混合单位（UMR）是法国国家科学研究中心与高校共建的联合实验室，是依托大学和法国国家科学研究中心运行的非法人实体机构，开展长期的、深入的协同创新研究。UMR 的整个研究工作都被纳入国家科学研究中心的研究轨道，国家科学研究中心和高校对 UMR 共同行使学术和管理方面的领导权，共同提供经费、人员、技术、后勤，共同商议制订经费计划、人员名单、设备计划，共同拟定研究目标、研究对象和研究计划，共同开展基础研究、技术创新和产品开发，等等[②]。

四、非法人虚拟合作组织

绝大多数的虚拟合作组织是非法人组织性质，包括科研联盟、虚拟研究所等形式。广泛使用这类合作组织形式的科研机构，以德国亥姆霍兹联合会为典型代表。

---

① 日本新构造材料技术研究组合官网. https://isma.jp/about/.
② 张金福, 王维明. 法国高校与研究机构协同创新机制及其启示[J]. 教育研究, 2013, (8): 142-148.

（一）科研联盟

以联盟形式组建的合作组织具有非营利性、松散性、开放性的特点。联盟以参与方的共同利益和研发需要为基础，以提升科技创新能力和创新环境为目标开展联合攻关和技术研发，形成联合开发、优势互补、协同创新、合作共赢的创新网络。联盟的资金由各参与方、政府或者基金会提供，联盟的成员为各参与方的雇员，由于联盟具备开放性和边界弹性的特质，会有其他的会员进入和退出组织。根据联盟目标的差异、组建联盟主体的不同，又可进一步细分为科研联盟和产业技术创新联盟。

科研联盟注重创新链的前端，一般由科研机构和大学共同组建，有时也有企业参与。各主体在联盟内分担研发职能，共同培养与提供相关研究人才。

例如，亥姆霍兹科研联盟依托合作项目，以联盟的形式集合高校、亥姆霍兹各研究中心和其他非高校的科研单位，国外的科研伙伴和公司也可以加入。联盟旨在凝练研究主题并方便科学家开拓新的科研方向，让参与的亥姆霍兹各研究中心将新的科研方向与成果汇集到联合会现有的科研主题计划之中。通过提供必要的人员经费，使科研活动步入创新的轨道。亥姆霍兹科研联盟形成了完善的管理结构，并制定了培养青年科学家和保障男女平等的方案。每个科研联盟每年都可获得约 500 万欧元的预算经费，这些预算经费由亥姆霍兹联合会创新协作基金、参与的亥姆霍兹联合会各研究中心以及它们的伙伴共同提供[①]。

产业技术创新联盟更侧重于创新链的下游，主要作用是开展成果转化及促进产业发展，开展联合攻关、领域行业服务、标准化工作和国际化工作等。产业技术创新联盟一般由科研机构、大学、产业界和其他非营利组织组建，且企业是其中的主导者和主要推动者。科研机构的主要作用是提供技术支持和成果转化的场地，企业的主要任务是为联盟的持续运营和发展提供基本保障和经费支持，联盟的成果也通过企业转化并推向市场、获取盈利[②]。

例如，德国光伏技术创新联盟是由德国光伏企业、相关科研机构及大学组

---

① 何宏. 亥姆霍兹科研联盟与虚拟研究所[EB/OL]. http://blog.sciencenet.cn/blog-320892-777068.html [2021-09-24].

② 望俊成，温钊健. 美国产业创新联盟的经验与启示——基于美国微电子与计算机技术公司的案例研究[J]. 科技管理研究，2012, 32(22): 1-11.

成的不具有实体性质的松散性的创新联合体。德国光伏企业通过加大对光伏产业整个价值链的研发投入，积极联合相关科研机构和大学开展具有明确市场应用前景的技术创新，加速创新成果转化成具有市场竞争力的新技术、新产品和新的解决方案。德国联邦教育与研究部、联邦环境部两部门向德国光伏技术创新联盟提供1亿欧元用于支持3—4年内开展的联合研发项目，之后德国联邦政府承诺向太阳能光伏领域投入5000万欧元的额外资金，支持光伏研发。同时，参与创新联盟的德国光伏企业承诺投入5亿欧元用于研发创新[①]。

（二）虚拟研究所

虚拟研究所是指多个研究机构共同建立的紧密合作、跨越时空的合作组织，旨在将各具竞争优势的机构联结起来，快速整合资源，协同解决尖端的关键科学问题。合作各方可以是跨地区、跨国界的，其范围和规模可根据需要进行调整。虚拟研究所不是临时性集体，而是根据共同的信任和对研究目标的共识，利用各自现有设备，集中优势研究力量和管理能力建立的长期合作平台[②]。一般采用模块化的研究方法，各研究部门、项目小组或企业，各自专门负责研究某个项目的一个子任务模块，分别在自己的优势领域独立运作，并通过彼此间的协调和合作，形成一个协作网，以达到整个项目的成功实现。虚拟研究所通过信息化的交流突破了传统研究所的界限，在各种组织之间相互渗透和延伸，实现了更加扁平的组织结构、明确的目标任务和灵活的合作方式，能以低成本达到组织柔性的目的。同时，各合作主体的自主性更大，避免了推诿和拒绝等现象，有利于进一步提高研究质量，缩短研究时间，提高研究效率[③]。

例如，亥姆霍兹联合会为促进研究中心和高校开展合作建立了多个亥姆霍兹虚拟研究所。参与虚拟研究所的科研小组并不在同一地点办公，但在科研任务上密切协作。虚拟研究所的经费由创新协作基金提供，每个合作项目将在3—5年中获得每年不超过60万欧元的经费，也可联合申请第三方科研经费。

---

① 张快.德国光伏技术创新联盟——政府支持产学研合作创新的一种成功模式[J]. 全球科技经济瞭望, 2013, 28(4): 31-34.
② 郑英姿，周辉.德国亥姆霍兹联合会协同研究方式及大学合作启示[J]. 科技管理研究, 2013, (22): 84-87, 115.
③ 裴伟廷.虚拟研究机构探索[J]. 中国科技产业, 2001, (2): 27-31.

例如，于利希研究中心联合德国亚琛工业大学、德国维尔茨堡大学、中国科学院上海微系统与信息技术研究所成立的虚拟研究所——"拓扑绝缘子"，常针对具体研究课题开展项目合作，规模较小，合作方式更加灵活。

第四节　多途径形成科技合作网络的态势和启示

从各国实践探索来看，科研机构正通过构建多重层次、复杂形式的科技合作网络推动科技创新。我国科研机构可借鉴各国国家科研机构建构科技合作网络的经验，拓展合作机制，主动布局科技合作网络。

一、重视任务牵引，积极推动多途径科技合作

科技合作是国家科研机构嵌入国家创新系统的重要过程，应明确其功能、路径和形式。国外科研机构的经验表明，围绕使命定位推动科技合作是战略原点。例如，德国弗劳恩霍夫协会以促进应用研究为宗旨，通过合建中心、合作开发新项目等，开发创新技术和独特的系统解决方案，为客户提供广泛的研究和应用支持，提高其在德国乃至欧洲区域内的市场竞争力。亥姆霍兹联合会负责管理运行大型科研装备，进行前瞻性的综合性的应用基础科学研究，通过成立大型、跨学科、多主体的科研联合体，应对生命科学、地球与环境等领域重大社会挑战①。

我国国家科研机构的科技合作逐渐契合国家重大战略需求和前沿研究领域，向重大科技战略目标和长远发展的方向靠拢。当前国家依托重大科技项目、重点研发计划等，引导和支持科研机构、大学和企业共同承担基础研究和前沿技术领域的科研任务。例如，在重大科技项目的任务部署上瞄准世界科技前沿，聚焦重点领域和关键环节；在实施过程中协同组织全国范围的科研院所、高校

---

① 何宏. 德国亥姆霍兹联合会及其对华科研合作基本情况介绍[EB/OL]. https://blog.sciencenet.cn/blog-320892-1006181.html[2022-03-14].

和企业等不同类型的研究主体全力攻关，实现产学研深度融合[①]。但在合作过程中也出现了深度不够、质量偏低、项目偏小、资金分散化的局面。

借鉴国外科研机构开展科技合作的经验，我国国家科研机构应围绕自身使命定位，制定科技合作的中长期发展战略，打破领域和区域的制约，基于任务联合各类资源。要进行充分预研，在把握自身合作需求的基础上，有针对性地细化合作策略，进而构建有效率的科技合作网络。例如，综合性国家科学中心在谋划建设大科学装置集群的过程中，可参考亥姆霍兹联合会的做法，形成多方参与的协同解决方案。利用大型科研基础设施吸引国际和国内研究团队，并通过项目引导的方式促成与大学及其他研究机构之间的密切合作，深化参与者之间的互动。

二、布局合作平台，形成多元组织形态

共建合作平台是促成深度融合、长期协作的重要合作形式。从美国联合生物能源研究所到德国亥姆霍兹虚拟研究所的成立，共建平台的合作方式在世界主要国家中愈发兴起，并展现出多元的组织形态。实体组织与虚拟组织专注于不同目标，共同构建了多元化的合作网络。

我国国家科研机构也在共建合作平台方面不断努力和探索。例如，在实体合作组织层面，中国科学院国家空间科学中心通过科学战略性先导科技专项与国际空间科学研究所（ISSI）在 2013 年 7 月共建国际空间科学研究所北京分部（ISSI-BJ），为空间科学战略规划和前瞻布局打下了良好的基础。ISSI-BJ吸引了国际空间科学界的广泛参与，各国科学家通过国际论坛、研讨会、专题会议、工作组和科学团队等形式并肩合作，研究和解决了新的科学问题。[②]

在虚拟合作组织层面，由企业主导、国家科研机构参与共建了一批虚拟化的非法人机构，以产业技术创新战略联盟最为典型。例如，由机械科学研究总院联合中国科学院沈阳自动化研究所等 23 家机构联合发起成立的中国智能制

---

① 薛姝, 何光喜, 张文霞. 基础研究和前沿技术领域校企融合协同创新的国际经验及启示[J]. 全球科技经济瞭望, 2021, 36(5): 12-17, 26.

② 王赤, 李超, 孙丽琳. 我国空间科学卫星任务国际合作管理实践与思考——以中国科学院空间科学战略性先导科技专项为例[J]. 中国科学院院刊, 2020, 35(8): 1032-1040.

造产业创新联盟，定位于我国智能制造产业技术发展的产学研高端平台，在技术创新、行业交流、产业推广等方面开展工作，协同开发智能制造技术，推进智能制造产品创新和模式创新[①]。

但在实践中，部分虚拟化合作组织还存在缺乏共同明确的攻关目标，成员关系过于松散，科研机构的话语权和参与度不高，缺乏实质的合作成果等问题。还有部分合作平台虽然建立了复杂的管理层级、形成公司制结构，但在研发创新方面却未能及时跟进。针对这些问题，可借鉴日本的技术研究组合，以技术和项目聚集优势力量，强调技术攻关，简化机构的组织结构；还可以探索研究制定相关法律，支持以便捷、简单、快速的方式成立具有法人资格但不存在实体组织形态的特殊法人。

---

① 国务院国有资产监督管理委员会. 中国智能制造产业技术创新战略联盟在京成立[EB/OL]. http://www.sasac. gov.cn/n2588025/n2588124/c3789844/content.html[2022-08-17].

第十章

未来图景：迈向柔性混合组织的国家科研机构

———————

今天，以智能、绿色和健康为特征的新一轮科技革命孕育兴起的进程，加速了知识生产从基于学科的模式向基于应用场景的模式的转变。这一转变背景下，国家科研机构的双重使命导向的发展趋势愈发显著。一方面，作为政府设立的任务导向的知识生产机构，国家科研机构需要部署前瞻研究、组织科研攻关、培养高层次科技人才。另一方面，在解决国家创新系统失灵方面，国家科研机构需要发挥整合创新要素的平台优势，成为推动知识应用的重要力量。肩负双重使命的国家科研机构，在新的机遇和挑战面前平衡着知识生产和知识应用的功能定位，正在向柔性混合组织转型。

第一节　国家科研机构的发展机遇和挑战

一、发展机遇

（一）新科技革命促使国家科研机构更多扮演科研组织者的角色

从全球科技发展来看，信息技术、生命科学、纳米科技和认知科学等跨学科交叉汇聚，前沿技术多点突破，正在形成多技术群相互支撑、齐头并进的链式变革。然而，随着物联网、云计算、大数据等技术的发展，分布式能源、分布式制造、个性化定制、众包式研发等也推动着创新模式的变革。

从欧美和我国国家科研机构的实践来看，当前科研活动的基本组织形式是由学术带头人带领实验室团队的课题组开展研究，这与大学里由教授组建实验室团队开展独立研究并无区别。这种科研组织模式有利于国家科研机构在新科技革命到来之际扮演科研组织者的角色。但是，国家科研机构能否在将来依然可以与大学并列存在，更重要的是取决于其能否发挥好科研组织者的作用，通过购买研发服务和科研合作等方式间接干预大学和企业的科研活动，整合科技资源推动跨学科集中开展科研攻关；从单独向国家提供知识产品和创新服务，转为引领建成包括国家科研机构、大学和企业等在内的科研生态圈，成为驱动国家创新发展的核心力量。这将引发国家科研机构定位和功能的深刻变革。

（二）全球竞争变局赋予国家科研机构代表国家参与国际竞争与合作的新内容

首先，在新兴产业领域，国家科研机构作为建制化科研力量，有条件快速组织起来实现突破。最典型的是美国制造业创新网络计划和人工智能战略计划，前者为推动美国制造业转型发展部署 45 家创新中心，后者则为培育人工智能产业和新业态支持 25 家研究所，两者都是通过新建国家科研机构来落实国家战略，代表国家抢得发展先机。

其次，在人类面临的共同挑战上，国家科研机构代表国家意志，传递国家态度，为应对科技风险而开展国际合作。人类面临能源、环境、健康、农业、宇宙开发等诸多关系可持续发展的紧迫问题，其中蕴含大量跨学科的共性、复杂性科学问题。这迫使各国谋求科学突破和重大技术变革，推动众多科学领域协同创新和交叉发展。国家科研机构是合作开展科研任务的主要承担者，代表国家提供科技类公共产品，展现担当与责任。

（三）转向创新驱动发展模式更加需要科研机构开展前沿基础研究

从使命定位来看，国家科研机构是一国建制化开展基础科学研究和战略前沿技术研究的跨学科的综合性集成平台，也往往是代表一国基础研究最高水平的科研组织。全球公认的衡量基础研究水平的自然指数中，中国科学院连续

10 年高居全球科教机构首位[①]，法国国家科学研究中心、德国马普学会、德国亥姆霍兹联合会等国家科研机构也多年稳居前 10 名。

近 10 年来，虽然国家科研机构的应用研究和向市场推广研究成果的工作显著增加，但是，从各国政府资助重点来看，自上而下部署具有广泛影响的公益性科研任务，如环境保护、公共卫生等，也更加频繁。强化使命驱动的定向性、建制化基础研究，是国家科研机构区别于大学基础研究的重要特征。大学以自由探索为特征的基础研究具有自主选题的特征，而国家科研机构基础研究更重视需求导向和使命驱动，依靠团队协同合作，依托重大科技基础设施开展建制化大科学研究。特别是，随着新一轮科技革命和产业变革加速演进，在量子信息、人工智能、生物科技等科技发展前沿领域，基础研究与应用研究和产业开发的一体化发展加速，交叉融合渗透的态势日益明显。在这样一个大趋势下，世界主要国家纷纷加强国家科研机构的基础研究的战略布局。

（四）培养复合型创新人才需要科研机构加强科教融合

大学是教育体系的根基所在，但是在新科技革命背景下，研发活动的动态性和新兴领域的不断出现，要求科学研究与人才培养更加紧密地结合起来。美国能源部下属国家实验室已经根据其任务、需求和资源制订了独特的教育计划，通过加强与大学的联合培养来实现。

在培训年轻的产业科学家和工程师方面，科研机构的优势更加突出，德国弗劳恩霍夫协会、澳大利亚联邦科学与工业研究组织与大学、产业界合作培养年轻人才的方式就是典型代表。德国弗劳恩霍夫协会的各研究所一方面从事高技术应用基础研究，开发可供工业界付诸生产的高技术成果；另一方面吸收学生参与项目研发，研究生同时开展项目研发和学术研究，依靠与企业在研发方面的紧密合作，以及人员的高流动性，事实上形成了面向产业创新需求的人才培养和流动机制。

---

① 中科院连续十年位列自然指数全球首位[EB/OL]. https://www.cas.cn/yw/202206/t20220617_4838616.shtml [2022-07-22].

二、面临的挑战

（一）职能和经费多元造成使命定位的分散

自建制化科研机构出现以来，推动知识创造始终是国家科研机构的主要功能。国家科研机构往往承担着大学无力进行的，或需要大型科研设施，或学科交叉领域的研究工作，从历史上看，这些活动经常是与政府任务相关，包括国防、太空探索、卫生保健、农业和工业技术等。但从 20 世纪 80 年代开始，在寻求经济增长动力的动机下，各国政府日益推动国家科研机构嵌入市场经济体制，成为国家创新体系的重要组成部分。以美国《史蒂文森-威德勒技术创新法》为标志，鼓励国家科研机构推动前沿技术开发应用的商业化。

今天的国家科研机构既从事立足国家战略的"顶天"活动，也致力于服务市场的"立地"项目，并且还发挥着提供主要科学基础设施、教育和培训、技术转让等作用[①]。每个组织都具有追求多元使命的内在冲动，国家研究机构的多功能意味着角色和职能的不断变化，各种需求被满足的利益诉求不仅分散着科研机构的注意力，还可能存在冲突。例如，国家科研机构正越来越多地受到来自产业的资助，这在直接体现国家科研机构对创新的贡献的同时，也可能让科研机构因短期利益而放弃了长期目标。更重要的是，服务产业需求这一趋势并不适用于所有国家科研机构，有很多国家科研机构是基础研究或公益性研究，如环境保护或者天文和物理等，理应由政府拨款支持。若鼓励其为了增加来自产业界的合同收入而偏离研究主业，可能会使其陷入迷失使命导向的不利困境。在这种形势下，传统的政府用于传递对公共科研机构期望的资金、法规和高级任命等工具的有效性可能被削弱，这些期望在多大程度上是明确且能够被遵循的，将面临巨大挑战。

（二）经费占比下降和稳定性支持偏低不利于长期发展

经济合作与发展组织的报告[②]显示，虽然国家科研机构 R&D 经费支出的绝

---

① OECD. Public research institutions: mapping sector trends[EB/OL]. http://dx.doi.org/10.1787/9789264119505-en [2011-09-02].

② OECD. Public research institutions: mapping sector trends[EB/OL]. http://dx.doi.org/10.1787/9789264119505-en [2011-09-02].

对数值自 2000 年以来显著增加，但是其在全社会 R&D 经费支出中的占比却呈下降态势。据《中国科技统计年鉴 2022》，自 2006 年实施《国家中长期科学和技术发展规划纲要（2006—2020 年）》以来，全社会 R&D 经费支出中政府国家科研机构占比从 2006 年的 18.89% 降至 2021 年的 11.45%。一般来说，政府主要采取打包支持的方式稳定资助国家科研机构的 R&D 活动。不过，各国实践表明，政府正越来越多采取科技项目的形式来资助国家科研机构的 R&D 活动，而项目资助往往以业绩为条件。此外，大多数国家缩减了在科研基础设施和设备上的投入，这些科研基础设施和设备恰恰是由国家科研机构运营和维护的。

与绝大多数国家相比，我国国家科研机构获得财政支持的科研经费中竞争性项目占比过高，这使得国家科研机构的科研人员陷于项目竞争压力之下，无法聚焦国家任务深入开展研究。同时，由于科研项目有明确的目标和使用规定，且由科研人员或团队申请得到，科研机构无法统筹使用这些竞争性经费，也缺乏稳定支持的机构经费。如此，科研机构难以发挥在科研选题和资源配置中的专业性和主动性，也就无法面向未来做出长期的战略布局。

（三）对人才的吸引力下降

"招聘和留住高素质人才"是国家科研机构面临的主要挑战之一，当前 OECD 国家内几乎所有的国家科研机构都经历着科研人员缩减的情况[1]。相比于高校，国家科研机构在招聘、稳定、奖励和激励科研人员等各个方面均面临更大的挑战。一方面，为不断提升研究能力，国家科研机构需要招募新成员，引入具有新技能和关注新问题的青年科研人员。另一方面，为保持机构研究的连续性和形成制度化的组织知识积累，国家科研机构必须要留住资历深的核心研究骨干。从自身使命出发，不同国家科研机构在两个目标之间找到不同的平衡点。例如，德国弗劳恩霍夫协会各研究所的人员流动率和流动性相当高，但美国国家标准与技术研究院的大部分研究人员（博士后除外）则都是长期工作人员。

---

[1] OECD. Public research institutions: mapping sector trends[EB/OL]. http://dx.doi.org/10.1787/9789264119505-en [2011-09-02].

在我国，国家科研机构的人才流失问题还有更为直接的科研经费支持和人员薪酬结构的制度化原因。国家科研机构中，科研人员薪酬与科技项目的数量和规模挂钩，而非主要按科研岗位和工作时间计酬，面临很高的项目竞争压力和经费压力。与之相比，高校的固定薪酬相对较高，能够在一定程度上减轻科研人员的经费压力，为其提供更加宽松、自由的科研环境。因此近年来，高端科研人才从科研机构流向高校的趋势愈发明显。

第二节　新型国家科研机构的涌现

从全球来看，迎接新科技革命和产业变革的挑战，各国政府都在调整和优化国家战略科技力量布局。尤其是在人工智能、大数据等新兴领域，美国、德国、爱尔兰等国正在加快部署分布式、网络型科研组织，重塑科技体制中的政府与市场关系。

一、美国国家人工智能研究所

为了落实《国家人工智能研究与发展战略规划》，2019 年 10 月，美国国家科学基金会（NSF）牵头发起了国家人工智能研究所（National Artificial Intelligence Research Institutes）计划，通过建立跨学科和跨部门的国家人工智能研究机构，对人工智能领域的基础研究和应用基础研究等挑战性议题进行长期投资，使美国能够在人工智能领域保持全球领先地位。国家人工智能研究所计划预计提供总额为 1.4 亿美元的经费支持，由联邦政府和 4 家企业共同资助。NSF 与各个研究所签订一份 4—5 年的长期合同，为每个研究所提供 1600 万—2000 万美元（年均 400 万美元）的资助[①]。

[①] 农业和粮食领域的几家国家人工智能研究所由美国农业部国立粮食和农业研究院（USDA-NIFA）支持建设，则由 USDA-NIFA 签订合同和提供资助。

（一）设立愿景

国家人工智能研究所计划自提出至今，目标和内容经过了两次调整（项目征集号由 2019 年 10 月 8 日发布的 NSF 20503 变更为 2020 年 8 月 26 日发布的 NSF 20604，又变为 2021 年 10 月 8 日发布的 NSF 22502）。迄今，国家人工智能研究所计划已经围绕下一代网络安全的智能代理、人工智能的神经和认知基础、气候智能型农业和林业的人工智能、人工智能决策、值得信赖的人工智能、人工智能增强学习扩大教育机会和改善成果等议题资助建立 25 个国家人工智能研究所。这些国家人工智能研究所的设立均面向以下愿景：推进基础人工智能研究的发展，增加对人工智能相关学科领域的认识和理解；开展应用导向的人工智能研究，既有助于人工智能基础研究进步，也推动相关科学与工程、经济部门和社会需求方面的创新；培养下一代人才；发展由科学家、工程师和教育工作者多方参与的跨学科研究团队；促成多组织合作创造新的研究能力；让国家人工智能研究所成为与外部合作伙伴不断协作发展的网络节点。

国家人工智能研究所是融合科研和教育的中心，将大学、产业界和政府聚集在一起，以便将人员、想法和方法结合起来，应对人工智能的前沿挑战。

（二）跨机构合作设立

该计划面向两年制和四年制的高等教育机构（包括社区学院）以及国内非营利、非学术性的组织。联邦资助的研究和发展中心（FFRDC）与国外机构不在资助范围内。要求每一个研究所应是由多个组织合作建立，将来自不同组织的科学家、工程师和教育工作者整合组成跨学科的研究团队，开展较大规模、面向长期挑战的研究。通过该计划，形成分布式的科研机构网络，促进高校、企业和行业协会之间的协作联系，促使这些国家人工智能研究所成长为具有领导力的跨学科的研究中心，带动全国范围内的多主体合作。国家人工智能研究所不仅集聚了创新资源，充分发挥了创新资源的最大化效力，而且通过合作伙伴网络扩大了对外参与度，提升了人工智能的引领力。

截至 2023 年 6 月，成立的 25 个国家人工智能研究所（表 10-1）主要分布于美国沿海地区，正是美国政治、经济和文化发达地区，而且与全美排名前25 名的高校的地域分布相类似。此外，国家人工智能研究所的合作单位也逐步递增，更有院校参与了多个人工智能专项研究项目，如佐治亚理工学院、俄亥俄州立大学、华盛顿大学等。这也说明了各个院校都意识到了人工智能技术与社会发展紧密关联，高度重视人工智能主题研究的探索[①]。

表 10-1　美国国家人工智能研究所基本情况

名称	依托载体	成立日期 （年-月）	成立编号
环境科学人工智能研究所	俄克拉荷马大学	2020-09	2019758
分子发现、合成策略和制造 研究所	伊利诺伊大学	2020-09	2019897
大规模学习优化研究所	加州大学圣迭戈分校	2021-11	2112665
机器学习基础研究所	得克萨斯大学奥斯汀分校	2020-09	2019844
人工智能与基础交互研究所	麻省理工学院	2020-11	2019786
网络组协作协助和响应式 交互研究所	佐治亚理工学院	2021-10	2112633
环境计算学习智能网络基础 设施研究所	俄亥俄州立大学	2021-11	2112606
下一代边缘网络与分布式 智能研究所	俄亥俄州立大学	2021-10	2112471
利用下一代网络的边缘计算 研究所	杜克大学	2021-10	2112562
学生人工智能团队人工智能 研究所	科罗拉多大学博尔德分校	2020-10	2019805
人工智能优化研究所	佐治亚理工学院	2021-10	2112533
人工智能动态系统研究所	华盛顿大学	2021-10	2112085
人工智能参与式学习研究所	北卡罗来纳州立大学	2021-10	2112635
人工智能成人学习和在线 教育研究所	佐治亚研究联盟	2021-11	2112532
未来食品人工智能研究所	加州大学戴维斯分校	2020-09	2020-67021-32855
未来农业管理和可持续人工 智能研究所	伊利诺伊大学厄巴纳-香槟分校	2020-09	2020-67021-32799

[①] 顾小清, 李世瑾, 李睿. 2021. 人工智能创新应用的国际视野——美国 NSF 人工智能研究所的前瞻进展与未来教育展望[J]. 中国远程教育, 2021, (12): 1-9, 76.

续表

名称	依托载体	成立日期 （年-月）	成立编号
农业人工智能劳动力转型和决策支持研究所	华盛顿州立大学	2021-09	2021-67021-35344
弹性农业研究所	艾奥瓦州立大学	2021-09	2021-67021-35329
法律与社会中的可信人工智能研究所	马里兰大学帕克分校	2023-06	2229885
基于代理的网络威胁情报与操作人工智能研究所	加州大学圣芭芭拉分校	2023-06	2229876
气候-土地相互作用、减缓、适应、权衡和经济人工智能研究所	明尼苏达大学	2023-06	2023-67021-39829
人工智能与自然智能研究所	哥伦比亚大学	2023-06	2229929
社会决策人工智能研究所	卡内基梅隆大学	2023-06	2229881
包容性教育智能技术研究所	伊利诺伊大学香槟分校	2023-06	2229612
语音语言处理障碍儿童转型教育人工智能研究所	纽约州立大学研究基金会	2023-01	2229873

资料来源：https://beta.nsf.gov/science-matters/new-nsf-ai-research-institutes-push-forward-frontiers-artificial-intelligence；https://www.nsf.gov/news/news_summ.jsp?cntn_id=303176；后 4 个研究所来自各自学校网站介绍。

（三）严格的项目评议方式遴选研究所

（1）内部审核和外部专家同行评议相结合。NSF 确认申请者的项目建议书符合计划主题后方可进行审查。所有的建议书，一方面经由一名担任 NSF 项目官员的科学家、工程师或教育工作者进行审核，另一方面也邀请 3—10 位 NSF 外的专家进行同行评议，这些专家都是相关主题领域的代表。申请者可以选择和建议他们认为有资格审查建议书或者希望回避的专家姓名。这些建议可以作为项目官员选择同行评议专家的参考。此外，项目官员还会通过实地考察的方式获得意见。针对项目官员做出的资助决策，NSF 的高级官员会进行进一步的评审。

（2）确定严格的审查原则和审查标准。任何组织作为牵头机构提交的项目建议书不得超过两份。项目遴选有三项审查原则：一是 NSF 的所有项目都应具有最高的质量，并且有潜力推进知识前沿；二是 NSF 的项目应该为实现社会目标做出"广泛的影响"（broader impacts）；三是选取适当的指标对 NSF 资助项目进行评估，考虑投入和产出之间的相关性。项目遴选审查标准主要包括两项：一是知识优势，包含提升知识的潜力；二是"广泛的影响"，涵盖造福社会并为实现特定的预期社会成果做出贡献的潜力，以及一些针对建议书的补充标准。

（3）建立完善的项目遴选程序。每个评审员或评审小组在完成评审后需提交一份总结评分和随附的叙述。经过科学性、技术性和程序性审查，负责审查建议书的 NSF 项目官员综合考虑评审小组的评审结果以及其他因素后，向部门主管提出资助与否的建议。最后，由 NSF 部门主管与相关资助伙伴协商做出最终决定。

（四）科学和管理双轨制

每个人工智能研究所都设立 1 名学术带头人和最多 4 名共同学术带头人。学术带头人需具备出色的远见、经验和能力，管理及研究教育、知识转移及拓宽机构参与度等方方面面。在项目遴选过程中，学术带头人人选由申请机构指定并由 NSF 批准，将负责项目的科学和技术方面的指导，并且与 NSF 项目官员沟通项目在科学、技术和预算等方面的有关事项。人工智能研究所预期通过学术带头人的领导，应对研究所复杂多变的研发和教育环境，提升研究所整体的创新水平。共同学术带头人是由申请机构指定参与机构的研究人员。学术带头人和共同学术带头人只允许参与一个人工智能研究所的建设。

每个人工智能研究所都将设立一名管理主任（managing director，MD）或项目经理（project manager，PM）以及一个管理团队，主要负责监督研究所的运作。

二、德国航空航天研究中心的跨学科交叉新建研究所

DLR 是以社团法人方式注册的欧洲最大的航空航天研究机构，是德国亥姆霍兹研究联合会 18 个国家研究中心中人员和经费规模最大的中心，也是联

合会中唯一不由德国联邦教育与研究部资助，而由联邦经济和能源部提供财政支持的中心。DLR 实际上由三个主要工作板块构成：①由非法人的研究所共同构成的科研中心，这是 DLR 的第一大主体，主要致力于地球与太阳系的探索开发，聚焦在航空、航天、能源、运输、安全和数字化六大领域开展科研活动。这方面的科研立项和项目管理由亥姆霍兹联合会负责，通过项目优先的经费管理模式进行组织和论证。②DLR 也身兼德国航天局的政府职能，代表联邦政府负责德国航天活动的计划和实施，以及全面负责德国参与欧盟与其他国家的航天科技合作。③DLR 还有 2 个独立核算的项目管理机构，负责接受政府委托，对不同联邦部委的政府研发资助计划进行招标、评审、过程管理和知识转移。

（一）使命愿景

在科研定位上，DLR 自我标识并被德国政府认为属于"高科技"研究中心，具有对标高科技和创新特点。相比其他亥姆霍兹研究中心需要按项目优先的模式跨科研中心进行团队竞争，来自联邦经济和能源部的稳定追加的财政经费使 DLR 更有能力和动机进行应对未来挑战的战略布局。

对应 2014 年及 2017 年德国联邦教育与研究部制定的《高科技战略 2025》，DLR 于 2017 年制定了《DLR 2030 战略》，明确提出为引领德国数字化转型，将重点借助人工智能、大数据等现代信息技术促进传统科研领域的升级发展。

（二）新建研究所概况与特征

2017 年 11 月至 2022 年，DLR 围绕数据基础设施和传统领域数字化转型等方向开始新建不少于（包括在建）22 家研究所（表 10-2）。这些新研究所一般由 3—5 个研究团队组成，员工数一般在 100 名以内。与已有研究所一样，这些新建研究所均非独立法人机构；由 DLR 与联邦政府和所在地州政府根据各地传统产业及创新区块优势，包括本地学术人才丰富程序共同商定建立，并按照联邦和州两级政府 9∶1 的财政分摊制度获得事业性的资金支持。平均每个新建研究所每年从 DLR 获得 600 万欧元经费，此外需要与工业合作伙伴合作，得到占比约 40% 的第三方经费。

表 10-2 2017 年 11 月至 2022 年 DLR 新建研究所情况

名称	位置或建立方式	业务
产品虚拟化软件方法研究所	位于德累斯顿工业大学	通过实验过程耦合新的航空发动机技术
航空系统架构研究所	位于汉堡应用航空研究中心	使海上基础设施能够及时有效地识别和预防威胁，从而进一步发展理论基础，进行模拟、演示、测试
航空维修与改装研究所	位于汉堡应用航空研究中心	开发用于当前和未来的计算机体系结构的编程和数据模型；开发用于实现虚拟产品的专用软件方法和技术
数据科学研究所	—	使用广泛的数据来获取实用知识，借助数字线程，更大程度地利用协同效应
网络能源系统研究所	前身是奥登堡能源公司（EWE）能源技术研究中心（奥登堡大学的独立分支机构）	研究流程优化、链接和自动化以及模块化的诊断、维护和修改技术
海洋基础设施保护研究所	—	对与数据管理、IT 安全、智能系统（"工业 4.0"）和公民科学相关的主题进行研究
燃气轮机测试与模拟研究所	位于奥格斯堡技术中心	致力于解决电力、热力和交通部门智能高效连接的系统导向问题
伽利略能力中心	—	开发基于量子技术的空间应用精密仪器，并与产业界密切合作，使其原型设计更为成熟
国家无人机测试中心	—	关注量子技术和量子传感器相关的研究问题，创新应用量子测量技术，开发原型解决方案
太阳地面物理研究所	—	与 DLR 的科研机构共同研究伽利略和其他系统的性能，开发、测试和验证新技术
海洋能源系统研究所	建在亥姆霍兹中心内的创新和技术中心（GITZ）	研究能源转型、可持续发电和储存
未来交通系统工程研究所	由奥登堡大学下属的 OFFIS 信息技术研究所的运输研究领域衍生而成	科学处理电离层-热层-磁层系统（ITM）的状态和动力学以及由太阳、低层大气和中层大气的驱动
未来燃料研究所	—	运用合适的方法和工具，在早期阶段检测出对关键基础设施构成的威胁
低排放航空推进系统研究所	—	研究无人机系统（UAS）；协调全国试验场网络；充当将无人机系统整合到空域的驱动力
小型飞机技术创新中心	—	研究和开发解决方案，以减少海上运输部门化石燃料使用和排放；开发车载储能和基础设施等

续表

名称	位置或建立方式	业务
无人机系统能力中心	—	研究开发和验证未来自动化和自主运输系统方法，开发新的高效系统、工程方法和工具
量子技术研究所	—	未来会在赤道沿线生产大量可再生能源，开发相关材料、组件和工艺
卫星大地测量与惯性传感器研究所	位于汉诺威大学	研究民用运输机的低排放、电气化未来发动机，重点是未来的低排放驱动系统
地面基础设施保护研究所	位于德国波恩-莱茵-锡格应用技术大学	研究与小型飞机相关的电动飞行和城市交通，特别关注通用航空和城市空中交通
低碳工业过程研究所	位于科特布斯-森夫滕贝格勃兰登堡工业大学（BTU）	研究无人机系统；在无人机系统领域创建模拟和飞行测试场景，建立安全场景的评估能力等
人工智能安全研究所	由 DLR 的数字化领域跨部门建立	在人工智能领域开展面向应用和实际发展的跨部门基础研究
软件技术研究所	—	研究和开发软件工程技术，并将这些技术纳入 DLR 软件项目

资料来源：DLR 官网. https://www.dlr.de/EN/Home/home_node.html.

注：“—”表示未披露信息。

DLR 新建研究所的突出特征是开展传统领域数字化转型的跨领域交叉融合研究，研究所之间形成了分工明确、有机结合的内部协同。例如，于 2018 年 10 月在不来梅港成立的海洋基础设施保护研究所是 DLR 海上安全研究与数字化研究相结合的研究所；于 2020 年 12 月批准建于乌尔姆市的人工智能安全研究所将基础人工智能研究与各学科的知识和应用技术相结合。在 DLR 建立的跨学科网络中，航空、能源、运输和安全研究领域之间进行有针对性的知识转移，开发新产品并应用于新领域。例如，开发的优化直升机旋翼桨叶技术已成功地应用于影响风力涡轮机的流量，同时增加和延长了涡轮机的产量和使用寿命；基于空间机器人技术的 MIRO 医疗机器人极大地优化了微创外科手术技术的精度。

（三）依托高校和研究中心建立

DLR 新建研究所有些采取独立运行方式，更多则是依托高校和研究中心而建，充分利用已有基础设施和研究积累，设立和退出较为灵活。例如，产品虚拟化软件方法研究所于 2017 年 8 月在德累斯顿工业大学的校园内建立，德累斯顿工业大学包括信息服务和高性能计算中心、计算机科学学院在内的 4 个学院为该研究所提供了良好的科研环境。位于莱茵巴赫地区的地面基础设施保护研究所建在波恩-莱茵-锡格应用技术大学（HBRS）的校园里，与大学的研究人员联合使用 HBRS 应用研究中心（ZAF）的实验室设备。于 2018 年 10 月依托奥格斯堡技术中心（TZA）建立的燃气轮机测试与模拟研究所，与所在园区内的企业保持着密切的合作关系。航空系统架构研究所和航空维修与改装研究所于 2017 年 11 月依托应用航空研究中心（ZAL）建立，研究所有机会与航空领域的包括空中客车公司和汉莎航空股份公司在内的供应商和初创企业直接研究合作，它们可以在同一栋大楼内共同使用大型测试车辆进行研究，这为合作伙伴的研究成果就地转化使用、提高研究协作能力提供了条件。

（四）多元化的经费来源

2020 年，DLR 的研究和运营预算为 12.61 亿欧元，其中 56.5% 来自两级联邦政府财政（90% 来自联邦经济和能源部，10% 来自州政府），另外 43.5% 来自第三方资金（资金管理和研究管理收入、其他政府部门、欧盟、产业界）。由于联邦政府和州政府将成立高科技研究所视作积极的区域经济政策和产业结构政策的工具，所以 DLR 获得竞争性经费的能力更强，经费来源更加多元。因此在增设新机构、扩编人手方面也表现出更大的灵活性。近些年，DLR 的规模扩张得也最快。

三、爱尔兰新建国家研究中心

爱尔兰是科技强国，为使爱尔兰成为全球创新的领导者，2012 年 SFI 启动了研究中心计划（SFI Research Centers Programme）。该计划通过学界和产业界的结合，联合科学家与工程师解决关键性科学、工程和技术问题，培育新兴技术产业发展，拓展爱尔兰科学和工程领域的教育和就业机会，促进爱尔兰创新发展。爱尔兰在 2015 年发布的 5 年研发战略《创新 2020——科学技术研发战略》和 2018 年发布的 10 年规划战略《2018—2027 国家发展计划》中都强调要加大对研究中心的支持，还提出建成 20 个国际一流国家级研究中心的目标。

在 SFI 研究中心计划的资助下，截至 2020 年，分三批建立了 17 个研究中心（表 10-3）。第一批的资助周期是 2013—2018 年，第二批的资助周期是 2015—2020 年，第三批的资助周期是 2018—2023 年。研究中心以非法人机构的形式挂靠在某高校或科研机构，采用网络式扁平化管理方式，通过整合国内高校、研究机构及产业界的科技资源开展协同创新。

表 10-3 爱尔兰新建国家研究中心情况

批次	名称	依托单位
第一批	先进材料与生物工程研究中心	都柏林圣三一大学
第一批	大数据及分析中心	都柏林城市大学、高威大学、科克大学、都柏林大学
第一批	微生物研究所	科克大学、爱尔兰农业与食品发展部
第一批	海洋可再生能源中心	科克大学
第一批	合成和固态制药中心	利莫瑞克大学
第一批	光电子集成研究中心	科克大学
第一批	胎儿和新生儿转译研究中心①	爱尔兰廷德尔国家研究院
第二批	数字媒体技术研究中心	都柏林圣三一大学、都柏林城市大学
第二批	未来网络与通信中心	都柏林圣三一大学
第二批	医疗器械研究中心	高威大学
第二批	应用地球科学研究中心	都柏林大学
第二批	软件研究中心	利莫瑞克大学
第三批	慢性病和罕见神经科疾病研究中心	爱尔兰皇家外科医学院
第三批	先进制造研究中心	都柏林大学
第三批	乳品生产和加工数字化研究中心	爱尔兰农业与食品发展部
第三批	智能制造研究中心	利莫瑞克大学
第三批	生物经济研究中心	都柏林大学

资料来源：SFI 官方网站及各中心官方网站。

---

① 2019 年，第一批的 7 个研究中心有 6 个顺利进入到第二期，胎儿和新生儿转译研究中心因未通过 SFI 的考核被停止资助，因此第三批研究中心成立后，研究中心总数为 16 个。

（一）多元治理机制

按照 SFI 的规定，研究中心必须设立执行委员会、治理委员会、学术委员会及产业咨询委员会，各委员会职责明确，以保证研究中心顺利、有效地运行。

执行委员会负责中心的整体事务，例如，制订并实施与国家科技发展规划目标相符的中心中长期发展战略规划、中心的行政及财务管理等。

治理委员会的职责是对中心的运营进行定期监测，确保中心的运作和发展符合预期目标，向 SFI 提供准确的进展情况，并对中心内部或与行业合作伙伴之间可能产生的利益冲突进行监管。治理委员会成员中至少一半必须来自中心外部的企业界、学术界或公共部门，他们以顾问身份协助中心主任监督中心的运作。

学术委员会成员由研究中心指定的国际同行专家组成，每年定期听取中心学术带头人汇报研究项目的进展，并以书面形式给出评价意见和建议。

产业咨询委员会架起了学界和产业界沟通的桥梁，以确保中心的研究方向与产业界的需求保持一致。产业咨询委员会会随时了解产业界的需求，向中心主任提供可能对中心研究领域产生影响的咨询建议。

（二）灵活的人员管理和经费使用制度

研究中心的人才管理制度较为灵活，既激发了兼职研究人员的研究积极性，又保障了合同制全职人员的绩效收益，有效地整合了项目的科研保障能力，极大地提升了科研效率。

研究中心的兼职研究人员分别依托各高校和研究院所的实体研究团队，享有隶属单位提供的基本经济保障，即领取全爱尔兰统一的与职称对应的固定工资。研究中心层面鼓励科学家个人争取其他渠道（如欧盟框架项目）的科研经费和企业合作项目，但通常不会对科学家设置硬性的定量的绩效考核。企业带来的合作项目会根据科学家个人的专业和兴趣来决定是否参与。不论是欧盟或爱尔兰国家层面资助的项目，还是企业合作项目，项目经费不会成为参与的科学家的绩效工资，而是大部分（60%—70%）用于聘请博士后、工程师、项目管理员等合同制人员。

合同制的科研和技术人员则更多地采用绩效工资管理。他们可能服务于中心的多个项目，会根据不同项目支持经费的比重来划分全额的工作时间。清楚的资金和时间划分便于人员管理，也能促进人员为多个项目工作的积极性。同时，各研究中心都会有专业的管理人员来协调处理不同经费来源的管理要求，有效整合中心的科研保障力量。

（三）与高校共建创新人才培养平台

研究中心虽然是非法人机构，没有学位授予权，但与高校共同肩负着培养高等专业技术人才的重任。博士生不仅要在高校接受系统的学科知识，而且也要参与到研究中心与企业合作的科研项目中，学会用理论与方法解决企业的实际需求，以此提升自身的研究技能。

研究中心在研究生培养方面有如下特点：①研究中心申请的经费包含博士生培养费，计划书中需详细列出培养博士生的数量及工作职责，项目获批后按照计划执行，博士生的研究工作不局限于所资助的项目，也可以参与感兴趣的其他项目和部分教学工作等；②没有博士导师资格的要求，只要科研人员具有博士学位，又有科研经费，就允许招收博士生；③对博士毕业发表论文的数量及期刊影响因子没有统一的要求，更多地依赖导师对学生科研工作的定性评价。此外，博士生的薪酬待遇丰厚，足以供养自己的小家庭，这也是吸引国外学生的一个重要因素。爱尔兰研究中心自成立以来和爱尔兰各高校成员机构共同培养了数千名硕士生和博士生，他们遍布学界和工业界。

四、共同特征

上述新型国家科研机构是应对新科技革命转型的进程中，促进优质科技资源强强联合的新组织模式。从各国实践探索来看，这些新型科研机构呈现出网络链接、边界柔性、功能混合和空间分散等特征。

（一）网络链接，集中优势资源

新建科研机构放弃了二战后"大科学"原则下的大规模组织模式，采取治理思维，鼓励多方参与，在技术发展的关键方向和环节开展分散分布式研究，保证技术创新的灵活性和自主性。具体而言，依托每个新建科研机构重新整合来自不同研究机构、大学和企业的优秀科学家与工程师，组成跨机构、跨学科小组，强化前沿知识创造。如此，新成立机构之间连接成一个多方协同的合作网络，并嵌入到更多主体的创新体系中，与外部保持资源、信息的交流，实现动态创新。每一个新建机构都发挥网络节点的作用，在共同目标驱动下促进知识、工具和要素等深度融合形成新的前沿和路径。因此，围绕资源配置和知识流动而设计的机构间网络链接机制是关键。

（二）边界柔性，以开放结构保持前沿探索

网络型科研机构虽有边界，但这一边界并非一条清晰的界线，而是一个通过合作机制与高校、企业等其他主体形成交叉融合关系的边界地带，这一边界地带可以根据国家需求进行灵活调整。例如，德国航空太空中心的 21 个研究所均是依托高校、科研机构或工业企业运行的没有独立法人地位的机构，设立和退出较为灵活。事实上，自 20 世纪 60 年代中期开始，法国国家科学研究中心就开始了开放结构的科研组织模式探索，目前近 90% 的研究单元是通过与法国国家科学研究中心以外单位联合组建而成立的混合科研单元。结构开放，使得网络型科研机构不但保持了及时拓展研究内容和吸纳新资源的灵活性，而且在更大开放程度上促进了信息、资源和知识的交流。

（三）功能混合，集中优势资源催生新增长点

科研机构经常被描述为帮助技术创新跨越"死亡之谷"或者填补基础研究与试验开发之间空白的主体。网络型科研机构，更加凸显出需求导向和问题导向下，融合基础研究、技术创新、人才培养等多种功能的混合组织特征。例如，美国"人工智能研究所计划"的项目遴选审查标准主要包括两项：一项是知识优势，即知识创造潜力；另一项是"广泛的影响"，主要是造福社会并为实现特定的预期社会成果做出贡献的潜力。又如，爱尔兰建设的 17 家国家研究中心不仅从事研发和技术创新活动，也肩负着与高校共同培养高等专业技术人才的重任。这些网络型科研机构致力于成为区域创新发展和产业转型的组织者。

（四）空间分散，促进区域与国家的创新协同

借助数字化科研活动方式，新建科研机构正在打破空间距离的限制。从空

间分布来看，这些网络型科研机构或者依托拥有领先研究优势的大学、研究院所，或者设立于具有产业集群优势的区域，嵌入区域创新系统是突出特征。例如，爱尔兰科学基金会依托都柏林大学、科克大学和利莫瑞克大学等新建了17个国家研究中心；德国航空太空中心在全国范围内新建21个研究所，包括依托不来梅港设立海洋基础设施保护研究所、在工业集聚优势显著的奥格斯堡地区建立燃气轮机测试和模拟研究所等。空间上的分散，不仅可以促成优势资源的整合，而且可以通过科研任务的分工部署，推动国家创新系统内区域局部与国家整体的协同发展。

第三节　国家科研机构的未来：融合知识生产和知识应用两种逻辑

　　"柔性"这一理念最早应用于企业的柔性制造系统，体现了组织在面对环境高度不确定性时的适应能力。混合组织是多元制度环境融合的结果，是包含源于不同制度逻辑的因素的组织。面对科技创新的高度不确定性和高风险性，国家科研机构努力寻找组织突破和组织可持续发展的机会，向柔性混合型科研组织转型。

一、两种制度逻辑

　　所谓制度逻辑，是指一系列构成社会组织原则的现实秩序与象征性建构，如设想、价值观及信仰等[①]。制度逻辑与制度的内涵有所不同。制度是指约束组织行为及其相互关系的规则，而制度逻辑则强调规则背后的价值观和信仰等。

　　国家科研机构包含两种制度逻辑。一种是知识生产逻辑。作为国家战略科

---

① Besharov M L, Smith W K. Multiple institutional logics in organizations: explaining their varied nature and implications[J]. Academy of Management Review, 2014, 39(3): 364-381.

技力量构成主体，开展应用导向的基础研究是国家科研机构的使命，它强调国家科研机构在承担科研任务中被定义功能，即研发活动定义了国家科研机构的行为策略及一系列相应的行动调节机制。另一种是知识应用逻辑。作为国家创新系统的一类创新主体，国家科研机构与其他主体的耦合定义了它在国家创新体系中的角色定位，促使其发挥推动知识应用和转化的功能。

正是知识生产和知识应用这两种制度逻辑的融合，使得国家科研机构向着柔性混合科研组织转变。

二、知识生产逻辑下的国家科研机构

二战后，以美国国家实验室为蓝本，战略任务是建设国家科研机构的重要途径。例如，曼哈顿计划为美国打造了洛斯阿拉莫斯、橡树岭等国家实验室，"两弹一星"为我国建立起了核研究和航天科研的国家科研机构。今天，面对人类可持续发展挑战和新兴科技推动科研活动从规模化向分散分布式的转变，以知识生产逻辑来推动国家科研机构的运行管理需要实现以下转变。

一是拓展科研任务布局。各国国家科研机构不仅在安全和工业领域，而且在事关国家发展的新兴领域、战略性产业等多个方向肩负着战略任务，包括：战略性基础研究，特别是需要大型科研设施的、新兴交叉学科领域的基础研究；与国家安全和利益相关领域的战略性研究；能源、卫生健康、农业、环境保护等社会公益领域的研究；产业基础技术和共性技术，以及技术标准领域的研究；等等[①]。这些任务在目标和活动类型上存在显著差异，给国家科研机构的科技布局带来了挑战。

二是完善科研任务的形成和管理机制。越来越多的科研任务需要面向产业和社会需求凝练科学问题，要求国家科研机构与企业和其他主体间更加紧密地交流，而不再是象牙塔中的神秘力量。而任务形成机制的变化，促使各国政府愈发通过重大科技项目（计划/工程）组织更多主体参与国家战略任务。亥姆霍兹联合会从机构拨款向项目（领域）拨款的转型，便体现了这一趋势。这对国家科研机构的运行机制产生了重要影响，一方面在项目实施过程中更加需要

---

① 樊春良. 国家战略科技力量的演进：世界与中国[J]. 中国科学院院刊, 2021, 36(5): 533-543.

突出国家科研机构有别于大学的组织优势，重视促进跨机构、跨领域合作的动员能力和组织能力建设；另一方面，外部监管愈发渗透到各活动环节，评价内容和标准更加详细。

三是平衡任务周期性与机构可持续发展。国家科研机构既要在任务组织推进过程中聚焦与目标相匹配的研究活动和主要领域，并有力保障人、财、物等关键资源的供给和配置，又要形成可持续发展的竞争优势，保持领域延续性和研究生命力。二者的协调取决于政策支持和机构领导者或领域带头人的能力。

三、知识应用逻辑下的国家科研机构

在新科技革命背景下，互联网、生物、新材料、新能源等领域不断涌现出新技术，催生新业态，推动传统产业转型。面对技术选择风险越来越大、不确定性越来越强、创新越来越开放，科研机构整合创新要素的平台优势愈发显现。国家科研机构经常被描述为帮助技术创新跨越"死亡之谷"或者填补基础研究与试验开发之间空白的主体。一方面，科研机构可以解释企业的技术需求，并将整个需求传递给大学；另一方面，也可以帮助企业更轻松、容易地转移、吸收来自大学的新技术，能够在大学和企业之间承担中介功能。与传统的中介组织不同，科研机构能在长期、复杂的创新系统转型中发挥中介作用，连接转型需求和可能的选择，联合相关行动者，并支持技术学习过程。尽管从 1980 年以来各国先后制定了一系列法规政策来促进国家科研机构的技术转移[1]，但现有国家科研机构服务国家创新发展的绩效仍不尽如人意。2014 年 9 月，美国布鲁金斯学会发布了一份研究报告《走进地方：为了创新和增长将国家实验室与其所在区域链接》(Going Local: Connecting the National Labs to Their Regions for Innovation and Growth)。该报告指出，美国国家实验室并未把技术商业化或参与地区集群的工作置于优先地位，未能以最佳方式与美国创新生态系统广泛接轨。这说明在融入创新系统方面，国家科研机构还有很多工作需要做。需

---

[1] 最早是美国于 1980 年颁布《史蒂文森-威德勒技术创新法》，明确联邦政府有关部门和机构及其下属的联邦实验室的技术转让职责。

要重点加强以下三个方面。

第一，科技创业活动。有研究指出，即使国家科研机构所处制度环境不同、在创新系统中角色各异，但均在内部因素（如领导力）和外部因素（政策、资金支持）的作用下开展创新创业活动。创业能够催生新业态、新模式的发展，激发区域创新活力。通过科技创业，发挥国家科研机构对新兴产业和新兴业态的引领性作用，正是能够彰显其在创新生态系统中发挥领导力的关键内容。

第二，与中小企业的合作。中小企业往往是更加活跃的创新主体，更愿意为尝试新技术应用而努力，但从现实来看，国家科研机构与大企业合作更多。国家科研机构拥有服务于中小企业的设备和测试验证创新产品的能力，促进国家科研机构与中小企业的合作是各国政策着力的重点。例如，美国能源部能效和可再生能源局（EERE）开发了小企业券（small business vouchers，SBV），类似国内的创新券，以政府向国家实验室提供财政补贴的方式，为小企业从国家实验室获得的服务付费。扩大和深化与中小企业的合作，将更好地体现国家科研机构在创新生态系统中的基础性的平台支撑作用。

第三，技术转移服务能力建设。整体上，国家科研机构的技术转移服务能力和网络建设逊色于高校。首先，高校更为综合的学科覆盖使其能够更好地应对技术转移服务各环节的专业知识需求；其次，高校活跃的校友网络，很大程度上有利于为潜在的技术转移发现更多的机会；最后，国家科研机构的使命定位是面向国家安全和发展的战略需求开展科研活动，很多情况下不需要一个强大的技术转移服务体系去对接市场。但是，伴随着融入创新生态的要求，加强技术转移服务能力建设是必需的，而且国家科研机构的技术转移服务应该侧重于促进科技创业的孵化服务。国家应该有意识地引导各个科研机构形成孵化服务网络，促进信息交流和经验分享，建立孵化资金平台等，以更好地服务科技创业活动。

四、从科层管理转向柔性治理

从外在表现来看，国家科研机构的组织功能和合作对象越来越多元，而从内部运行来看，国家科研机构内的研究团队和科学家个人之间分工却是越来越专业化,这种趋势推动着国家科研机构不断探索从科层管理向柔性治理的转变。

经济学对生产活动投入要素的抽象同样适用于知识生产活动,国家科研机构最核心的两类资源要素是科学家(劳动力)和科研经费(资金)。当前,在国家科研机构中,科学家多数以合同制方式聘用,仅有5%—15%的科学家可以获得固定编制。当跨学科、跨领域研究产生新的种子方向时,推动新领域形成发展的工作仍然与一种长周期的工作模式和知识生产模式相联系,但它主要依赖于保障在知识生产前沿领域的少数科学家(5%—15%)来创造未来研究的新理念和新方向。由此,以较为灵活的合同方式与绝大多数科学家建立有限期契约关系,使得国家科研机构总体上能够拥有调整研究方向的主动性。

科研经费投入方式上,传统的管道式经费管理体制被认为难以适应跨学科和跨领域合作研究的需要,呼吁改革的声音越来越大。以美国为例,国会为能源部国家实验室维持着51项不同的拨款口径、111个专门的基金或项目,要求实验室管理人员在26个独特类别中使用这些资金,甚至没有任何回旋的余地。当美国国会还在讨论需要采取行动以改革管道式的国家实验室资助体系时,美国能源部国家实验室已在其自主管控的6个科技计划①中开启了改革探索,推动资金的跨领域交叉使用以解决区域创新中面临的实际问题。这一过程中,科学家的创造性得到释放。从德国来看,亥姆霍兹联合会的经费拨款虽然从机构拨款转向项目拨款,但项目形成和执行过程中,科学家的自主性仍然得到了保障。

向柔性治理转型的道路同样面临着许多困难。国家任务的时限性与团队建设的长期性,不可避免地产生协调张力,不连续的、不稳定的跨学科的协同作战方式需要多少稳定的、可预计的、惯例性的研究积累给予支持? 在不影响创造力的前提下,科学家个人能够承受多大程度的不安全感? 这些问题只能在实践中不断探索出解决办法。国家科技管理体制不同、国家科研机构在创新体系中的角色有差异,形成的解决路径将有其各自的历史必然性。

---

① 在国外直接拨款资金之外,美国能源部国家实验室还保留了6个科技计划项目,对这些计划项目,能源部部长助理和实验室主任拥有自由裁量权。

　　我国当前大力推进的扩大自主权改革，可以被看作是推动科层管理转向柔性治理的重要举措和积极探索。但政策落实过程中，矛盾焦点从政府与科研人员转移到科研组织与科研人员，各单位不敢放权的种种表现也充分表明，实现国家科研机构的柔性治理不仅限于科技体制改革的范畴，更直接受到国家创新系统的全面制度体系的影响。

第二篇　国　别　篇

第十一章

美国国家科研机构
——国家创新体系的战略基石

第一节　美国国家创新体系

一、历史沿革

（1）国家科技体系各单元初具雏形阶段。从美国独立到二战前，美国政府开始设立专门机构开展科技工作，建立了国立卫生研究院、国家标准与技术研究院、国家航空航天局等重要国家科研机构的前身[①]。

（2）政府研究体系的形成阶段。二战期间，美国形成了以军事服务为主要目的的科技体系，1941 年成立的科学研究与发展局（OSRD）通过实施曼哈顿计划等一系列研究计划对全国范围内的科学和技术力量进行大规模的集中管理和协调。美国国家实验室体系通过这些研究计划得以建立并迅速发展，逐渐形成了联邦政府在大学或民间企业建立实验室并资助其研究活动的政府研究体系，也确立了政府支持基础研究的体系[②]。

（3）现代科技政策体系的形成阶段。二战后，1945 年 OSRD 主任布什向美国政府提交了《科学：无尽的前沿》报告，该报告成为美国二战后几十年科

---

① 白春礼. 世界主要国立科研机构概况[M]. 北京: 科学出版社, 2013.
② 白春礼. 世界主要国立科研机构概况[M]. 北京: 科学出版社, 2013.

技政策的指导性文件，根据该报告美国国家科学基金会成立。在该时期，美国政府颁布了一系列促进技术创新与技术转移的相关法律，如《拜杜法案》等，从根本上改变了政府资助形成的知识产权的权属关系，把这类研发成果的所有权从政府转移到与政府签订合同或授权协议的大学或研究机构，形成政府与民间通力合作的研发机制[①]。

（4）科技管理体制的完善阶段。克林顿上台后调整国家科研投入的军民比例，加强民用高科技的研发，实施多项重大科技计划，突出私营部门研发主体地位。另外，美国政府通过保留科技政策办公室，成立各级别的科学技术委员会，扩充总统科技顾问委员会等措施强化了科技管理体制，完善了决策机制。奥巴马政府增设了第一个国家级首席技术官员职位，以增进跨部门的技术合作，并任命著名科学家担任重要的科技管理职位。特朗普倾向于市场主导，主张充分发挥企业在科技创新方面的作用，大幅增长美国国防部支出，同时消减非国防研发经费。拜登政府大幅增加研发资金投入，放宽科技移民政策等。

二、科技管理体制

（一）战略规划和决策管理层

按三权分立原则，美国科技政策的制定、执行和监督功能分散在行政、立法和司法各系统（图 11-1）。未在联邦政府层面将科技管理的主要职责集中在某个单一部门[②]。

（1）行政系统，白宫是联邦政府宏观科技决策与领导的核心，总统具有最高决策权，白宫内设科技行政部门包括白宫科技政策办公室（OSTP）、国家科技委员会（NSTC）、总统科技顾问委员会（PCAST）及白宫行政管理和预算局。其中，OSTP 主要负责行政管理，NSTC 从政府角度制定符合美国目标的科技发展计划，PCAST 由总统任命著名科学家担任，从非政府角度提出对这些科技发展计划的反馈意见和建议，白宫行政管理和预算局负责科技预算编

① 彭学龙，赵小东. 政府资助研发成果商业化——美国《拜杜法案》对我国的启示[J]. 电子知识产权, 2005, (7): 42-45.
② 白春礼. 世界主要国立科研机构概况[M]. 北京: 科学出版社, 2013.

制。此外，美国联邦政府中与科技相关的主要部门包括国防部、卫生与公众服务部、国家航空航天局、能源部、国家科学基金会等①。

（2）立法系统，美国国会是美国立法机构。参议院设立商务、科学与交通委员会作为负责科学事务的授权委员会。众议院由科学与技术委员会负责对科研项目的监督。此外，国会还设有技术评估局、立法顾问办公室、政府问责局、国会研究服务局等机构。国会对美国全国科技立法、大型科技项目审批和拨款起决定作用，它有权单独委托相关科研部门对任何科研项目有关疑点进行质询，对其可行性进行评估认证，还可要求政府有关部门对某些项目重新设计等②。

（3）司法系统，司法部门负责相关法律条文的最终裁定，无论行政还是立法部门都难以左右司法部门的判决。美国针对科技的法律主要有联邦政府科技相关管理机构的法令、科技领域专门的法令以及与科技有关的其他法令，如《国家科学基金会法》《国家科技政策、组织和优先法》《科技评价法》《专利法》等③。

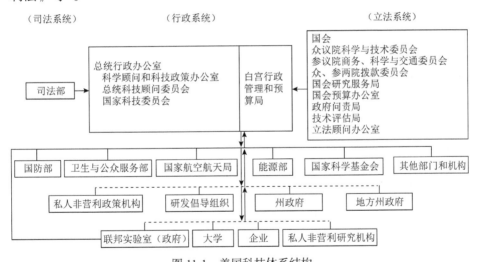

图 11-1　美国科技体系结构

资料来源：白春礼. 世界主要国立科研机构概况[M]. 北京：科学出版社，2013

---

① 张义芳. 创新型国家科技管理体制的特点及演进趋势[J]. 全球科技经济瞭望，2017，32(5): 33-38.
② 刘远翔. 美国科技体系治理结构特点及其对我国的启示[J]. 科技进步与对策，2012，29(6): 96-99.
③ 徐峰，赵俊杰，文玲艺，等. 国外科技管理体制形成与发展的特点与启示[J]. 科技与管理，2006，(5): 105-108.

（二）资源配置与计划组织层

美国通过多层次的政府科技管理机构和来自社会、企业、联邦政府等多元投入对科技资源进行配置，同时从法律层面对科技资源创新给予保护。

（1）法律制度。美国基本上已建立起一套完整的知识产权法律系统，包括《专利法》《商标法》《版权法》等，对本国利益实行保护。这些相关法律的实施，使大学等研究机构所拥有的科技专利数量大幅增长，并促使联邦政府机构所拥有的科技专利实现转化[①]。

（2）科技研发经费结构体系。美国联邦政府在经费的支持方面侧重于高科技产业，而且还调整了科技研发经费的基本结构，调整成为多元化的投入结构，即由政府、大学以及社会组织等共同投入的机制[②]。

（3）政策导向。从政策目标导向看，美国政府常用的科技政策大致可分为四类：政府工程导向、市场导向、公共利益导向及社会基础变革导向。这一分类主要根据科技创新的社会效益、政府干预民间科技创新的准则、政府的特殊使命和组织能力、最适合政府干预的形式、最佳政策工具以及政策的优先级等条件来加以分类确定[③]。

（4）计划组织。联邦各部门的科技创新资源配置主要依托相关科技创新计划进行协调。如美国的小企业创新研究计划分布在 11 个不同的行政分支部门和机构，小企业技术转移计划涉及 5 个部门和机构。美国商务部管理的联邦创新计划，制造业扩展合作伙伴关系计划是由遍布美国各州和波多黎各的 59 个制造业扩展中心和 393 个附属中心组成的一个网络。扩展中心是非营利组织，其 1/3 的资金来自美国国家标准与技术研究院，2/3 的资金来自各州或其他地方性资金[④]。

---

① 教育部科技发展中心. 美国的知识产权政策[EB/OL]. http://www.cutech.edu.cn/cn/zscq/webinfo/2005/12/1180951188240634.htm[2022-06-12].

② 高振, 曹新雨, 段珺, 等. 发达国家科技资源配置的经验与借鉴[J]. 实验室研究与探索, 2019, 38(2): 240-244.

③ 秦绪军. 美国科技创新资源配置导向及相关创新计划[J]. 中国科技奖励, 2015, (9): 71-73.

④ 秦绪军. 美国科技创新资源配置导向及相关创新计划[J]. 中国科技奖励, 2015, (9): 71-73.

三、创新体系特征

美国创新体系由企业、国家科研机构、高校和非政府及其他非营利组织组成。高校和科研机构是基础研究的主力军和前沿技术创新的源头，企业是美国技术创新的主体，是研发活动的最大投入者和执行者。2000—2020 年，美国研发投入持续上涨，从 2680 亿美元上涨到 7080 亿美元（图 11-2）。

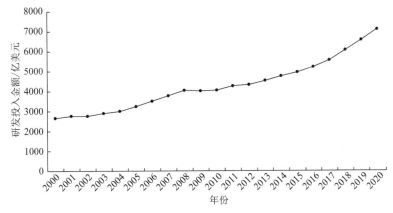

图 11-2　美国 2000—2020 年研发投入情况
资料来源：《2022 美国科学与工程指标》

2018 年美国研发支出 6061 亿美元，2019 年支出 6560 亿美元。其中企业投入在四类主要资助来源中始终最高，且投入增长速度最快，是研发支出的主要驱动者，2010—2019 年，美国研发支出增长的 83%经费来自企业。企业投入的研发支出中 98%由企业自身执行。联邦政府作为美国研发支出的第二大来源，支撑了联邦政府以外的各类机构组织的研发经费，根据 2019 年的统计，联邦政府投入支撑了 50%高校研发支出，31%非政府及其他非营利组织研发支出，以及 6%的企业研发支出。2000—2019 年，企业研发投入占比平均为65.72%，在 2019 年达到 70.69%；联邦政府投入占比从 25.07%降低到 21.17%，平均为 26.84%，其中，2009 年占比最高，达到 31.22%；高校和非政府及其他非营利组织的研发投入占比有所上涨，分别从 2000 年的 2.35%和 3.17%上升到2019 年的 3.32%和 4.82%（图 11-3 和图 11-4）。

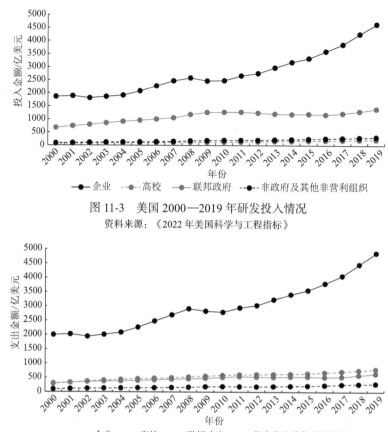

图 11-3　美国 2000—2019 年研发投入情况

资料来源:《2022 年美国科学与工程指标》

图 11-4　美国 2000—2019 年研发支出情况

资料来源:《2022 年美国科学与工程指标》

　　从研发支出投入来源看, 企业资助了大部分的试验发展（86%）和应用研究（55%）, 企业对基础研究的资助从 2010 年的 23%增长到了 2019 年的 31%。但联邦政府始终是基础研究最大的资助来源, 在 2019 年时占 41%。从研发支出执行经费看, 主要类型是试验发展（65%）和应用研究（19%）。这两项也是企业的主要执行组成。高校是基础研究的主要研发执行者, 占比 46%。但值得注意的是, 企业对基础研究的研发支出从 2012 年的 18%增长到了 2019 年的将近 30%（图 11-5）。

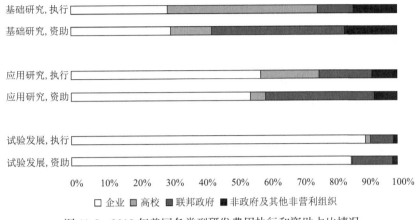

图 11-5　2019 年美国各类型研发费用执行和资助占比情况
资料来源：《2022 年美国科学与工程指标》

企业内部科研机构关注产品、服务和加工等方面的研发和提升。美国拥有一批世界著名的创新型企业。根据 2021 年科睿唯安发布的《全球创新企业百强》名单，进入"2021 年度全球百强创新机构"榜单的美国企业及研究机构数量占 42%，相较 2020 年提高了 2%，排名全球第 1。排名前 10 的美国企业有 3M、雅培、亚马逊、AMD 半导体、亚德诺半导体和苹果。中小企业是美国科技创新最活跃的力量，奥巴马政府制定专门的法律法规扶持中小企业的科技创新，先后推出《小企业就业法案》和《创业企业扶助法》，让小型公司能够更容易获得成长所需的资本。

美国共有高等院校 4000 多所，其中有条件从事科研的研究型大学有 700 多所，很多国家科学实验室、研究中心等都设立其中，由相关部门和大学共同管理[①]。根据 2022 年 U.S. News 世界大学排名，前 20 所大学中美国占 15 席，其中哈佛大学、麻省理工学院、斯坦福大学和加州大学伯克利分校占前 4 名。美国高校在美国各区域的分布也较为均衡，各区域都有相当数量的知名高校。

美国科研机构一方面需要培育人才，同时也是美国基础研究的重要支撑力量。长期以来，科研机构研发一直占美国研发总额的 10%—15%，其中涵盖大约一半比例的基础研究[②]。美国科研机构主要包括政府科研机构、高等院校、

---

① 李志民. 美国科研机构概览[J]. 世界教育信息, 2018, 31(5): 6-10.

② 董艳春, 徐治立, 霍宇同. 从奥巴马到特朗普: 美国科技创新政策特点和趋势分析[J]. 中国科技论坛, 2017, (8): 168-174.

企业内部研发机构和其他非营利组织研究机构等四种类型（表 11-1）。非政府及其他非营利组织研究机构主要投入以基础研究和应用研究为主。

表 11-1　美国科研机构主要类型情况

序号	类别	典型代表
1	政府科研机构	能源部阿贡国家实验室、卫生与公众服务部国立卫生研究院
2	高等院校	麻省理工学院林肯实验室
3	企业内部研发机构	美国通用电气公司研发中心、苹果研发中心
4	其他非营利组织研究机构	巴特尔纪念研究所

第二节　美国国家科研机构概况

一、国家科研机构的设置和分布情况

美国的政府科研机构有 700 多家，是美国整个研发体系的重要组成部分。政府支持的科研机构隶属于 20 多个不同的政府部门，如国防部、能源部、农业部、商务部以及国家航空航天局、卫生与公众服务部等，具体分布见表 11-2。

包括美国能源部国家实验室在内的 FFRDC 是联邦科研机构中引人注目的一支重要力量。FFRDC 的成立是要完成由现有联邦研发机构、大学或私营部门无法有效完成的特殊的、长期的研发工作，并保持关乎国家利益的关键技术领域所需的专家队伍。它们目标性强，高度自治，对国家的需求提供敏捷的快速反应。截至 2022 年，美国有 43 家 FFRDC，包括能源部的 16 家国家实验室和国防部资助的、设在麻省理工学院的林肯实验室，以及由加州理工学院掌管、美国国家航空航天局资助的喷气推进实验室等世界著名实验室。这些 FFRDC 与政府结成紧密的合作伙伴关系，承担美国政府委托的科研项目，特别是一些大学和企业难以开展的战略性科研项目。在 43 家 FFRDC 中，能源部所属的 16 家国家实验室最具代表性，是世界上最大的科学研究系统之一。

表 11-2 美国国家科研机构分布情况（截至 2022 年）

部门	下设科研机构说明
能源部	下设 17 个国家实验室（其中 16 个属于 FFRDC）和 4 个技术中心。在高能物理、核科学、等离子体科学、计算科学等领域的研究代表着当今世界最高水平
国防部	下设三类科研机构：一是国防部直接运营和管理的国家实验室，约有 67 个，主要类型为实验室、作战中心和工程中心等；二是联邦政府资助的研发中心，共有 10 个，分为研发实验室、系统工程与集成中心和研究与分析中心三类，由大学或非营利机构直接运营管理；三是国防部根据自身战略需要设立的大学附属研究中心，目前共有 13 个
卫生与公众服务部	下设国立卫生研究院、美国疾病控制与预防中心等科研机构。其中国立卫生研究院是美国最大的医学研究和资助机构，拥有 27 个研究所及研究中心。美国疾病控制与预防中心设有 11 个国家中心和 1 个研究所
国家航空航天局	下设 9 个研究中心和 1 个公共服务中心，4 个独立的试验和测试机构。研究领域主要为航空学研究及探索，包括空间科学、地球学研究、生物物理研究和航空学
商务部	下属国家标准与技术研究院有 6 个实验室，主要从事物理、生物和工程方面的基础和应用研究，以及测量技术和测试方法方面的研究，提供标准、标准参考数据及有关服务，在国际上享有很高的声誉
农业部	下设美国农业研究局是自然科学和生物科学领域最重要的研究机构，主要负责与农业相关的各类科学研究，也包括农业现状与未来的分析和展望、提供经济和农村社会方面的研究报告，汇集各种资料
国家环境保护局	具体从事研发工作的有 3 个实验室和 4 个研究中心，支持致力于营造更清洁、更健康的环境的科学研究

资料来源：刘静. 美国国防部资助的实验室体系架构[J]. 国防科技, 2019, 40(3): 41-45；白春礼. 世界主要国立科研机构概况[M]. 北京：科学出版社, 2013.

注：统计时间截至 2022 年。

二、国家科研机构的管理模式

美国国家科研机构一方面根据国家科技战略规划，各自承担某一领域的研发任务，另一方面也通过竞争凝聚世界优质科技资源，不断实现科技创新。

（一）外部管理：联邦政府对国家科研机构的管理模式

一是基于明确定位的目标合同管理。主管部门对联邦实验室实行合同制管理，保障政府对国家实验室的领导和宏观调控，保证国家科技发展目标的实现[①]。

① 白春礼. 世界主要国立科研机构概况[M]. 北京：科学出版社, 2013.

二是研发经费预算管理。联邦预算经费是国家科研机构经费最主要的来源，每年国家科研机构根据研究项目制订年度计划和预算，由主管部门提交白宫行政管理与预算局，经总统提交国会审议。机构的运行经费以管理费的形式包含在项目经费中。争取不到项目的项目组或科研机构将被解散或关闭。

三是分类管理。有 GOGO 和 GOCO 两类管理模式。GOGO 是指联邦政府直接管理下属实验室，GOCO 是指联邦政府通过签订合同委托大学、企业和非营利机构管理联邦实验室。国防部、国立卫生研究院及其下属研究所、商务部下属国家标准与技术研究院、农业部所属实验室以及国家航空航天局所属除喷气动力实验室之外的实验室，都是 GOGO 实验室。美国运用 GOCO 模式进行管理的有 19 家实验室，其中，GOCO 类联邦实验室主要是属于能源部。在能源部所有的 17 家实验室中，除国家能源技术实验室外，其余 16 家都属于 GOCO 实验室，由大学、产业界或非营利机构来负责具体运营。

四是将绩效评估纳入制度规范。美国政府基于《政府绩效与结果法》、《总统管理议程》（PMA）和绩效评估评级工具（PART）对国家科研机构开展绩效评估。国家科研机构需要进行自评、同行评议和第三方评估。其中，《政府绩效与结果法》以立法形式要求联邦实验室必须编制未来 5 年的战略规划报告，每年提供将战略规划分解为定量化实施目标的年度绩效规划报告，根据完成情况形成年度绩效评价报告。以上评估报告都将作为白宫和国会对国家科研机构进行预算审批拨款的重要依据[①]。

（二）内部管理：国家科研机构内部的管理模式

一是组织结构和人员构成。美国联邦实验室实行院所长负责制，对 GOGO 实验室，政府或主管部门任命机构负责人。对 GOCO 实验室，实行理事会领导下的院所长（主任）负责制。国家科研机构的人员主要包括联邦雇员、合同雇员、客座研究人员、合作研究者和学生。其中 GOGO 联邦雇员的人事管理按照联邦政府雇员管理制度执行，GOCO 的人员管理采取与委托单位相似或相同的人事管理办法，享有较大自主权[②]。

① 陈宝明, 丁明磊. 美国国立科研机构资源配置机制及其启示[J]. 全球科技经济瞭望, 2014, 29(12): 63-68.
② 吴英. 中外公立科研机构管理体制比较研究[D]. 上海交通大学硕士学位论文, 2009.

二是经费管理。机构内部的各实验室、课题组以项目形式竞争科研经费。实验室、课题组人员的薪酬全部来源于项目经费，以稳定的基本薪酬为主，如果业绩突出，可以根据绩效加薪。如国立卫生研究院的人员绩效评估体系由管理需求和个人绩效成果两部分组成，分为优秀、全部完成任务、基本完成任务和不合格4个等级，评估结果与绩效奖励挂钩[1]。

三是内部评估。除了接受白宫行政管理与预算局的评估外，国家科研机构在内部还普遍采用同行评议的方法进行项目评审、工作检查和职称评议等。实验室内部在项目执行整个过程中，均会对项目进行评价[2]。例如，国立卫生研究院采用"5+6"共11年的连续评议淘汰制度，只有约5%的人能成为固定科研人员，同时对初级、中级和高级科研人员也建立了定期工作绩效评估制度[3]。

三、国家科研机构经费来源

2019年，美国科研机构执行研发经费837亿美元，其中联邦政府资助445亿美元，占53%，科研机构自身提供212亿美元，是其第二大主要资助来源。此外，非营利组织、企业、州和地方政府等也是科研机构的研发经费资助来源（图11-6）。

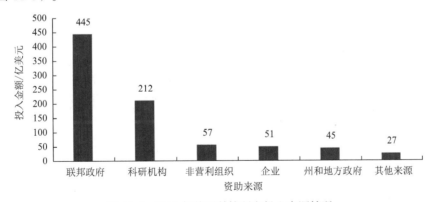

图11-6 2019年美国科技研发投入来源情况

资料来源：《2022年美国科学与工程指标》

① 吴英. 中外公立科研机构管理体制比较研究[D]. 上海交通大学硕士学位论文, 2009.
② 白春礼. 世界主要国立科研机构概况[M]. 北京：科学出版社, 2013.
③ 吴英. 中外公立科研机构管理体制比较研究[D]. 上海交通大学硕士学位论文, 2009.

联邦政府中，卫生与公众服务部、国防部、国家科学基金会、能源部、国家航空航天局和农业部 6 个政府部门提供了超过 90%的政府资助经费（图 11-7）。2019 年，卫生与公众服务部通过国立卫生研究院提供 244 亿美元，占联邦政府资助的 55%，投入最高。其次是国防部（67 亿美元）和国家科学基金会（53 亿美元），资助占比分别为 15%和 12%；接下来是能源部（19 亿美元），资助占比 4%；国家航空航天局（16 亿美元），资助占比 4%；最后是农业部（12 亿美元），资助占比 3%。近 10 年来，各个部门资助占政府资助比重变动很小。

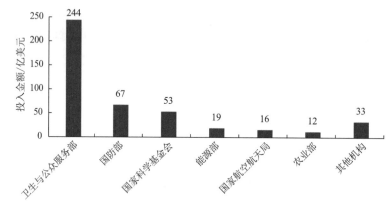

图 11-7　2019 年美国科技研发部门研发经费投入情况
资料来源：《2022 年美国科学与工程指标》

每个联邦政府部门的研发经费资助方向都与其部门目标一致（图 11-8）。比如，卫生与公众服务部 90%的研发经费投入主要在生命科学领域，共资助 210 亿美元；能源部 80%的研发经费投入用在地球和物理学以及工程领域。国家科学基金会广泛地资助各类科技领域。

在各个科技领域，不同机构的资助占比不同（图 11-9）。比如，卫生与公众服务部在生命科学领域提供了 84%的资助，在心理学领域提供了约 70%的资助。国家科学基金会在数学和统计科学领域的资助占比接近 50%，在其他领域的资助占比也极具分量。有的部门在较为精细的学科领域资助，比如，农业科学领域中 2/3 的联邦政府资助来自农业部，国家航空航天局在天文学和天体物理学领域资助占联邦政府资助的 2/3。

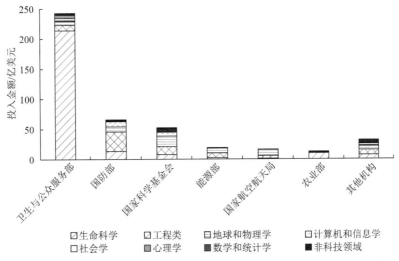

图 11-8　2019 年美国科技研发部门在不同科技领域投入金额情况

资料来源：《2022 年美国科学与工程指标》

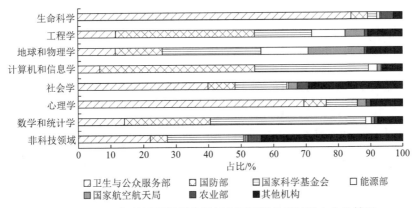

图 11-9　2019 年美国科技研发部门在不同科技领域投入占比情况

资料来源：《2022 年美国科学与工程指标》

　　总体而言，以美国国家实验室为首的美国国家科研机构已成为美国国防、能源、航空航天、网络安全、超级计算等战略科技领域研究开发的中坚力量。截至 2019 年，仅能源部国家实验室就产生了 80 多个诺贝尔奖，获得 800 个"R&D 100"大奖，在材料、先进计算、新能源、3D 打印等多个领域位居全球领先地位。

第三节　美国能源部下属联邦政府资助的研发中心

　　美国能源部国家实验室在 1977 年正式成立，但其历史可追溯到二战期间为研发原子弹实行的"曼哈顿计划"以及各个联邦机构与能源有关的计划。能源部国家实验室的使命是通过利用革新的科学和技术方案应对能源、环境和核方面的挑战，保障美国的安全与繁荣。

　　能源部下属的 17 家国家实验室中有 16 家是 FFRDC，分别由 16 个大学、非营利机构和企业委托运营。2020 财年，能源部 FFRDC 的员工总数约 5 万人，研发经费支出共 148.9 亿美元，项目涉及电力、核能、科学、能源效率与可再生能源、核废料处理、武器活动和其他国防活动领域。

一、组织架构

　　能源部根据 16 个 FFRDC 的主要专业领域分别划归 2 个主管副部长办公室负责领导和环境管理办公室直接领导。主管科学创新副部长办公室通过科学办公室管理 10 个 FFRDC，通过能效与可再生能源办公室（EERE）、核能办公室（NE）管理着另外 2 个 FFRDC；设立在能源部的主管国家核安全局副部长办公室和国家核安全局(NNSA)负责管理 3 个主要从事核武器研究的 FFRDC；环境管理办公室（EM）管理 1 个 FFRDC[①]。尽管每个国家实验室都有各自的分管办公室，但是它们的研究工作由能源部的所有分管办公室和联邦政府的其他部门一起资助。除了负责特定实验室管理事务的项目办公室外，能源部领导层还设有 2 个顾问小组，分别是负责高级战略问题的国家实验室政策委员会（LPC）和负责日常工作提高实验室绩效的国家实验室运营委员会（LOB）。美国能源部 FFRDC 的管理架构见图 11-10。

---

① DOE. Organization chart[EB/OL]. https://www.energy.gov/leadership/organization-chart[2021-07-10].

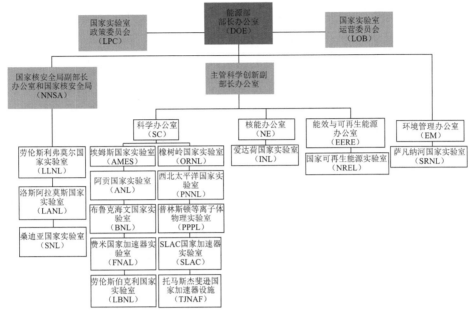

图 11-10　美国能源部 FFRDC 的管理架构

LPC 组建于 2013 年，由能源部部长担任主席，成员包括能源部高层领导和国家实验室理事会执行委员会。LPC 是国家实验室参与能源部政策和规划过程，以及能源部为国家实验室活动提供战略指导的平台。LPC 每年召开 3 次会议，探讨新的研究方向、人力资源的培养、改善沟通等重要议题。

LOB 建立于 2013 年，主要是"为了加强和巩固能源部与国家实验室之间的伙伴关系，并且改善管理和绩效"。LOB 领导了第一次整体范围内的通用基础设施评估，为能源部在 2016 财年获得国会针对通用基础设施项目的额外拨款打下了基础，并从那时起，开始主导能源部其他的一些战略性或定向性的运营管理事项。例如，修改有关战略合作伙伴项目的部门政策、明确与实验室相关的岗位和职责、改进承包商保证体系（CAS）等。

二、任务来源及形成机制

（一）任务来源

FFRDC 的任务主要来自自上而下的联邦政府机构。FFRDC 的科研经费来源广泛，但主要来自联邦政府资助，以及其他渠道的竞争性经费。2020 财年，能源部 FFRDC 的经费高达 148.9 亿美元，其中 97.9%来自联邦政府，其余 2.1%来自州和地方政府、商业界和非营利组织以及其他机构，如表 11-3 所示。具体来看，资助的联邦政府部门主要是能源部、国防部、卫生与公众服务部、国土安全部、交通部（DOT）、国家航空航天局、国家科学基金会和其他机构，其中来自能源部的经费占比 83.2%，来自国防部的经费占比 11.2%，如图 11-11 所示。能源部稳定支持国家实验室运行，比如，实验室内部征集项目就是稳定支持的方式。

另外，通过竞争申请、与企业合作、慈善机构捐助等方式获得额外的经费和项目。但是，总体而言，政府外的额外经费占比很小。根据《联邦采购条例》，国家实验室接受的资金中至少 70%必须来自联邦政府，且国家实验室接受非联邦部门的资助时须取得主资助单位的同意[①]。

表 11-3　2020 财年美国能源部 FFRDC 研发经费来源结构

名称	总计	联邦政府		州和地方政府		商业界		非营利组织		其他来源	
		经费/千美元	占比/%	经费/千美元	占比/%	经费/千美元	占比/%	经费/千美元	占比/%	经费/千美元	占比/%
AMES	32 844	32 302	98.35	299	0.91	243	0.74	0	0.00	0	0.00
ANL	859 658	840 237	97.74	0	0.00	14 882	1.73	381	0.04	4 158	0.48
BNL	595 466	569 925	95.71	17 174	2.88	4 482	0.75	404	0.07	3 481	0.58
FNAL	300 002	299 811	99.94	0	0.00	108	0.04	32	0.01	51	0.02
INL	494 094	481 146	97.38	717	0.15	4 585	0.93	150	0.03	7 496	1.52
LBNL	916 082	862 965	94.20	10 791	1.18	22 342	2.44	4 857	0.53	15 127	1.65
LLNL	1 558 071	1 526 467	97.97	935	0.06	17 292	1.11	440	0.03	12 937	0.83
LANL	2 722 375	2 701 388	99.23	0	0.00	20 987	0.77	0	0.00	0	0.00
NREL	511 585	456 336	89.20	5 983	1.17	33 885	6.62	15 381	3.01	0	0.00
ORNL	1 632 684	1 616 580	99.01	232	0.01	8 943	0.55	1 756	0.11	5 173	0.32
PNNL	1 071 249	1 053 982	98.39	2 219	0.21	5 821	0.54	7 523	0.70	1 704	0.16
PPPL	107 662	103 856	96.46	0	0.00	87	0.08	0	0.00	3 719	3.45
SNL	3 395 241	3 358 481	98.92	835	0.02	17 574	0.52	NA	NA	18 351	0.54

① 寇明婷, 邵含清, 杨媛棋. 国家实验室经费配置与管理机制研究——美国的经验与启示[J]. 科研管理, 2020, 41(6): 280-288.

续表

名称	总计	联邦政府		州和地方政府		商业界		非营利组织		其他来源	
		经费/千美元	占比/%	经费/千美元	占比/%	经费/千美元	占比/%	经费/千美元	占比/%	经费/千美元	占比/%
SRNL	176 093	173 486	98.52	0	0.00	2 503	1.42	0	0.00	104	0.06
SLAC	382 264	366 936	95.99	3 048	0.80	2 294	0.60	4 696	1.23	5 290	1.38
TJNAF	130 850	128 919	98.52	1 307	1.00	577	0.44	12	0.01	35	0.03

资料来源：*FFRDC Research and Development Expenditures: Fiscal Year 2020.*

注：NA 表示机构未提供数据。

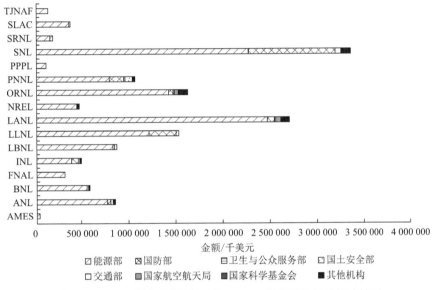

图 11-11　2020 财年能源部 16 个 FFRDC 联邦政府经费构成情况

（二）任务形成机制

为确保 FFRDC 专注于能源部的战略任务，合理分配政府资源，能源部要求 FFRDC 每年都要制订年度工作计划。FFRDC 推动的每个年度计划需考虑项目研究设计与开发、长期发展方向、核心能力和管理等，并且强调当前和未来的项目研究、设计与开发需求的优先顺序等。

能源部每个管理办公室的年度工作计划制订方式并不相同，其中科学办公室的制定流程最有代表性。每年科学办公室都让其管理的实验室参与战略规划活动，要求国家实验室领导团队为各自机构制定长远愿景，科学办公室的领导和实验室团队将基于此探讨国家实验室未来的方向、优势、劣势、当前和长期的挑战，以及资源需求。每年冬天，科学办公室都会制定规划指导，便于国家实验室制定十年战略计划，国家实验室年度计划内容要求见专栏 1，年度工作计划制订流程如图 11-12 所示[1]。

专栏 1　科学办公室管理的国家实验室年度计划内容要求

任务：此部分面向公众，包括国家实验室任务的总概要，内容涵盖国家实验室的历史、地理位置、当前核心能力以及员工概况等。

实验室概览：此部分面向公众，概述国家实验室的主要资金来源和总体运营成本，并简要介绍实验室的人力资本情况。

当前国家实验室的核心能力：科学办公室确定了构成其国家实验室的科学和技术基础的 17 种核心能力。科学办公室使用三个标准来定义核心功能：①包含设施/人员/设备团队的组成部分；②具有独特/世界领先的组成部分；③与能源部、国家核安全局和国土安全部的任务有关。本部分内容旨在阐明每个国家实验室相对于其他科学办公室国家实验室在科学办公室复杂系统中所占据的位置。

未来的科学战略：本部分内容为国家实验室与科学办公室领导层就实验室的愿景进行深入讨论提供基础。讨论的背景是建立一个世界一流的实验室的愿景以及与实现该愿景相关的资源需求和风险。

战略合作伙伴项目：要求国家实验室阐明战略合作伙伴项目的总体战略和愿景以及战略合作伙伴项目活动如何有助于增强实验室的核心能力，完成能源部的任务。国家实验室还需提供正在进行的战略合作伙伴项目活动的描述以及下一财年的战略合作伙伴项目资金上限要求。

基础设施/任务准备：确定国家实验室当前基础设施和任务的差距以及填补这些差距的计划。

人力资源：阐明实验室当前人力资源与最佳人力资源之间的差距的观

---

① DOE. Laboratory planning process[EB/OL]. https://science.osti.gov/lp/Laboratory-Planning-Process[2021-07-10].

点，以及在发展任务导向型人才方面遇到的障碍，和为解决这些障碍而采取的行动。

经营成本：确定主要的成本因素并讨论降低成本的方法。

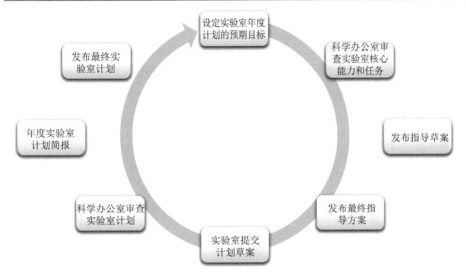

图 11-12　科学办公室管理的实验室年度工作计划制订流程

资料来源：DOE. Laboratory planning process[EB/OL]. https://science.osti.gov/lp/Laboratory-Planning-Process [2021-07-10]

据采访美国劳伦斯伯克利国家实验室研究人员的资料显示，能源部项目的提案征集（call for proposals）由科技主管（technology manager）撰写，同时不断征求研究人员和其他专家的意见，提案征集的内容包括拟资助经费和拟研究方向，之后由能源部资助机构进行评估。在话语权机制上，项目指南编制撰写的 70%由科技主管主导，30%是听取各方意见。能源部的科学办公室会跟进指南，每半年把控技术发展与指南编制的协同性。美国能源部会任命若干科技主管，这些科技主管是各领域资深的研究者，有很高的科研素质要求，包括深厚的专业研究背景、对科研方向和前沿的准确把握。科技主管需要参加本领域的学术会议，如美国建筑类年会，借助学术会议的平台获取研究前沿及与专家建立联系，但不用撰写会议论文[①]。

---

① 美国能源部劳伦斯伯克利国家实验室科研人员访谈纪要. 2021-05-24.

三、经费结构及使用方式

（一）经费结构

2020 财年，能源部 16 个 FFRDC 总体经费支出为 148.9 亿美元，应用研究支出占比最大，为 45.65%，基础研究和试验发展研究占比接近，分别为 27.04% 和 27.30%，如表 11-4 所示。国家实验室因承担研究任务与范围不同，经费支出各有侧重，基础研究经费占比超过 50% 的实验室有 7 个，如费米国家加速器实验室、普林斯顿等离子体物理实验室和托马斯杰斐逊国家加速器设施的主要使命是进行物理学基础研究等，用于基础研究的经费占比均高达 99% 以上；应用研究经费占比超过 50% 的实验室有 6 个，其中洛斯阿拉莫斯国家实验室的主要任务是作为核武器的研究、开发和工程实验室的功能，用于应用研究的经费占比高达 91.0%；试验发展经费占比超过 50% 的实验室有 2 个，分别是西北太平洋国家实验室（56.2%）和桑迪亚国家实验室（66.9%）。

表 11-4　2020 财年能源部 FFRDC 研发经费支出结构

名称	总计	基础研究		应用研究		试验发展	
		经费/千美元	占比/%	经费/千美元	占比/%	经费/千美元	占比/%
AMES	32 844	10 484	31.92	21 909	66.71	451	1.37
ANL	859 658	158 106	18.39	407 691	47.42	293 861	34.18
BNL	595 466	451 180	75.77	88 238	14.82	56 048	9.41
FNAL	300 002	298 918	99.64	1 084	0.36	0	0.00
INL	494 094	29 647	6.00	261 869	53.00	202 578	41.00
LBNL	916 082	765 916	83.61	111 191	12.14	38 975	4.25
LLNL	1 558 071	123 313	7.91	1 125 217	72.22	309 541	19.87
LANL	2 722 375	217 790	8.00	2 477 361	91.00	27 224	1.00
NREL	511 585	45 634	8.92	284 134	55.54	181 817	35.54
ORNL	1 632 684	949 293	58.14	683 391	41.86	0	0.00
PNNL	1 071 249	206 537	19.28	262 566	24.51	602 146	56.21
PPPL	107 662	107 117	99.49	545	0.51	0	0.00
SNL	3 395 241	161 207	4.75	961 368	28.32	2 272 666	66.94

续表

名称	总计	基础研究		应用研究		试验发展	
		经费/千美元	占比/%	经费/千美元	占比/%	经费/千美元	占比/%
SRNL	176 093	8 804	5.00	88 046	50.00	79 243	45.00
SLAC	382 264	360 734	94.37	21 530	5.63	0	0.00
TJNAF	130 850	130 850	100.00	0	0.00	0	0.00
总计	14 886 220	4 025 530	27.04	6 796 140	45.65	4 064 550	27.30

资料来源：*FFRDC Research and Development Expenditures: Fiscal Year 2020.*

（二）使用方式

美国能源部资助的国家实验室没有稳定支持的机构运行经费，这一经费实际包含于项目经费中，以管理费的形式体现，即能源部总部和实验室从项目中提取一定比例的管理费。具体比例由项目双方协商确定，具体的管理与使用方式由机构自主确定。据美国审计总署调查，许多由能源部、国防部和国家科学基金会赞助的 FFRDC 将其总资金的一半以上用于员工薪酬[1]。实验室科研人员的薪酬全部来源于项目经费，以稳定的基本薪酬为主，如果业绩突出，可以在基本薪酬的基础上增加绩效，也属于稳定性报酬。长期争取不到项目的课题组或研究方向将被解散或关闭，以项目经费配置为手段实现科研方向与科研人才的优胜劣汰[2]。例如，劳伦斯伯克利国家实验室的经费中大约 50%为管理经费，其余为科研经费，包括发放给研究人员的人员经费，用于出差、购买实验器材费用等。

美国能源部的重大项目科研经费申请，分为实验室内部征集项目（LAB Call）和开放征集项目（OPEN Call），其中实验室内部征集项目只面向国家实验室申请，开放征集项目是面向社会的，鼓励高校与国家实验室竞争，但只在高校任职的高校教师不能申请实验室内部征集项目。经费规模一般为 100 万—500 万美元/年，持续 3—5 年，总经费在 300 万—2500 万美元，但也存在经费体量更大、执行周期更长的项目。项目经费规模有限定，每个领域的经费都有

---

[1] GAO. Federally funded research centers: agency reviews of employee compensation and center performance [EB/OL]. https://www.gao.gov/assets/gao-14-593-highlights.pdf[2021-07-10].

[2] 白春礼. 世界主要国立科研机构概况[M]. 北京: 科学出版社, 2013: 74-75.

充分的经费预算,研究人员撰写提案时根据整体经费预算和研究方向数推算自己申请的科研经费,一般不会过分挤占别的方向的资源,否则成功申请的概率很低。同时,科技主管也会再评估和进行广泛咨询,同时考虑研究者的需求。研究人员具体能争取到多大的项目规模有时候取决于研究者的声誉。

四、用人方式及薪酬制度

2000年美国能源部FFRDC人员情况如表11-5所示,包括全职人员(科学人员、技术员工、支持员工[①])、联合教研人员、博士后、研究生、本科生,以及一些大科学装置的用户和访问学者。从人员规模来看,全职人数超过5000人的实验室有3个,分别是SNL、LANL和LLNL。国家实验室还承担着人才培养和学术交流的任务,每个实验室都有一定数量的研究生和本科生,以及世界各地的访问学者。劳伦斯伯克利国家实验室的大科学装置的用户数最多(13 990人),ORNL的访问学者最多(1691人)。

表 11-5　2020 年美国能源部 FFRDC 人员情况　　(单位:人)

实验室名称	全职人员	联合教研人员	博士后	研究生	本科生	用户	访问学者
AMES	300	47	38	98	88	—	104
ANL	3 448	379	317	224	297	8 035	809
BNL	2 421	139	159	200	286	3 555	1 523
FNAL	1 810	22	95	30	65	3 772	27
INL	4 888	36	68	200	265	691	12
LBNL	3 398	245	513	332	159	13 990	1 611
LLNL	7 378	18	253	138	184	—	—
LANL	9 831	31	460	604	847	995	855
NREL	2 265	27	189	85	79	39	2
ORNL	4 856	194	323	532	556	2 928	1 691
PNNL	4 301	150	287	414	398	1 557	71
PPPL	531	8	36	45	24	318	28
SNL	12 783	32	251	—	948	—	—

---

① 范旭, 张端端, 林燕. 美国劳伦斯伯克利国家实验室协同创新及其对我国大学的启示[J]. 实验室研究与探索, 2015, 34(10): 146-151.

续表

实验室名称	全职人员	联合教研人员	博士后	研究生	本科生	用户	访问学者
SRNL	1 000	—	26	—	—	—	—
SLAC	1 620	22	227	241	121	2 608	22
TJNAF	693	28	33	42	20	1 630	1 491

资料来源：DOE. The State of the DOE National Laboratories: 2020 Edition[EB/OL]. https://www.energy.gov/ downloads/ state-doe-national-laboratories-2020-edition[2021-08-10].

以劳伦斯伯克利国家实验室为例，实验室研究人员分为两种，分别是科学家（scientist）和科学工程助理（scientific engineering associate，SEA）。科学家直接与实验室签合同，通常具有博士学位；SEA 受雇于科学家，与国家实验室是二级雇佣关系，通常具有硕士学位。SEA 可以协助于多个科学家，特别是当个别科学家的经费覆盖不了 SEA 的薪酬时。科学家的职级由低到高分为项目人员（project）、研究人员（research）、全职人员（staff）、高职级人员（senior）四级［前两级是在终身教职（tenure track）阶段，进入第三级阶段后可以对应教职］。SEA 的职级也分为类似的三级，其中最高级为负责人（principal）。支撑人员包括财务、法务、人力和负责宣传的人员。宣传人员协助科学家出版图书、制作会展、处理媒体事务等，他们会应用相关软件进行渲染，使科研人员的宣传过程显得更加专业。

（一）用人方式

联邦雇员制与项目合同制并存。美国能源部管辖下的 16 个 FFRDC 都为GOCO 模式，即政府所有、合同管理，由大学、企业和非营利组织等承包方管理和运营国家实验室，因此也就形成了两种人事管理制度，即联邦雇员制和项目合同制。美国能源部派在国家实验室工作的政府雇员（驻地办公室人员）实行联邦雇员制；承包商根据项目招聘的合同制员工和委托第三方招募的员工实行项目合同制。项目合同制有以下几个特点：围绕具体项目招聘合同制人员，这类人员直接服务于该项目，通常随着项目的结束而离开机构；实施"固定工资+浮动工资"的薪酬制度，其中浮动工资主要根据能力、绩效和履行职责情况来确定，一般而言，项目合同制的工资高于同级别公务员工资；合同期内定期评价人员的绩效和履行职责情况，合同期满后如果项目尚未结束，则依据评价结果决定是否续签合同[①]。

长期聘用和短期聘用相结合。长期聘用和短期聘用主要针对项目合同制员工，劳伦斯伯克利国家实验室的长聘人员指三级以上的科学家以及负责人等级的 SEA，其他人员采用短期聘用制度。

用人制度具备多元化、多层次的特点。国家实验室鼓励研究人员到大学兼职，也接受大学教授兼职研究，最大限度地调动人员的积极性与创造性。研究人员流动性较高，一般具有博士学位；非研究人员较为稳定，有利于提高管理水平与工作效率[②]。劳伦斯伯克利国家实验室的全职科学家也会在大学（如加州大学伯克利分校）兼职，有些加州大学伯克利分校教职也会到劳伦斯伯克利国家实验室兼职，因为有些项目只有实验室可以申请，但是实验室管理费比学校高一些。洛斯阿拉莫斯国家实验室与大学建立合作伙伴关系，利用大学的科学知识，开发有利于科学问题解决的方案。洛斯阿拉莫斯国家实验室的科学家和工程师可以每两年在加州大学或得克萨斯 A&M 大学教授科学、工程或数学的一门课程，或参加研究、技术、交流活动。如果兼职员工从大学或研究机构获得部分报酬，实验室必须减少雇员的总工资，以抵消该报酬。该类人员分配应经认可的实验室副主任审查和批准。实验室将每年与大学合作服务的人员名单告知合同管理人员[③]。

（二）薪酬制度

美国能源部 FFRDC 针对不同类人员大体上实行两种工资制度：一是联邦雇员实行联邦工资制度；二是根据承包方的性质实行依照能源部签署的 M&O 合同规定的薪酬制度。具体而言，委托给高校管理的国家实验室和设施中工作的雇员实行"固定工资+浮动工资"的薪酬体系；委托给企业管理的国家实验室和设施中工作的雇员实行依照合同的企业薪酬体系；委托给非营利机构管理的国家实验室和设施中工作的雇员实行按照合同的非营利机构的薪酬体系[④]；

① 白春礼. 世界主要国立科研机构概况[M]. 北京: 科学出版社, 2013: 75.
② 林振亮, 陈锡强, 张祥宇, 等. 美国国家实验室使命及管理运行模式对广东省实验室建设的启示[J]. 科技管理研究, 2020, 40(19): 48-56.
③ LANL M&O Contract. 洛斯阿拉莫斯国家实验室 M&O 合同[J]. 2019, 10(3): 25-26.
④ 中国科学院人力资源管理研究组. 关于我院创新三期人力资源管理的若干思考[J]. 中国科学院院刊, 2007, 22(5): 355-373.

外聘人员通常由合同聘用确定工资或者由机构或公司支付工资。

国家实验室员工薪酬体系主要有两种形式：一种是报酬，包括薪水、奖金和其他现金激励；另一种是福利，包括退休金、递延补偿以及附加福利，如健康保险。国家实验室承包方根据同能源部签订的 M&O 合同可获得资金应对实验室的开支，包括为员工发放工资报酬等。实验室的经营方发给实验室雇员的报酬开支，只要不超过法定上限，都由联邦政府负责报销，经营者也可以自己另外给予雇员补偿，但是这部分花销不在报销范围内[①]。

1. 联邦工资制度

美国能源部 FFRDC 联邦工资制度指传统的公务员制度。根据美国联邦人事管理局的分类，联邦雇员主要分为以下四大类别：行政首长类（ES）、高级行政主管类（SES）、联邦白领类（GS）和联邦蓝领类（FWS）。国家实验室的负责人一般属于 SES，少部分属于 ES，研究人员以及大部分的行政管理人员通常属于 GS，这一类的人数最多，级别也最多，目前最高级为 15 级。另外，美国联邦人事管理局在 GS 15 级之上又补充了资深人员（SL）和资深科学与专业人员（ST）系列，目的是提高联邦政府中不具备行政管理职能的资深人员的晋升机会，使其与 SES 的人员相当[②]。

公务员薪酬体系涉及三种类型：以基本工资、津贴、补贴、奖金为主的公务员工资；以年休假、家庭与医疗休假、病假为主的公务员福利；以健康保险、集体人寿保险、养老金为主的公务员保险。传统公务员制的工资包括基本工资、津贴与补贴、奖金等。基本工资以常规工资体系为主、弹性工资体系为辅。国家实验室的科研人员和大部分行政职员按照 GS 计算工资，高级公务员、高层雇员、科学或专家职位雇员等高级雇员实行弹性工资制度，联邦行政机构可以根据高级雇员所具有的资格条件和实际工作绩效，在最低标准与最高标准之间决定年薪报酬。津贴包括制服津贴、生活津贴、生活费津贴、危险津贴及其他。补贴包括加班费、假期补助、购房补贴等。奖金包括现金奖和工作绩效奖等。

---

① GAO. Federally funded research centers: agency reviews of employee compensation and center performance [EB/OL]. https://www.gao.gov/assets/gao-14-593-highlights.pdf [2021-07-10].

② 张义芳. 美国联邦实验室科研人员职位设置及对我国的启示[J]. 中国科技论坛, 2007, (12): 140-143.

现金奖金额一般不超过 1 万美元，但经人事管理署批准，可授予超过 1 万美元的现金奖。工作绩效奖金额一般不得多于基本薪金的 10%，也不得少于基本薪金的 2%，但是经负责人确认可以给予基本薪金的 10%—20% 的工作绩效奖[①]。

2. "固定工资+浮动工资"的类似高校的薪酬体系

能源部下有 4 个国家实验室（埃姆斯国家实验室、劳伦斯伯克利国家实验室、普林斯顿等离子体物理实验室、SLAC 国家加速器实验室）委托给高校管理和运营，雇员收入按照高校的薪酬体系。固定工资一般是按照教授序列、专业研究序列和行政管理序列的职级划分不同薪酬等级[②]。浮动工资为科研人员参与项目，从项目中提出的经费[③]。高校的薪酬制度能够根据科研活动的需要灵活地雇佣或淘汰科研人员，并根据科学家的能力水平给予相适应的薪酬，有利于吸引和留住世界一流的科研人才。

虽然设定了浮动工资制度，但也限定了工资的上浮水平。以劳伦斯伯克利国家实验室为例，实验室设定最高和最低薪酬标准，根据员工类别划定年薪的上限和下限，如设定薪酬在 10 万—15 万美元，所以无论研究人员申请到多高的项目经费，最多也只能发 15 万美元的薪酬。没有申请到任何研究项目的研究人员，第一年通常会由国家实验室补发最低薪酬，一般情况下超过 3 年时间申请不到经费就会被迫离职，但这种情况极少发生。财务、法务、人力等支撑人员的薪酬也需要从科研人员申请的项目经费中扣除，列支在管理费中，国家实验室的科研项目管理费占比较高，为 50%。劳伦斯伯克利国家实验室大科学装置有专门的 SEA 管理，装置的运行经费包括人员工资和运行费用，其中的20% 的实验室大科学装置运行经费是研究人员申请的实验室内部征集项目，剩下的 80% 是实验室以市场化模式对外开放获得的租金。

[①] 李志明, 孟聪. 美国公务员薪酬制度综览[N]. 学习时报, 2015-10-29(2).

[②] 以加州大学伯克利分校为例, 2016 财年教授序列按照财年（12 个月）方式计算基本年薪为 59 400—183 700 美元, 按照学年（9 个月）方式计算基本年薪为 59 400—158 400 美元; 专业研究序列按财年计算基本年薪为 68 900—183 700 美元; 行政管理序列按财年计算基本年薪为 47 000—130 000 美元。

[③] 林芬芬, 曹凯. 美国国立科研所和高校科研人员薪酬制度现状及启示[J]. 科技管理研究, 2017, (13): 107-110.

3. 依照 M&O 合同管理的薪酬体系

能源部下有 11 个国家实验室[①]委托给企业管理和运营，这类国家实验室的雇员薪酬按照承包商与能源部签订的 M&O 合同发放。以洛斯阿拉莫斯国家实验室为例，合同中规定承包商洛斯阿拉莫斯国家安全公司应建立一个基于市场的薪酬和福利计划，以在现有的资金范围内吸引、激励和保留一支高质量的科研队伍。洛斯阿拉莫斯国家实验室的薪酬制度包括以工资、津贴、激励工资、奖励性薪酬为主的工资体系，以休假、病假为主的福利体系，更关注员工的培训和教育。

能源部下有 1 个国家实验室，即西北太平洋国家实验室委托给巴特尔纪念研究所管理和运营。

4. 间接聘用人员依照签订的合同约定薪酬

外聘人员因为阶段性的项目或工程建设需要，通过人才公司聘用和管理。这类员工在基本工资方面与承包方直接聘用的员工是相似的，但是在津贴方面会有一定的差别。就合同期限而言，通过人才公司聘用和管理的员工，相比承包方直接聘用的员工，其合同有效期相对更短，通常为短期合同或临时合同，而且部分合同是不可续签的，比如劳伦斯伯克利国家实验室的 SEA 人员[②]。

五、绩效评估与奖励

能源部的项目办公室每年都会对国家实验室进行评估，在科学办公室率先从任务导向的评估转向产出导向的评估后，能源部大部分办公室都在科学办公室评价方法的基础上建立各自的产出导向评价体系。产出导向的评价更关注使命和工作质量，而不是具体工作的完成，保持了评估的主观性，降低了事务性，也更符合能源部推行的绩效管理方式。例如，核能办公室采用了类似于科学办

[①] 分别是阿贡国家实验室、布鲁克海文国家实验室、费米国家加速器实验室、爱达荷国家实验室、劳伦斯利弗莫尔国家实验室、洛斯阿拉莫斯国家实验室、国家可再生能源实验室、橡树岭国家实验室、桑迪亚国家实验室、萨凡纳河国家实验室、托马斯杰斐逊国家加速器设施。

[②] 白春礼. 世界主要国立科研机构概况[M]. 北京: 科学出版社, 2013: 75.

公室绩效评估和衡量计划（PEMP）的评估过程，但是更加强调安全性，NNSA也制定了类似于 PEMP 的评估流程，但 NNSA 的评估流程更多地关注运营而不是战略方向[①]。

以科学办公室为例，科学办公室每年都会对承包方管理和运营的 10 个国家实验室的科学、技术、管理和运行的绩效情况进行评估。评估为确定年度绩效费用以及实验室延长奖励年限提供了依据，也为能源部在与承包方签订的 M&O 合同到期时是直接延长还是以竞争的方式重新签订提供参考依据。实验室政策办公室代表科学办公室主任协调实验室评估过程。评估每项绩效目标时均召开一次会议，为确保 10 个科学办公室实验室采用一致公平的方法，各个参与组织均在会议上提交分数或工作报告。

科学办公室对实验室的绩效评估体系分为两个部分，主要是对绩效目标进行评估，同时参考其他方面的绩效信息。围绕 8 个绩效目标进行的评估强调三点：完成能源部使命所需科学和技术的重要性；以安全可靠、责任落实和成本效益的方式操作实验室；由承包方管理和运营实验室以提高实验室价值。评估绩效目标中 1—3 项的评估机构是能源部科学办公室的科学计划处，并征求为实验室提供资助经费超过 100 万美元的相关组织的意见，其意见的权重与资助经费规模相关；目标 4 的评估机构是科学办公室，并由科学计划处和现场办公室提供信息；目标 5—8 的评估机构是现场办公室。科学办公室在给实验室的 8 项绩效评估目标打分时，还会参考其他方面的信息。例如：科学计划处和现场办公室会考虑 PEMP 中涉及的"显著成果"[②]；独立的科学计划和项目审查结果，是由政府问责办公室（GAO）、能源部监察长（IG）和能源部其他部门进行的外部审核；科学办公室自身监督活动的结果以及能源部全年可获得的其他绩效信息，如表 11-6 所示。

---

① Glauthier T J, Cohon J L, Augustine N R, et al. Securing America's future: realizing the potential of the department of energy's national laboratories[R]. OSTI, 2015: 35-36.

② 在每个绩效目标中，科学计划处和现场办公室会进一步识别少量的但值得注意的"显著成果"，这些成果可能从某方面说明实验室未来几年的发展特点。每年年初的 PEMP 中记录实验室的绩效总目标、细分目标和"显著成果"，并附在实验室合同中。

表 11-6 科学办公室的绩效评估体系

绩效评估维度	绩效目标	其他参考因素
科学与技术	（1）任务完成情况（科学和技术方面） （2）研究设施的设计、建造和运行 （3）科技项目/工程管理	（1）PEMP 中涉及的"显著成果" （2）科学计划和项目审查结果（内部和外部审核） （3）科学办公室自身监督活动的结果 （4）能源部全年可获得的其他绩效信息
管理与运行	（4）承包方对实验室的领导和管理 （5）综合环境、安全与健康保护 （6）业务运行系统 （7）设施维护和基础设施 （8）安全与应急管理	

　　绩效目标的评分为 5 分制（0—4.3 分），每个绩效总目标的得分是由细分目标的分数进行加权计算的，表 11-7 是分数等级量表。得分为"B+"等级以上表示承包方对实验室的管理和运营达到了科学办公室对实验室绩效的预期目标，但科学办公室故意将"B+"等级的分值区间设定得很高，并不代表"B+"等级以下的绩效不令人满意，而是为实验室进一步改进提供机会[①]。

表 11-7 绩效评估目标分数等级量表

分级	A+	A	A-	B+	B	B-	C+	C	C-	D	F
分数	4.3—4.1	4.0—3.8	3.7—3.5	3.4—3.1	3.0—2.8	2.7—2.5	2.4—2.1	2.0—1.8	1.7—1.1	1.0—0.8	0.7—0

六、合作网络

（一）能源部 FFRDC 内部合作

（1）建立交叉学科的网络化合作模式。能源部应用实验室内部征集项目为重大项目提供科研经费。能源部网站关于实验室内部征集项目的资料显示，大部分项目都是 FFRDC 合作完成的。例如，2019 年 11 月，能源部宣布为新的电网现代化实验室联盟[②]实验室内部征集项目拨款 8000 万美元，并强调该项目

---

① DOE. Laboratory appraisal process[EB/OL]. https://science.osti.gov/lp/Laboratory-Appraisal-Process[2021-08-12].

② 电网现代化实验室联盟（GMLC）：美国能源部与国家实验室之间的横向战略合作伙伴，旨在汇集领先的专家、技术和资源，共同实现国家电网现代化的目标。GMLC 的优点包括更有效地利用资源、共享网络、改善学习和保存知识、加强实验室协调与合作、区域视角以及与当地利益相关者和行业的关系。

是一项跨领域的多学科交叉的项目，重点关注公共和私人合作伙伴关系，以开发一系列新工具和新技术①。

（2）依托先进的实验室设施，开展内部合作协同创新。事实上，国家实验室越来越依赖彼此设计和建造国家实验室的能力——最先进的设施。例如，实体间工作指令（IEWO）、国家实验室主任委员会（NLDC）制度和奥本海默科学与能源领导计划（OSELP）。IEWO用于实验室之间的广泛合作，包括研发、科学建设项目合作、软件开发、材料测试和表征、工程分析和设计以及项目管理审查，IEWO允许在实验室合作伙伴之间转移资金和工作范围，而无须在能源部和每个合作伙伴实验室之间达成单独的协议。2019财年，通过IEWO在国家实验室和生产设施之间转移了超过6亿美元②。

（二）能源部 FFRDC 外部合作

能源部使用一套灵活的工具来促进研发合作伙伴关系，这些工具包括研究中心、创新中心、研究分包合同、合作研究与开发协议、战略合作伙伴项目和技术商业化协议。"年度实验室征集"更具灵活性，使能源部的生物能源技术办公室能够直接资助核心资金和支持科学技术。

（1）将国家实验室的研究中心、研究所作为载体，与其他国家实验室和实体进行合作。为了与外部实体有效地合作，国家实验室使用研究中心、研究所等机构，汇集包括大学、私营企业、非营利组织和国家实验室在内的顶尖人才共同开展研究。例如，生物能源研究中心（BRC）正在加速实现生物燃料和生物能源（包括纤维素乙醇）的成本效益生产的变革性科学突破，汇集了来自国家实验室、工业界和学术界的研究人员，对微生物和植物进行全面、多学科的研究，以开发用于能源生产的创新生物技术解决方案。制造创新研究所（MII）是国家制造创新网络（NNMI）的一部分，NNMI将工业界、学术界、国家实验室以及州与地方经济和劳动力发展利益相关者聚集在一起，构建了区域"生

---

① DOE. Department of energy announces $80 million for new grid modernization lab call projects[EB/OL]. https://www.energy.gov/articles/department-energy-announces-80-million-new-grid-modernization-lab-call-projects [2021-08-10].

② DOE. The State of the DOE National Laboratories: 2020 Edition[EB/OL]. https://www.energy.gov/downloads/ state-doe-national-laboratories-2020-edition[2021-08-10].

态系统"网络，这种网络结合了公共和私人资源，开发先进技术，帮助美国制造商在全球市场上获得竞争优势。类似的研究中心还有能源前沿研究中心（EFRC）、美国能源部创新中心。

（2）通过共建联合研究机构，实验室和大学之间的关系变得更加紧密。联合研究机构的确立，使不同实验室之间、不同大学之间，以及实验室和大学之间的合作成为常态，通过联合研究机构进行各领域合作，在人员、设施、财力各方面互相弥补，成为各领域创新成果的产地[①]。例如，JBEI 是由劳伦斯伯克利国家实验室牵头，由 6 个国家实验室、6 个学术机构[②]和 1 个行业合作伙伴共建的，集合了各合作主体的科学专业知识、资源。它独特的竞争优势是通过在一个地点安置 4 个科学部门和 1 个技术部门来促进科学发现，并且合作伙伴共同支持 JBEI 的综合科学、运营和行政方面[③]，类似的机构有联合基因组研究所（JGI）和能源生物科学研究所（EBI）。

（3）通过人员交流、项目合作方式与大学和科研机构建立重要的合作伙伴关系。国家实验室通过与其他实验室、大学和非营利组织的科研人员交流，实现知识交流，同时提高实验室的知名度，以便更好地完成实验室任务。国家安全教育中心（NSEC）通过教育和战略研究合作，提供学生实习机会。在洛斯阿拉莫斯国家实验室，大学科研人员与该实验室通过签订分包合同的方式进行合作，实验室为大学的科研人员提供特殊的研究机会，在非线性研究中心、量子研究所等 5 个研究中心进行研究，并支持了人员的招聘和留任。2020 年有1611 名学者到劳伦斯伯克利国家实验室访问学习，促进了科研人员的交流和合作。通过实验室、大学、研究机构之间进行共同合作研究，建立和完成复杂的科学项目。

（4）国家实验室为其他合作主体提供大科学装置用户设施。每年有相当多的用户到国家实验室使用大科学装置，例如，有超过 1 万名用户到劳伦斯伯克

---

① 范旭, 张端端, 林燕. 美国劳伦斯伯克利国家实验室协同创新及其对我国大学的启示[J]. 实验室研究与探索, 2015, 34(10): 146-151.

② 6 个国家实验室包括劳伦斯伯克利国家实验室、阿贡国家实验室、布鲁克海文国家实验室、劳伦斯利弗莫尔国家实验室、西北太平洋国家实验室、桑迪亚国家实验室；6 个学术机构包括艾奥瓦州立大学、加州大学、加州大学伯克利分校、加州大学戴维斯分校、加州大学圣迭戈分校、加州大学圣芭芭拉分校。

③ JBEI.Who we are[EB/OL]. https://www.jbei.org/about/who-we-are/[2021-08-12].

利国家实验室和爱达荷国家实验室使用大科学装置。劳伦斯伯克利国家实验室的部分大科学装置是有竞争的，用户需要提前预约时间，阐述研究内容，之后审查委员会来评估，评估通过才可以使用，并且实验室会制定详细的使用资料以及举办研讨会来推广使用。LANL 通过应用最广泛的合作研究机制——合作研究与开发协议提供人员、设施、设备或其他资源（实验室不提供资金），实验室可以执行用户设施协议，使合作伙伴可以共享装备设施，包括洛斯阿拉莫斯中子科学中心（LANSCE）、国家高磁场实验室（NHMFL）和集成纳米技术中心（CINT），用户可以研究、制造、校准、测试和评估新材料、系统、产品和工艺[1]。

（5）美国能源部与各任务领域的国际合作伙伴签订了长期合作协议，并继续以战略方式建立新的国际合作关系。美国能源部希望通过合作研究与开发协议和 ACT 协议，实现研发目标，同时保护国家在先进创新领域的竞争地位和国家安全。2016 年，美国能源部和费米国家加速器实验室签署了国际合作研究与开发协议——I-CRADA，这是国家实验室与国家的另一个科研机构之间的首个协议。该协议涵盖了理论粒子物理学、加速器物理学、计算和中微子物理学等实验领域的合作。劳伦斯利弗莫尔国家实验室最大的技术转让项目之一是在与捷克共和国的技术商业化协议下完成的。其中，劳伦斯利弗莫尔国家实验室为欧盟的极光基础设施光束线设施完成了先进的拍瓦（4 亿瓦）激光系统的设计、开发和建造。由能源部的能效和可再生能源局领导的 H_2@Scale 计划将利益相关者聚集在一起，以推进可负担的氢的生产、运输、储存和使用。该计划包括美国能源部在国家实验室资助的项目，并与工业界合作加速氢研究、开发和示范活动。目前已在 H_2@Scale 计划下与国际合作伙伴签署了多项合作研究与开发协议，包括与法国液化空气集团（Air Liquide）、日本千代田化工建设株式会社（Chiyoda Corporation）、日本本田技研工业株式会社（Honda）和日本辰野株式会社（Tatsuno Corporation）的协议[2]。

---

[1] Los Alamos. Collaboration[EB/OL]. https://www.lanl.gov/collaboration/index.php?source=globalheadernav [2021-08-10].

[2] DOE. The State of the DOE National Laboratories: 2020 Edition[EB/OL]. https://www.energy.gov/downloads/state-doe-national-laboratories-2020-edition[2021-08-10].

第四节　美国国立卫生研究院

美国国立卫生研究院（NIH）位于美国马里兰州贝塞斯达（Bethesda），是美国最高水平的医学与行为学研究机构，初创于 1887 年，伊始为美国公共卫生服务（PHS）的前身机构海军总医院中的一间实验室，而后于 1930 年被国会正式任命。NIH 既是美国生物医学的重要研究机构，也是美国政府最主要的医学研究资助机构，有政府科学基金资助组织和国立研究机构的双重属性。

作为世界上最大的医学研究机构之一，NIH 的研究成果来源于各种长期活动的资助、观察与研究，涵盖了从对单个疾病的研究到对社会整体的广泛分析等多个领域。NIH 共有 27 个研究所及研究中心（IC）和 1 个院长办公室（OD），其中 24 个研究所及研究中心直接接受美国国会拨款，资助相关研究项目。每个研究所及研究中心都有自己的重点研究领域，或是围绕某（几）种疾病，或是针对人体的某（些）系统开展生物医学研究。

一、组织架构

NIH 院长（director）由美国总统提名，经过国会听证批准后由总统亲自任命。院长原则上负责 NIH 所有的学术和管理事务，在规划 NIH 的研究日程和前景方面具有举足轻重的地位，在带领各研究所实现既定目标、寻求新的发展机遇，尤其是协调各研究所之间的合作关系等方面肩负重任，此外，NIH 院长还需要与各个研究所主任积极讨论，就总统向国会提出的年度预算申请提供建议[①]。

此外，NIH 设有常务副院长，负责协助院长处理 NIH 的日常事务。NIH 设有院长咨询委员会，为 NIH 院长提供支持和建议。NIH 在全院范围内还设有 150 多个顾问咨询性质的委员会，其中包括各研究所国家咨询委员会和科学咨询委员会，以及院外项目评审的各种评审小组。联邦咨询委员会政策办公室是这些咨询机构的管理机构，负责相关日常事务与管理工作。

---

① NIH. NIH leadership[EB/OL]. https://www.nih.gov/about-nih/who-we-are/nih-leadership#role [2021-08-20].

委员会成员主要就与 NIH 在开展和支持生物医学研究、医学科学和生物医学通信方面的使命职责相关的事项提供建议，由在与 NIH 使命相关的研究领域知识渊博的权威人士、代表学术和私营部门研究界的个人以及公众代表组成。此外，委员会还审查研究和培训项目的赠款申请和合作协议，并提出建议[①]。

NIH 院长办公室负责 NIH 政策和规划的实施、管理，协调 27 个研究所及研究中心的研究项目和各项活动。院长办公室下辖多个办公室（处），其中最重要的有计划办公室、院外研究办公室及院内研究办公室。计划办公室下设妇女保健、艾滋病研究、疾病预防、行为与社会科学研究等处，负责相关研究项目的规划、资助及特殊研究领域的启动等。院外研究办公室负责所有与 NIH 院外研究管理有关的政策制定、组织实施、监督检查及沟通协调等业务。院外研究办公室的业务涉及面非常广泛，包括项目管理、基金管理、项目评审、设施管理、成本核算、财务管理、数据共享等诸多领域。院内研究办公室主要负责监管、协调院内实验室与临床中心开展的研究、培训与技术转移活动（图 11-13）。

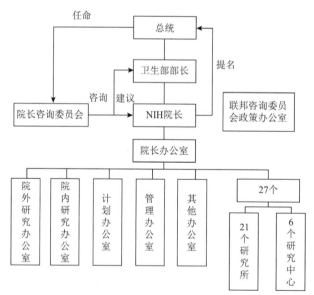

图 11-13　NIH 组织 27 个研究所和研究中心结构

资料来源：白春礼. 世界主要国立科研机构概况[M]. 北京: 科学出版社, 2013

---

① NIH. Charter[EB/OL]. https://acd.od.nih.gov/charter.html[2021-08-20].

　　NIH 的 27 个研究所及研究中心中，除临床医学中心、科学评审中心、信息技术中心外，其他都直接接受国家拨款。研究所掌管着此疾病领域对外研究项目的资助和管理，涵盖了从基础研究到临床研究，以及该领域科技政策、方向。这种设置方式使各个研究所及研究中心对科研项目的支持有连续性，减少了支持重复或支持盲区，各个学科方向都能得到相对平衡的发展。这些研究所及研究中心大多有两个系统，分别为内部科学研究体系和对外科研项目资助、管理系统。这两个系统的职能相互独立，人员互不干涉[①]。

二、任务来源及形成机制

（一）内部科学研究体系[②]

　　NIH 下设的研究所直接接受美国国会的拨款，但是各研究所的经费预算需要与 NIH 整体的战略目标相符。NIH 每年都会根据科学问题和公共卫生需求制定当年的资助策略，并在此基础上形成资金分配及预算方案。当年的预算方案到达各研究所后，各研究所组织内部研究人员形成若干具体的研究项目，并基于项目形成该研究所的预算计划。在这个过程中，所内各研究方向之间存在一定的竞争关系。各研究所的预算计划提交到院层面后，院长与各研究所所长磋商，对各研究所提出的研究项目进行优先排列，选出其中与 NIH 战略关系最为密切、最有可能获得国会批准的研究项目，整合形成当年 NIH 向总统提交的年度预算报告，该报告的内容核心就是这些具体的研究项目。如果 NIH 的年度预算报告获得了国会的批准，那么下一年度国会的拨款就按照年度预算中各研究所支持或参与的研究项目的情况直接分配到各研究所。

　　NIH 采取院-所两级设置方式，以研究所为主要资助单元，同时辅之以院层面的研究计划。各研究所基本按病区病种来设，这种支持方式易于保持资助

---

① 王涤松. NIH 机构设置和职能定位——美国国家健康研究院(NIH)行政体系的系列观察和思考之二[J]. 华东科技, 2010, (1): 56-57.

② 王涤松. NIH 机构设置和职能定位——美国国家健康研究院(NIH)行政体系的系列观察和思考之二[J]. 华东科技, 2010, (1): 56-57.

的连续性和稳定性，且体现了研究直接服务于应用和公共卫生的需求。院层面的计划（如艾滋病研究）对各所未涉及的方向、领域或需要跨所组织运行的研究起到了良好的补充作用。NIH 同时支持院内和院外研究。在 NIH 每年的预算中，超过 80%的经费用于支持 2500 多家以大学为主的院外研究机构的 30 多万科研人员开展研究，约 10%用于支持其院内 27 个研究所及研究中心的 6000多位科研人员进行科学研究，院内研究通常集中在风险较高、周期较长且研究结果较易转移和扩散的项目上。在征集申请项目方面，各所的院外项目管理人员结合学科发展前沿和 NIH 各所内部研究方向，发布各类项目征集指南，这些指南对 NIH 院外资助方向起到了导向作用。其次，院内外研究的结合还体现在院外研究项目的院-所两级的评议方式方面。院内研究系统虽然不参与院外科研项目的资助管理，但是必须根据院外研究系统的需要提供相应的技术和服务①。

（二）对外科研项目资助、管理体系②

NIH 院外项目涵盖了基础研究、应用研究及产业化等多个重点方向，形成了较为完整的科研项目投资体系。NIH 院外基金的申请类型大致分为针对性领域（solicited）研究和开放性（unsolicited）探索研究。前者是各研究中心针对某特定研究内容或大型研究项目中的部分内容而设立的项目，具有明确的目的性，倾向于解决美国医学领域科技发展过程中出现的具体问题；后者则不限定具体研究内容，由研究人员自主选择，但研究方向需符合研究中心总体研究的发展方向，这类基金给予研究人员一定的自由选题的空间，支持自主性研究的进行，使研究内容更具创新性和多元化。NIH 项目资助以提升全体公民健康水平为主旨，与国家需求紧密结合，体现了以应用为导向的科学研究发展方向③。

---

① 胡智慧, 王建芳, 张秋菊, 等. 世界主要国立科研机构管理模式研究[M]. 北京: 科学出版社, 2016.

② 王涤松. NIH 机构设置和职能定位——美国国家健康研究院(NIH)行政体系的系列观察和思考之二[J]. 华东科技, 2010, (1): 56-57.

③ 商丽媛. 美国国立卫生研究院(NIH)模式对我国科技创新的启示——基于巴斯德象限角度[J]. 天津科技, 2019, 46(5): 1-3.

三、经费结构及使用方式①

　　NIH 的资金来源于美国国会,而且这一拨款的数额正在逐年增加。1998—2003年,美国国会拨给 NIH 的经费从 130 亿美元增加到 270 亿美元,5 年内翻了一番。2003—2008 年,即便是在布什政府为维持庞大的伊拉克战争开销,严格控制除国防外其他领域的财政预算的大背景下,拨给 NIH 的经费也依然能保持相对稳定。2008 年,NIH 的预算仍达到了 294.6 亿美元,占当年美国国家财政预算的 1%。而同期美国国家科学基金会的预算仅为 64 亿美元,同年中国国家自然科学基金的预算是 62 亿元人民币。2009 年奥巴马就任美国总统后,面临经济危机和政府高额财政赤字的困局,不仅不削减 NIH 的经费,相反还从刺激经济计划里再拨出 100 亿美元,使 2009 年 NIH 的财政经费增加到了 395 亿美元②。

　　自 2009 年以来,NIH 的经费总量一直保持在 300 亿美元以上,其中 80%以上的资金用于院外研究,主要是通过向院外 2500 多所大学、医学院和其他研究机构的 30 多万名研究人员提供近 50 000 项竞争性基金项目实现的。院外项目通过同行评议的竞争性资助体系实现,倾向于资助自主选题、基础性和自由探索的研究。到 2020 年,NIH 的经费预算达 343.7 亿美元,详见表 11-8。

　　NIH 经费的 10%—11%用作院内研究机构的科研经费。院内研究主要支持高风险、高回报、长周期且研究成果较易转移和传播的相关研究领域。对院内研究的支持主要通过确定研究方向和选人来实现,通过遴选学术带头人和提供相对长期的经费和资源,构建稳定的支持环境,让他们免于面临费时且不确定的基金申请。通过从终身轨研究员(tenure-track investigator)到终身研究员(tenure investigator)的制度,鼓励优秀研究人员长期进行重要的、高度创新的研究。NIH 院内研究人员可以直接通过政府财政预算获得相对稳定的资金支持,无须再专门申请各类研究基金。与之相对应的是,实验室

---

① NIH. Budget[EB/OL]. https://www.nih.gov/about-nih/what-we-do/budget[2021-08-12].
② 王涤松. 了解 NIH——美国国家健康研究院(NIH)行政体系的系列观察和思考之一[J]. 华东科技, 2009, (12): 54-55.

仪器购买需要遵守政府采购的规定，学术带头人到 NIH 出差需遵守公务人员差旅费用的要求，NIH 院内研究经费的使用需要完全遵守联邦政府预算开支的各项要求[①]。

NIH 的每一个研究机构都有各自侧重的研究领域，都在为人类的医学和健康事业添砖加瓦。因此，NIH 对所有的研究领域开放，27 个下属研究所和研究中心的资助均逐年增加，并且根据需要不断创建新的研究机构。一般而言，NIH 的全权委托研究项目拨款被授予 1 年以上时，会以递增方式提供资金；每年承诺给予的资助必须从当年的拨款中扣除，补助金在授予或续期的第一年为"竞争性"经费，在其余年为"非竞争性"经费。NIH 会连续多年资助某些重大类别的项目，但是随着研究的成果落地，其获得的资金数目也会随之调整。

表 11-8 2020 财年总统预算执行表（简化版）

类别		项目数量/个	资金数额/千美元
研究项目资助	非竞争性	28 760	14 536 572
	行政支持类	1 858	361 166
	竞争性	7 894	3 725 852
	小型企业创新研究/转让	1 911	921 133
	合计	40 423	19 544 723
研究中心	专业/综合	924	1 547 608
	临床研究	64	362 000
	生物技术	80	138 518
	比较医学	67	115 233
	少数民族机构研究	20	54 594
	合计	1 155	2 217 953

总计（项目层面 34 367 629 千美元）

---

① 陈涛. 美国公立研究机构管理及改革动向——以国立卫生研究院为例[J]. 全球科技经济瞭望, 2016, 31(9): 28-33.

续表

类别		项目数量/个	资金数额/千美元
总计（项目层面 34 367 629 千美元）	其他研究 职业研究	3 792	708 160
	癌症教育	81	23 614
	合作临床研究	243	411 324
	生物医学研究	95	62 825
	少数民族生物医学研究支持	228	81 111
	其他	1 805	922 686
	合计	6 244	2 209 720
	总研究资助 个人资助	3 335	157 779
	机构资助	11 657	644 094
	合计	14 992	801 873
	研究发展合同	1 862	2 795 430
	院内研究		3 633 805
	管理支撑		1 739 376
	主任办公室-其他		1 144 168
	建筑设施		214 000
	超级基金研究的内部拨款		66 581
	1 型糖尿病		150 000
	计划评估筹资		741 000

注：① 研究项目资助（research project grants）包括研究项目（research projects）、小型企业创新研究/转让。其中，研究项目包括非竞争性（noncompeting）、行政支持类（administrative supplements）、竞争性（competing）。

② 研究中心（research centers）包括专业/综合（specialized/comprehensive）、临床研究（clinical research）、生物技术（biotechnology）、比较医学（comparative medicine）、少数民族机构研究（research centers in minority institutions）。

③ 其他研究（other research）包括职业研究（research careers）、癌症教育（cancer education）、合作临床研究（cooperative clinical research）、生物医学研究（biomedical research）、少数民族生物医学研究支持（minority biomedical research support）和其他（other）。

④ 总研究资助（total research training）包括：个人资助（individual awards）、机构资助（institutional awards）。

此外，2006 年的 NIH 改革法案中规定了 NIH 共同基金（common fund）的存在，该基金主要用于支持 NIH 内部各研究所之间跨所合作的、高风险的、有可能产生广泛影响的研究工作。该基金的预算由项目协调、规划和战略行动部组织各研究所共同制定。目前，该基金占 NIH 科研经费的比重约为 8%。NIH 共同基金是 NIH 预算的一个重要组成部分，由战略协调办公室/项目协调、规划和战略协调司/NIH 主任办公室管理。NIH 共同基金解决了生物医学研究中出现的科学机遇和紧迫的挑战，这些挑战是 NIH 无法单独解决的，对 NIH 来说也是重中之重。共同基金是 NIH 的独特资源，可以充当"风险投资"空间，支持具有非凡影响潜力的高风险、创新研究项目。共同基金计划是一个短期的、目标驱动的战略投资，其可交付成果旨在促进跨多个生物医学研究学科的研究。

四、用人方式及薪酬制度[①]

（一）用人方式

NIH 的人员招聘都通过网站公开进行。NIH 的人力资源部门在美国政府招聘网站 USAJOBS 和 NIH 网站发布用人需求。申请人需要按照申报材料的要求提供完整的个人资料。相关用人单位组织专门的专家对应聘者提交的材料进行评审，对符合条件的候选人组织面试。学术带头人的候选人要做 1 小时的报告，介绍自己过去的工作和未来的计划，还要与十几位科学家进行面谈。一旦双方就聘用关系达成一致，经 NIH 研究所领导层批准，即可签订聘用合同[②]。

（二）薪酬与福利制度

一般来说，NIH 的用人合同分为三类。第一类是政府正式雇员合同，聘用人员享受联邦公务员的福利待遇。例如，联邦雇员健康福利（FEHB）计划指出，FEHB 计划可以帮助雇员及其家人满足医疗保健需求，使联邦雇员及退休

---

① 王涤松. 了解 NIH——美国国家健康研究院(NIH)行政体系的系列观察和思考之一[J]. 华东科技, 2009, (12): 54-55.
② 陈涛. 美国公立研究机构管理及改革动向——以国立卫生研究院为例[J]. 全球科技经济瞭望, 2016, 31(9): 28-33.

人员享有全国最广泛的健康计划选择等①。对于学术带头人层级的研究人员，NIH 为他们提供终身轨的职位，后通过内部考评晋升可转为终身职位；NIH 内部的编制科学家的身份都是政府高级公务员，他们的研究经费有固定预算，不需要去竞争性争取，并且不能从任何项目中支出其薪酬，其作为联邦雇员，薪酬由联邦政府支付②。第二类是博士后层级的研究人员合同。通常由学术带头人根据课题需要对外招聘，合同期一般为 2—4 年。博士后工作人员如在此期间表现优异，待博士后合同期满后可竞争学术带头人层级的正式工作职位。第三类是外包用工合同。主要针对具有高级专业技能的实验平台工作人员，由NIH 按照学术带头人要求，通过专业的招聘机构代为招聘，并与 NIH 签署用工合同。此类人员的合同期通常为 3 年，除非被发现不符合实验室技术要求或学术带头人实验室关闭，一般可以多次续约。由于该类合同稳定性较低，因此，支付的薪水相对联邦雇员更高③。

（三）人才培养情况

NIH 高度重视医学研究人才特别是青年科研人员的培养。最近的一项报告显示，NIH 直接支持了 9500 多名预备博士的培训以及 5900 名博士后的培训资助。NIH 的资助项目类型中，侧重人才培养的基金主要有研究培训基金和学术生涯发展基金等，引导和支持已完成职业和研究培训的青年科研人员进一步发展。

2014 年，NIH 启动了"生物医学研究人才多样性计划"和"未来生物医学研究人才计划"，主要措施包括：启动多样性基础设施建设工程，为希望从事生物医学研究的本科生和研究生提供更多的科研指导，开展同行评议管理人员和专家的知识培训；加强对研究生和博士后生物医学研究能力的培训等。NIH 项目资助体系面向国家重大战略需求，考虑科学前沿发展，设定特定研究目标，选取重点方向，任命专门小组加以推动，并注重研究人才

---

① NIH. Insurance programs[EB/OL]. https://hr.nih.gov/benefits/insurance/insurance-programs[2021-08-12].

② 王涤松. NIH 机构设置和职能定位——美国国家健康研究院(NIH)行政体系的系列观察和思考之二[J]. 华东科技, 2010, (1): 56-57.

③ 陈涛. 美国公立研究机构管理及改革动向——以国立卫生研究院为例[J]. 全球科技经济瞭望, 2016, 31(9): 28-33.

的培养。这种项目资助战略模式能将科学共同体的研究共识、科学前沿和社会公众意见有效结合起来,在推动巴斯德象限研究方向方面取得了较好的实践成果。

为了提升团队人才的专业领域多样性,NIH 还在招募一批数据科学家和其他在项目管理等领域有专长的人。这些"NIH 数据研究员"将被纳入 NIH 一系列备受瞩目的、具有变革意义的项目,如 All of Us 项目、癌症登月(Moon Shot)计划和人类大脑计划,并将为联邦政府提供创新和专业知识。

五、绩效评估与奖励

(一)内部研究所评估体系

NIH 机构层面的绩效评价主体有三级:①审计总署;②行政管理与预算局;③NIH 内部组织绩效管理和评价的部门。其中,审计总署代表国会对联邦各部门进行审计监督,也对各部门项目工作的绩效进行专题审查;行政管理与预算局主要协助总统监督各部门制定战略目标、提交年度预算和绩效报告,提醒各部门将部门预算和绩效报告提交总统,由总统签署后提交国会审议批准;NIH 内部组织绩效管理和评价的部门是项目协调、规划和战略行动部(Division of Program Coordination, Planning, and Strategic Initiatives, DPCPSI),具体负责 NIH 绩效信息的收集,绩效评价活动的组织,以及评价结果的提交、发表和应用。

NIH 的绩效评价可总结为三大内容:①战略计划,NIH 不必制订单独的战略计划,相关内容提交给 HHS,其包含在 HHS 总体战略计划中;②预算需求(budget request,BR)报告,基于上一年战略规划的总体绩效情况与当年的预算计划总结形成;③年度绩效计划与报告(annual performance plan and report,APPR),将年度绩效计划与年度绩效报告合二为一,在报告中将每个财年的绩效目标与实际绩效水平进行直接对比[①]。

---

① 张行易, 杨阳, 李希, 等. 英、美国立医学科研机构绩效评价体系的比较及借鉴[J]. 科技导报, 2019, 37(9): 75-86.

每个研究所设有常设科学咨询委员会，其成员是从世界各地请来的专家，每 4 年一期，可以连任 1 次。专家们每年来研究所访问 1—2 次，其余时间用通信方式联系。其功能是对研究所的重大决策提供咨询或仲裁。其中包括课题组组长的招聘解雇，组织结构的调整，课题组专家审查团名单的推荐，以及科研方向、资金、实验室和人员的调配等。专家审查团会对每个课题组（实验室）的工作成绩进行严格的、客观的评估。每个实验室的主任需要在一定时间段内撰写工作总结报告和计划报告，递送给一个由所外专家组成的专家审查团审查，然后专家审查团对该实验室进行为期 2 天的访问，实验室主任要对专家们提出的任何问题进行口头答辩，最后由专家审查团写出评审报告；研究所所长会根据评审报告的推荐来决定该实验室今后 4 年的经费预算、人员配置和其他资源的调配[①]。

2012 年以前，NIH 单独形成绩效报告，作为 HHS 的附录上报。以 2012 年 NIH 绩效报告为例，其主要报告 NIH 优先绩效目标完成情况、NIH 的主要职能和功能领域（共分为科学研究结果、研究结果的交流与转移、能力建设和研究资源、人力资源的战略管理以及项目监管和改进 5 个功能领域）、NIH 绩效管理评价标准、绩效详细分析、HHS 战略计划支持情况、经费使用情况等内容。2012 年以后，其绩效管理情况整合在 HHS 战略规划、年度绩效计划与绩效报告中，有些内容单独成章节，有些整合表述在相关章节中[②]。

NIH 机构层面的绩效评价是一个连续的过程，以 5 年为一个大的滚动周期，各周期间的绩效活动有所交叉。以当前评价周期（2018—2022 财年）为例，2017 年 6 月，各机构向行政管理与预算局提交 2018—2022 财年战略计划的高级别草案，标志着一个新评价周期开始；2017 年 9 月，各机构向行政管理与预算局提交 2018—2019 财年机构优先目标声明草案，新评价周期的绩效活动正式开展；2017 年 10 月，各机构向行政管理与预算局提交上一个周期末的财政报告与绩效报告草案。

① 胡智慧，王建芳，张秋菊，等. 世界主要国立科研机构管理模式研究[M]. 北京: 科学出版社, 2016.
② 朱庆平，蒋玉宏，祝学华. 美国国立卫生研究院项目和绩效管理做法及启示[J]. 全球科技经济瞭望, 2018, 33(9): 42-46, 53.

（二）外部研究项目评估体系

院外研究计划由各研究中心通过以同行评议为手段的竞争性资助体系发放，主要有基金（grants）、主要资助研究计划和特殊研究中心的合作协议（cooperative agreements）和合同（contracts）三种形式。基金项目、合作协议和合同的资助申请均由 NIH 科学评审中心受理。

具体来看，NIH 对申请项目实行两级评审制度。第一阶段由 NIH 科学评审中心（Center for Scientific Review，CSR）统一接收后，根据项目的内容、类型指定到 1 个或 2 个 NIH 下属研究中心，并同时指定由 NIH 院外的科学家组成的科学评审组（scientific review group，SRG）对项目申请书进行评审。学术评审组有三种组织形式：①科学评审中心评审小组或审查小组（study section），由科学评审中心直接组织和管理，根据不同的研究领域划分，一般由 12—24 名院外科学家组成。②研究中心初评小组（initial review group），由各研究中心组织和管理。③特别评审组（special emphasis panel），在下列情况中，NIH 会成立特别评审组：某项申请的研究内容无法指派给合适的评审组时；某项申请指派给最合适的评审组时会产生利益冲突；一些特殊项目类型的评审，如小企业创新研究基金、博士后基金等。一般来说，科学评审中心评审小组负责占总数 70%以上的自由申请项目和研究教育类项目的评审，而各研究中心的初评小组负责研发合同项目和项目计划（project program）的评审。学术评审官员（scientific review officer，SRO）在第一级评审过程中发挥重要作用。其职责主要包括组织和管理学术评审组会议、提名学术评审组专家成员、选择项目申请的主审专家、根据有关规定对项目申请进行形式审查、检查申请材料是否齐全等、为上会项目起草会议评审概要综述和学术评审组的意见、在项目评审期间负责与申请人进行沟通等[①]。

在上述评审阶段中，虽然科学评审中心是重要的评审中介，但其并没有对外项目资助的行政功能。所以，NIH 的项目评审和资助的行政职能是分开的，分别由不同的职能部门行使。科学评审中心由主任办公室直接领导，不隶属于任何一个研究所，这样做的目的从某种意义上可以理解为是为了保持其评审系

---

① 胡智慧，王建芳，张秋菊，等. 世界主要国立科研机构管理模式研究[M]. 北京: 科学出版社, 2016.

统的独立性，不受各研究所固有资助倾向的干扰，也是为了使其评审系统更趋于成熟、细致[①]。

第二级评审主要从资助机构的使命、国家政策和公众健康需求等视角对资助申请提出意见和资助建议。评审机构是各研究中心成立的国家咨询委员会。该委员会由院外科学家和公众代表组成，只有科学评审组和顾问委员会都愿意推荐的项目申请才可能得到资助。

评审过程如下：在会前 6—8 周，国家咨询委员会成员可以通过 NIH 的委员会电子工作簿系统查看各项目的概要综述。评审时，如果国家咨询委员会不同意学术评审组的意见，可以推迟该项目的评审，将该项目送原学术评审组或另一评审组重新评审；国家咨询委员会也可以直接提出与学术评审组不同的推荐意见，不过要详细说明其原因。一般来说，存在异议的项目只是少数。评审结束后，各研究中心的项目负责人会进一步讨论两级评审的推荐意见，最后由研究中心主任在评审意见基础上做出最后的资助决定。项目负责人在项目层面上具体负责申请和资助项目的管理工作，在整个评审过程和资助后管理中发挥重要作用。其职责包括：根据 NIH 各研究中心的研究领域提出项目需求；与NIH 科学评审中心及各研究中心的学术评审官员就项目评审进行协调；开展资助后管理，评阅项目负责人提交项目进展报告、到研究场所进行现场检查等。

六、合作网络

（一）推进医学研究项目

NIH 与其他联邦、私人和国际资助机构和组织协调合作，以促进规模经济和协同效应，防止不必要的重复投入[②]。NIH 和疾病控制与预防中心（CDC）、美国卫生资源和服务管理局（HRSA）合作开展了早期听力检测和干预，旨在早期识别和诊断听力损失以及为新生儿和婴儿提供干预服务。听力损失会影响

---

① 王涤松. NIH 机构设置和职能定位——美国国家健康研究院(NIH)行政体系的系列观察和思考之二[J]. 华东科技, 2010, (1): 56-57.

② NIH. Report on NIH collaborations with other HHS agencies[EB/OL]. https://dpcpsi.nih.gov/oepr/nih-collaborations-report[2021-08-10].

儿童发展沟通、语言和社交技能的能力。听力损失儿童越早开始接受服务，他们就越有可能充分发挥潜力。CDC 资助各州开发数据系统来跟踪听力损失的儿童的情况，而 NIH 资助研究早期听力检测和干预服务。HRSA 资助各州和医疗保健提供者筛查新生儿和幼儿的听力损失。

为了改善对致病细菌和食源性疾病的监测，NIH 与 CDC 和美国食品药品监督管理局（FDA）合作，建立了病原体检测项目与食品和饲料安全基因组学跨机构研究项目（Gen-FS）。该项目由多机构合作，将病原体暴发的数据与其他信息相结合，以确定污染的主要来源。该项目通过一个集中式系统进行，该系统整合了从食物、环境和人类患者中获得的细菌病原体的基因序列数据。美国和国际上的许多公共卫生机构正在从这些来源收集样本，以促进对病原体和食源性疾病的主动、实时监测。这些机构对样本进行测序并将数据提交给 NIH，NIH 会根据其数据库中的其他序列分析该样本序列，以确定密切相关的序列。这样做的目的是通过将食物或环境中的分离物与人类疾病联系起来，发现潜在的污染源，并快速向公共卫生科学家报告序列关系，以帮助追溯调查和疫情应对。合作机构包括 FDA、CDC、美国农业部食品安全检验局和英国公共卫生部（Public Health England）。

在积极提供研究资金支持的基础上，NIH 与多家高水平的研究型企业合作，推进多领域项目深度研发和落地。2017 年，NIH 与 11 家领先的生物制药公司建立合作伙伴关系以推进加速癌症治疗行动计划[①]。作为癌症登月计划的一部分，癌症治疗行动计划是持续 5 年的国家研究机构与私企研发部门合作项目，总资金投入为 2.15 亿美元。癌症治疗行动计划致力于确定、开发与验证肿瘤免疫治疗用生物学标志物。这些标志物是确定疾病和治疗反应的标准化生物学标志，其可以推进肿瘤免疫治疗在临床上的广泛使用。

此外，NIH 积极拓展国际合作，强化各国之间的知识链条。例如，中美生物医学合作研究计划（China-US Program for Biomedical Collaborative Research）是指根据中国国家自然科学基金委员会（National Natural Science Foundation of

---

① NIH/Office of the director. NIH, 11 biopharmaceutical companies partner to speed development of cancer immunotherapy strategies: effort supports cancer moonshot goal to bring immunotherapy success to more patients in half the time[EB/OL]. https://www.eurekalert.org/news-releases/741808[2021-07-25].

China，NSFC）与 NIH 于 2010 年 10 月签署的科学合作谅解备忘录，为促进两国在生物医学领域的合作而共同征集和资助，并由中美两国科学家联合申请的生物医学领域的合作研究计划。

（二）搭建基础设施平台

在大数据时代背景下，NIH 积极探索多方信息平台合作，共建良好、完备的信息基础设施。例如，2018 年，谷歌公司与 NIH 合作推出了一项新计划，旨在利用商业云计算的力量，并为生物医学研究人员提供最先进、最具成本效益的计算基础设施、工具和服务，以加速利用云进行生物医学研究[①]。项目名为"发现、实验和可持续性的科学和技术研究基础设施"（STRIDES）的倡议将减少访问和计算大型生物医学数据集的经济和技术障碍，以加速生物医学的进步。与谷歌的合作为 NIH 研究人员以及全国 2500 多所获得 NIH 支持的学术机构的研究人员创建了一个具有成本效益的框架，以利用谷歌云（Google Cloud）的存储、计算和机器学习技术。此外，它将使 NIH 资助机构的研究人员能够使用谷歌云平台建立培训计划。

（三）共创公共社会效益

NIH 与 HHS 其他部门经常开展广泛合作[②]。NIH 与 HHS 其他部门的合作对于将基础科学和技术信息转化为有效的、基于知识的方法来促进公众的健康和安全至关重要，如疾病治疗、预防干预、保护性健康政策和法规以及公共卫生活动。2019 财年，NIH 和 HHS 其他部门共报告了 563 项合作活动。这些跨机构合作主要包括以下六个主题：①评估公众健康，以便更好地跟踪疾病和残疾；②改进诊断和治疗，促进研究，并将 NIH 的研究结果转化为安全有效的诊断和治疗方法；③预防疾病和残疾，为国家疾病和残疾预防工作提供证据基础；④提供循证健康信息，为公共卫生工作和美国公众提供最新的研究结果和最佳可用的健康信息；⑤确保公众安全，并采取有效的卫生政策和监管保

---

① Beiwook. Google 与 NIH 合作，加速利用云进行生物医学研究[EB/OL]. https://baijiahao.baidu.com/s?id= 1607761622830417458&wfr=spider&for=pc[2021-07-28].

② NIH. NIH-HHS collaborations study brief[EB/OL]. https://dpcpsi.nih.gov/sites/default/files/NIH-HHSCollaborations_ Study_Summary_Final_Dec_2015_508.UPDATED.pdf[2021-08-10].

护；⑥进行广泛的、多用途的协调，协调跨越整个部门的复杂战略规划工作。

除此之外，NIH 还强调公民科学，将科学和科学政策过程介绍给公众，以确保科学能够对公众的关注和需求做出反应，并利用额外的资源来获取广泛领域的数据和创新。例如，Eye Wire 项目要求玩家使用真实的电子显微镜图像绘制老鼠视网膜上神经元的三维结构。来自 130 多个国家的约 7 万名玩家通过玩这个"科学游戏"，帮助研究人员发现神经元是如何连接起来处理视觉信息的。

第十二章

德国国家科研机构
——国家科研体系的四梁八柱

第一节　德国国家科研体系

德国作为全球创新领先国家，其自然科学和人文社会科学许多领域的研究都处于或曾处于世界领先地位，创新驱动国民经济及社会发展的成效十分显著。2022 年，世界知识产权组织（WIPO）、美国康奈尔大学与欧洲工商管理学院联合发布的《2021 年全球创新指数报告》显示，2021 年德国位列全球创新指数（GII）第 10 名，拥有全球第三多的创新活动集群[①]，表现出非常活跃的科学技术活动，这与德国较为完善的科技管理体系和研发体系密不可分。

一、历史沿革

19 世纪，德国启动教育和研究机构建设，科学研究成为正式职业。19 世纪末，德国政府在政策和经济落后的情况下，将完善的教育体制和专门的研究组织作为促进国家政治经济发展的重要因素之一。1809 年，德国进行了大学体制改革，倡导自由办学精神，将教育与研究合二为一。此后，德国整个大学

[①] WIPO. Global Innovation Index (GII)[EB/OL]. https://www.wipo.int/global_innovation_index/en[2022-10-16].

系统进行了大胆革新，涌现出一批将教学与研究结合起来的大学实验室，标志着科学研究成为一种正式的职业。同时，德国大学还创造出了不少有效的科研组织形式和方法，诸如研究生指导制度、研究生院、高校研究所以及专业科技刊物的出版等，这些都是德国首创。19 世纪 70 年代，德国在合成染料工业领域建立了工业实验室，它是人类历史上建立的第一个由企业按自身发展战略、在企业内部组织和管理的研发机构。

20 世纪，德国科研机构在经济发展和战争摧残中曲折发展。20 世纪初，德国已跻身世界经济大国之列，建立起一批国家经济发展迫切需要的科学研究所。二战后，德国很多科学家和工程师搬去了盟军国家，受雇于军事、航天和原子能技术等领域，德国科学研究遭受严重摧残，之后经历了恢复重建、振兴调整和巩固发展等阶段。1949 年联邦德国成立后，德国高校逐渐步入正轨，一些科研机构的科研基础设施及资助机构得以恢复或建立。马普学会、弗劳恩霍夫协会、德国科学基金会等机构先后恢复或重建。1998 年，联邦研究技术部、联邦教育及科学部合并，更名为联邦教育与研究部，将高等教育和高等教育部门以外的技术和研发归口在一个部门管理。这一时期，政府制定了一系列优惠政策，鼓励和扶持工业企业建立研发机构开发新产品和新技术，这使得德国企业研究机构在数量和质量上都发生了巨大的变化，成为应用技术研究的主力军。

进入 21 世纪，德国将改革高校和科研院所管理模式作为科技体制改革的重要内容之一。德国在这一时期对其科技体制加大了整合力度，以确保科学技术的领先地位和科学竞争力。改革的方向包括：赋予科研机构更大的自主权，培养青年学者，吸引海外人才，加强科学界与经济界的合作，等等。例如，2002 年，联邦议院通过联邦政府提交的《高校框架法第 5 修正法》草案，为在大学建立青年教授制度提供了联邦法律依据。2012 年，联邦议院通过《科学自由法》，即"关于非大学研究机构财政预算框架灵活性的法律"，给予非大学研究机构在财务和人事决策、投资、建设管理等方面更多的自由。

二、科技管理体制

德国科研活动始终坚持"科技和经济以主观能动为主，国家干预为辅"的方针。总体上看，德国科研管理体系包括管理部门、决策协调机构、研究机构三大部分（图 12-1）。德国联邦政府虽然掌握着科技政策、重点规划、科研经费等决策权，但与各类科学研究机构不是单纯的行政领导关系，政府通过各类资助等手段进行管理协调，保证科研方向和重点规划①。

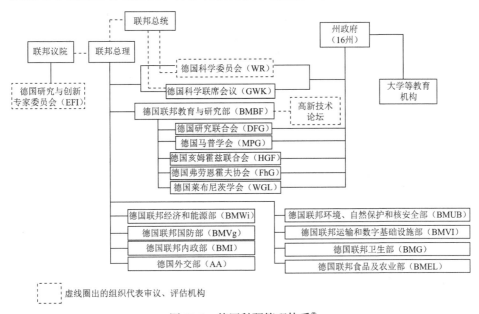

图 12-1　德国科研管理体系②

（1）管理部门。根据《德意志联邦共和国基本法》相关规定，教育计划与促进科研是联邦和州的共同任务。德国联邦与各州的议会及政府负责制定、执行与教育、技术和创新相关的政策及实施细则，并负责创新外部环境的建设。与科技创新密切相关的部门主要是联邦教育与研究部、联邦经济和气候保护部，分管各领域的主管部门也涉及技术创新相关事务，如联邦粮食与农业部，联邦数字与交通部，联邦环境、自然保护、核安全与消费者保护部等。

（2）决策协调机构。德国研究与创新专家委员会（EFI）、德国科学委员会（WR）、德国科学联席会议（GWK）是德国重要的科技决策与咨询机构，负责为联邦政府提供科技创新政策方面的建议，这三个机构在功能定位上各有

① 吕波，曹庆萍. 美国及德国科技研发体系比较研究[J]. 中国科技论坛, 2005, (1): 135-139.

② 白春礼. 世界主要国立科研机构概况[M]. 北京: 科学出版社, 2013.

侧重，WR 和 GWK 具有一定的联邦与州政府协调功能。另外，德国政府还有一些协调联席会议，具体负责协调联邦各州科研领域的相关事宜，如联邦州文教部长联席会议（KMK）、德国大学校长联席会议（HRK）。

（3）研究机构。德国的科学研究机构包括联邦政府、州政府以及两者共同资助的科研机构、大学和企业等，它们形成了分工明确而又相辅相成的研究体系。除了综合性大学、应用技术大学等高校外，由联邦和州政府共同资助的四大非营利科研机构（马普学会、亥姆霍兹联合会、弗劳恩霍夫协会、莱布尼茨学会）是德国科技创新的重要基地，承担和参与了德国主要科研项目。除此之外，还有联邦属的八大研究所、德国国家工程院、德国国家科学院以及联邦部委研究部门等，州政府也设有直属的研究所、科学院等。

三、科研体系特征

近年来，德国高度重视科技工作，科研经费投入持续增加，由 2011 年的 755.69 亿欧元增加至 2019 年的 1100.25 亿欧元，增幅达 45.6%（图 12-2）。2016 年，德国科研经费投入达到 921.74 亿欧元，在欧盟国家中居首位，占国内生产总值（GDP）的比例接近 3%。2017 年，德国科研经费投入进一步增加，实现了科研经费投入占 GDP 比例超过 3% 的目标。当前，德国目标是 2025 年将科研投入经费占 GDP 比例提高至 3.5%，预计未来一段时期，德国科研经费投入将继续增加。

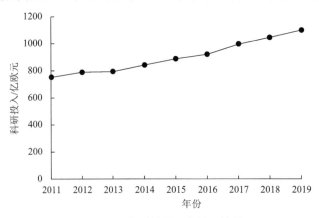

图 12-2　德国科研经费投入情况

资料来源：经济合作与发展组织统计数据，参见：https://stats.oecd.org

从投入结构上看，企业是科研经费的投入主体，政府和高校投入相近。2011—2019 年，企业科研经费投入持续增长，由 2011 年的 510.77 亿欧元增加至 2019 年的 758.30 亿欧元，增幅达 48.5%（图 12-3）。高校是第二大科研经费投入主体，由 2011 年的 135.18 亿欧元增加至 2019 年的 191.73 亿欧元，增幅为 41.8%。政府是科研经费投入的第三大主体，科研经费投入由 2011 年的 109.74 亿欧元增加至 2019 年的 150.22 亿欧元，增幅达 36.9%。从研发投入的领域看，投入最大的是汽车行业，其次是医药、航空航天、电子及信息通信等行业。

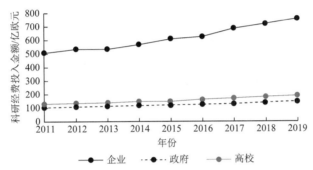

图 12-3　德国不同主体的科研经费投入情况

资料来源：经济合作与发展组织统计数据，参见：https://stats.oecd.org

第二节　德国科研机构概况

独立研究机构、高校研究机构、企业研究机构是德国最为核心的三大类科研机构，旨在集中关键领域的科研优势推动前沿技术的攻关与突破。本节将对德国科研机构总体布局进行介绍，再分别介绍三类科研机构的具体情况。

一、科研机构总体布局

德国科学研究主要依靠高等学校、非营利性科研组织、公立研究机构和企业研究机构，构建形成结构完善、分工明确、协调一致的科研体系。各类研究机构涵盖了从基础研究到应用研究的各个方面，形成了庞杂严密的科研机构网络体系，保证了德国在基础科学研究、技术创新和工业领域等方面处于世界领先地位。

高校是基础研究的主体。非营利性科研组织是由政府提供经费并进行监督的独立性组织，如马普学会和弗劳恩霍夫协会等。公立研究机构主要包括 13 个大型研究实验室、35 个研究所（含协会代管理的部分）和 13 个公立性质的研究或检测机构。非营利性科研组织和公立研究机构是基础研究和应用研究的主体。企业研究机构主要是一些科研实力较强的公司及其建立的实验室或一些专门成立的基金会，主要是面向市场的研究与开发。

二、独立科研机构（非营利）

在德国，非营利科研机构属于官办性质的独立科研机构，是德国最重要的基础和前沿领域研究的科研力量，是国家长期战略性重点基础研究项目的主要承担者，如亥姆霍兹联合会、马普学会、弗劳恩霍夫协会等。由于德国坚持"科学研究自由"的原则，提倡个人首创精神，因此，尽管这类研究机构的经费大部分来自政府财政拨款，但法律上这类机构都独立于政府，以"责任有限公司"、"基金会"或"注册社会团体"的形式出现，实行自主管理。需要指明的是，德国是几个发达国家中唯一没有设立促进科研税收项目的国家。非营利机构都享受政府特殊税收政策，基本上是零税率。政府通过年度工作报告对非营利科研机构进行监督，并通过评估委员会定期对研究所和研究项目进行评估。

目前，以四大协会为主的独立性科研机构承担和参与了德国主要科研项目，主要有：弗劳恩霍夫协会、莱布尼茨学会、马普学会、亥姆霍兹联合会以及德国科学基金会、德意志学术交流中心（DAAD）。以弗劳恩霍夫协会为例，机构属于自营性质，成立目的侧重于实用研究，并接受工业界、服务性企业和公共部门委托科研项目，最终目的为实现科技成果的顺利转化。总部设在慕尼黑，下设有分布于德国全境的 76 个研究所和研究单位。每年约 29 亿欧元的科研预算[①]，采用合同雇佣制管理，对研究所项目的评审由外部聘请的学术委员会承担。同时也积极保持与国外相关机构的合作关系，例如，1994 年专门在

---

① 弗劳恩霍夫协会官网. https://www.fraunhofer.de/en/about-fraunhofer/profile-structure.html.

北京设立了办事处。

由于上述四大协会有很强的经费自主权和科研项目审批权,除少部分由联邦和州政府直接拨付给资助对象外,大部分直接交由以四大协会为主的独立科研机构代为管理和运作。

三、高校科研机构

德国有 400 多所高等学府,主要分为 3 种不同的模式:传统大学、应用科学大学和技术大学(或学院)。

科研与教学统一、保障科学自由是德国传统大学的特有面貌。该大学模式往往侧重基础研究和应用科学,课堂侧重于研究。传统大学如海德堡大学,是德国最古老、最成功的大学,同时也是一个充满活力的科学中心,学术氛围极其浓郁,科技成果显著。截至 2023 年 6 月,共有 56 位诺贝尔奖获得者曾于海德堡大学求学、任教或开展研究。

应用科学大学,如艾母登/里尔应用技术大学,成立于 2009 年,该大学有自己的技术转让办公室。其研究主要集中在某一特定主题上,如生产中的能源效率、促进健康和工业信息化等。艾母登/里尔应用技术大学还与该地区的其他大学和公司合作,从研究或实际应用中获益,同时也鼓励自己的学生创业。

技术大学(或学院)是德国大学的另一特色。它们主要专注于工程学科,从建筑到工业工程都有。主要的技术大学(或学院)被归类在德国理工大学联盟(TU9)的标签下,例如,卡尔斯鲁厄理工学院是一所专对能源、人类、气候和环境等关键问题进行研究的大学。在"英才计划"包括的 14 所大学中,有 4 所是技术大学(或学院)。

德国高校既是一支基础理论及应用研究很强的队伍,又是培养科研后备力量、保证科研力量不断更新的重要基地,尤其在自然科学基础理论研究的大多数领域以及在人文科学领域里是研究工作专业方面最重要的负责部门。这些研究机构主要分布在一些综合性大学以及各类专科学校里,都有自己的特色研究领域,这些高校研究机构在基础理论研究、应用研究、培养科研人才方面发挥着非常重要的作用。

2004 年,德国联邦教育与研究部和德国科学基金会联合发起大学卓越计划（以下简称卓越计划），旨在提高德国大学的科技研究和国际竞争力，培养年轻科研后备力量等。卓越计划包括资助特定的杰出大学；资助在特定大学杰出年轻科研人员的研究；加强大学间、项目间的合作；加强德国大学和国际学术机构、大学之间的合作研究。通过引入竞争机制，卓越计划打破了长久以来实行的均衡惯例，优胜劣汰的竞争机制极大地增强了大学之间的竞争意识。

四、企业科研机构

德国企业从事的科学研究在国家科研领域中占有相当大的比重。在德国约有 1/3 的企业从事研发工作。不仅是大型企业，许多中小企业也设立了自己的实验室。德国企业的科研工作主要是为满足市场发展需求，在化工、机械制造、生物医药、工业测量和调控技术、新材料、新能源等领域创新活跃。

德国基金会大体上可分为两大类：一类是由国家政府拨款作为基金用来资助科研项目或提供奖学金，如洪堡基金会、康拉德·阿登纳基金会等；另一类是私人基金会，基本上是用基金的利息资助科研项目，发放奖学金，如大众汽车基金会等。

一些小企业为了降低科研成本，实现资源共享，特别注重与德国联邦工业合作研究会（AiF）的紧密合作。德国联邦工业合作研究会成立于 1954 年，是企业共同研究和其他政府资助项目的承担者，主要资助中小型企业的研发项目，截至 2023 年 6 月，共有 5 万家中小企业会员，101 个不同的行业或技术相关的合作科研机构。

企业投资（含通过设立基金会方式）在整个研发领域占有很大比重，约占德国科研总投入的 70%。德国企业不仅建立研究实验室进行科学研究，还作为资助方积极参与科学研究。2019 年，德国企业界科研总投入达到 758.30 亿欧元。

第三节　马普学会

马克斯·普朗克科学促进学会（简称马普学会）成立于 1948 年，其前身是 1911 年成立的威廉皇帝协会（Kaiser-Wilhelm-Gesellschaft，KWG）。马普学会是德国政府资助的以注册协会形式成立的非营利科研机构。截至 2022 年，马普学会下设 86 个研究所（其中 5 个研究所和 1 个研究机构设在国外），在自然科学、生命科学、人文和社会科学等领域开展基础研究工作，取得了多项享誉世界的科技成果，产生了不少于 20 位诺贝尔奖获得者。

马普学会所有的研究所和设施在组织和研究方面基本上都是自主独立的。例如化学所，所长负责确定科学目标，并决定研究方向，化学所的学术人员也参与讨论。化学所所长对人员招聘、经费管理、部门设置以及合作伙伴及其合作形式有决定权。

一、缘起和发展

（1）学会前身的"科学精英"模式（1911—1945 年）。马普学会的前身是 1911 年成立的 KWG，KWG 专注于前沿的、极具发展前景的且不在大学设立的跨学科研究领域，并且追求精英主义，为研究活动吸引最优秀的人才并提供理想的研究条件。KWG 时期，学会一半的资金预算来自私人捐款和工业界的资助，但由于战后货币贬值及其他政治原因，私人捐款资助方式不被允许。1945 年 5 月德国被占领后，KWG 的预算资源被控制，同时被迫废除了"科学精英"的组织模式。

（2）二战后学会的初步重建与扩展（1946—1947 年）。二战后，在美国的倡议下，盟国对德管制委员会提议解散 KWG，但英国方面建议重建学会。1946 年，为纪念马克斯·普朗克的贡献，KWG 更名为"马克斯·普朗克科学促进学会"，任命德国著名化学家兼诺贝尔奖获得者奥托·哈恩（Otto Hahn）为学会主席。经过初步的重建，马普学会于 1946 年在德国的英国占领区初步成立。1947 年 9 月，美国最终批准了当时德国的美国和英国占领区的马普学会研究机构的合并，并且规定学会必须独立于国家和行业，并且对其他机构开放。最终，马普学会在 1948 年 2 月 26 日实现了合并。

（3）完成新机构的合并与整合（1948—1953 年）。马普学会正式成立于 1948 年，由 25 个研究所和研究中心组成。成立的最初几年秉承两个原则：一是专注于基础研究，远离任何政治或商业的影响；二是明确要求研究所所长需达到"卓越"的最高标准。之后位于法国占领区的 KWG 于 1949 年 10 月 15 日和 11 月 18 日并入马普学会，位于苏联占领区的研究所于 50 年代初被纳入马普学会。重建的马普学会终于在 1953 年彻底完成所有研究所的合并。重新整合的马普学会，经费提供方式由联邦各州政府资助取代了之前的捐款和工业界资助。与其前身相比，马普学会在决定其科学方向发展方面具有更大的自主权。

（4）学会发展的繁荣时期（1954 年至今）。从 1954 年起，马普学会与国外机构的合作逐渐频繁。1959 年与以色列雷霍沃特魏茨曼科学研究所（Weizmann Institute of Science）建立联系以及 1974 年与中国科学院建立伙伴关系是马普学会参与国际合作的里程碑事件。60 年代，马普学会取得了巨大的进步，建立了生物学和生物化学研究中心；物理和化学领域的研究范围扩大到包括天文学和固态物理学；人文和社会科学的研究人员着力研究社会政治热点问题，并建立了包括法律和教育学科的新的研究所。到 1966 年，研究机构的数量已增至 52 个。70—80 年代，马普学会专注于具备发展前景领域的创新、跨学科前沿研究，并设立了具体项目，这为年轻研究人员开启国际科学事业创造了机会。之后德国统一，到 1998 年在德国东部建立了 18 个新研究所，这为众多新的研究领域打开了大门。进入 21 世纪，马普学会加强了国际合作，与中国科学院一起在上海成立了"中国科学院-马普学会计算生物学伙伴研究所"，由佛罗里达州（Florida）和棕榈滩县（Palm Beach County）资助的北美第一家马普学会研究所成立[①]。

二、特征

马普学会的三个特征塑造了马普学会在世界范围内的研究机构中的独特性。

（1）马普学会面向基础研究。学会致力于研究和发展自然科学、生命科学、社会科学和人文的基础知识。科学家们研究的题目有粒子的内部结构和宇宙的起源、生命的分子组成部分和生态系统中的特定相互作用以及全球迁移导致的社会变化等。

---

① MPG. The beginnings of a research giant[EB/OL]. https://www.mpg.de/11957784/70-years-Max-Planck-Society[2021-07-22].

（2）马普学会具有灵活的组织结构。马普学会认为，其首要任务是致力于在科学上具有高度相关性和发展前景的领域，尤其是新兴研究领域，这就要求研究组织具备高度的灵活性和创新能力，从而研究所和整个组织在研究过程中不断地进行科学改进。各学科委员会通过长期观察和评价国际科学格局的变化来支持这一进程，研究所和各部门则可能关闭或重新定位。改进过程主要通过马普学会的评估程序来进行，这种程序建立在研究理念和研究个性相互依赖的基础上。

（3）马普学会的科学家自治。马普学会高水平的研究质量依赖于谨慎的聘用政策。为了确保基础研究领域的最高水平，马普学会吸引高素质的科学家从事领先的、与国际接轨的科学工作。通过严格的选拔和任命程序，选出极具创造力、并有巨大潜力的候选人。马普学会研究所的所长被马普学会赋予了科学和行政自由权（包括人员选择、实施计划所需的物质和财政资源选择）[1]。在组织管理方面，学会采用了一种"以人为本"的管理理念，为科学家提供了宽松的科研学术环境和较大的决策自主权[2]。

三、组织架构

马普学会总部的决策管理部门包括主席（president）、执行委员会（executive committee）、秘书长（secretary general）、行政总部（administrative headquarters）、评议会（senate）和全体会员大会（general meeting）；咨询部门是科学委员会（scientific council）；评估部门是科学咨询委员会（scientific advisory board），如图 12-4 所示[3]。

（1）主席代表马普学会，负责制定研究政策和指导方针，负责主持评议会、执行委员会和全体会员大会。在紧急时，主席有权代替上述机构做出其职权范围内的决定。主席由评议会选举产生，其任期 6 年，另有 4 位副主席。

---

① MPG. Annual Report 2020[EB/OL]. https://www.mpg.de/17039498/2020[2021-07-22].

② 郑久良，叶晓文，范琼，等. 德国马普学会的科技创新机制研究[J]. 世界科技研究与发展，2018, 40(6): 627-633.

③ MPG. Structures of the Max Planck Society[EB/OL]. https://www.mpg.de/17039558/annual-report-2020-structures.pdf[2021-07-22].

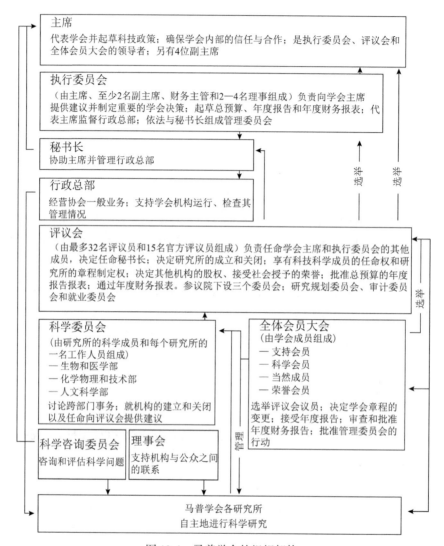

图 12-4　马普学会的组织架构

资料来源：MPG. Structures of the Max Planck Society[EB/OL]. https://www.mpg.de/17039558/annual-report-2020-structures.pdf[2021-07-22]

（2）执行委员会向主席提供咨询意见，起草总预算并编制年度决算。其成员包括主席、至少 2 名副主席、财务主管以及 2—4 名理事。执行委员会成员由评议会选举产生，任期 6 年。秘书长和执行委员会都是马普学会的董事会成员。

（3）秘书长是主席根据评议会通过的决议任命的，以咨询表决权参加执行委员会议，协助学会主席并对行政总部进行管理。

（4）行政总部设立在慕尼黑，负责向研究所和研究机构提供咨询和支持，管理马普学会的日常事务，并支持学会各机构制定和执行决定，帮助马普学会完成其管理任务。

（5）评议会是马普学会的中央决策和监督机构。评议会选举主席、执行委员会成员，并决定秘书长的任命。评议会还审议建立或关闭研究所、任命科学成员和研究所所长等。此外，评议会还就学会参与的其他事项做出决定，制定学会的全部预算，通过年度报告并提交大会。评议员来自科学界、商业界、政府部门、媒体和其他机构。官方评议员包括学会主席、科学委员会的主席团成员、3个学部的主席团成员、秘书长、每个部门选出的3名科学工作人员、总工程理事会主席，以及代表联邦政府和各州的5位部长或副部长。荣誉会员也是评议会成员，具有咨询能力。德国大型研究机构的主席也被邀请参加马普学会的评议会议。

（6）全体会员大会是学会的最高决策机构。在全体会员大会期间，根据评议会的提议做出会员的任命。全体会员大会负责修正章程，选举会员，接收年度报告，审核批准年度决算，决议解散董事会。全体会员大会成员包括支持会员、科学会员、当然成员和荣誉会员。支持会员来自社会各个领域，对马普学会的支持至关重要，超过650名支持会员致力于优秀的前沿研究。科学会员包括研究所的科学成员（通常是所长）、退休的科学成员和研究所的外部科学成员。当然成员包括评议会成员以及非研究所的负责人。荣誉会员是为科学做出贡献的研究人员或科学支持者。

（7）科学委员会由研究所的科学成员和每个研究所的一名工作人员组成。通常，科学委员会每年召开1次（必要时2次）。科学委员会分为3个部分，包括生物和医学部、化学物理和技术部及人文科学部，负责讨论各部门共同关心的问题，特别是那些对马普学会的发展具有重要意义的问题。科学委员会可以就这些问题向评议会提出申请，并向各学科部提出建议。

（8）理事会的主要作用是在研究所和公众之间建立联系并提供支撑。研究机构依靠理事会成员的兴趣来创造研究的机会，并依靠成员的意愿持续支持研究。理事会审议科技政策以及经济和组织问题。

（9）科学咨询委员会是评估马普学会各研究所科学绩效的主要工具，证明马普学会资金的合理性。科学咨询委员会在进行外部评估时，超过97%的科学咨询委员会成员来自大学和其他研究机构，超过 75%的成员来自国外。学会主席根据各研究所提出的建议任命科学咨询委员会的成员，主席还可以任命该委员会的其他成员。科学咨询委员会每两年对该研究所进行一次评估。在特殊情况下，学会主席还可以召集科学咨询委员会。

四、任务来源及形成

马普学会超过 80%的科研经费由联邦政府和州政府提供，其余的由欧洲区域发展基金（ERDF）、欧洲研究委员会（ERC）、德国科学基金会和德国产业界资助，由此可见马普学会遵循自上而下的资金配置和领域布局模式。马普学会确立了自己的使命：一是通过促进基础研究来弥补德国大学研究的不足，这些研究需要的人员和设备通常超出了大学的能力范围；二是学会还涉及新的研究领域和前沿的研究课题，这些课题处于知识的前沿，只有通过跨学科、国际化和灵活的组织才能攻克。

马普学会研究所所长把握优先研究领域，具体研究方向由研究所的科研人员自主提出，然后研究所将根据该方向的科研潜力和科研人员能力决定资助金额。研究所也优先照顾新兴研究领域，尤其是在大学不容易开展的研究方向；它们原则上拒绝保密性研究，并公开发表研究成果[①]。

五、经费结构及使用方式

（一）经费结构

马普学会的经费主要来自联邦政府和州政府。根据德国《德意志联邦共和国基本法》第 91 条 b 款以及《关于联合科学大会联合资助条约的实施协议》，由联邦政府和州政府以 1：1 的比例出资。此外，经科学联席会议理事机构的资助提供者的同意，联邦政府及其联邦各州可以支付超出各自资助份额的款项

① 郑久良, 叶晓文, 范琼, 等. 德国马普学会的科技创新机制研究[J]. 世界科技研究与发展, 2018, 40(6): 627-633.

（专项资金和部分专项资金）。《2020 年马普学会年度报告》显示，马克斯·普朗克等离子体物理研究所（IPP）以 9：1 的比例由联邦政府和其所在的联邦州拜恩州和明斯特-梅克伦堡-沃波默恩州提供资金，还接受来自欧洲原子能共同体的资助。2021 年 1 月 1 日确定了 IPP 重新融入马普学会，评议会批准了 IPP 的预算，科学联席会议批准了 IPP 的预算整合。

除了联邦政府和州政府对马普学会提供的机构资金（institutional funding）外，马普学会及其研究所的资金还来自联邦政府和州政府以及欧盟提供的项目资金（project funding）、私人资金、捐款及服务报酬。

2020 年，马普学会的资金总收入[①]为 25.46 亿欧元，比上年增长 1.9%，如表 12-1 所示，其中 92.7% 的收入分别来自机构资金（80.1%）和项目资金（12.6%），以补贴（subsidies）的形式存在（上一年为 91.3%）。在补贴资金中，机构资金补贴中的基础资金（basic funding）和部分/专项资金（partial/special funding）的资助最为重要，占 86.4% 的份额（上年为 88.2%），为 19.24 亿欧元。项目资金补贴为 3.03 亿欧元，包括联邦政府和州政府（21.0%）、欧盟（31.5%）、德国研究基金会（31.2%）和其他资金（16.3%）。

马普学会 2020 年的项目资金（又称第三方资金）中，从联邦政府和州政府获得的项目资金为 0.64 亿欧元。来自欧盟的资助为 0.95 亿欧元，主要由欧洲区域发展基金和欧洲研究委员会提供。来自德国科学基金会的资助为 0.94 亿欧元，其中约 0.08 亿欧元用于卓越计划，约 0.30 亿欧元用于协调计划[②]，约 0.37 亿欧元用于 DEAL 项目[③]。其他资金中约有 0.39 亿欧元的资金来源于产业界（非公有第三方资金），较上年增长约 3%[④]。

① 马普学会资金收入不包括 IPP 和法律上独立的研究所马克斯·普朗克铁研究所（EIFO）和马克斯·普朗克煤研究所（KOFO），它们与申请人组成一个财团。
② 协调计划是马普学会参与的德国科学基金会计划。马普学会在 2020 年参与德国科学基金会计划的 185 个合作研究中心、93 个研究生院、70 个优先项目、1 个研究中心和 80 个研究小组。
③ DEAL 项目是由德国科学组织联盟发起推出的，代表了德国绝大多数最重要的科学和研究组织。该联盟由德国近 700 家主要由公共资助的学术机构组成，如大学、技术学院、研究机构以及国家和地区图书馆。该项目旨在为主要学术出版商的整个电子期刊组合实施国家许可协议。
④ MPG. Pakt für forschung und innovation: die initiativen der Max-Planck-Gesellschaft[EB/OL]. https://www.mpg.de/17174459/paktbericht-2020.pdf[2021-07-23].

表 12-1　2020 年和 2019 年马普学会资金来源情况

项目	2020 年		2019 年	
	金额/百万欧元	占比/%	金额/百万欧元	占比/%
机构资金补贴	1924.1	80.1	1865.1	80.5
基础资金	1892.9	——	1839.9	——
部分/专项资金	31.2	——	25.2	——
项目资金补贴	302.8	12.6	249.5	10.8
联邦政府和州政府	63.6	——	55.9	——
欧盟	95.4	——	86.5	——
德国科学基金会	94.4	——	57.4	——
其他资金	49.4	——	49.7	——
自有收入和其他收入（不包括多年可用资金）	110.8	4.6	116.8	5.0
其他资金	64.0	2.7	86.5	3.7
总计（不包括多年可用资金）	2401.7	100.0	2317.9	100.0
多年可用资金	144.6	——	179.9	——
总计	2546.3	——	2497.8	——

资料来源：《2020 年马普学会年度报告》。

（二）使用方式

马普学会 2020 年的总支出为 25.37 亿欧元，经费的支出分配在人员开支（personnel expenses）、材料成本（material costs）、转移和补贴（transfers and subsidies）及额外项目投资（addition to extraordinary items-investments），如表 12-2 所示。在总费用（不包括多年可用资金）中，人员开支费用所占比例最大，为 54.8%（上一年为 54.4%），平均一个人的科研支出（含博士生和科研秘书）在 10 万欧元左右[①]，这是因为过去几年雇员人数与人事费不断增加。额外项目投资方面的资金支出与上年相比增加了 2650 万欧元，主要为科学设备投资（1.581 亿欧元）、建设项目（1.063 亿欧元）和 IT 设施设备（0.875 亿欧元）。

---

① 德国亥姆霍兹联合研究会访谈会议纪要，2021 年 5 月 26 日。

表 12-2　马普学会 2020 年和 2019 年经费使用情况

项目	2020 年		2019 年	
	金额/百万欧元	占比/%	金额/百万欧元	占比/%
人员开支	1300.0	54.8	1274.7	54.4
材料成本	653.5	27.5	688.1	29.4
转移和补贴	53.1	2.2	40.3	1.7
额外项目投资	367.3	15.5	340.8	14.5
总支出（不包括多年可用资金）	2373.9	100.0	2343.9	100.0
多年可用资金	163.0	—	144.6	—
总支出	2536.9	—	2488.5	—

资料来源：《2020 年马普学会年度报告》。

注：自 1999 年起，学会的经费分配就采用"包干制度"，严格执行预算，但研究所可将不超过经费预算总额 10%的结余转入下一年度继续使用，也可在本年度提前使用不超过下一年度预算总额 10%的经费，这有利于实现按需支出，使得资源配置更加有效。资料来源：郑久良，叶晓文，范琼，等. 德国马普学会的科技创新机制研究[J]. 世界科技研究与发展, 2018, 40(6): 627-633.

2020 年，马普学会资金总额的约 10%（约 1.9 亿欧元）用于促进组织内部的竞争，以实现其中长期战略研究目标，并制定了一套全面的方案和项目组合。具体包括国际马克斯·普朗克研究学院（International Max Planck Research Schools，IMPRS）、宣布开放主题的马克斯·普朗克研究小组（Open-topic Anounced Max Planck Research Groups）、利斯·梅特纳卓越计划（Lise Meitner Excellence Program）、奥托·哈恩小组（Otto Hahn Groups）、马克斯·普朗克-弗劳恩霍夫合作社（Max Planck-Fraunhofer Cooperations）、马克斯·普朗克研究员（Max Planck Fellows）以及马克斯·普朗克中心（Max Planck Centers，MPC）。通过这些方式，马普学会（特别是通过内部竞争）能够更好地开展创新研究并制定新标准。由于内部竞争程序确保只有最好项目的提案和申请才能获得资助，因此这保障了青年科学家们参与项目竞争的平等机会。通过这种方式，马普学会拥有各种各样的资助机会，以便能够在短时间内获得新的研究理念，提高对初级科学家的吸引力，并进一步扩大与国内外大学和非大学合作伙伴的合作^①。

　　马普学会以项目资助方式划拨资金，通过预算设置、项目定期评估的方式实现经费的"专款专用"，确保科研经费落到实处；设立责任人补充基金，每年划拨固定比例（按科学家的年度科研经费进行配额）的备用经费给学术带头人和课题负责人，用于在已有经费不足的情况下保证科研工作顺利进行，以提高科研经费使用的灵活性和自主性；通过科研经费事前评估、提前介入等方式调控资金使用，并在项目执行期间进行严格的评审、考核，以确保投入的必要性与合理性；对于确定投入的基础研究，虽不过多干涉资金使用，但会适时进行项目评估，以便及时纠正甚至终止研究^②。

六、用人方式及薪酬制度

　　截至 2020 年 12 月 31 日，马普学会共有 23 969 名员工（除去奖学金获得者和客座科学家后是 21 187 名合同雇员），近 10 年增长了 10%，如图 12-5 所示。其中 6912 名研究人员，占雇员总数的 28.8%，8729 名非研究人员，占雇员总数的 36.4%，3411 名签署学费津贴协议的博士生，1596 名学生和研究生助理，539 名培训生，542 名奖学金获得者，2240 名客座科学家，详见表 12-3。在 21 187 名合同雇员中，18 648 名员工（包括 5471 名研究人员）获得了机构资助，2539 名合同雇员（包括 1441 名研究人员）获得了第三方资助。

　　2020 年，马普学会共有 15 168 名初级和客座科学家，这个群体包括研究生助理和科研助理、奖学金获得者、博士研究人员、初级科学家、博士后、客座科学家，比上一年减少了 7.8%。从全年来看，特别是外国客座科学家下降17.4%，研究奖学金获得者人员下降 53.3%，科学助理人员下降 12.5%，这主要归因于与新冠疫情相关的旅行限制和研究所得限制。马普学会的兼职员工占总数的 26.4%，超过一半（54.6%）的研究人员是外国人，拥有资助合同的博士研究人员中有 57.1%是外国人。

---

① MPG. Pakt für forschung und innovation: die initiativen der Max-Planck-Gesellschaft[EB/OL]. https://www.mpg.de/17174459/paktbericht-2020.pdf [2021-07-24].

② 郑久良, 叶晓文, 范琼, 等. 德国马普学会的科技创新机制研究[J]. 世界科技研究与发展, 2018, 40(6): 627-633.

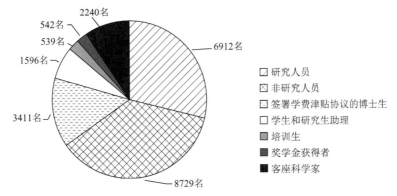

图 12-5　2020 年马普学会总体雇员情况

资料来源：《2020 年马普学会年度报告》

表 12-3　2020 年马普学会雇员详细情况

雇员	MPG 总计	女性雇员占比/%	机构资助/人	第三方资助/人
总雇员数	23 969	43.4	19 160	2 569
研究人员总数	6 912	32.3	5471	1 441
W3 级科学家	297	17.8	297	0
W2 级科学家	399	36.3	388	11
一般研究人员	6 216	32.8	4 786	1 430
签署《德国公共部门员工工作与薪酬协商契约》的博士后	2 450	33.4	1 835	615
非研究人员总数	8 729	55.1	8 481	248
技术人员	3 990	39.1	3 807	183
行政人员	4 739	68.5	4 674	65
签署学费津贴协议的博士生	3 411	40.0	2 723	688
学生和研究生助理	1 596	50.8	1 439	157
培训生	539	37.1	534	5
奖学金获得者	542	35.6	512	30
客座科学家	2 240	34.9	0	0

资料来源：《2020 年马普学会年度报告》。

注：有 2240 名客座科学家不在员工工资登记册上。

（一）用人方式

（1）马普学会秉承哈纳克原则，即"让最优秀的人来领导研究所"。新研究所的设立常常与遴选研究所所长同步进行，每个研究所都有多名所长，通过全球公开招聘，担任研究所的学术带头人。学会的科学委员会下设委任委员会，由所长和外部专家组成，负责对研究领域的长期前景、研究课题的可行性等进行调查，收集知名科学家的报告，对可能的候选人做出评估，并提出建议。学会科学会员和外部专家组成专家组，对候选人成立的项目组进行评估，并从国际知名科学家处搜集相关信息。项目组经过 5 年的试运行后，学会科学会员及外部专家会组成新的评估委员会，对项目可行性、项目组的工作进展和候选人的领导能力进行评估，并向马普学会主席提交建议。最终经评议会两轮认可后，由主席任命。

（2）采取固定人员与流动人员相结合的人事管理制度。马普学会所属研究所与大学之间的人才双向流动关系密切，马普学会鼓励研究人员去大学担任兼职教授，马普学会超过 80%的所长和室主任都在所在地大学任兼职教授。大学的教授也可应聘马普学会所属研究所的研究员（所长）职位。马普学会的流动人员（国内外客座科学家、访问学者、博士后和博士生等）年流动量基本保持在 11%以上，流动人员在马普学会的工作时间从不足 1 个月到 2 年不等。2020年，马普学会有 344 名科学家在德国大学担任名誉教授和其他教授职位，为各机构之间的密切合作做出了重大贡献。马普学会的科学家可以将他们的创新研究方法（主要是课程规范之外）用于大学教学，尤其是年轻科学家也同时获得了教学技能。事实证明，通过名誉教授将科学家与大学联系起来是马普学会最灵活、最有效的方法①。

（3）采取长期聘用和限期聘用相结合的用人方式。马普学会从事的研究人员分为长期聘用人员和限期聘用人员，二者的比例约为 1∶1。其中所长和科学会员是 W3 级别；课题组组长一般为长期聘用人员，是 W2 或 W3 级别；一般研究人员中的 50%是长期聘用人员②，为 W1 级别，另外 50%是限期聘用人员。

---

① MPG. Pakt für forschung und innovation: die initiativen der Max-Planck-Gesellschaft[EB/OL]. https://www.mpg.de/17174459/paktbericht-2020.pdf[2021-07-25].

② 白春礼. 世界主要国立科研机构概况[M]. 北京: 科学出版社, 2013: 206.

（4）人才培养。一是注重青年人才的培养。1998 年，马普学会与各大学合作，激励全世界有才华的年轻博士生来德国的 IMPRS 攻读博士学位。这些学校为初级科学家提供了极好的研究机会，也为他们提供了广泛的支持。截至 2021 年，在 IMPRS 工作的博士生来自 85 个国家。马普学会的科学家与德国大学保持着特别密切的联系，80%的获得博士后以及授课资格的研究人员积极参与大学教学活动①。二是马普学会研究小组的开放招聘模式为年轻的博士学者提供了绝佳的机会。马普研究小组最初时间限制为 5 年，最多可以延长 2 年。在担任马普研究小组负责人后，约 2/3 的小组负责人会晋升到 W2 或 W3 级别，或者是大学或研究机构的类似职位。因此马普研究小组成为加强德国科学体系的成功形式②。三是马普学会的利斯·梅特纳卓越计划向处于职业生涯早期阶段的女科学家提供机会。在利斯·梅特纳卓越计划国际提案征集活动中选出的每一位科学家都有机会参与终身职位的竞聘，如果终身职位委员会同意则可以晋升到 W2 级别（终身职位），也有机会在小组赛结束后成为马普学会研究所（MPI）的主管。在利斯·梅特纳卓越计划的第二次国际提案征集活动中，有 10 位杰出的女性研究人员接到了邀请。

（二）薪酬制度

1. 研究人员中的长期聘用人员按照联邦公务员薪酬体系计算

研究机构的人员开支标准主要参照联邦雇员的标准，各级别的研究人员根据参与项目程度不同，也有相应的费用标准③。研究人员中的长期聘用人员享受公务员待遇，依照联邦公务员的薪酬体系中的 W 系列，工资标准由国家统一制定，按规定享受正常晋升工资的待遇，并且终身就业，不能被解雇。W 系列是基本薪酬，这种改革之后的薪酬体系是酬劳与业绩挂钩，除基本工资外还

---

① MPG. A portrait of the Max Planck Society [EB/OL]. https://www.mpg.de/short-portrait [2021-07-24].

② MPG. Pakt für forschung und innovation: die initiativen der Max-Planck-Gesellschaft[EB/OL]. https://www.mpg.de/17174459/paktbericht-2020.pdf [2021-07-24].

③ 欧阳峣. 美国工业化道路及其经验借鉴——大国发展战略的视角[J]. 湘潭大学学报(哲学社会科学版), 2017, 41(5): 51-56.

有其他保险、津贴、绩效奖金等待遇，如表 12-4 所示。W1、W2、W3 三个等级，替换了 2005 年之前使用的 C1—C4 四个等级，其中 W1 对应 C1，W2 对应 C2，W3 对应 C3、C4。W 系列之下增加了以绩效为导向的浮动工资，改变了 C 系列之下的单一的基于职务、资历的提薪制度。W1 级别针对"青年教授"职位而设；W2、W3 级别是在"终身教授"职位范围内设定的。一般而言，W2 级别教授只承担教授职位的工作，不主持教席工作。W3 级别教授不仅承担本教职工作，还独立行使教席行政管理权[①]。

表 12-4　德国联邦公共部门薪资条例（联邦公务员）W 系列（单位：欧元）

薪资级别	月基本工资档级			
	0 档	1 档	2 档	3 档
W1	4957.46	—	—	—
W2	—	6158.91	6521.21	6883.50
W3	—	6883.50	7366.55	7849.61

资料来源：TVöD. Beamtenbesoldung: Besoldungstabellen für Bundesbeamte Bezüge für Beamte im Bundesdienst [EB/OL]. https://www.oeffentlichen-dienst.de/beamte/besoldung.html [2022-08-19].

注：2022 年 4 月 1 日至 2022 年 12 月 31 日有效。

2. 研究人员中的限期聘用人员按照《德国公共部门员工工作与薪酬协商契约》计算

从德国整体科研机构来看，限期岗位的科研人员、博士后、博士生等薪酬体系依照《德国公共部门员工工作与薪酬协商契约》，薪资级别共分为 15 级，如表 12-5 所示。很多博士后在受聘第一年就能拿到 E13 甚至 E14 全职工资，另外，还有些博士研究生、博士后受资助，其中，博士研究生受资助每月通常为 1000—1365 欧元[②]。

[①] 苗晓丹. 德国高校教师薪酬制度及其特征分析[J]. 外国教育研究, 2016, 43(8): 75-87.

[②] 赵清华, 王敬华. 德国联邦政府科研经费配置和管理的特点[J]. 全球科技经济瞭望, 2018, 33(4): 40-45.

表 12-5　德国联邦公共部门薪资条例　　　（单位：欧元）

工资级别	1 级	2 级	3 级	4 级	5 级	6 级
E15Ü	6122.68	6795.14	7432.17	7856.88	7955.98	—
E15	5017.06	5358.22	5738.77	6258.28	6792.69	7144.27
E14	4542.98	4851.90	5255.33	5703.01	6202.05	6560.31
E13	4187.45	4526.02	4911.44	5329.90	5822.30	6089.52
E12	3752.91	4142.50	4597.79	5102.97	5695.74	5977.00
E11	3622.16	3980.48	4317.18	4682.47	5182.41	5463.69
E10	3492.26	3773.01	4092.18	4438.33	4823.79	4950.36
E9c	3361.34	3604.55	3908.13	4238.90	4597.52	4712.64
E9b	3230.42	3341.54	3619.82	3925.18	4261.26	4542.51
E9a	3099.50	3306.81	3363.83	3556.55	3909.66	4049.38
E8	2910.37	3104.82	3239.51	3373.97	3518.19	3587.54
E7	2733.87	2957.90	3091.36	3226.04	3353.07	3421.28
E6	2683.45	2867.82	2997.10	3125.04	3250.70	3314.71
E5	2576.29	2755.14	2875.93	3003.85	3122.72	3184.15
E4	2456.51	2637.49	2789.34	2883.87	2978.39	3033.74
E3	2418.66	2613.29	2660.65	2768.92	2850.16	2924.58
E2Ü	2261.60	2487.98	2569.31	2677.75	2752.26	2807.88
E2	2242.16	2439.13	2486.89	2555.05	2704.86	2861.58
E1	—	2015.52	2048.86	2090.55	2129.42	2229.47

资料来源：德国联邦雇员薪酬表和薪酬分析[EB/OL]. https://www.oeffentlichen-dienst.de/entgelttabelle/tvoed-bund.html[2022-08-19].

注：2022 年 4 月 1 日至 2022 年 12 月 31 日有效。

3. 科研辅助人员

科研人员以及实验员、技术助理等科研辅助人员，依照与《德国公共部门员工工作与薪酬协商契约》相似的《联邦州公共部门薪资协议》（TV-L）将薪资分为若干级。技术助理的收入在不同行业、不同领域和不同城市之间有所差别[①]。

---

① 赵清华，王敬华. 德国联邦政府科研经费配置和管理的特点[J]. 全球科技经济瞭望, 2018, 33(4): 40-45.

七、评估与评价

马普学会的评估体系包括对研究所所长和成立新研究所的事前评估，对其科研人员和现有研究设施的事后定期审查评估，以及对不同研究所领域的扩展评估。

（一）事前评估

马普学会研究所所长的任命需要进行事前评估（ex-ante evaluation）。马普学会特别关注研究所所长的遴选，将遴选视为一个动态过程，并且评估其遴选过程本身的质量。马普学会持续不断地审查评价程序和标准，以确保有关人员的任命决定都是适当和及时的。马普学会的每个研究所都由 1 名所长领导，所长有充分的自主权来决定开展研究活动，因此每次新任命所长时，研究所都要接受国际专家的评估。在任命新研究所所长之前先要进行预先评估。任命程序主要由马普学会的科学会员负责，同时采纳科学界的评价和意见，对现有的备选人员进行深入的审查，其程序非常详细。其次，在任命程序阶段，由马普学会科学委员会的相关部门设立提名或任命委员会（nomination or appointment committee），该委员会由科学成员和外部专家组成，研究所的现任所长可以提出候选人。提名或任命委员会审查关于计划任命的科学概念和特定研究领域的长期前景，并考量该研究领域和该研究所的匹配性，对候选人、研究概念和所需资源提出评论和建议。在确定 1 个候选人后，国际专家需要提供多达 15 份的书面推荐信。最后经马普学会评议会两轮认可后，由主席任命该职位[①]。

由于一个研究所的成立需要大量的投资和长期的财政资源投入，因此设立新研究所需要特别谨慎和详细的评估。根据哈纳克原则，新研究所设立常常与遴选研究所所长候选人同时进行，同时评估者还需要详细讨论有关新研究所的组织结构和设立地点等问题[②]。新研究所成立需经过两阶段评估。第一阶段，

---

① MPG. The procedures of the Max Planck Society[EB/OL]. https://www.mpg.de/13938211/evaluation-2019-en. pdf [2021-07-24].

② MPG. The procedures of the Max Planck Society[EB/OL]. https://www.mpg.de/13938211/evaluation-2019-en. pdf[2021-07-24].

由候选者成立一个项目组，马普学会的科学会员及外部专家组成专家组，对项目组提出的研究计划和项目组的人员结构等方面进行评估。第二阶段，专家从国际知名科学家处收集额外的相关报告。在允许项目组经过 5 年的试运行后，马普学会科学会员及外部专家组成一个新的评估委员会，对项目的可行性、项目组的工作进展及项目领导人的能力做出评估。只有成功通过该阶段的评估，才会向马普学会提出以该项目组为基础成立研究所[①]。

事前评估不仅适用于任命新研究所所长和成立新研究所期间，也适用于临时成立研究小组和研究学院的项目。特别地，只有当对原创和创新的研究项目成功进行事前评估后，总统管理的战略创新基金才会对这些项目给予财政支持[②]。

（二）事后评估

事后评估（ex-post evaluation）是指马普学会每两年对其科研人员和现有研究设施进行一次评估，评估基于过去两年的研究成果。评估过程以马普学会的科学咨询委员会（见专栏 1）为中心，它们参考评估标准（指南）对研究所各部门的资源组织和分配提出建议。评估标准（指南）涵盖了对研究所的意义、个别部门和研究领域、进一步发展的建议、扩展评估的其他方面共 4 个方面，具体见表 12-6。评估级别包括杰出、优秀、非常好、好、一般 5 个级别。非科学方面（领导素质、参与科学政策、参与马普学会的委员会）由主席或副主席评估[③]。

专栏 1　科学咨询委员会

马普学会的每个研究所都成立了一个科学咨询委员会。科学咨询委员会的主要职责是定期评估研究所的科学绩效。马普学会目前大约有 830 名科学

[①] 白春礼. 世界主要国立科研机构概况[M]. 北京: 科学出版社, 2013: 209.

[②] MPG. The procedures of the Max Planck Society[EB/OL]. https://www.mpg.de/13938211/evaluation-2019-en.pdf [2021-07-24].

[③] MPG. Rules for Scientific Advisory Boards and Guidelines for Evaluation[EB/OL]. https://www.mpg.de/197429/rulesScientificAdvisoryBoards.pdf [2021-07-24].

咨询委员会成员，这些成员是国际公认的国内和国际科学家，来自世界各地的知名大学和研究机构，包括一些诺贝尔奖得主。通常情况下，单个研究所的科学咨询委员会成员总数应至少为 5 人，但不得超过 15 人，具体取决于研究所的规模和研究活动的范围。超过 300 名专家参加了科学咨询委员会每年进行的多达 30 次的视察和访问活动。科学咨询委员会成员由马普学会主席与代表研究所所属部门的副主席协商后任命，每三年任命一次，任期为 6 年，可延长 3 年，最长任期为 9 年。科学咨询委员会的主席由研究所提议并由马普学会主席与副主席协商后任命，任期不限。通常，科学咨询委员会每两年或每三年召开一次会议，会议日期需在研究领域的扩展评估周期内。

表 12-6　评估标准（指南）

评估类别	评估内容
A：研究所的意义	（1）该研究所在国内和国际背景下研究的科学领域的意义； （2）科学咨询委员会对研究所整体科学质量的评估； （3）研究所活跃的研究领域的前景； （4）研究所的哪些科学活动在各方面都是杰出的； （5）研究所具有高质量发展潜力的新的科学思想和领域
B：个别部门和研究领域〔科学咨询委员会对研究所对标国家和国际绩效水平（科学意义、创新能力、质量水平和出版物影响力）的评价〕	（1）科学咨询委员会对中期研究计划的评估； （2）科学界、社会和政策制定者的知识转移质量； （3）人员结构与研究目标的匹配程度； （4）科学咨询委员会对资金（包括第三方资金）应用的评价； （5）科学咨询委员会对研究所内部、研究所之间、国内外的大学以及其他外部合作伙伴的合作的评价； （6）科学咨询委员会对研究所支持初级科学家的评价
C：进一步发展的建议	（1）科学咨询委员会关于研究所修改和重组的建议； （2）科学咨询委员会关于继续或关闭部门研究的建议，尤其是在研究所所长即将退休的情况下
D：扩展评估的其他方面	（1）科学咨询委员会对研究所及其相关部门（包括第三方资金）的可用资源的有效利用及其研究项目的科学意义的评价； （2）科学咨询委员会是否从跨机构、比较的角度提出重组建议，是否考虑到研究领域中正在评估的其他研究设施

资料来源：MPG. The procedures of the Max Planck Society[EB/OL]. https://www.mpg.de/13938211/evaluation-2019-en.pdf[2021-07-24].

　　事后评估程序整体上分为三大步骤，如图 12-6 所示。第一步，研究所的科学家首先要准备一份状态报告（status report）。状态报告描述了自科学咨询委员会上次评估以来已完成、正在进行和计划的科学研究和项目，并说明了研究所的预算、资金来源和部署。状态报告具体包括分配给各个部门和研究领域（人力资源、物质资源、投资）的资金、第三方资金概览、人员结构概览（临时/长期职位、第三方资金资助的职位）、青年科学家的职业发展信息、与国内外其他研究机构和大学合作的信息，以及自上次科学咨询委员会会议以来工作和完成的项目清单。状态报告包括所有科学成员和科学人员（至少是马普研究小组的负责人）的名单，其部门或小组将由科学咨询委员会单独评估。在科学咨询委员会访问研究所之前，研究所应将状态报告及时交给科学咨询委员会，科学咨询委员会将在访问马普学会研究所期间深入了解研究所的所有方面，而不仅仅是根据状态报告中的定量数据来做出判断。第二步，根据状态报告以及与科学成员、马普研究小组组长和初级科学家的讨论，科学咨询委员会对研究所的能力形成详细的报告。第三步，马普学会主席任命的一名科学咨询委员会成员担任负责人，负责人随后提交给主席详细书面报告，其中包括评估结果、意见和建议，之后主席将报告连同评论转发给研究所，最后研究所做出回应。

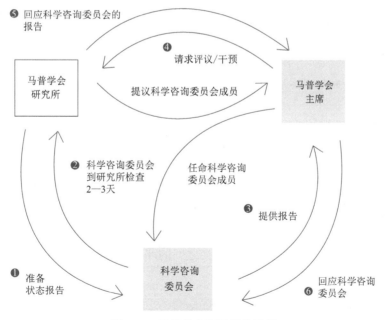

图 12-6 马普学会事后评估流程

资料来源：MPG. The procedures of the Max Planck Society[EB/OL].
https://www.mpg.de/13938211/evaluation-2019-en.pdf[2021-07-24]

（三）扩展评估

扩展评估（extended evaluation）[①]是对马普学会不同研究所的领域进行的每六年一次的评估。通过扩展评估将不同研究所的领域进行比较，并在国内外背景下进行分析。评估采用的标准包括科学成就、资源的有效配置和研究所的中期及未来前景。评估的目标是确定研究所之间可能存在的协同效应、研究所领域布局重复等其他问题。扩展评估的流程如下。①研究所根据各自的研究领域情况撰写状态报告，并将其递交到科学咨询委员会。②报告员（专栏2）将评论结果递交到科学咨询委员会。③科学咨询委员会汇总研究所状态报告和报告员评论后形成完整报告提交到研究领域委员会（research field committee）。研究领域委员会由各科学咨询委员会主席、报告员、马普学会主席和副主席、所长组成。④委员会召开会议讨论发展前景，可能还会对研究领域进行探讨。⑤研究领域委员向马普学会主席提交总结声明，这份声明包括研究领域的研究成果、研究效率、协同效应、资源分布、发展前景等。⑥主席调整研究所的战略规划，对研究所资源进行重新分配和定位，如图12-7所示[②]。一旦扩展评估出现评估结果较差的研究领域，其经费可能最多减少25%，多次未通过的话，该领域经费可最多减少50%[③]。

专栏2　报　告　员

报告员（rapporteurs）在扩展评估中发挥着核心作用，在扩展评估中至少有2名报告员加入评估流程，他们是国际公认的科学家，但不是马普学会的成员，也不是科学咨询委员会的成员。报告员参加单个研究所的评估和研究所之间特定领域的扩展评估，并且参加研究领域内所有科学咨询委员会的会议（包括公开的和内部的），因此能够大致了解整套评估流程的实施过程和结果，并比较不同科学咨询委员会之间的评价标准，对研究所的状况报告

---

① 《世界主要国立科研机构概况》一书中释义为"领域评估"。

② MPG. The procedures of the Max Planck Society[EB/OL]. https://www.mpg.de/13938211/evaluation-2019-en.pdf[2021-07-24].

③ 白春礼. 世界主要国立科研机构概况[M]. 北京: 科学出版社, 2013: 210.

和科学咨询委员会采用的评价标准进行比较评估，并参与每个咨询委员会的最终内部审议。马普学会的主席同副主席和领域负责人协商后，任命每次扩展评估的报告员。

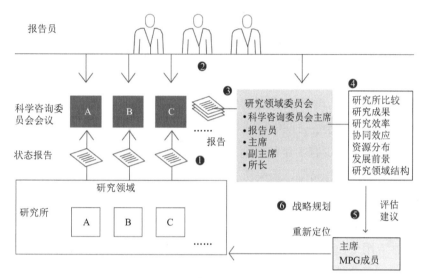

图 12-7　马普学会扩展评估流程

资料来源：MPG. The procedures of the Max Planck Society[EB/OL].
https://www.mpg.de/13938211/evaluation-2019- en.pdf[2021-07-24].

八、合作网络

（一）国内合作

（1）促进人员流动，保持研究机构的创新活力。马普学会研究所鼓励人员流动，尤其是与大学之间的人才双向流动。一是参与德国大学卓越计划，联合培养青年科研人员、任命教授和荣誉教授、资助重点研究领域，马普学会80%的科研人员都积极参与大学教学。二是实施"马克斯·普朗克研究员"计划，大学教师可以申请成为马普学会的客座研究员，也可以领导研究所的研究小组。

（2）马普学会在大学建立临时的跨学科的马普研究小组。马普学会在大学建立马普研究小组，其行政责任由大学承担，研究组组长依照马普学会任命程序任命，其科学成果的考评按照马普学会评价标准进行。在马普学会的资助期结束后，研究小组要么整合到各自的大学中，要么解散，也有可能成为马普学会研究所成立的基础单元，例如，奥尔登堡大学海洋地球化学研究组、奥尔登堡大学海洋同位素地球化学研究小组、维尔茨堡大学马克斯·普朗克系统免疫学研究小组[①]。

（3）促进与大学之间的区域合作。IMPRS 是 MPI 与大学之间的区域合作机构，该机构旨在促进培养优秀的博士生。截至 2020 年 12 月 31 日，马普学会共有 64 个 IMPRS，其工作语言为英语。IMPRS 注重培养年轻的研究人员（其中一半为德国人），导师和论文委员会同样支持博士参与竞争项目。此外，博士生可以参加研讨会、暑期学校或会议的定期交流。目前对新兴领域的跨学科项目的独立研究至少有 3 年的资助期[②]。

（4）马普学会与弗劳恩霍夫协会以及其他科研机构持续加强合作。在研究与创新公约的框架内，马普学会和弗劳恩霍夫协会持续加强在研究领域和学科之间的合作。该合作计划的目的是将在知识导向的基础研究中获得的知识引导到创造性应用中，从而开发出具备高开发潜力的新技术，前提是 2 个伙伴机构的研究所做出的科学成就具有科学需求和利益需求。双方自 2006 年合作以来，成功设立并批准了 50 个面向应用研究和基础研究领域的项目，涉及生物技术与生命科学、医学、语言研究、微电子、催化研究、量子技术等一大批具有重要技术和经济意义的研究领域，以及物理学、信息和通信技术、材料科学和艺术学等研究领域。在 2016—2020 年的协议期内，每年平均花费 190 万欧元用于促进合作项目，每年的项目申请数量在 7—12 个[③]。例如，马克斯·普朗克煤炭研究所和弗劳恩霍夫环境、安全和能源技术研究所共同参与研发 CarboGels，这是一种用于电能存储系统的碳干凝胶材料[④]。

---

① MPG. Max Planck Research Groups at universities[EB/OL]. https://www.mpg.de/805003/Research_Groups_at_Universities[2021-07-16].

② MPG. Pakt für forschung und innovation: die initiativen der Max-Planck-Gesellschaft[EB/OL]. https://www.mpg.de/17174459/paktbericht-2020.pdf [2021-07-16].

③ MPG. Pakt für forschung und innovation: die initiativen der Max-Planck-Gesellschaft[EB/OL]. https://www.mpg.de/17174459/paktbericht-2020.pdf [2021-07-16].

④ MPG. Cooperation with Fraunhofer [EB/OL]. https://www.mpg.de/cooperation-with-fraunhofer[2021-07-16].

（二）国际合作

（1）以开放式和国际化标准招募全世界的优秀员工，并与国外研究所建立合作伙伴组。马普学会研究所与120多个国家的6000多个合作伙伴参与了3000多个合作项目。马普学会的21 187名员工中约33.3%来自国外；科学家团队更加国际化，其中有54.6%的来自国外；马普学会的所长中有38.0%的是非德国公民；超过一半（58.4%）的博士生来自国外。马普学会在全球有70多个合作伙伴团体，包括印度、中国、中东欧国家、俄罗斯和阿根廷等国。马普学会与国外的研究所建立合作伙伴组，最长合作期限为5年，建立合作伙伴组的前提是杰出的职业研究人员（博士后）在马普学会研究所进行早期研究，之后返回本国实验室对马普学会研究所也感兴趣的主题进一步开展研究①。

（2）通过建立马克斯·普朗克中心，进一步加强马普学会与国际合作伙伴的深度合作。马克斯·普朗克中心将提升马普学会与一流国际合作伙伴在开创性研究领域的科学合作项目的质量，在科研合作中形成平台，结合马普学会研究所及其国际合作伙伴的知识、经验和专长，创造附加的科学价值。马克斯·普朗克中心本身不具有任何法律行为能力，截至2020年12月，有21个马克斯·普朗克中心在11个国家的27个马普学会研究所运营，这些中心将由每个合作伙伴或国家项目提供资金。继马普学会与中国科学院建立的"中国科学院-马普学会计算生物学伙伴研究所"之后，马普学会又计划在阿根廷、印度和加拿大设立更多的马克斯·普朗克中心。合作远远超出双边伙伴关系，马克斯·普朗克中心追求的是具有更高的知名度和吸引力的国际研究项目。马克斯·普朗克中心也有望促进博士后交流，组织研讨会和培训活动，例如，在IMPRS的框架内，吸引其他学科的科学家成为合作伙伴，促进研究基础设施的共同使用，为项目合作申请第三方资金，并确保相互访问各自的研究设施和设备②。

（3）通过建立卓越中心提升欧洲整体科研能力。Dioscuri科学卓越中心（Dioscuri Centres of Scientific Excellence，DCSE）是马普学会发起的一项支持中欧和东欧的科学卓越计划，由德国联邦教育与研究部和东道国的政府提供资

---

① MPG. Facts&Figures [EB/OL]. https://www.mpg.de/international/facts_figures[2021-07-15].

② MPG. Jahresbericht Annual report 2020 [EB/OL]. https://www.mpg.de/17039594/annual-report-2020.pdf[2021-07-24].

金，在中欧和东欧的科学研究机构建立具有国际竞争力的研究小组。DCSE 旨在加强该地区科学卓越的国际标准，并支持欧盟 13 国的转型升级，帮助西欧和东欧缩小科学研究的差距，为提升欧洲整体研究领域水平做出贡献。DCSE 设立在能够提供完备的基础设施并为前沿研究提供良好的科研环境的研究机构中，每个中心在最初的 5 年内每年最多可获得 30 万欧元的资助，在外部专家成功评估后可以再延长 5 年。该计划在波兰首次实行，由马普学会和波兰国家科学中心（NCN）共同管理，第一家 DCSE 于 2019 年在华沙开业，由德国联邦教育与研究部和波兰教育和科学部以 1∶1 的比例提供资金，未来几年，该计划将在波兰建立多达 10 个卓越中心[①]。

九、成果转化

从知识转移的角度来看，马普学会采取了三种途径：一是马普学会研究所的科学家每年在著名的国家和国际专业期刊、数据库、专业书籍、参考书等上发表超过 1.5 万篇科学文章；二是大约 1 万名年轻科学家在马普学会研究所培训后，在商业、政府和社会等不同领域工作，在不同创新主体之间进行知识转移；三是马普学会研究所的新知识和新技术通过与行业直接合作、授予专利和许可协议以及衍生公司的形式进行转化[②]。对于成果转化，马普学会主要采用第三种途径。

马普学会主要通过马克斯·普朗克创新有限公司（Max Planck Innovation GmbH，MI）以合作协议方式，全权委托该公司处理学会的知识产权和技术转移事务，将专利和技术推向市场。MI 是马普学会于 1970 年创建的具有独立法人地位的全资子公司[③]。一方面，MI 帮助马普学会研究所科研人员评估其发明是否具有实际工业应用前景和经济价值，为他们提供申报专利和知识产权转让方面的政策咨询服务；另一方面，MI 也为企业界提供了接触马普学会研究所

---

① MPG. Dioscuri Centres of Scientific Excellence[EB/OL]. https://www.mpg.de/dioscuri[2021-07-16].

② MPG. Wege des Wissenstransfers[EB/OL]. https://www.mpg.de/wissenstransfer[2021-07-24].

③ MPG. Jahresbericht Annual Report 2020[EB/OL]. https://www.mpg.de/17039594/annual-report-2020.pdf [2021-07-24].

技术创新成果的渠道，帮助企业界寻找研究项目的最佳合作伙伴[①]。

目前，MI 已成为全球领先的技术转让机构之一。每年 MI 评估约 125 项发明，其中约一半会申请专利。MI 自 1979 年以来已协助评估了约 4580 项发明，并签署了 2770 多项许可协议，衍生成立了 159 家公司，创造了大约 6500 个工作岗位，总收益约为 5.1 亿欧元。2020 年，MI 评估了 135 项发明，其中 80 项申请了专利，签订了 82 份合同（其中 66 份许可协议），收益预计将达到约 2000 万欧元。MI 还通过建立孵化器加强与企业、高校的战略合作，根据投资者的要求发明专利，以使创新成果更接近行业和市场，目前的孵化器包括马普创新中心（Lead Discovery Center，LDC）、生命科学孵化器、光子孵化器（PI）、IT 孵化器等[②]。

MI 的运行经费由马普学会承担，盈利全额上缴。MI 的员工负责向马普学会的科学家提供与创业相关的专业咨询意见，其多数具有科技背景，接受过系统的专利知识培训，并具有长期从事技术转让工作的经验。除通过各研究所主动申报外，MI 还通过许多途径（如定期访问研究所、参加科技展览及研讨会、与科技人员及工业界保持联系等）来获取马普学会研究所的最新科技成果或创新信息。对于有经济价值的创新成果，MI 在征询做出该项创新成果的科学家的意见后，以马普学会的名义与专利律师签订委托合同，由专利律师负责专利的申请和保护工作。专利权归马普学会所有，MI 负责推进该项技术的转化工作[③]。

第四节　亥姆霍兹联合会

德国亥姆霍兹联合会的历史可以追溯到 1958 年成立的德国反应堆管理与运行问题工作委员会。该委员会在 20 世纪 60 年代开始陆续吸纳更多研究领域的研究中心加入其中，并于 70 年代初成立了大科学中心联合会（AGF）。经过

---

① 朱崇开. 德国基础科学研究的中坚力量——马普学会[J]. 学会, 2010, (3): 56-62.

② MPG. Jahresbericht Annual Report 2020[EB/OL]. https://www.mpg.de/17039594/annual-report-2020.pdf[2021-07-24].

③ 白春礼. 世界主要国立科研机构概况[M]. 北京: 科学出版社, 2013: 210-211.

20 世纪 70—80 年代的发展，大科学中心联合会在 90 年代初接纳并重组了民主德国地区的部分研究机构。1995 年，为纪念赫尔曼·冯·亥姆霍兹（Hermann von Helmholtz）逝世 100 周年，大科学中心联合正式命名为亥姆霍兹联合会，并于 2001 年由过去相对松散的组织结构正式改组为注册协会[①]。根据 2022 年 4 月 1 日到 2023 年 3 月 31 日大学/机构的自然指数[②]排名，亥姆霍兹联合会位列全球第 11，分享贡献值[③]为 514.25。

一、缘起和发展

1. 德国反应堆管理与运行问题工作组时期（1955—1969 年）

地方政府在大科学中心的初始建设中起到了关键作用。1955 年，盟军解除了对德国的科研禁令限制。接下来，德国先后成立了卡尔斯鲁厄研究中心（KFK，1955 年）、于利希核研究中心（KFA，1956 年）、造船与航运核能应用协会（GKSS，1956 年）、哈恩-迈特勒研究所（HMI，1959 年）、电子同步加速器中心（DESY，1959 年）、等离子体物理研究所（IPP，1960 年）、辐射与环境研究学会（GSF，1960 年）、德国癌症研究中心（DKFZ，1964 年）、德国数学与数据处理协会（GMD，1968 年）等一大批原子能技术的大科学机构。1958 年，为了联合解决科研机构的官方地位问题，落实员工职级待遇、人事、劳动保障、离职福利等规定，地位相近的几家核研究机构酝酿成立德国反应堆管理与运行问题工作组。同时，州政府把核能看成新的具有无限可开发空间的能源，研发机构有如雨后春笋般迅速出现，直接造成相关州的大科学压力陡然增大。这种不是关注一般性基础研究，而是探讨实施新的反应堆技术路线的核能研究，完全超出了州政府的能力，甚至连财力雄厚的北莱茵—威斯特法伦州（Nordrhein-Westfalen）也无法应对大科学的强力诉求而只能以失败告终。1964

---

① 白春礼. 世界主要国立科研机构概况[M]. 北京: 科学出版社, 2013.

② 自然指数根据一个机构或国家在 82 种自然科学期刊上的论文产出，其包含的期刊占 Web of Science 数据库（来自科睿唯安）中涵盖自然科学的期刊不到 5%，但占自然科学期刊总引用次数的近 30%，被视为衡量自然科学领域科研机构绩效评价的一个重要参考。

③ 分享贡献值（share value）指分配给某一机构或国家/地区的文章分数，该分数考虑了来自该机构或国家/地区的作者的数量以及为该文章做出贡献的机构的数量。

年，政府设立了"政府资助大科学研究及组织形式问题研究"工作组，该工作组被称为"卡特列里-工作组"，旨在建立新的资金资助章程。

2. 大科学中心联合会时期（1970—1994 年）

在勃兰特时代，科研的目的是提高人们的生活质量，并减少工业发展给社会和生态环境带来的不良影响。联邦政府逐步取代地方政府在大科学中心建设中的积极作用，提高既有科研机构的联邦资助比重。依据 1969 年 5 月 12 日的金融改革条例，中央政府的科技投入在宪法保护下获得了大幅度增长。《德意志联邦共和国基本法》中新加入的第 91B 条款规定联邦政府和州政府有责任和义务对具有"跨地区重要性"的科研机构予以保证。联邦政府借此要求派代表参与监督委员会的工作，并且该代表享有下达指令的权利。以于利希核研究中心为例，联邦政府与州政府从 1967 年起开始平摊以有限责任公司注册的于利希核研究中心的资金来源，从 1970 年起，联邦政府承担了 3/4 的经费，而从 1972 年起，这一比例进一步上升到 90%。

工作委员会主任兼等离子体物理研究所行政总监穆塞尔召集其余十大科学研究机构的负责人，于 1970 年 1 月 28—30 日召开闭门会议，会议地点在巴特黑雷纳尔布附近相距卡尔斯鲁厄不远的多贝尔（Dobel）。会议最终一致通过了《多贝尔论纲》，该文件阐述了政府和大科学研究之间的关系。多贝尔闭门会议成立了大科学中心联合会，目的是让大科学研究成为联邦德国科研体系的支柱，动机是"抵御国家不合理的先行行为"，并"让科学为自己负责"。1974 年，大科学中心联合会携手弗劳恩霍夫协会一同跻身代表德国的主要科技组织，成为与联邦科技教育部部长开展平等对话交流的"神圣科研联盟"。1976 年，大科学中心联合会拥有了第一位秘书长。1981 年之后，开始拥有办事处和少量办事人员。

20 世纪 70 年代中期，人们对大科学的印象发生了转变，大多认为这样的项目存在技术低效的缺点。1973—1974 年第一次石油危机爆发，人们提出大科学要考虑产业利益，要为企业提供服务，科研活动应更多地以经济发展的直接需要为导向。人们曾建议强化专利和许可部门的合作，积极地把科技成果介绍到专业展览会上，要经常与产业界进行高峰对话。这一时期，大科学研究机构建设的热情显著降低，20 世纪 70—80 年代，新兴研究领域的崛起并没有普遍促成新的大科学研究中心的成立，除了 1976 年成立的生物技术研究中心

（GBF）和 1980 年成立的阿尔弗雷德·魏格纳极地与海洋研究中心（AWI）。除了定位于基础研究，绑定了其他研究领域的电子同步加速器中心、哈恩-迈特勒研究所和等离子体物理研究所这 3 个研究中心之外，其余大科学研究机构为了适应时代变迁接受了许多新的研究任务，如新材料、生命科学、气候与环境、再生能源、安全与交通、生物技术、基因技术、生命科学、信息通信技术（ICT）等，因此许多领域经常背离了机构名称的初衷。不少大科学研究中心出现沦为丧失特点的"杂货店"的风险。

1990 年 10 月 3 日，两德统一，民主德国并入联邦德国。以大型工业联合企业、民主德国科学院、高校三方构成的民主德国研发体系经过消解和改制并入到联邦德国的体系之中。德国统一后，科技大国的雄心再起，亥姆霍兹环境研究中心（1991 年）、波茨坦地学研究中心（1991 年）、马克斯·德尔布吕克分子医学中心（MDC，1992 年）、罗森多夫中心（ZfK，1992 年）等一批研究中心应运而生①。

3. 亥姆霍兹联合会时期（1995 年至今）

1995 年 11 月 13 日，在大科学中心联合会 25 周年纪念大会上，大科学中心联合会正式更名为"亥姆霍兹国家研究中心联合会"，增设高级顾问委员会（Senat），其联盟特征保证了成员单位在统一品牌下的独立性和平等性。1997 年，为了提升高级顾问委员会的项目管理能力，成立了联合战略基金，并要求各单位投入 3% 的经费作为项目管理抓手。2001 年，亥姆霍兹联合会再次转型，在联邦政府的指导下由松散协会注册为登记社团，并增设专职的主席，并强化总部行政人员，开始实施项目导向的科研资助模式。该模式将亥姆霍兹联合会六大研究领域细分为 33 个不同的重点科研专题，所有研究中心将科研团队根据相关性列入某个方向，并根据自身科研实力，以项目申报的方式与其他团队公平竞争，获得 5 年国家财政预算保障下的、跨领域、跨部门的竞争与合作特点的科研模式②。

---

① 德国亥姆霍兹联合会. 德国国家实验室体系的发展历程——德国亥姆霍兹联合会的前世今生[M]. 何宏，等译. 北京: 科学出版社，2019.

② 德国亥姆霍兹联合会. 德国国家实验室体系的发展历程——德国亥姆霍兹联合会的前世今生[M]. 何宏，等译. 北京: 科学出版社，2019.

二、组织架构

亥姆霍兹联合会的组织结构分为决策层、管理层和研究层。决策层分为投资者委员会、评议会和评议委员会，其中评议会是最高决策机构，投资者委员会和评议委员会是决策咨询机构。管理层包括主席团、办公室和办事处，主席团由评议会任命，具体包括 1 名主席和 8 名副主席（含 6 个领域协调人）、对外代表及对内管理联合会。办公室负责执行主席团的具体任务。办事处包括位于德国柏林、波恩的总部，以及位于比利时布鲁塞尔、俄罗斯莫斯科和中国北京的三个代表处，用于国际协调、联络与交流合作。研究层包括 18 个具有独立法人地位的研究中心董事、科学技术委员会组成的成员大会和 18 个研究中心实体，成员大会负责具体六大领域的研究战略和跨中心合作，并提名主席团人选[①]。

三、任务来源及形成

亥姆霍兹联合会的任务主要来源于联邦政府，也有少部分来源于州政府和产业界，基于此，亥姆霍兹联合会确立了自己的科研定位：一是以前沿研究为重大社会挑战找到解决方案；二是采取大思维、大举措，即站在国家和国际科研群体的层面，设计并运行大型综合科研设施和技术装备；三是通过创新和知识转移为社会和企业创造财富。

亥姆霍兹联合会自上而下地确立了能源，地球与环境，健康，航空、航天与运输，物质，关键技术六大科研领域；每个科研领域都根据现实需求、科研禀赋等设置了若干个研究项目，以 2018 财年为例，研究项目数量达到了 32 个。在各个科研领域内，研究中心通过自下而上的方式将科研项目拆解成多个科研议题，并将多个相关的研究中心紧密地联系在一起，以便将自己的研究力量通过不同的科研议题投入到共同的项目中。这一新的运作模式致力于提供平台化、网络化的系统解决方案，以解决相关领域的国际重大挑战。以上这些模式的特点是大学里那种以独立研究为特色的小科研团队无法比拟的（表 12-7）。以地球与环境为例，亥姆霍兹联合会会自上而下规划重大的任务方向，若干个

① 胡智慧, 王建芳, 张秋菊, 等. 世界主要国立科研机构管理模式研究[M]. 北京: 科学出版社, 2016.

中心凭借各自的专业知识将科研项目分解成 9 个科研议题，系统研究地球系统的生态动力学问题，并尝试建立"综合通信平台"（the joint Synthesis and Communications Platform，SynCom）以促进气候变化、自然灾害、自然资源等跨领域的交流与合作，并搭建科研与社会、商业及政府之间沟通协调的桥梁[①]。

表 12-7　研究领域分布情况表

研究领域	研究主题	研究中心
能源	（1）能源系统设计； （2）能源转换的材料与技术； （3）核聚变； （4）核废料管理、安全与辐射研究	（1）德国航空太空中心； （2）于利希研究中心； （3）亥姆霍兹柏林材料与能源研究中心； （4）亥姆霍兹德累斯顿-罗森多夫研究中心； （5）卡尔斯鲁厄理工学院
地球与环境	（5）地球可持续发展	（1）阿尔弗雷德·魏格纳极地与海洋研究中心； （2）于利希研究中心； （3）亥姆霍兹基尔海洋研究中心（GEOMAR）； （4）亥姆霍兹吉斯达赫特材料与海岸研究中心（HZG）； （5）亥姆霍兹波茨坦地学研究中心； （6）亥姆霍兹环境研究中心； （7）卡尔斯鲁厄理工学院
健康	（6）癌症研究； （7）环境相关与代谢疾病； （8）系统医学与心血管病； （9）传染研究； （10）神经退行性疾病	（1）德国癌症研究中心； （2）德国神经退行性疾病研究中心（DZNE）； （3）亥姆霍兹德累斯顿-罗森多夫研究中心； （4）亥姆霍兹感染研究中心（HZI）； （5）亥姆霍兹慕尼黑研究中心（HMGU）； （6）马克斯·德尔布吕克分子医学中心
航空、航天与运输	（11）航空学； （12）空间； （13）交通运输	（1）德国航空太空中心
物质	（14）物质与宇宙； （15）物质与科技； （16）物质与材料/生命	（1）德国电子同步加速器中心； （2）于利希研究中心； （3）亥姆霍兹重离子研究中心； （4）亥姆霍兹柏林材料与能源研究中心； （5）亥姆霍兹德累斯顿-罗森多夫研究中心； （6）亥姆霍兹吉斯达赫特材料与海岸研究中心； （7）卡尔斯鲁厄理工学院

[①] Helmholtz-Gemeinschaft. Program-oriented funding—strategic evaluation for research 2021-2027[EB/OL]. https://www.helmholtz.de/fileadmin/user_upload/04_mediathek/epaperStratBeg/epaper-Evaluation_Results/epaper/ausgabe.pdf [2021-07-02].

研究领域	研究主题	研究中心
关键技术	（17）工程数字未来； （18）自然、人工和认知信息处理； （19）材料系统工程	（1）于利希研究中心； （2）亥姆霍兹柏林材料与能源研究中心； （3）亥姆霍兹吉斯达赫特材料与海岸研究中心； （4）卡尔斯鲁厄理工学院

资料来源：Helmholtz-Gemeinschaft. Program-oriented funding：strategic evaluation for research 2021-2027 [EB/OL]. https://www.helmholtz.de/fileadmin/user_upload/04_mediathek/epaperStratBeg/epaper-Evaluation_Results/epaper/ausgabe.pdf [2021-07-02].

  亥姆霍兹联合会成立之初，其董事会和评议会等权力、决策、管理组织就如何平衡各政府出资部门的意见、平衡各研究中心的需求面临巨大困难，不少议定的事项在执行中受到责难，导致决策和执行的偏离。2002 年，亥姆霍兹联合会开始从机构导向的科研资助模式（institutional-oriented funding，IoF）向项目导向的科研资助模式进行转换。为确保改革成功，德国科学委员会设置了10 项必须满足的条款，包括经费使用更高透明度、更大灵活性，以及科研项目的跟踪与核查。2003 年，德国科学委员会停止了对机构的资助，当时 15 个研究中心必须通过相互竞争、满足战略评估要求、符合亥姆霍兹联合会严格内容限定等的约束取得科研项目和经费支持。在这个过程中，各研究中心的研究小组发挥着重要的作用，亥姆霍兹联合会通过科学评估根据国际专家的意见判断科研项目中每个研究小组的科研绩效、贡献能力，最终确定科研项目立项单位、资助与合作模式，各研究小组将其互补能力集中在联合项目中[①]。该制度为每个研究领域内的连贯多年研究计划提供了财务、战略、管理和评价框架。亥姆霍兹联合会在顶层设计上很好地平衡了竞争与合作，合作与竞争是最核心的关键词，这使得各个研究中心之间存在着密切的合作和竞争关系。亥姆霍兹联合会在这两者之间建立了良好的平衡：申请共同项目的时候需要各方合作，但在项目执行的过程中，评估和经费资助都需要竞争。合作不仅仅在亥姆霍兹联合会内部，更应该同外部优秀的科研团队交流合作，特别是来自大学的科研

[①] Goebelbecker J. The role of publications in the new programme oriented funding of the Hermann von Helmholtz Association of National Research Centres (HGF)[J]. Scientometrics, 2005, 62: 173-181.

力量。除了研发活动，亥姆霍兹联合会还为来自世界各地的合作者的用户科学社区提供大型科学设备和大型平台①。

四、经费结构及使用方式

亥姆霍兹联合会是德国规模最大的科研机构，经费规模远高于马普学会、弗劳恩霍夫协会、莱布尼茨学会。2018 财年，亥姆霍兹联合会的年度经费预算高达 45.6 亿欧元。其中，超过 2/3 的经费都是由联邦政府和州政府按照 9：1 的比例提供的，又被称为"核心资助"（core funding），2018 财年核心资助预算达到 32.7 亿欧元。核心资助可以分为两个绩效类别（performance categories）——LK Ⅰ 和 LK Ⅱ。LK Ⅰ 代表研究中心执行的内部研究（in-house research）；LK Ⅱ 代表亥姆霍兹联合会研究基础设施项目，涵盖一系列大型装置和用户平台，19%的核心资助投入到 LK Ⅱ 中，这些项目往往需要连续数年的持续高额投入，特别是在物质、地球与环境领域。另外，联合会其余约 1/3 的经费是由各个中心从第三方取得的，又被称为"第三方资助"（third-party funding），2017 年亥姆霍兹联合会收到 12.9 亿欧元的第三方资助。第三方资助中，80%的来自国家基金，包括德国联邦和州政府、市政当局、德国科学基金会、欧洲空间局（ESA）、欧盟、欧洲区域发展基金，剩下的 20%则来自海内外商业公司、捐款、遗产继承等。②2017 年，亥姆霍兹联合会在能源，地球与环境，健康，航空、航天与运输，物质，关键技术六大领域的实际支出经费规模分别约为 6.20 亿欧元、5.39 亿欧元、7.96 亿欧元、6.66 亿欧元、8.04 亿欧元、3.82 亿欧元，各研究领域在核心资助（LK Ⅰ 和 LK Ⅱ）及第三方资助比例方面也存在较大差异，物质领域中的核心资助比例（82%）最高，且其在核心资助中的整体占比（23%）也是最高的（图 12-8）。

---

① Helmholtz-Gemeinschaft. Program-oriented funding (PoF): How Helmholtz funds its research [EB/OL]. https://www.helmholtz.de/fileadmin/user_upload/01_forschung/pof/EN_Factsheet_PoF_as_of_180914.pdf[2021-07-02].

② Helmholtz-Gemeinschaft. Annual report 2018[EB/OL]. https://www.helmholtz.de/fileadmin/user_upload/04_mediathek/18_Helmholtz_Geschaeftsbericht_ENGLISCH_epaper.pdf [2021-07-02].

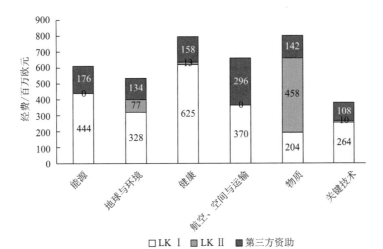

图 12-8　2017 年亥姆霍兹联合会六大领域的实际支出经费规模

资料来源：Helmholtz-Gemeinschaft. Annual Report 2018[EB/OL]. https://www.helmholtz.de/fileadmin/user_upload/04_mediathek/18_Helmholtz_Geschaeftsbericht_ENGLISCH_epaper.pdf[2021-07-02]

　　2017 年，根据亥姆霍兹联合会 18 个研究中心的实际核心业务支出、实际第三方业务支出、总支出和总职员数，得到亥姆霍兹联合会平均每人的经费支出约为 12.8 万欧元，德国航空太空中心是实际核心业务支出（4.04 亿欧元）和总职员数（5842 名员工）最多的科研机构，如表 12-8 所示。

表 12-8　2017 年亥姆霍兹联合会 18 个研究中心实际经费情况汇总表

	类别	实际核心业务支出/千欧元	实际第三方业务支出/千欧元	总支出/千欧元	总职员数/人
	阿尔弗雷德·魏格纳极地与海洋研究中心	143 874	20 063	163 937	980
	德国电子同步加速器中心	273 460	95 443	368 903	2 133
	德国癌症研究中心	200 116	69 372	269 488	2 473
	德国航空太空中心	404 274	342 235	746 509	5 842
项目研究	德国神经退行性疾病研究中心	87 464	12 479	99 943	750
	于利希研究中心	309 003	122 387	431 390	3 792
	亥姆霍兹基尔海洋研究中心	44 865	22 224	67 089	491
	亥姆霍兹重离子研究中心	136 480	11 455	147 935	1 508
	亥姆霍兹柏林材料与能源研究中心	136 653	14 030	150 683	961

续表

类别		实际核心业务支出/千欧元	实际第三方业务支出/千欧元	总支出/千欧元	总职员数/人
项目研究	亥姆霍兹德累斯顿-罗森多夫研究中心	108 176	19 345	127 521	976
	亥姆霍兹感染研究中心	60 907	18 381	79 288	751
	亥姆霍兹环境研究中心	71 026	23 237	94 263	965
	亥姆霍兹吉斯达赫特材料与海岸研究中心	78 578	16 582	95 160	836
	亥姆霍兹慕尼黑研究中心	174 584	33 936	208 520	1 966
	亥姆霍兹波茨坦地学研究中心	60 459	40 562	101 021	813
	卡尔斯鲁厄理工学院	297 841	114 543	412 384	3 470
	马克斯·德尔布吕克分子医学中心	102 596	24 462	127 058	1 144
	马克斯·普朗克等离子体物理研究所	102 597	12 711	115 308	1 097
非项目相关研究		1 031	22 927	23 958	73
特殊任务（核设施）		11 678	15 703	27 390	112
项目赞助		—	247 686	247 686	2 291
结转的第三方资助		—	177 744	177 744	—
总计		2 805 671	1 477 507	4 283 178	33 424

资料来源：Helmholtz-Gemeinschaft. Annual report 2018[EB/OL]. https://www.helmholtz.de/fileadmin/user_upload/04_mediathek/18_Helmholtz_Geschaeftsbericht_ENGLISCH_epaper.pdf [2021-07-02].

五、用人方式及薪酬制度

2021 年 7 月，亥姆霍兹联合会员工数量为 43 683 人，其中 38.2%的是基础设施工程技术人员，37.1%的是科学家，14.2%的是博士研究生，7.3%的是其他科研工作者，3.2%的是实习生，如图 12-9 所示。

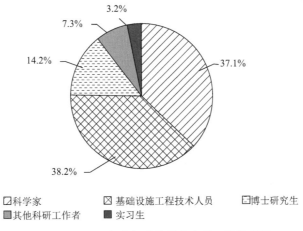

图 12-9　2021 年亥姆霍兹联合会员工结构情况

资料来源：Helmholtz-Gemeinschaft. Facts and figures: annual report of the Helmholtz Association 2021[EB/OL].
https://www.helmholtz.de/system/user_upload/Ueber_uns/Wer_wir_sind/Zahlen_und_Fakten/2021/21_
Jahresbericht_Helmholtz_Zahlen_Fakten_EN.pdf [2022-08-14]

　　根据对亥姆霍兹联合会北京代表处何宏博士的访谈，2021 年，科研人员中有 15% 是长聘，长聘的概念是亥姆霍兹联合会内部承认的、无重大过失不得解聘的科研人员，长聘科研人员进入亥姆霍兹联合会的研究中心后，会有 5 年的考察期，考察通过后变成正式的长聘科研人员，通过的概率在 70% 左右。另外 85% 的科研人员都是项目聘用，会根据科研项目的需要进行相关研究。此外，基础设施工程技术人员的长聘比例会相对较高，这是因为企业相应的工程技术岗位薪水一般远高于亥姆霍兹联合会的研究中心（科研人员在大学和科研机构的薪酬差距很小），此外，懂得大型科研仪器设备安装和运行的基础设施工程技术人员较为稀缺（科研人员在研究中心饱和度较高）。

　　亥姆霍兹联合会重视对员工的培养和提供平等机会，将英语作为工作语言的同时提供德语培训，此外还帮助其平衡职业发展与私人生活，以及提供必要的家庭服务。亥姆霍兹联合会为员工制订了涵盖科研、管理、工程等各个序列的"一揽子"培养计划，旨在提高员工的综合素质。

　　（1）对于管理人员，亥姆霍兹联合会设置有领导力学院，下设各类的训练计划，重点是培养管理人员如何在以科学为导向的组织中发挥作用。参与者将获得实用工具，以提高他们的管理效率，并应对日常管理中的特定挑战；参与者将了解成功的团队建设、发展和管理的有效工具，并反思在组织中的个人影响；参与者同时将了解科技战略，获得机构改革和战略规划所需的技能与工具。

（2）对于学生，可以学习研究中心和大学合作提供的学士/硕士（双）学位课程，并可在有联合培养协议的研究中心完成学士/硕士论文以直接熟悉非大学研究，同时通过实习、勤工俭学或实践学期参与研究中心的日常工作以完成必修学分要求和自己发展偏好。

（3）对于博士研究生，亥姆霍兹联合会会构建由研究中心主导师、至少两名研究员、学校导师（如适用）、日常导师（如适用）构成的导师组。亥姆霍兹联合会会帮助其获得平等的权利使用大型科研装置，并寻找合适的渠道推介其研究成果以形成其研究合作网络，同时奖励其在实验研究/知识产权/技术转移方面的重要进展等。

（4）对于博士后研究人员，亥姆霍兹联合会会制定制度性规定保障主要合作导师在为其匹配学术资源、构建合作网络中的积极作用，此外在博士后研究人员工作期间，要定期召开职业规划的深度研讨，并在博士后研究人员结束研究半年前确认在亥姆霍兹联合会的工作机会可能性。

（5）对于青年科研人员，亥姆霍兹联合会设立青年科研人员群体计划（Helmholtz Young Investigators Groups）以持续、永久资助顶尖青年科研人员，奖项给予每个研究中心 2—4 个配额去招聘博士毕业 2—6 年、科技成果卓越、有半年以上海外经验的外部研究人员，亥姆霍兹联合会每年提供不少于 30 万欧元，帮助青年研究人员获得团队领导职位和（研究中心与大学的）联合教授，给予其自主招聘 3—4 名科研人员组建科研团队的权限，以及安排购置科研仪器设备的权限。据统计，截至 2017 年 7 月，已有 225 名青年科研人员根据这项计划成为亥姆霍兹联合会长聘的课题组组长。

（6）对于资深研究人员，亥姆霍兹联合会还有亥姆霍兹联合会-经济研究委员会认可奖（the Helmholtz-ERC Recognition Award）以及亥姆霍兹联合会国际奖（the Helmholtz International Fellowships）进行支持。

此外，为了确保拥有顶尖的科研能力，亥姆霍兹联合会与德国高水平大学保持着密切的双向聘用关系，特别是"后疫情时代"给国际人才流动带来了新

的不确定性，也加速了其对德国高水平大学 W2/W3 级别科学家的聘用，2020
年聘用数量达到 736 人，如图 12-10 所示。

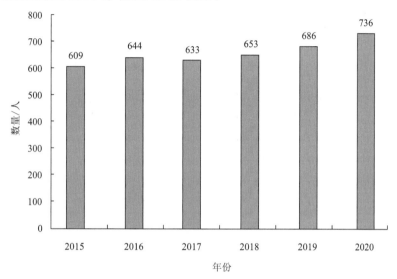

图 12-10　2015—2020 年亥姆霍兹联合会聘用德国高水平大学 W2/W3 级别科学家数量变化
情况

资料来源：Helmholtz-Gemeinschaft. Facts and figures: annual report of the Helmholtz Association 2021 [EB/OL].
https://www.helmholtz.de/system/user_upload/Ueber_uns/Wer_wir_sind/Zahlen_und_Fakten/2021/21_
Jahresbericht_Helmholtz_Zahlen_Fakten_EN.pdf[2022-08-14]

六、绩效评估与奖励

亥姆霍兹联合会目前采用双层评估系统（two-tier evaluation system）——科
学评估和战略评估。前者以研究中心为主体，对研究项目进行绩效评估；后者
以研究领域为主体，由德国联邦和州政府代表、亥姆霍兹联合会主席团与战略
咨询委员会充分讨论，并报评议会审议，针对亥姆霍兹联合会的未来方向进行
战略评估（图 12-11）[①]。

---

① Helmholtz-Gemeinschaft. Program-oriented funding(PoF): How Helmholtz funds its research[EB/OL].
https://www.helmholtz.de/fileadmin/user_upload/01_forschung/pof/EN_Factsheet_PoF_as_of_180914.pdf[2021-
07-02].

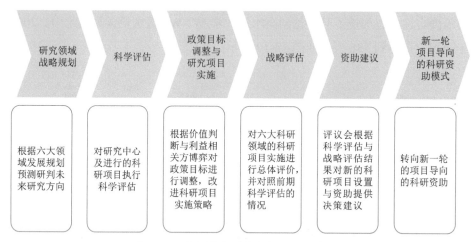

图 12-11　亥姆霍兹联合会的双层评估系统

资料来源: Helmholtz-Gemeinschaft. Program-oriented funding(PoF): how Helmholtz funds its research[EB/OL]. https://www.helmholtz.de/fileadmin/user_upload/01_forschung/pof/EN_Factsheet_PoF_as_of_180914.pdf [2021-07-02]

（一）科学评估

开始于 2017 年 10 月的科学评估工作，于 2018 年 4 月完成。在这一过程中，总共进行了 32 次国际评估，评估了 6 个研究领域的 18 个研究中心涉及的研发活动和用户设施。每次评估需要 3—5 天。亥姆霍兹联合会招募了来自 27 个国家的 585 名国际专家，其中包括 150 名妇女，担任评估人员。绝大多数的评论家来自世界各地，近一半（49%）的来自其他欧洲国家，35%的来自欧洲以外的国家。

1. 评估小组结构

科学评估涵盖研究中心的科学绩效及其对某一领域当前研究计划的贡献。评估基于书面报告和现场审查，由亥姆霍兹联合会主席和被评估的研究中心主任担任联合负责人。

评估小组由国内外高水平专家组成，原则上包括至少 30%的国际专家和至少 30%的学术界与产业界女性研究人员。评估小组成员需要在评估之前完全披露与研究中心、研究项目的利益冲突，由联合负责人确定最后的评估小组组成。利益冲突具体包括：①最近（过去 6 年内）、正在进行或者计划与研究中心的研究人员有联合出版物；与研究中心的研究人员有科学合作；担任研究中心的监督或顾问委员会成员（排除标准）；使用研究中心的科研设施。②最近（过去 6 年内）、正在进行或者计划（排除标准）在研究中心就职或参与招聘过程；作为研究人员的主要合作导师或其他导师组成员。③与研究人员有密切的私人关系。④与研究中心或研究人员有科研项目竞争。⑤其他自身利益考虑。

为了确保评估的可比性，平均每 2 个评估人每天需要对 10 个全职等效（FTE）研究人员进行评价，评估单元控制在 10—15 个 FTE 研究人员组成的研究组以保障评估颗粒度。由于每个研究中心都参与多个研究领域的多个研究项目，评估小组为此任命了交叉评估员（cross reviewers）和项目评估员（program reviewers）。前者对研究项目整体进行评估后评价研究中心的贡献（以研究项目为出发点），后者关注研究中心在多个研究项目中的贡献（以研究中心为出发点）。

2. 评估维度

评估小组评估研究中心在所在研究领域过去 4 年的科学绩效，分为对研究中心的评估、对研究项目的评估、对科研基础设施的评估三大方面。对研究中心的评估着重科学表现的评价，涵盖研究中心所进行研究的整体质量和创新潜力、与规模（全职科研人员数量、可用科研基础设施、科研经费）相关的科学成就、国际地位、未来计划与前景、职业发展等五大方面，对具体每一个维度的优势与劣势，需要阐明收益与风险、实用情况、国家与国际竞争力、独特性等详细信息。对研究项目的评估重点考察研究中心在具体研究领域对研究项目的贡献程度，涵盖其科学质量与效能、战略意义、与科研项目的主题计划机构和目标的一致性，同时对上次评估的建议进行对照。对科研基础设施的评估重点监测仪器仪表与技术实现、科学的质量与效能、战略规划与相关性、用户可用性与服务水平。

3. 评估流程

一是研究中心提交状态报告（自评估材料）。状态报告由两部分构成，第一部分侧重于研究中心、研究领域、研究项目之间的相关关系，以及三者同研究战略之间的关系，第二部分主要包括研究中心的资源规划、评估指标设计、研究人员简历等内容。此外，状态报告还包括评估小组对评估人员设计的调查问卷（现场调查前 6 周从联合会寄出，前 4 周返回）的反馈。

二是现场调查（2017 年 10 月至 2018 年 4 月），具体参与者包括亥姆霍兹联合会主席、被评估的研究中心主任、研究领域副主席、研究项目负责人、中心科学委员会负责人、用户代表。具体包括研究中心汇报、评估小组与科研人员（包括博士后和博士研究生）讨论、中心科学委员会代表讨论、评估小组内部讨论、用户咨询与现场访问、外部合作代表讨论等。

三是评估小组形成评估报告（最后一次现场调查后的 2—4 周内完成），评估报告包括对研究中心科学绩效的评级，评级分为杰出（outstanding）、卓越（excellent）、很好（very good）、好（good）、一般（fair）5 个等级，以及对其科研领域、科研项目贡献度的评估，涉及研究中心发展战略、科研水平、技术转移情况、国际合作强度、职业发展与机会均等情况等[①]。

（二）战略评估

最近一次的战略评估始于 2019 年 9 月，于 2020 年 2 月完成，目的是审查六大研究领域的战略计划，并提出未来资金方案中的分配基础。战略评估充分吸纳了前期科学评估的结果和与资助机构（即德国联邦政府和各州政府）的对话中制定的战略指导方针。科学评估是战略评估的重要组成部分，评审人员检查研究计划是否正确设置，并为新的或重新调整的亥姆霍兹联合会科研计划提出建议。这些结果将在亥姆霍兹联合会理事会中进行讨论，评议会由来自政治和科学领域的外部人士组成，亥姆霍兹联合会主席担任评议会董事会主席。评议会最终通过未来几年研究项目的资助建议，并将在六大研究领域层面进行的战略评估作为第四个计划期（PoF Ⅳ）提出的所有科研计划和基础设施的依据。PoF Ⅳ 的期限为 7 年（2021—2027 年），战略评估过程将使用详细的定性评估进行。该评估在计划和主题层面分为以下四个维度：①在该领域国际发展的背景下评估制定的目标（考虑亥姆霍兹联合会和研究领域的战略指导方针）；②评估实现目标的工作计划（工作计划的合理性、与科学评估建议的一致性、

---

① Helmholtz-Gemeinschaft. Helmholtz Association — scientific evaluation[EB/OL]. https://www.selfmem.eu/imperia/md/assets/stealth/coast_climate_2018/coast_climate_2018_3/scientific_evaluation_general_information.pdf [2021-07-02].

科学方法的独创性和适当性、实现所追求目标的可行性）；③评估项目参与者的能力以及专职的人力和对应的财政资源；④评估与研究有效性相关的收益和风险。

七、合作网络

（1）研究中心与大学区域集聚，旨在共同培养、吸引与储备面向未来的科研人才。研究中心与大学区域结合既包括直接的组织结构合并（卡尔斯鲁厄研究中心与卡尔斯鲁厄大学于 2006 年合并为卡尔斯鲁厄理工学院），也包括通过国际科学园等空间载体的形式空间重合[德国电子同步加速器中心、汉堡大学、欧洲分子生物学实验室（EMBL）、马普学会共同坐落在德国汉堡市国际科技园中]。组织和空间的集聚能够使各个科研机构的科研人才、科研资金、科研设施、科技政策能够迅速扩散，形成更统一、高效、灵活的科研组织关系，卡尔斯鲁厄理工学院的"一身多职模式"成为亥姆霍兹联合会史上科教融合的成功范例，"旋转门"大大促进了科研人员在国家科研体系效能提升中的作用，将大学的教育定位与科研机构的目标定位相结合，对亥姆霍兹联合会相关研究中心的员工发展、人才培养产生了积极的推动作用。

（2）以国家联盟（national consortia）为引导的大型、跨学科、多主体的科研联合体，旨在应对生命科学、地球与环境等领域的重大社会挑战。在生命健康领域，德国构建了 6 个德国国家健康研究中心（the German Centers for Health Research，DZG）。2009 年，德国神经退行性疾病研究中心成为第一个 DZG，这种合作模式将亥姆霍兹联合会的研究中心与大学医院和其他合作伙伴相结合，以提高预防、诊断和治疗某些广泛疾病的能力。德国现有 6 个 DZG 分别针对神经退行性疾病研究、糖尿病研究、感染研究、平移癌症研究、肺部研究和心血管疾病研究。其中，神经退行性疾病研究、平移癌症研究采用分支机构模式，而其他 4 个 DZG 采用社团模式。截至 2016 年，亥姆霍兹联合会在 90 多个地方与 100 多个参与合作机构在 DZG 组织协调机制下以更快的速度将研究成果惠及更多的患者。在地球与环境领域，德国成立了"德国海洋研究联盟"（German Alliance for Marine Research，DAM），该联盟是三个亥姆霍兹联合会的研究中心（阿尔弗雷德·魏格纳极地与海洋研究中心、亥姆霍兹基尔海洋研究中心、亥姆霍兹吉斯达赫特材料与海岸研究中心）、非大学研究机构和德国北部大学组成的创新网络。该联盟旨在汇集海洋、沿海和极地研究方面的专业人才与知识，目标是制定以科学为基础的海洋可持续管理行动方案，并在其实施中发挥积极作用。

（3）研究中心与大学"院地合作"，优势互补建立细分方向研究所。2016年之前，亥姆霍兹联合会已经与大学建立了7个亥姆霍兹研究所，分别设在明斯特、埃尔兰根、弗莱贝格、耶拿、美因茨、萨尔布吕肯和乌尔姆。2016年，亥姆霍兹联合会又批准成立了4个研究所，分别是：亥姆霍兹感染研究中心和维尔茨堡大学共建亥姆霍兹 RNA 感染研究所（HIRI）；阿尔弗雷德·魏格纳极地与海洋研究中心和奥尔登堡大学共建亥姆霍兹功能性海洋生物多样性研究所（HIFMB）；亥姆霍兹慕尼黑研究中心和莱比锡大学共建亥姆霍兹代谢、肥胖和血管研究所（HI-MAG）；德国癌症研究中心和美因茨约翰内斯古腾堡大学共建亥姆霍兹转化肿瘤研究所（HI-TRON）。

（4）通过大型科学装置不断吸引新的申请者和合作计划，并开展国际咨询。亥姆霍兹联合会拥有 XFEL（X 射线自由电子激光）、FAIR（反质子和离子研究装置）、W-7-X（核融合仿星器反应炉文德尔施泰因 7-X）、FRM Ⅱ（高通量中子研究堆）、IPolarstern（破冰船"极星号"）、Neumayer（德国南极站）、Zeppelin（齐柏林飞船）、COSYNA（北冰洋海岸观测系统）等一批大型科研装置，它们均不同程度地面向国际科研同行和产业用户开放共享，2018年，来自世界各地的 10 802 名国内外科学家利用亥姆霍兹联合会的科研装置进行研究。在合作研究方面，例如德国航空太空中心 HALO（高空远程研究飞机），它提供了航程、高度、有效载荷和综合仪表等理想组合，是当时世界上唯一的同类研究平台。2012 年春天，这架研究飞机执行了第一次科学任务，填补了一系列对地观测站和卫星之间的空白，当时设施可供广大用户使用。这一任务促进了多个科研机构相关科研领域的进展，为德国和欧洲的环境研究、气候研究和地球观测开辟了新的方向。在国际咨询方面，中东实验科学和应用同步光源（Synchrotron-light for Experimental Science and Applications in the Middle East，SESAME）是中东地区首个同步加速系统，由 BESSY I 存储环的前组件建造而成。在联合国教科文组织的主持下，亥姆霍兹联合会的德国电子同步加速器中心扮演了重要的国际咨询角色。该中心由巴林、塞浦路斯、埃及、伊朗、以色列、约旦、巴基斯坦、巴勒斯坦和土耳其等国共同建设和运营。

（5）在国际组织科研框架下参与基础前沿领域的联合研究。亥姆霍兹联合会积极并成功地参与了一系列欧洲伙伴关系，目标是为社会、科学和经济面临的全球性挑战找到有效的解决方案。它将充分发挥其强大的基础设施和创新理念的作用，以加强欧洲研究区的凝聚力。亥姆霍兹联合会的研究中心在欧盟研究框架计划中的科研项目方面发挥的作用尤其显著，充分利用了与欧洲伙伴的协同效应，协调了欧洲内部具有战略重要性的联合和旗舰项目。例如，由阿尔弗雷德·魏格纳极地与海洋研究中心协调的欧盟最新的框架计划"地平线2020"项目 EU-PolarNet（欧盟极地网络），是世界上最大的极地研究组织之一，涉及 17 个欧洲国家的多个研究机构[①]。

（6）与工业界将加强长期战略合作，携手共同创建亥姆霍兹创新实验室（HIL），以加强科技成果的转移转化。亥姆霍兹联合会的科学家和来自工业界的创新企业在双方共建的新型创新实验室内开展全程的项目研发合作，从核心理念形成到中间阶段再到创建公司。每个创新实验室都将落户于联合会下属的研究中心，这些研究中心将提供完备的科研基础设施。每个创新实验室首期 3 年的经费，将来自亥姆霍兹联合会的资助和网络基金与下属中心以及参与企业的经费。创新实验室涵盖了"用户实验室""服务部门""开放创新平台"等理念。在成功通过中期评估后，创新实验室的资助期会再延长 2 年，此后实验室可以利用申请来的第三方经费和工业界合作伙伴的经费实现自主运行。例如，SCIL 系统和控制创新实验室部署在德国航空太空中心，为航空、航天、交通、能源和安全领域的中小企业提供改进的模拟和模型技术基础设施，并研发信息物理实验装置。

八、成果转化

亥姆霍兹联合会的研究人员通过传播知识和将有经济价值的成果转化为

[①] Helmholtz-Gemeinschaft. The strategy of the Helmholtz Association: cutting-edge research for society, science, and business[EB/OL]. https://www.helmholtz.de/fileadmin/user_upload/04_mediathek/perspektiven/18_Helmholtz_Strategiebroschuere_EN_Web.pdf [2021-07-02].

创业努力，显著提高了德国科研体系的总体创新能力。亥姆霍兹联合会越来越重视知识和技术的转移，内部专门设置了转移与创新部。此外，亥姆霍兹联合会还密切关注各研究中心的技术转移办公室的成果转化情况，通过网络化、有针对性地设置转移支持项目和发展联合伙伴关系，促进科学、工业和社会之间的交流。在过去的几年里，亥姆霍兹联合会建立了各种新的仪器和平台来促进这些目标，其中包括亥姆霍兹验证基金、亥姆霍兹创新实验室和亥姆霍兹研究中心的创新基金。2016—2020 年，亥姆霍兹联合会通过成果转化获得了稳定且可观的优先授权专利收入、产业界合作收入、许可协议收入（图 12-12）。

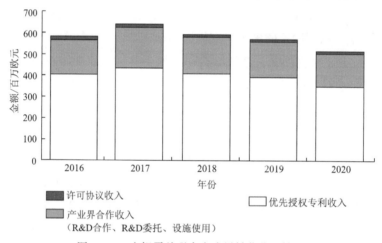

图 12-12　亥姆霍兹联合会成果转化收益情况

资料来源：Helmholtz-Gemeinschaft. Facts and figures: annual report of the Helmholtz Association 2021 [EB/OL]. https://www.helmholtz.de/system/user_upload/Ueber_uns/Wer_wir_sind/Zahlen_und_Fakten/2021/21_Jahresbericht_Helmholtz_Zahlen_Fakten_EN.pdf [2022-08-14]

第五节　弗劳恩霍夫协会

　　弗劳恩霍夫协会成立于 1949 年，总部位于德国，是欧洲最大的从事应用研究方向的科研机构，也是德国四大非营利科研机构之一。弗劳恩霍夫协会是以协会身份注册的独立社团法人，设 75 个研究所、9 个弗劳恩霍夫科研联盟。2020 年，弗劳恩霍夫协会拥有约 2.9 万名员工，年度预算为 28 亿欧元，其中24 亿欧元用于科研合同，约 2/3 的合同研究经费来自工业合同和公共资助的研究项目，1/3 的来自联邦政府和州政府的基础资金。弗劳恩霍夫协会的每个研究所都会根据市场环境和与科学界的联系，发展自身的业务领域和核心专业领域，涉及健康和环境、安全和国防、移动和交通、通信和信息、能源和资源等六大科研领域。

一、缘起与发展

（1）成立初期确定方向定位（1949—1954 年）。弗劳恩霍夫协会于 1949 年 3 月 26 日在慕尼黑成立，以约瑟夫·冯·弗劳恩霍夫（Joseph von Fraunhofer）的名字命名，是重组和扩大德国研究基础设施计划的一部分。成立初期的主要职能是将公共基金、会员捐赠用于与业务相关的重要研究。1952 年，弗劳恩霍夫协会被正式认定为德国研究领域的三大科研机构之一。1954 年弗劳恩霍夫协会正式作为应用研究机构在全国范围内开展业务，并于同年 6 月 1 日在曼海姆成立了第一个研究所。

（2）融入德国科学界（1955—1965 年）。在这一阶段，弗劳恩霍夫协会首次正式表示希望从公共机构获得研究资助，该举措旨在巩固该组织在德国研究界的地位。到 1964 年，弗劳恩霍夫协会已经成立了 9 个研究所和 1 个中央管理机构，拥有 700 名员工，创造了 1600 万马克的收入。德国科学委员会建议普遍扩大非学术研究机构，特别是作为应用研究组织的弗劳恩霍夫协会，政府为弗劳恩霍夫协会制订实质性的改革计划。

（3）设置和扩展新的发展道路（1966—1971 年）。到 1969 年已经成立了19 家弗劳恩霍夫协会研究所和中央行政部门，雇用了 1200 多人，总预算为 3300 万马克，弗劳恩霍夫协会预算已经涵盖了政府基本资助计划的所有支出。1970 年，弗劳恩霍夫协会发展促进委员会提出了扩大弗劳恩霍夫协会的建议报告，其中包括未来可能成立的研究所的清单，并引入了以结果为导向的薪酬体系。联合委员会由联邦研究部和弗劳恩霍夫协会的代表组成，其任务是制订扩大该组织的详细计划。1971 年，协会确立了新章程，规定评议会和执行委员会拥有更大的权力，这种组织结构的变化更接近于企业，每个研究所都被分配特定的研究领域。

（4）引入和测试弗劳恩霍夫模型（1972—1982 年）。1972 年，研究和扩展联合规划委员会提交了一份报告草稿，提出了"弗劳恩霍夫模式"的想法，即国家资助的经费将随着协会合同研究资金而增加，这意味着研发工作必须严格按照市场导向进行。正式员工的薪酬标准与德国官方公务员薪酬标准完全一致，这降低了协会选拔合格员工时在市场上的竞争力。1973 年德国联邦内阁等批准了"弗劳恩霍夫模型"，在国防部和研究所部门协议中确定了面向军事研究所进行的民用研究。到 1974 年，弗劳恩霍夫协会拥有近 2200 名员工，分布于 27 个机构，总收入达到 1.87 亿马克。

（5）成长与巩固阶段（1983—1989 年）。到 1989 年，弗劳恩霍夫协会共有 37 家研究所，近 6400 名员工，每年总产值接近 7 亿马克。在这一时期军事研究的比例下降，为应对这一变化，计划将某些研究领域甚至整个研究所转变为民用合同研究方向。

（6）新机构整合和内部联盟的建立（1990—1999 年）。这一时期弗劳恩霍夫协会引入新的人才战略，促进合作型的管理风格，为每个员工融入责任和发展观念，并在研究院下设立创新联盟。1999 年弗劳恩霍夫协会成立 50 周年之际，该协会有 47 个研究所和中央行政管理总部，共计 9300 名员工，每年预算达到 14 亿马克。这一时期，研究院通过加强市场研究和技术研究，来确定未来的研究领域，以继续发挥其作为德国经济创新引擎的作用。

（7）面向未来设立新战略（2000—2009 年）。2000 年，弗劳恩霍夫协会的科技转化成果非常显著，成功首创了动态影像专家压缩标准音频层面 3（MP3），充分发挥了弗劳恩霍夫模式机制的优势。在继续教育道路上，弗劳恩霍夫协会开辟了新的业务领域，推出"Fraunhofer Attract"计划，旨在帮助协会招募具有创新思想的优秀独立的科学家。到 2009 年，该协会已经拥有 57 个研究所，创造了 14 亿欧元的收入，员工比 10 年前增长了 50%以上，达到 1.5 万名。

（8）对经济和社会发挥协同效应（2010 年至今）。从成立之初重建当地经济为任务，到 70 周年的自我定位的再次确认，弗劳恩霍夫协会一直强调专注于新的关键技术和市场。弗劳恩霍夫协会如今已成为德国乃至欧洲最大的应用研究组织和创新引擎[①]。

---

① Fraunhofer-Gesellschaft. Fraunhofer chronicle[EB/OL]. https://www.fraunhofer.de/en/about-fraunhofer/profile-structure/chronicles/fraunhofer-chronicle.html[2021-08-20].

二、组织架构

弗劳恩霍夫协会是在政府的支持下建立的，但它并不隶属于联邦政府的任何部门，而是通过与政府签订合约来确定双方之间的权利和义务。从组织架构上看，弗劳恩霍夫协会设有主席委员会（presidential council）[包括执行委员会（executive board）和主席团（group chairs）]、全体会员大会（general assembly）、评议会（senate）、科学技术委员会（scientific and technical council，STC）、咨询委员会（advisory boards）、75个弗劳恩霍夫协会研究所和9个弗劳恩霍夫科研联盟（Fraunhofer Groups），如图12-13所示。

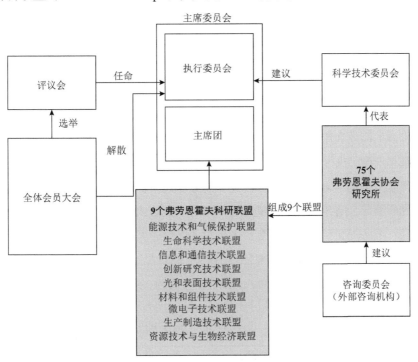

图12-13　弗劳恩霍夫协会组织架构

资料来源：Statute of the Fraunhofer Gesellschaft

（1）全体会员大会是弗劳恩霍夫协会的最高权力机构，全体会员大会至少每年举行1次会议，由协会主席召集并主持。全体会员大会由普通会员、当然成员、荣誉会员组成。全体会员大会的职责是选举评议会成员；推举产生荣誉会员和荣誉理事；批准执行委员会提交的年度报告和年度账目报表；解散评议会和执行委员会，修改章程和解散协会等。其中，选举出评议会是全体会员大会最重要的任务。非营利科研机构的评议会不存在外部接管的市场压力，因此很难保证评议会不发生串谋和侵吞公款的情况。为了防止这种情况的出现，选举出的评议会成员通常具有较为复杂的身份，从而起到权力制衡的作用。

（2）评议会是协会的最高决策机构，由科学界、工商界和公共领域内的18 名成员组成，此外还包括联邦政府部门的 4 名代表和州政府的 3 名代表，以及 STC 的 3 名成员。评议会由全体会员大会选举产生，任期为 3 年。评议会每年至少需要召开 1 次会议。评议会负责制定有关基础科学和研究的政策与研究方向，负责协会研究实体的建立、合并和解散，确定中长期财务规划和预算，提交年度账目报表到全体会员大会，负责任命执行委员会的成员。

（3）执行委员会是协会的核心管理部门，由协会主席和最多 3 名委员组成。按照协会章程，执行委员会须有 2 名成员是科学家或工程师，1 名成员是有经验的商业管理人士，1 名成员需曾在公共服务部门担任过高级管理职务。这一规定既有效地保证了科学家在协会运行中的决策主导权，也为协会公益目标的实现和科研资源的高效利用提供了基本的保障[①]。执行委员会成员每届任期为 5 年，由评议会选举产生。执行委员会的职责包括：负责与 STC 和科研联盟主席共同制定协会科研政策的基本方针和研究、扩建及财务规划；管理所属研究所和工作组，任免研究所领导，同 STC 共同推进研究所工作；制定人事政策；制定年度报告和年度账目；准备提交和执行全体会员大会和评议会的决议；任命评议会成员。执行委员会每年至少应向全体会员大会、评议会、STC 提交 1 次协会的相关事务报告。

（4）科学技术委员会是协会的内部咨询机构，其成员包括各研究所的所长和高级管理人员及所内科研人员的代表，每个代表任期 4 年。STC 通过其常务委员会行使职责，该委员会由 STC 主席、副主席和其他 9 名成员组成。STC 会议每年至少召开 1 次，主席应提交关于常务委员会活动的报告。STC 负责向其他部门提供具有科学技术重大战略意义的建议，包括研究方向、人事政策制定、科技成果应用、知识产权保护、科研经费分配、合同项目收益的使用、科技成果评价等方面，还享有特别建议权。

---

① 樊立宏, 周晓旭.德国非营利科研机构模式及其对中国的启示——以弗朗霍夫协会为例的考察[J]. 中国科技论坛, 2008, (11): 134-139.

（5）主席团协助执行委员会制定协会的管理政策、参与执行委员会的决策过程，并有权提出建议，同时协助执行委员会落实各项决定。通常每3个月举行1次例会。

（6）主席委员会包括执行委员会的成员、科研联盟的主席团，每季度举行1次例会。主席委员会成员参与执行委员会的决策程序，并协助执行委员会执行决议，并有权提出建议。

（7）咨询委员会是研究所的外部咨询机构，由科学界、工商界和公共领域代表组成。每个研究所的咨询委员会约有12名成员，他们由执行委员会任命并获所长批准。咨询委员会在有关研究所的研究方向和结构变化方面向所长和执行委员会提供咨询建议。

（8）弗劳恩霍夫协会共有75个研究所，研究所不具有独立的法人资格，每个研究所由1名或多名所长管理，并由各分院和独立部门负责人协助。研究所领导负责管理研究所，包括制定研究所的科研规划及预算案、决定经费如何使用、签订委托科研合同、自主聘用人员等。在研究所业务范围内，研究所领导享有充分的自主权。弗劳恩霍夫协会研究所遍布全德国，设立在经济相对发达、工业和产业比较集中的地区和城市，且紧邻大学，始终保持和大学及高等院校的紧密合作，协同使用大学的硬件设施，并共享实验室和实验设备。

（9）弗劳恩霍夫科研联盟是由研究所和独立部门组成的专家组。每个联盟都有专门的研究重点，负责协调弗劳恩霍夫协会内部的研究。执行委员会决定其组建和解散，STC常务委员会有权在执行委员会通过任何最终决议之前提出其意见。每个联盟设立1个管理委员会，由参与联盟的研究所所长组成。管理委员会向执行委员会提交提案，执行委员会随后将提案连同其自己的意见陈述提交给评议会主席。联盟的主席由评议会主席任命，任期通常为3年，副主席由管理委员会成员选举产生，任期通常为3年。

三、任务来源及形成

弗劳恩霍夫协会以促进应用研究为宗旨，自主制订实施研究项目计划，完成联邦政府和各州政府委托的任务和合同研究任务。目前，该协会的战略目标包括：在国际范围内促进与开展应用研究，为企业与社会服务；通过开发创新技术及独特的系统解决方案，帮助客户提高其在德国乃至欧洲区域内的市场竞争力；通过研究活动推动德国工业社会经济在兼顾社会福利和环境和谐的前提下向前发展；帮助科研人员培养专业能力和个人技能，使其能够在研究所、产业界乃至其他科学领域承担应有的责任[①]。

从弗劳恩霍夫协会的经费来源来看，协会的 70% 的经费来源于产业界和公共部门委托的项目，其余 30% 来自政府的基础资金。弗劳恩霍夫协会研究所的基金或政府资助并不是指令性的。相反，这些基金能被用于各研究机构执行其战略计划及扩大资产。这些基金足以使研究机构购买大型设备，承担长期的应用研究，从而保证其创新而又不冒太大风险。这些基金的目的是为每个研究机构提供自己战略性研究可以自主支配的资助[②]。

四、经费结构及使用方式

（一）独特的"弗劳恩霍夫模式"

弗劳恩霍夫协会创立了一种被称为"弗劳恩霍夫模式"的经费来源模式，该模式于 1973 年得到德国联邦内阁和联邦州委员会的正式批准，这对学会的成功起到了至关重要的作用。弗劳恩霍夫模式最显著的特点在于，协会经费的多少与自身的收入能力挂钩，并将其作为下一年经费分配的依据[③]。"非竞争性资金"主要包括中央和地方政府及欧盟投入的科技事业基金、联邦国防部（BMVg）等部门下拨的专项资助等；"竞争性资金"则指公共部门的招标课题、企业研发合同收入及政府对此类合同的补贴、民间基金会的资助等[④]。具体而言，弗劳恩霍夫协会从产业和政府项目中获得约 70% 的经费，为"竞争性

[①] Fraunhofer-Gesellschaft. The Era of the Founder [EB/OL]. https://www.fraunhofer.de/en/research/current-research/the-era-of-the-founder.html[2021-08-12].

[②] 马继洲, 陈湛匀. 德国弗朗霍夫模式的应用研究——一个产学研联合的融资安排[J]. 科学学与科学技术管理, 2005, (6): 53-55, 86.

[③] 孙浩林, 高芳. 弗朗霍夫学会服务企业的机制研究及对我国的启示[J]. 全球科技经济瞭望, 2018, 33(4): 46-53.

[④] 樊立宏, 周晓旭. 德国非营利科研机构模式及其对中国的启示——以弗朗霍夫协会为例的考察[J]. 中国科技论坛, 2008, (11): 134-139.

资金", 另外约30%的经费来自德国政府（称为"基本投资", 其中联邦政府和州政府以 9：1 的比例资助）, 这部分资金为"非竞争性资金", 这 30% 的经费金额为协会上年公共部门收入和协会上年产业收入之和的一半, 这样既起到了激励协会研究机构多争取企业或政府部门项目并提高运作效率的作用, 同时也使研究机构保证其公共服务的非营利性[①]。

弗劳恩霍夫协会研究所的经费配置。首先将国家划拨的事业费（政府资助的"非竞争性经费"）中的少部分（约占 1/3）无条件分配给各研究所以支持战略性、前瞻性研究, 而其余大部分则同研究所上年的总收入和来自企业合同的收入挂钩。根据这一财务模式, 研究所科研经费的理想结构, 应为"非竞争性经费"占 25%—30%, "竞争性经费"占 70%—75%, 如图 12-14 所示[②]。在具体操作中, 政府与协会通过签订协议的形式, 根据各研究所承担的课题性质设定不同的资助比例。这种做法既保证了各研究所的基本运行, 又激励研究所从市场上争取更多经费。另外, 为鼓励承担大型课题, 协会对 2 个以上研究所合作研发的项目提供专项补贴[③]。

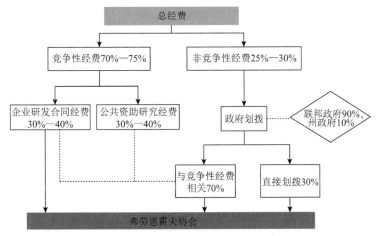

图 12-14　弗劳恩霍夫协会研究所经费配置

资料来源：王春莉, 于升峰, 肖强, 等. 德国弗朗恩霍夫模式及其对我国技术转移机构的启示[J].
高科技与产业化, 2015, (10): 26-30

① 刘强. 德国弗朗霍夫协会企业化运作模式[J]. 德国研究, 2002, 17(1): 62-65.

② 樊立宏, 周晓旭. 德国非营利科研机构模式及其对中国的启示——以弗朗霍夫协会为例的考察[J]. 中国科技论坛, 2008, (11): 134-139.

③ 李建强, 赵加强, 陈鹏. 德国弗朗霍夫学会的发展经验及启示(下)[J]. 中国高校科技, 2013, (9). 62-63.

（二）经费结构

2020年，弗劳恩霍夫协会的总预算为28.32亿欧元，比上年增长了3%。其中合同研究（contract research）占总预算的84.7%（23.98亿欧元），是协会的主要收入来源，额外研究经费（additional research funding）占比为5.8%（1.64亿欧元），主要基础设施建设经费（major infrastructure capital expenditure）占比为9.5%（2.7亿欧元），如表12-9所示。

表12-9　2016—2020年弗劳恩霍夫协会经费来源及结构（单位：百万欧元）

分类	2016年	2017年	2018年	2019年	2020年
合同研究	1879	1992	2168	2295	2398
企业研发合同项目	682	711	723	724	658
企业合同收入	—	—	—	—	559
许可费收入	—	—	—	—	99
公共资助研究项目	704	755	763	825	895
州政府	—	—	—	—	196
联邦政府	—	—	—	—	485
欧盟	—	—	—	—	92
其他机构	—	—	—	—	122
基础资金	493	526	682	746	845
德国联邦教育与研究部	—	—	—	—	—
州政府	—	—	—	—	—
额外研究经费	114	121	128	159	164
Fab蓄电池研究项目（FFB）资金	0	0	0	2	11
德国国家应用网络安全研究中心基本资金	0	0	0	12	14
德国联邦国防部项目资金	49	57	60	77	65
德国联邦国防部基础资金	65	64	68	68	74
主要基础设施建设经费	88	173	255	306	270
德国微电子研究中心	0	48	89	84	38
配备新设施	26	27	34	35	53
建筑项目	62	98	132	187	179
经费总额	2081	2286	2551	2760	2832

资料来源：*Fraunhofer Annual Report 2020.*

　　合同研究包括企业研发合同项目、公共资助研究项目、基础资金。2020年，合同研究的约 1/3 来自"非竞争性经费"，剩下的约 2/3 来自"竞争性经费"。企业研发合同项目资金包括企业合同收入和许可费收入，由于新冠疫情影响，这项资金相比上年下降了 9%，至 6.58 亿欧元。公共资助研究项目资金显著增加到 8.95 亿欧元，来自州政府的项目资金达到 1.96 亿欧元；来自德国联邦教育与研究部、德国联邦经济和能源部以及其他政府部门的项目资金为 4.85 亿欧元；来自欧盟的资金①小幅下降至 9200 万欧元；来自基金会、大学和其他资助机构的资金为 1.22 亿欧元。基础资金在 2020 年达到 8.45 亿欧元，比上年增加了 13%，基础资金由德国联邦教育与研究部和州政府以 9∶1 的比例提供。

　　额外研究经费是指超出常规基础资金范围的来自联邦政府和州政府的资金，用于非基础资金资助的长期研究工作。2020 年额外研究经费为 1.64 亿欧元，包括国防相关研究②的经费 1.39 亿欧元，由德国联邦国防部提供基础资金和项目资金。此外，德国国家应用网络安全研究中心（ATHENE）③和 Fab 蓄电池研究项目也需要额外的研究资金。2020 年 ATHENE 的预算为 1400 万欧元，由德国联邦教育与研究部和黑森州以 7∶3 的比例资助。德国联邦教育与研究部提供 1100 万欧元建立 Fab 蓄电池研究项目，未来几年将从德国联邦教育与研究部获得约 5 亿欧元的资金，北莱茵—威斯特法伦州已同意提供 2 亿欧元用于在明斯特基础设施建设。

　　主要基础设施建设经费包括建筑项目、购买科学仪器和新装备设施以及用于德国微电子研究中心的支出，2020 年的主要基础设施建设经费降至 2.7 亿欧元。用于配备新设施的资金为 5300 万欧元。用于建筑项目资金为 1.79 亿欧元，其中重大建筑项目为 1.53 亿欧元，小型项目为 2600 万欧元，联邦和州政府按

---

① 通过参与欧盟的"地平线 2020"，弗劳恩霍夫协会积极参与欧洲的应用研究，在研究机构资助的排名中持续保持领先地位（目前排名第 3）。

② 参与国防领域研究和开发的 7 个研究所组合在一起，并从国防部获得基础资金和项目资金，这些研发活动的目的是为人员、基础设施和环境提供最佳保护，以抵御军事、技术、恐怖主义以及自然灾害引发的潜在安全威胁。

③ ATHENE 是由弗劳恩霍夫安全信息技术研究所（SIT）、计算机图形研究所（IGD）、达姆施塔特工业大学、达姆施塔特应用技术大学合作运营的，其研究重点是电力和交通等关键基础设施的保护以及 IT 系统的安全，应用跨学科方法将 IT 和工程与法律、经济学、心理学和伦理学领域相结合。

1∶1 的比例为重大建筑项目和新设施装备提供专项资金。德国微电子研究中心资金为 3800 万欧元，主要由德国联邦教育与研究部提供[①]。

（三）经费使用

从经费使用角度来看，弗劳恩霍夫协会的经费主要用在机构运营和投资支出上，其中运营费用包括人事费用和非人事费用。2020 年，弗劳恩霍夫协会的运营费用为 23.57 亿欧元，比上年增加了 3%，其中人事费用增加到 15.65 亿欧元，占总经费的 55.3%，因为从 2020 年 3 月 1 日起协会的员工工资增加了 1%，且员工人数也有所增加，非人事费用为 7.92 亿欧元，略高于上年，占总经费的 28.0%。投资支出指合同研究、额外研究资金和重大基础设施项目的当前资本支出，2020 年弗劳恩霍夫协会的投资支出为 4.75 亿欧元，占总经费的 16.8%，如图 12-15 所示。

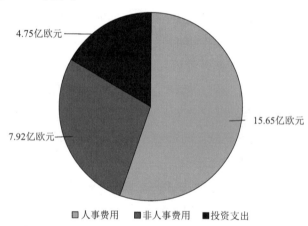

图 12-15　2020 年弗劳恩霍夫协会经费使用情况
资料来源：*Fraunhofer Annual Report 2020*

五、用人方式及薪酬制度

2016—2020 年，弗劳恩霍夫协会的雇员人数一直上涨，到 2020 年底，弗

---

① 截至 2022 年，德国联邦教育与研究部对德国微电子研究中心提供了 3.5 亿欧元的资金，其中弗劳恩霍夫协会获得了 2.8 亿欧元，两个参与的莱布尼茨研究所获得了 7000 万欧元。德国微电子研究中心的目标是帮助德国的关键产业实现技术基础设施的现代化。

劳恩霍夫协会的雇员总数为 29 069 名，如表 12-10 所示。其中，20 701 名是 RTA 员工（研究、技术和行政人员），占总雇员人数的 71.2%；7827 名是学生，占总雇员人数的 26.9%；541 名是实习生，占总雇员人数的 1.9%。

表 12-10　2016—2020 年弗劳恩霍夫协会雇员情况　（单位：人）

类型	2016 年	2017 年	2018 年	2019 年	2020 年
RTA 员工	17 332	17 965	18 913	19 936	20 701
学生	6 654	6 888	7 225	7 517	7 827
实习生	472	474	510	535	541

资料来源：*Fraunhofer Annual Report 2020.*

（一）用人方式

（1）固定岗与流动岗相结合的管理方式。研究所实行固定岗和流动岗相结合的人事管理制度，只有在研究所连续工作 10 年以上的骨干科研人员才能获得固定岗职位，约 60% 的弗劳恩霍夫协会研究人员按照 3—5 年的固定期限的合同聘用。

（2）鼓励科研人员流动，允许科研人员兼职。弗劳恩霍夫协会鼓励职工离开单位开办自己的公司，遇到困难的职工可以在 2 年内返回单位。还有一种相对"不正规"的互动模式是其研究人员向产业部门流动。这种流动是刻意促成的，签订固定期限合同的研究人员当中的绝大部分必须到产业部门中求职。到产业部门工作后的校友（alumni）往往会与协会保持联系，并将他们当前任职企业的合作项目带回到各研究所。据统计，弗劳恩霍夫协会的人员流动率每年达到 20% 左右，为德国企业输送了大量的专业人才[①]。

（3）注重学生参与研究工作。弗劳恩霍夫协会同大学合作研究开发项目，学生可以在研究所完成论文，也可以参与实习或担任学生助理职务，目前学生人数占协会雇员总数的 26.9%。大量的学生参与科研项目，使弗劳恩霍夫协会以低成本获得了先进的专业技术，同时研究机构为学生提供了大学所不具有的企业和政府的研究合同、先进设备以及发展知识和接触核心技术的机会。学生

---

① 黄宁燕，孙玉明. 从 MP3 案例看德国弗劳恩霍夫协会技术创新机制[J]. 中国科技论坛，2018, (9): 181-188.

雇员在弗劳恩霍夫协会研究所的项目研究上平均要工作 5 年，在这期间他们可申请博士学位，但学术工作要自己完成。他们不仅有责任负责他们的项目，而且还要承担该项目的营销[①]。

（4）弗劳恩霍夫学院（Fraunhofer Academy）提供继续教育和培训等服务。弗劳恩霍夫学院提供专业课程、认证培训课程和组织研讨会。其中，专业课程是由弗劳恩霍夫协会研究所与合作大学或应用型大学发起的学术培训；认证培训课程是要求至少接受一周培训才能获得认可的专业资格的有偿课程。例如，每年 4 月和 10 月，弗劳恩霍夫学院都会开设风能系统的在线学习课程，面向希望在风能领域有更深入研究的工程师和具备学士学位的人群。这些课程结束后，学生会获得由 ASIIN（德国工科专业认证机构）认证的证书。弗劳恩霍夫学院的继续教育涵盖了五个主题领域：能源和可持续发展、信息和通信、制造和测试技术、技术和创新、物流和生产[②]。

（二）薪酬制度

研究所实行固定岗和流动岗相结合的人事管理制度，只有在研究所连续工作 10 年以上的骨干科研人员才能获得固定岗职位，约 60% 的弗劳恩霍夫协会研究人员按照 3—5 年的固定期限的合同聘用。弗劳恩霍夫协会的人员流动率每年达到 20% 左右，为德国企业输送了大量的专业人才。

固定岗和流动岗的两类人员享有不同的薪酬待遇。前者执行国家公务员工资标准[③]，同马普学会的薪酬制度相似，弗劳恩霍夫协会的固定岗职位人员享受公务员待遇，依照联邦公务员的薪酬体系中的 W 系列，工资标准由国家统一制定，按规定享受正常晋升工资的待遇，并且终身就业，不能被解雇。而后者则按照合同的规定付酬。其余人员按照合同聘用规定的薪酬体系执行。

---

① 马继洲, 陈湛匀. 德国弗朗霍夫模式的应用研究——一个产学研联合的融资安排[J]. 科学学与科学技术管理, 2005, (6): 53-55, 86.

② Fraunhofer-Academy. Advanced training with Fraunhofer[EB/OL]. https://www.fraunhofer.de/content/dam/zv/en/range-of-services/advanced-training-with-fraunhofer.pdf [2021-08-12].

③ 樊立宏, 周晓旭. 德国非营利科研机构模式及其对中国的启示——以弗朗霍夫协会为例的考察[J]. 中国科技论坛, 2008, (11): 134-139.

六、评估与评价

弗劳恩霍夫协会根据与政府签订的《确保科研质量》协议，对协会以及所属研究所的工作进行评估。弗劳恩霍夫协会主要采用审查研究所年度报告、定期评估研究所科研绩效和综合评估研发项目成果的方式对所属研究机构进行监督。根据协会总章程，各研究所每年需向总部提交年度报告，弗劳恩霍夫协会执行委员会委托专家对报告进行审查，并给出评价意见。报告内容包括事业计划与研发项目的执行情况、研究成果的取得与应用情况、机构与人员的变动情况、研究设施的更新情况、经费收支情况与产业界和大学的合作情况、国际学术交流与人才培养情况等。其中关于重大研发课题的进展、技术转让的收益、结余资金的数额、重大事故的发生与处理等需做出详细说明。针对研究所提交的年度报告，执行委员会委托有关专家进行审查，并根据审查结果提出关于弗劳恩霍夫协会研究所年度工作的评价意见。

弗劳恩霍夫协会每 5 年对所属研究所进行一次综合评估，评估委员会的10 位成员均来自外部，通常由学术界、产业界和公共部门的专家组成。其中来自学术界的专家需得到协会学术委员会的推荐。评估委员会首先对研究所提交的事业发展报告及相关资料进行审核，然后集中 2—3 天时间对研究所的科研队伍、科研设施、管理机构和科研辅助系统进行具体考察，并举行对研究所所长的质询答辩。对研究所进行评估的主要指标包括：既定战略规划的完成情况、重点课题的实施进度、科研人员的整体素质与结构、科研设施的装备水平与利用率、经费总额中"竞争性经费"的比例、"竞争性经费"中企业研发合同的比例、申请和取得专利的数量、客户的分布结构与服务满意度、技术成果转让的数量和收益、经费支出的范围和科研辅助系统的服务质量等。需要指出的是，由于弗劳恩霍夫协会是一个以应用研究为主的科研机构，其研发成果多被产业界直接吸收，因而在评估研究所的指标体系中，"发表论文的数量"仅为一个参考指标。评估结果经执行委员会确认后，由协会总部统一向社会公布，并作为协会今后调整事业发展规划、改聘研究所所长人选、制定事业资源分配方案、确定员工薪酬水平的主要依据。

弗劳恩霍夫协会承担的所有研发项目都需要对其最终成果进行评估，然后才能结题。一般项目的评估由研究所自行组织，大型项目和重点项目的评估由执行委员会组织，经费超过 1000 万欧元的特大项目的评估则由协会和公共部门共同组织。为确保评估结果的客观性、公正性和科学性，协会对评估专家的选聘极为严格，资历、学识、地位、工作单位、年龄、参加评估次数乃至性别等因素，都被充分考虑；对于重大项目，协会还尽可能邀请国外学者参加。评估通常从科技、经济与社会三个方面对项目成果进行考察。主要评估指标包括：研发成果的原创性、革新性和领先性（以世界前沿水平为基准）；项目实施计划、实施组织和实施手段的合理性；项目预期目标的实现程度；投入资金与取得效益的比较；项目过程中发表的论文与取得专利的"质"与"量"；研发成果的产业化预期和风险；研发过程中科研机构内部的合作、与产业界的合作、与国内外同行的合作；项目成果推广对环境、文化和国民生活的影响；对人才培养和队伍建设的贡献；科研辅助系统的服务水平；等等。此外，对于研发周期超过 5 年的项目，协会每 3 年都会安排一次中间评估，并将评估结果及时向有关部门和企业通报；对于特大型研发项目，弗劳恩霍夫协会将在结题后的一定时间内安排跟踪评估，并根据评估结果及时修正先前的结论[①]。

七、合作网络

（一）国内合作

弗劳恩霍夫协会通过跨学科研究团队和与来自行业、政府及其他组织机构的合作伙伴合作，将新颖的想法转化为创新技术，实现关键技术的研究，从而强化德国和欧洲的战略科技力量。

（1）与大学和工业合建新机构的新模式。2017 年 3 月，弗劳恩霍夫协会数字网络能力中心在柏林成立并开业。该中心为企业提供广泛的研究和应用支持的一条龙服务。它整合了弗劳恩霍夫 4 个研究所的经验和核心技术，为柏林作为数字化领域领先区域树立了新的里程碑。中心的核心任务是为数字化转型开发和准备接近实际的解决方案，既研究基础性和综合性的技术，也为 4 个具

---

① 樊立宏, 周晓旭. 德国非营利科研机构模式及其对中国的启示——以弗朗霍夫协会为例的考察[J]. 中国科技论坛, 2008, (11): 134-139.

体的应用领域，即远程医疗、交通和未来城市、工业和生产以及关键的基础
设施，提供解决方案。从硬件到转化技术到生产的软件，弗劳恩霍夫协会数
字网络能力中心将为工业生产提供"一站式购齐"服务，柏林将成为成功的
数字网络的数字化转型的灯塔。数字网络能力中心由柏林和欧洲地区发展基
金（EFRE）提供资助。该中心的成立是柏林作为未来技术区域开展特别活
动的标志，同时也为柏林的数字化战略构建了重要的支柱。高性能中心
（High-Performance Centers）是基于战略合作主题，组织多个公共和私人研发
合作伙伴共同参与，并将想法作为创新指南，成立研究中心或企业的机构。
这些合作伙伴包括大学、高等教育机构、弗劳恩霍夫协会研究所和非大学研
究机构、公司以及其他社会组织，它们跨机构对基础设施、继续教育理念和
专业知识进行研究，旨在锚定本地的科技和经济生态系统，提高经济影响力
和社会效益①。

（2）研发主体合作开发新项目。德国微电子研究中心联合德国两大学会——
弗劳恩霍夫协会和莱布尼茨学会的优势与组织协同能力，力图使弗劳恩霍夫
协会成为世界上最大的微电子和纳米电子应用研究、开发和创新领域的供应
商。弗劳恩霍夫微电子联盟的 11 个研究所和莱布尼茨学会的高频技术研究所、
高性能微电子研究所 2 个研究所为大量工业客户提供量身定制的系统解决方
案。这些客户尤其是中小型企业和初创企业，可以轻松地获取高科技，并利用
欧洲最大的设备和技术库进行新产品开发。联邦教育与研究部资助了大约
3.5 亿欧元建立德国微电子研究中心，主要用于研究所设备的现代化建设。
在此次赞助中，弗劳恩霍夫协会获得了 2.8 亿欧元，莱布尼茨学会获得了
7000 万欧元②。在德国联邦政府和州政府的《研究与创新协议》（The Pact for
Research and Innovation）支持下，弗劳恩霍夫协会研究所与马普学会研究所
之间进一步加强合作，以弥合基础研究和应用研究之间的差距。自该协议启
动以来，一系列研究项目已得到内部和独立专家的评估和批准，当前共同合

---

① Fraunhofer-Gesellschaft. High-Performance Centers[EB/OL]. https://www.fraunhofer.de/en/institutes/cooperation/max-planck-cooperation.html [2021-08-08].

② Fraunhofer-Gesellschaft. Research fab microelectronics germany (FMD)[EB/OL]. https://www.fraunhofer.de/en/institutes/cooperation/research-fab-microelectronics-germany.html [2021-08-08].

作的有 18 个项目①。

（3）科研机构参与协同研究。ATHENE 是弗劳恩霍夫协会的研究中心，包括弗劳恩霍夫安全信息技术研究所、计算机图形研究所、达姆施塔特工业大学、达姆施塔特应用技术大学。ATHENE 由联邦教育与研究部和黑森州科学与艺术部（HMWK）资助，位于科学城达姆施塔特。ATHENE 是欧洲最大的网络安全研究中心，致力于开发安全解决方案，为行业、社会和政府造福，并定期为公共和私营部门提供建议，支持初创企业发展。

（二）国际合作

受新冠疫情的影响，弗劳恩霍夫协会国际项目额几年来首次下降 7%，降至 2.76 亿欧元（不包括许可费收入），33.3%（9200 万欧元）的国际项目额来自欧盟资金，39.5%（1.09 亿欧元）的国际项目额来自欧洲的客户和合作伙伴，27.2%（7500 万欧元）的国际项目额来自欧洲以外的客户和合作伙伴。欧洲内部产生的项目额下降了 7%，降至 1.09 亿欧元，而欧洲以外产生的项目额下降了 11%，仅为 7500 万欧元。瑞士（2900 万欧元）仍然是德国以外最大的市场，其次是美国（2600 万欧元）和日本（1700 万欧元）。

（1）通过建立弗劳恩霍夫附属机构，促进德国以外的弗劳恩霍夫研究中心与德国的弗劳恩霍夫协会研究所之间的双向科学合作。弗劳恩霍夫附属机构在法律上独立，目前共有 8 个，包括弗劳恩霍夫美国股份有限公司（Fraunhofer USA, Inc.）、弗劳恩霍奥地利研究有限公司（Fraunhofer Austria Research GmbH）等，这些机构不以营利为目的，通常从其所在国获得基础资金，并按照弗劳恩霍夫模式获得其他资金。德国以外的弗劳恩霍夫研究中心采用弗劳恩霍夫协会与当地大学之间的制度化合作伙伴关系方式运营，旨在进行国外的长期研究活动。弗劳恩霍夫附属机构支持这些德国以外的研究机构的研究工作。2020 年通过附属机构研究活动产生的收入约为 6000 万欧元，获得的第三方收入为 2400 万欧元。

（2）通过开展联合研究和项目合作，强化与国际合作伙伴的关系。设立弗

---

① Fraunhofer-Gesellschaft. Cooperation with the Max Planck Society[EB/OL]. https://www.fraunhofer.de/en/institutes/cooperation/max-planck-cooperation.html [2021-08-08].

劳恩霍夫创新平台（FIP），使学会就特定主题与德国以外的研究机构合作。FIP 之前称为弗劳恩霍夫项目中心（FPC），是以法人实体的方式建立的，目的是开展联合研究，包括面向客户的项目以及公共部门资助的项目。FIP 就所选研究主题与弗劳恩霍夫协会研究所密切合作，是弗劳恩霍夫协会研究所能够在有限的时间内就特定主题与德国以外的研究机构合作的工具。2020 年，"弗劳恩霍夫水-能源-食品枢纽创新平台"（FIP-WEF@SU）成立，致力于水、能源和营养领域的研究和技术开发。该平台是由南非的斯坦陵布什大学与弗劳恩霍夫协会研究所之间共同进行项目合作建立的。弗劳恩霍夫内部计划国际合作与网络（ICON）实现了与国际大学和卓越研究机构的基于项目的战略伙伴关系。弗劳恩霍夫制造技术与先进材料研究所与斯坦福大学于 2020 年建立了合作项目——大规模可编程薄膜涂层的等离子涂层工艺（PACIFIC）。除了已经建立的合作形式外，2020 年还与卓越合作伙伴一起创建了 4 个新的国际项目，其中 2 个项目与荷兰应用科学研究组织合作。

（3）鼓励弗劳恩霍夫协会员工之间的互动和国际流动。弗劳恩霍夫协会开展国际流动计划，旨在鼓励员工参与国际流动，加强网络合作，并支持知识转移。该计划除了鼓励员工留在国际地点学习外，还鼓励员工访问德国以外的大学和研究机构，允许任何科研领域和职业阶段的弗劳恩霍夫员工选择在国外学习，并进修两个月到五个半月。

（4）建立国际弗劳恩霍夫代表处，加强同国际合作伙伴的合作。在中国、巴西、印度、日本和韩国的国际弗劳恩霍夫代表处是弗劳恩霍夫协会国际网络和营销的枢纽，代表处支持所有弗劳恩霍夫协会研究所在当地发起和建立的与当地研究伙伴的合作，合作种类包括公共资助项目和行业项目。凭借对当地研究领域的了解，代表处能够为扩大弗劳恩霍夫研究组合创造新的机会[①]。

八、成果转化

弗劳恩霍夫协会在年度发明披露数量、专利申请数量和总工业产权方面仍

---

① Fraunhofer-Gesellschaft. Annual Report 2020[EB/OL]. https://www.fraunhofer.de/en/media-center/publications/fraunhofer-annual-report.html [2021-08-06].

然是德国研究机构中的佼佼者。2020 年，弗劳恩霍夫协会提交了 753 份发明披露报告，提交了 638 件要求优先权的专利申请，衍生了 64 个新的项目和 26 家新企业。弗劳恩霍夫协会通过合同制研究、知识产权的开发利用、衍生新公司和新项目等方式进行知识产权的商业化操作和成果转化，并通过专利战略持续发展成果转化机制。

（1）合同制研究。学会各研究所为企业各方面提供科研服务，主要采取"合同科研"的方式。企业就具体的技术改进、产品开发或者生产管理的需求委托研究所开展有针对性的研究开发，并支付费用。研究开发一旦完成，成果便立即转交到委托方手中。制造业和服务行业的公司，无论规模大小均通过这种合作方式从中受益。通过"合同科研"的方式，客户享有弗劳恩霍夫协会各研究所雄厚的研发科技和高水平的科研队伍服务，通过研究所的多学科合作，可直接、迅速地得到为其"量身定做"的解决方案和科技成果①。

（2）知识产权的开发利用。弗劳恩霍夫协会将知识产权商业化利用，将专利打包成不同的专利组合，每个专利组合都包含不同国家的知识产权，然后提供给选定公司用于特定投资组合，以此收取许可费。2020 年度报告数据显示，弗劳恩霍夫协会知识产权转让数据库（Intellectual Property Transfer Database）拥有 7667 个专利组合。2020 年，该数据库签订了 352 份知识产权使用协议，总数为 2924 份，创收 9900 万欧元。

（3）衍生新公司和新项目。2020 年，弗劳恩霍夫协会衍生了 26 家新企业，并为 64 个新的衍生项目提供支持，以此来增加产业合同收入②。

---

① 李建强，赵加强，陈鹏. 德国弗朗霍夫学会的发展经验及启示(下)[J]. 中国高校科技, 2013, (9): 62-63.

② Fraunhofer-Gesellschaft. Annual Report 2020[EB/OL]. https://www.fraunhofer.de/en/media-center/publications/fraunhofer-annual-report.html[2021-08-06].

第十三章

日本国家科研机构
——国家创新体系的桥梁纽带

第一节　日本国家科研体系

一、科技创新战略沿革

（一）"技术立国"战略时期

二战后，日本政府采取"国民经济核心"的导向策略，把先进科技融入经济生产之中，而日本工业能力的增强也促进了与此相关的核心产业建设。与此同时，日本国民普遍希望享有与欧美发达国家同等的物质生活水平。为适应国民需要，日本民用工业企业开始大规模制造家电、车辆等日常生活需要品，而与上述日常生活需要品相配套的关键产品，如机械制造材料、合成纤维、石化、钢材，以及电气等工业领域都得到了快速的发展，从而全面改善了日本工业产品结构。由此，日本在二战后走上了一条以民用技术为主的具有日本民族特色的技术经济发展路线。

20 世纪六七十年代，日本不仅经历了石油危机、粮食危机等全球环境的巨大变化，而且在成为世界第二大经济体之后，日本政府与欧美国家特别是美国的经贸摩擦逐步显现，并日趋深化。美日两国的经贸摩擦逐步发展变成"以贸易摩擦为首，包含技术摩擦、投资摩擦等复杂性、多样性的摩擦"。正是这种变化使日本政府当局意识到，以科学技术应对经济危机的必要性，即通过科技政策来提升日本应对全球环境剧烈变化的能力。因此，日本政府积极引导本国由过去技术引进依赖型发展模式向技术推动型发展模式的转变。日本在《80年代通商产业政策构想》中正式提出"技术立国"战略，旨在通过各项举措促进科学技术研发方面的"产官学"结合，从而全面开展日本国内的技术研究开发，最终创造"高科技奇迹"。

（二）"科学技术创造立国"战略时期

日本在经历了"高科技奇迹"之后，从 20 世纪 90 年代进入了一段时期的经济停滞，资源匮乏、人口老龄化、环境污染等社会问题不断涌现，加之日益激烈的国际竞争，日本经济增长速度明显放缓，日本政府更加需要通过采用先进的科学技术方法，来克服国际经济竞争中在资源、人才等方面的缺陷。1995年，日本政府颁布了《科学技术基本法》，明确将"科学技术创造立国"战略作为基本国策，这一战略被视为日本科技发展历程中划时代的标志。1996 年，日本发布了《第一期科学技术基本计划（1996—2000）》[①]，标志着日本从重技术转向了科学与技术并重，即加大科技投入、强化科技人才培养，加强科技创新发展过程中的自主性与独创性，用自主研发取代模仿与改进，以实现科技领域的领先。通过"科学技术创造立国"战略的实施，日本在面向 21 世纪的经济、社会以及科技发展需要时，提出了一系列科技发展举措。例如，着重培养科技创新型人才，确立民间企业在国家科技创新体系中的地位与作用，进一步强化产官学的融合与发展，重视推动知识产权战略等。"科学技术创新立国"战略是日本"科学技术创造立国"战略的延续与发展，由此，日本开始重视基础研究与强调科技创新发展，同时也标志着日本从模仿、引进的"赶超型"跨入了集成性创新、原创性创新的"引领型"。

---

① 根据《科学技术基本法》（2021 年 4 月更名为《科学技术创新基本法》），日本政府每 5 年制定一期促进科学技术发展的基本计划，第一期计划从 1996 年开始制定、实施，目前日本已发布了 6 期（分别为 1996—2000 年、2001—2005 年、2006—2010 年、2011—2015 年、2016—2020 年、2021—2025 年），并于第六期时更名为"科学技术与创新基本计划"。

（三）"科学技术创新立国"战略时期

进入 21 世纪，日本坚持"强化科技创新"的发展路径，制定了一系列系统性、指导性的产业创新实践活动及配套政策，如"信息技术立国""生物技术立国""知识产权立国""环境立国"等战略，不断完善科技创新政策，深化科技创新体制改革，全面贯彻"科学技术创新立国"战略，决心通过科学和技术提升国家创新能力。

为改变日本分散的科学技术管理体制，进一步实现日本政府对科学技术政策的统筹制定和管理，2001 年 1 月，科学技术会议（CST）改组为综合科学技术会议（CSTP），为内阁制定并实施综合科学技术战略提供智库咨询，作为日本科学技术政策主导机构，由首相直接担任会议议长，并于 2014 年再次改组为综合科学技术创新会议（CSTI），进一步强化 CSTI 作为日本科技创新体系的"司令部"功能和地位。2006 年 9 月，安倍晋三在出任日本首相后，任命了日本历史上第一位首相科学顾问，随后起草发布了到 2025 年的科学技术发展路线图，即《"创新 25"科技长期战略方针》，旨在展望 2025 年后日本通过利用先进科学技术手段实现的社会形态。该战略旨在通过增加对科学和技术的投入，促进日本经济持续增长，主要包括"社会体制改革战略"和"技术革新战略路线图"两方面，是社会体系与科学技术一体化战略。比如，增加年轻科学家的资助经费、国际合作经费与教育经费，以吸引国外科学家和青年研究人员。

2013 年 6 月，日本政府发布了《科学技术创新综合战略 2013》，明确提出了"科学技术创新立国"的方针，此后日本每年持续制定发布《科学技术创新综合战略》，作为日本开展科技创新的年度路线方针。到 2018 年，日本政府认为需要从基础研究到社会变革再到国际变化进行统筹设计和布局，因此将《科学技术创新综合战略》更名为《综合创新战略》，并积极构建从基础研究到社会实际应用无缝衔接的研发体制。2013 年 6 月，日本政府颁布了《日本再兴战略》，强调应"破除省厅间和领域间的分割，在关键战略性领域实施政策资源的集中投入"，2013—2018 年设立了具有高风险、高影响力挑战性研究项目——"革命性研究开发推进项目"（ImPACT），2014 年至今，部署设立了跨越省厅、学科及产业领域的"战略性创新创造计划"（SIP）。2018 年，日本政府推出了提倡科技创新官民投资合作的"官民研发投资扩大计划"

（PRISM）。2019 年又创立了"登月型研究开发制度"（Moonshot），该制度旨在促进产出更多的颠覆性创新成果、推动更为大胆的挑战性研究开发。这些目标一旦实现，将对未来的产业和社会产生巨大的冲击，并可能改变未来的社会体系。

2020 年为了进一步突出重视创新，日本政府开始对规定日本科学技术政策基本理念和基本框架的《科学技术基本法》进行修订，修订后的法案更名为《科学技术创新基本法》（2021 年 4 月更名），将法学和哲学等人文科学列为科学技术范畴，增加了对"激发科技创新创造"方面的方针和政策，还提出了确保和培养研究人员及创造性事业人才的目标。为此，自 2021 年 4 月起，日本政府在内阁府设立了"科学技术创新推进事务局"，旨在强化振兴日本科学技术创新创造的跨部门指挥塔功能，另外将健康、医疗战略推进相关事务等从内阁官房移交给内阁府进行管辖，并设立了"健康、医疗战略推进事务局"。2021年 3 月 26 日，日本内阁府公布了《第六期科学技术与创新基本计划（2021—2025）》，该计划从国际环境、世界秩序面临重组、以科技创新为核心国家间霸权争夺加剧、气候危机及新冠疫情蔓延、IT 平台信息垄断、贫富差距加大等国内外形势进行了现状分析，制定了增强国家可持续性和安全性、强化综合知识前沿和科研实力、培育面向新型社会人才等方面的科技创新政策，实现可持续发展，推动社会变革，进而实现超智能社会（"Society 5.0"）[①]的总目标。

二、科技管理体制

（一）综合科学技术创新会议

日本综合科学技术创新会议是日本最高科技决策机构，负责日本科技战略、政策与计划的制定。为加强对科技创新的统筹协调，日本于 2001 年在内阁府设立了"综合科学技术会议"，其决策中枢核心作用得到进一步加强。日本政府基本每月都会召开一次综合技术创新会议，统筹国家科技创新及科技计划管理的大事。由内阁总理大臣担任议长，内阁官房长官、科学技术政策担当大臣、总务大臣、财务大臣、文部科学大臣、经济产业大臣等相关阁僚、产学

---

① 日本在《第五期科学技术基本计划（2016—2020）》中首次提出"超智能社会"概念。"Society 5.0"是以构建高度融合的网络和物理空间为手段，有效促进经济发展和解决社会问题的新型社会。

界人士以及日本学术会议议长等构成。

2014 年，综合科学技术会议改组为"综合科学技术创新会议"，为了强化该会议的职能，文部科学省将《科学技术基本计划》的制定及与科学技术有关行政机关的经费预算调整等相关事务移交给该会议。此外，为进一步强化综合科学技术创新会议作为日本科技创新司令部的功能，2021 年 4 月，内阁府新设立了"科学技术创新推进事务局"，作为该会议的常设事务局。

该会议的主要职责是，在总理大臣的直接领导下，总揽日本全国科技创新大局，综合制定科技政策，统筹协调各部门行动。具体包括：①《科学技术基本计划》等科技政策的制定和实施；②政府科学技术预算的分配、人才等科技资源的调配等；③国家重要项目、重点领域研究开发的推进；④国家重要研究开发的评价；⑤有利于研发成果实用化的技术创新环境的综合整备；⑥其他有关科技振兴的重要事项等。

（二）文部科学省

文部科学省在 2001 年由科学技术厅和文部省合并成立，因此过去属于不同省厅管辖下的教育（特别是高等教育）、大学的学术研究和科学技术，现在由该部门统一管辖，承担了科技基本计划实施等功能，更加有助于综合推动科学技术发展。其掌管的科技预算（2021 年为 20 595 亿日元）约占日本政府科技总预算（2021 年为 41 414 亿日元）的 50%，重点组织实施生命科学、材料、通信、防灾、宇宙、海洋、核能等尖端科技领域的基础研究和创造性研究开发。该省设有"科学技术学术审议会"，承担重大科技与学术事项的调查、审议、咨询等工作，通过制定科技战略政策与计划，指导其下属的科学基金、科技资金分配与管理专业机构、国立研究机构等具体实施相关科技计划与项目。

截至 2022 年 5 月 1 日，文部科学省管辖的主要科研活动实施机构有：①1 个科学基金——日本学术振兴会（JSPS）；②1 个科学资金分配与管理专业机构——日本科学技术振兴机构（JST）；③7 个国立研究开发法人机构——理化学研究所、宇宙航空研究开发机构（JAXA）、物质材料研究机构、海洋研究开发机构（JAMSTEC）、日本原子能研究开发机构（JAEA）、量子科学技术研究开发机构（QST）、日本国家地球科学与灾害防御研究所（NIED）；④1 个科学技术政策和科学技术创新的调查研究机构——科学技术学术政策研究所（NISTEP）；⑤86 所国立大学、4 所大学共同利用设施法人；⑥101 所公立大学和 623 所私立大学[①]。

（三）经济产业省

经济产业省掌管的科技预算约占政府科技总预算的 10%，仅次于文部科学省。该省以产业技术政策为中心，承担多方面的科技创新职能，主要包括：研发与振兴产业技术，培养产业技术人才，制定工业标准，设立知识平台，制定知识产权制度，防止不正当竞争，创造新产业，改善企业经营环境等。该省设有"产业构造审议会"，审议有关经济及产业发展的重要事项。

经济产业省管辖的主要研发机构包括：①新能源产业技术综合开发机构（NEDO），负责资金分配、基金管理及产业技术开发项目推广；②产业技术综合研究所，由原"工业技术院"的国立实验研究机构改组整合而来，是日本最大的产业技术研发机构；③经济产业研究所（RIETI），负责经济产业政策的调查分析和研究；④国家技术与评估研究所（NITE），负责生物遗传资源的收集、保存、提供，化学物质管理，产品安全认证等业务；⑤日本国家油气和金属矿产公司（JOGMEC），负责开展石油、天然气、甲烷水合物等的探测与开采技术开发，为日本公司参与全球矿产品开发提供支持，包括提供矿产勘查的资本、贷款和担保等财务支持，提供矿产资源与地质资料的信息服务，提供海外的地质调查、矿产勘查等技术服务。

（四）其他部门

除了文部科学省、经济产业省外，内阁府、总务省、厚生劳动省、农林水产省、国土交通省、环境省等多个部门的工作也涉及科技创新。

日本内阁府是政府行政部门的最高决策机构，其职能是制定和综合调整国家宏观政策。内阁府设有"特命担当大臣"（科学技术政策担当）、"副大臣"、"大臣政务官"，全面负责综合科学技术创新会议有关事项。内阁府每年都会统计并公布各相关府省的政府科学技术预算（2021 年度），其中文部科学省约占

---

① 文部科学省. 令和 4 年度全国大学一览[EB/OL]. https://www.mext.go.jp/a_menu/koutou/ichiran/mext_00006.html[2023-03-26].

五成，和经济产业省合计占据了政府整体科学技术预算的六成以上。

总务省下辖情报通信研究机构、情报通信政策研究所等，负责信息通信领域的技术研发与标准化工作。厚生劳动省下辖医药基础·健康·营养研究所、国立癌症研究中心、国立心血管病研究中心等 8 个研究机构，负责医疗技术的科研工作。农林水产省下辖农业与食品产业技术综合研究机构、水产研究教育机构等 4 个研究机构，负责农林水产领域的技术研发工作。国土交通省下辖土木研究所、建筑研究所、海上港湾航空技术研究所和汽车技术综合机构 4 个研究机构，负责国土交通领域的技术研发工作。环境省下辖国立环境研究所，负责环境领域的科研与评估工作。

此外，2015 年，外务省为了强化科学技术外交，设立了"外务大臣科学技术顾问"，在科学技术方面支撑外务大臣相关事务。外务大臣科学技术顾问一方面推进与各国科学技术顾问、科学技术领域相关人员的合作，另一方面针对各项科技外交政策、活动提出咨询建议。

（五）专门设立的"本部"

针对一些需要在国家层面进行综合性、统筹推进的重要政策领域与重大科技课题，日本以内阁总理为首长、相关部门大臣为成员，在内阁设立了多个"本部"或"会议"进行重点应对。在知识产权、空间开发、医疗、数字信息等领域，相继设立了知识产权战略本部（2003 年）、宇宙开发战略本部（2008 年）、健康与医疗战略推进本部（2014 年）、可持续发展目标（SDGs）推进本部（2016 年）、数字厅（2021 年）等科学技术有关本部，从各个领域相关行政机关、独立行政法人等收集必要信息，为内阁发挥战略规划司令部的作用提供支持。2018 年 7 月，基于综合创新战略，为实现 CSTI 与各本部全面和实质性的协调合作，设置了"综合创新战略推进会议"。2021 年 9 月，内阁内设的"高度信息通信网络社会推进战略本部"（IT 综合战略本部）被废止，取而代之的是"数字厅"，同时设置了"数字社会推进会议"。同年 10 月，为了强化研究开发、提高产业技术竞争力和防止技术流出，内阁府设立了经济安全保障担当大臣，并设置了"经济安全保障推进会议"。

（六）日本学术会议

与上述行政机关不同，日本学术会议作为科技工作者社区的代表机关，由人文社科与自然科学界 210 名会员及约 2000 名协作会员构成。该机构在内阁总理大臣的管辖下，作为独立于政府的"特别机关"，承担着审议人文·社会科学、生命科学、理学·工学 3 个部会及各领域、课题委员会中的重要科学课题，向政府与社会建言献策，构建科学工作者联系网络，与国际学术机关合作，普及科学知识等职责，承担将科学界的声音反映并渗透到行政、产业和国民生活中的重任。

三、科研资助体系

从科研主体（公立大学和公共科研机构）所获得的科研经费类别来看，日本政府资助的公共科研经费可以分为稳定支持的"经常性经费"（运营费交付金为主）和"竞争性经费"两大类，日本实行竞争性与非竞争性科研经费并重的二元结构资助体系[①]（图 13-1）。

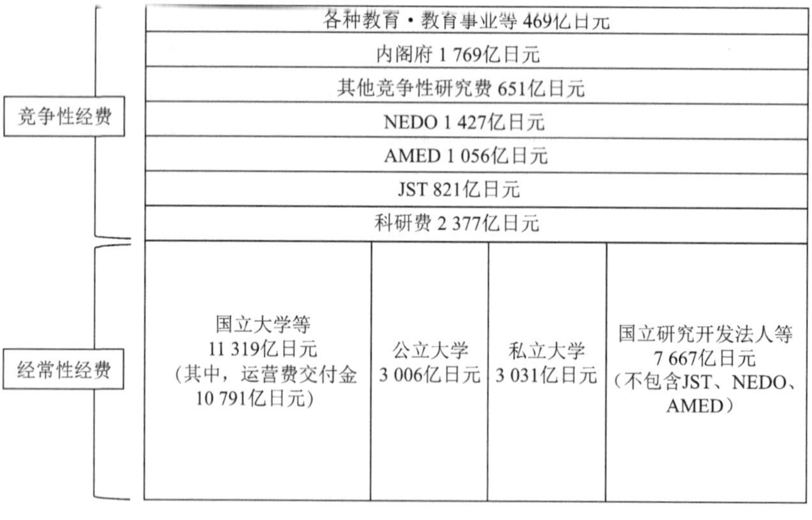

图 13-1　日本公共科研经费资助体系（2021 年度预算额）

资料来源：国立研究开发法人科学技术振兴机构研究开发战略中心. 研究开发の俯瞰报告书——日本の科学技术·イノベーション政策（2022 年）[EB/OL]. https://www.jst.go.jp/crds/pdf/2022/FR/CRDS-FY2022-FR-01.pdf[2023-03-08]

---

① 白璇, 游玎怡. 中日科研资助体系对比研究及启示[J]. 科技和产业, 2018, 18(4): 100-104.

（一）经常性经费

经常性经费主要指针对日本的国立大学和公共研究机构基本正常运行所需运营资金的补助金，即为保障科研人员基本经费需求的一般性经费和机构运营经费，包括国家拨付的运行交付金和自治体拨付的补助金等。以日本国立大学法人的运营费交付金为例，在 2004 年国立大学法人化改革后，国立大学运行所需的经常性经费由文部省在扣除学校自身经费收入后，以"运营费交付金"方式拨款至国立大学，作为支持学校稳定开展教育、研究等活动的基础性经费，且没有明确特定用途。为了鼓励国立大学扩大资金来源，日本在 2004—2013 年 10 年间，以每年约 1% 的比例削减运营费交付金，之后则保持基本持平的水平[①]。与运营费交付金有所减少相反，竞争性经费（如科研费和补助金等）则有所增加。

（二）竞争性经费

竞争性经费一般是指科研项目、科研奖项和其他以竞争性的方式提供给研究人员个体、研究团队或研究机构的经费。从竞争性经费配置主体的角度来看，研究资金分配机构主要按照研究开发的流程和性质，承担着不同的资助目的和作用。根据资助的目的，研发资助通常以下列方式分配到研发活动中。

（1）以自下而上的方式分配到基础研究领域的科学研究费补助金（即"科研费"），由研究人员根据自由探索提出研究申请，资金分配机构审查通过后进行支持，文部科学省和厚生劳动省的科学研究费补助金均属此类经费。科研费作为日本规模最大、应用最广的竞争性经费制度，资助范围覆盖人文社科和自然科学领域中具有独创性和超前性的基础研究或富有探索性和萌芽性质的研究，由隶属于文部科学省的独立行政法人日本学术振兴会负责分配和管理，资助的研究项目类型包括：特别推进研究、"学术变革研究"项目类（含有学术变革领域研究、开拓性研究、新学术领域研究）、"青年研究"项目类（含有青年研究、研究活动启动支援）、基础研究项目类、奖励研究、研究成果公

---

① 竹内健太.「国立大学法人運営費交付金の行方－「評価に基づく配分」をめぐって－」、立法と調査[J]. 2019, (413): 67-76.

开促进费、国际联合研究加速基金等。

（2）通过政策诱导型竞争性研发项目分配的资金，这部分资金由各省及其下设的法人机构以自上而下的方式分配。其中文部科学省日本科学技术振兴机构是资金分配的一个主要机构，其他分配机构有经济产业省的新能源产业技术综合开发机构以及厚生劳动省日本医疗研究开发机构（AMED），这些机构均为国立研究开发法人，不仅肩负研究开发职能，还兼具资金分配功能。其中，日本科学技术振兴机构主要面向已经看到应用可能性的研究，如国家政策导向型研究开发、失败可能性高的高风险研究等，并设立多种类型科研项目以实施"战略性创新研究推进事业"计划，包括 CREST（core research for evolutionary science and technology，面向国家战略目标开展网络型团队组织的基础研究）项目、ERATO（exploratory research for advanced technology，面向国家战略目标开展独创性高水平的"目的性基础研究"）项目、PRESTO（precursory research for embryonic science and technology，面向研究人员独立开展前沿性的研究课题）项目、ACT-X/ACT-I（支援有独创性、挑战性想法的年轻研究者，ACT-I 面向 ICT 领域）项目、ALCA（advanced low carbon technology research and development program，面向以降低温室气体排放为目标的先进低碳技术开发）项目、RISTEX（research institute of science and technology for society，面向以解决社会实际问题的技术研究开发）项目、ACCEL（accelerated innovation research initiative turning top science and ideas into high-impact values，支持高水平科学研究成果转化应用）项目等。新能源产业技术综合开发机构的前身是1980 年成立的特殊法人——新能源综合开发机构，2003 年成为独立行政法人产业技术综合开发机构，从 2015 年 4 月 1 日起成为国立研究开发法人。新能源产业技术综合开发机构负责支持那些能够贡献于能源、地球环境问题的解决和产业技术竞争力强化的事业，如面向市场的样品开发、试用实验、测试检验等，特别是那些对于企业来说独立开发风险过高，无法实现实用化的共性技术。日本医疗研究开发机构是于 2015 年仿 NIH 而设立的机构，其职能是推进医疗领域从基础研究到实用化的全过程研究开发，为医疗领域的研究开发和环境完善提供资助。

（3）日本政府直接支持跨省厅、跨部门的大型研发项目，如由日本内阁府创设的"战略性创新推进计划""革命性研究开发推进项目""登月型研究开发制度"等。

四、科研体系特征

日本政府认为，创新与本国的社会经济体制密切相关，社会经济体制会影响创新的方向，而创新也会改变生产和生活方式，对社会经济的发展产生影响。企业、大学和政府是国家创新体系的基本构成要素，同时，文化、经济、法律制度、行政机构及其形成历史也是国家创新体系中必不可少的构成要素。在各要素的相互影响之下，日本政府基于其政治、经济和文化传统，通过推行经济、教育、科技、税收金融等各类政策来构建知识基础，通过强化大学、公共科研机构、企业等科技创新主体执行各自职能，并加强官产学研合作，向市场提供产品和服务，从而促进科学技术和产业的发展。

（一）持续完善科技创新顶层规划，突出国家政策引领

为了有效推进科技创新，日本政府立足世界科技形势与自身科技发展现状，以《科学技术创新基本法》为统领，每 5 年编制一期《科学技术与创新基本计划》，每年发布综合创新战略，通过国家战略的设立确定一段时间内发展的主题和方向，强化科技规划作用，明确重大任务与挑战，提出横向协调统筹科技与社会经济等方面的政策方针，引领国家整体创新发展。同时，为了更有力地执行规划，提升日本政府对科学技术创新政策的统筹性和协调性，日本政府设立 CSTI，赋予其经费预算等资源分配的决定权，强化其横向协调各政府省厅的能力，并负责组织实施跨部门的大型研发项目，使之成为日本科技政策的"司令部"[①]。

（二）加强官产学研合作，协同推进科技创新活动

为加强日本官产学研密切配合，日本政府相继发布了《关于促进大学等的技术研究成果向民间事业者转让的法律》《产业技术力强化法》《加强产学研合作研究方针》等系列政策措施，旨在推进大学、科研院所的科技创新成果向产业界转移转化，鼓励科研人员在大学、公立研究机构以及民间企业之间的交

---

① 王溯, 任真, 胡智慧. 科技发展战略视角下的日本国家创新体系[J]. 中国科技论坛, 2021, (4): 180-188.

叉任职和交流，积极引导日本大学、公共研究机构、企业等科技创新活动主体协同推进科技创新活动。另一方面，日本政府注重构建最大限度发挥各创新主体能力的体制框架，推行构建人才、知识和资金良性循环的创新机制。为此，《第五期科学技术基本计划（2016—2020）》提出，到 2025 年实现企业向大学和国立研究开发法人的投资增长 3 倍，并进一步扩大官民的研究开发投资，增强人才、知识和资金的流动性，集结官产学的资源，优化官产学研协作以推进开放式创新。

（三）注重将科技创新深度融入社会发展，推动解决实际挑战及问题

在《第五期科学技术基本计划（2016—2020）》中，日本首次提出打造"Society 5.0"，在《第六期科学技术与创新基本计划（2021—2025）》中，"Society 5.0"的具体图景被阐述为"确保国民安全与安心的可持续发展的强韧社会"和"实现人人多元幸福的社会"。《综合创新战略 2022》提出，支持"Society 5.0"的基础设施建设、教育及人才培养等一系列政策，《2022 科技创新白皮书》中强调，推动战略性创新创造计划和"登月型研究开发制度"，推进研发和社会应用，运用综合知识解决各种社会问题，促进日本向可持续、强韧性社会转型。日本创新战略的制定越来越趋向于以构筑未来社会的发展场景为目标，寻找这种场景下的科技创新的重点方向和实现途径[①]。

第二节　日本国家科研机构概况

一、日本国立研究开发法人制度的演变历程

日本国立研究开发法人制度改革始于 20 世纪 90 年代末期，是日本政府强力推动的一项改革，与日本社会的政治、经济改革密不可分。总的来说，日本

---

① 严锦梅, 刘戒骄. 系统视角下国家创新体系中的政府作用——基于美国和日本的创新实践综述[J]. 中国科技论坛, 2022, (2): 50-58.

国立研究开发法人制度的发展是一个政府逐步简政放权的过程，按照放权程度和特定目的的不同，大致经历了以下三个阶段。

（一）非独立行政法人阶段：各省厅的附属机构（1999 年以前）

日本国立研究开发机构成形于 20 世纪 50 年代，一般为各省厅管理下的非独立行政法人。这些机构按照国家的经济社会总体发展需要确定研究开发工作，在相当长的一段时间内发挥了重要作用。但是，其运作模式带有强烈的行政管理色彩，各省厅的科研管理部门对科研项目有一套严格的管理程序，研发机构在预算、财务、人事和业务等方面都受到了严格的限制，导致科研效率较为低下。

（二）独立行政法人化阶段：剥离与政府的行政隶属关系（1999—2007 年）

为了消除僵化的科研机构管理体制，全面激发机构的研发动力和创新活力，1999 年，日本引入西方国家新公共管理理念，以英国执行局为蓝本，先后颁布了《独立行政法人通则法》《独立行政法人通则法实施之法律整备法》，并于 2001 年开始逐步推进和实施。

经过一系列改革措施，日本国立研究开发机构逐步从所属的主管省厅剥离出来，转变为相对独立的"独立行政法人"。研究机构的法人代表在行政管理、重大决策等方面有较大的自主权。此次改革的重点在于"去行政化"，在一定程度上激发了国立研究开发机构的创新活力，取得了良好的效果。

（三）国立研究开发法人化阶段：独立于其他独立行政法人（2008 年至今）

早期的独立行政法人化改革没有区分机构的性质，也没有充分考虑研发活动自身所具有的不确定性、专业性、长周期等特点，而是把国立研究开发法人当作一般的独立行政法人进行管理、监督与评价；向国家公务员看齐的薪酬标准制度，不利于海外优秀人才的引进，导致国立研究开发机构科技创新动力不足，不利于发挥其最大竞争力。

为进一步解决国立研究开发机构体制僵化的问题，全面深化改革国立研究开发机构的管理体制和运行机制，2008 年 6 月日本政府颁布了《关于通过推进研发体系改革强化研发能力及提高研发效率的法律》，对研发法人的内涵和运营方式做了明确、具体的规定。2010 年 12 月，日本内阁审议通过了《独立行政法人的事务事业改革的基本方针》，并于 2012 年 1 月审议通过了《独立行政法人制度及组织改革的基本方针》，对独立行政法人改革出台了一系列举措，并着手推进独立行政法人机构分类管理改革。2012 年底，安倍晋三就任日本首相后，提出把日本建设成为"世界上最适宜创新的国家"的目标。在这一号召下，日本内阁组织专家学者围绕独立行政法人制度实施 10 余年来取得的成效、面临的主要问题以及下一步改革的重点方向等内容开展了多次讨论，提出日本当前及未来一段时间"不是需要在现有的制度中做能做的事，而是必须建立能够做应该做的事情的制度"。2013 年 12 月，日本内阁通过了《关于独立行政法人改革的基本方针》，提出要将那些开展基础研究、共性技术研发，研发任务具有长期性、不确定性和专业性等特点的国有研究开发机构与其他独立行政法人剥离，单独制定制度与政策。2014 年 6 月，《独立行政法人通则法》修正法案获得通过，并于次年 4 月正式实施。该法案提出要实行基于 PDCA（Plan-Do-Check-Action），即"计划—实施—评价—改善"循环的目标管理和评价机制，并根据业务特性的不同将独立行政法人划分为三类：一是行政执行法人，以执行国家事务为目标；二是中期目标管理型法人，主要是指通过提供多样化的服务提升公共利益的机构法人；三是国立研究开发法人，以研究开发为主要内容，旨在实现成果最大化。

通过统、废、合等操作，自 2016 年 4 月 1 日开始，国立研究开发法人为 27 家（表 13-1）。将国立研究开发法人从独立行政法人中划分出来，单独制定适合研究开发规律的管理制度，最大限度地激发了研究机构的创新活力。

表 13-1　27 家日本国立研究开发法人一览

主管部门	法人名称
内阁府（1 家）	日本医疗研究开发机构
总务省（1 家）	情报通信研究机构

续表

主管部门	法人名称
文部科学省（8 家）	物质·材料研究机构
	防灾科学技术研究所
	量子科学技术研究开发机构
	科学技术振兴机构
	理化学研究所
	宇宙航空研究开发机构
	海洋研究开发机构
	日本原子力研究开发机构
厚生劳动省（7 家）	医药基础·健康·营养研究所
	国立癌症研究中心
	国立循环器官疾病研究中心
	国立精神·神经医疗研究中心
	国立国际医疗研究中心
	国立成长发育医疗研究中心
	国立长寿医疗研究中心
农林水产省（4 家）	农业与食品产业技术综合研究机构
	国际农林水产业研究中心
	森林综合研究所
	水产研究教育机构
经济产业省（2 家）	产业技术综合研究所
	新能源产业技术综合开发机构
国土交通省（3 家）	土木研究所
	建筑研究所
	海上技术安全研究所
环境省（1 家）	国立环境研究所

近年来，为鼓励和培育更多的"世界最高水准研发成果"，进一步巩固经济发展成效、提升国际竞争力，日本政府于 2015 年 6 月通过了《科技创新综合战略 2015》，其中提出"创设特定国立研究开发法人（暂称）制度"。同

年 12 月，日本综合科技创新会议公布了《关于特定国立研究开发法人（暂称）的想法（修正草案）》，提出追加日本处于优势地位的"特定领域的卓越研究机构"为特定国立研究开发法人的候选对象。2016 年 6 月，日本公布了《促进特定国立研究开发法人研究开发的基本方针》。同年 10 月，日本开始正式实施《关于促进特定国立研究开发法人研究开发等的特别措施法案》，该法案直接将物质·材料研究机构、理化学研究所、产业技术综合研究所 3 家国立研究开发法人作为核心研发机构（图 13-2）。

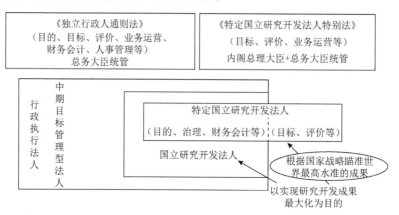

图 13-2　国立研究开发法人与特定国立研究开发法人架构示意图
资料来源：根据日本内阁府公布的"关于特定国立研究开发法人制度"示意图
（https://www8.cao.go.jp/cstp/gaiyo/yusikisha/20160204/siryo2.pdf）绘制而成

二、日本国立研究开发法人资助概况

日本国立研究开发法人的主要收入来源是政府的财政补助，作为经常性研究机构运营经费的补助金（即运营费交付金），研究活动上还有竞争性研究经费、从民间企业或财团法人获取捐赠（助成金）、共同研究经费等。运营费交付金由国家财政预算直接拨款，在日本国立研究开发法人总经费中占据绝对比重，主要用于发放科研人员劳务费、最低标准研究经费、研究基础运营费（包括设备费、保养费、维修费等）。根据图 13-3，日本国家科研机构的运营费交付金曾一度减少，自 2015 年改革成为国立研究开发法人后有所增加，但增幅不大。

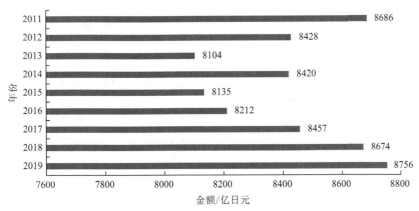

图 13-3　国立研究开发法人运营费交付金预算额推移

资料来源：文部科学省. 2019 年科技创新白皮书[EB/OL].
https://www.mext.go.jp/component/b_menu/other/__icsFiles/afieldfile/2019/05/22/1417228_001.pdf[2019-05-22]

　　以日本总务省统计局实施的"科学技术研究调查"①公布的国立研究开发法人科研经费支出数据为例，从活动类型来看（图 13-4），披露的 25 家国立研究开发法人 2022 年的科研经费支出总额为 9805.36 亿日元，其中用于基础研究、应用研究和开发研究的金额分别为 2536.44 亿日元、2557.03 亿日元和 4711.89 亿日元，所占比例分别为 25.9%、26.1%和 48.1%，说明国立研究开发法人以从事技术开发研究为主，推动科技成果转化和实际应用是其主要目标。依据"科学技术研究调查"公布的数据②，从经费来源来看，27 家国立研究开发法人 2022 年科研经费支出总额约 10 128 亿日元，其外部资金为 9020 亿日元，占比 89.1%，其中 7899 亿日元来自国家财政，634 亿日元来自其他国公立大学和国公立研究机构，仅有 403 亿日元来自企业。而当年日本企业研发经费投入总额为 142 244 亿元，约占日本全国科研经费支出总额的 72.1%，表明在国立研究开发法人收入来源中，来自企业的科研委托经费还有进一步提升的空间和潜力③。

---

① 総務省. 科学技術研究調査[EB/OL]. https://www.e-stat.go.jp/dbview?sid=0003296225[2022-12-16].
② 総務省. 科学技術研究調査[EB/OL]. https://www.e-stat.go.jp/dbview?sid=0003463138[2022-12-16].
③ 赵旭梅. 创新治理视角下日本新型科研院所制度研究[J]. 科技管理研究, 2019, (17): 91-98.

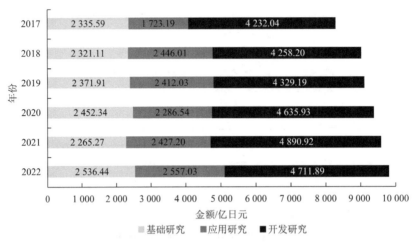

图 13-4　国立研究开发法人科研经费支出按活动类型分类

资料来源：総務省. 科学技術研究調査[EB/OL]. https://www.e-stat.go.jp/dbview?sid=0003296225[2022-12-16]

　　日本政府在确保运营费交付金的同时，强调国立研究开发法人作为创新系统的驱动力，鼓励其获取企业科研委托和外部资金投入，并于 2016 年 11 月制定出台了《加强产学官合作共同研究的方针》，提出文部科学省及经济产业省在此后 10 年间，即到 2025 年企业对大学、国立研究开发法人等的投资额提高至 2014 年水平的 3 倍。

　　日本政府结合科学研究周期长、不确定性大的特点，在研发资金的获取和使用方面均给予国立研究开发法人更多的自主权和灵活性，改革国立研究开发法人预算制度以提高运营效率，实行中长期预算制度，在中长期目标期限结束后，保证国立研究开发法人经费稳定支持，允许研究资金跨期使用，或者采取设置备用金的方式，帮助国立研发法人机构度过中长期计划结束后的过渡期，以提高资金使用的灵活性。

第三节　日本理化学研究所

　　日本理化学研究所（RIKEN）创立于 1917 年，是日本唯一一所综合性自然科学研究所。理化学研究所的研究领域非常广泛，涉及物理学、工学、化学、生物学、医学等多个学科，并且开展交叉学科领域的研究。理化学研究所在日本国内拥有 10 个研究基地、400 个研究室、3500 名研究人员，在海外设有 5 个研究基地、11 个联合研究室、3 个代表处。

一、缘起和发展

第一次世界大战期间，日本科技领域中一个最重要的项目是设立了理化学研究所。当时由于战争的爆发，来自德国的化学药品和原料中断，日本化学工业受到冲击，生产机构依赖欧美的弱点明显暴露出来。日本民众越来越认识到，为了保持与西方国家的平等地位，科学技术的发展是必不可少的。1913 年，日本著名化学家高峰让吉、樱井锭二等人提出设立国立科学研究所的概念，日本资本主义之父涩泽荣一等人就该概念进行了讨论。1914 年，农商务省组成了化学工业调查会，该会向政府提出了发展最新工业的建议，同时也提出了振兴化学应建立大型研究所的建议。建立之前计划募集三方的资金，包括皇室许诺资助 100 万日元，政府资助 200 万日元，以及来自工业界的私人捐款 500 万日元①。1915 年在第 36 届帝国议会上，众议院和上议院全体会议通过了成立理化学研究所的决议。1917 年 6 月，以涩泽荣一为创始人代表，以皇室和政府的补助金、民间的捐赠金为基础，理化学研究所作为财团法人在东京都文京区正式成立，伏见宫贞爱亲王担任总裁，数学家菊池大麓就任所长。为募集建所资金而印制的《理化学研究所的事业与产业界》小册子中表明，理化学研究所设立的目的是"从事和鼓励物理学及化学有关的独创性研究，开展基础研究、应用基础研究、委托研究、合作研究以及相关研究人员培养、研究资助和奖励、研究成果发表等，以此推动工业及其他一般产业的发展"。

1921 年，第三任所长开始导入日本最早的研究室制度（室主任统管研究课题、预算和人事），给予主任研究员极大的自由裁量权，允许其在帝国大学兼任教员，并在帝国大学设立实验室。此外，主任研究员拥有预算和人事权限，能够以充裕的经费自由开展科学研究。研究室制度改革为理化学研究所的发展注入了活力，但不考虑成本效益的研究经费投入也让理化学研究所陷入了财务危机。1922 年，铃木梅太郎实验室成员成功从鱼肝油中分类提取出维生素 A，

---

① 于童, 朱慧涓. 日本理研所建立初期的改革及其影响[J]. 科学文化评论, 2021, 18(6): 50-63.

时任所长立即决定将其产业化，成功生产出"RIKEN 维生素"，并在市场上进行销售，获取的销售收入也解决了理化学研究所的财务困难。1927 年，"理化学兴业"作为将理化学研究所的发明成果产品化的商业实体成立，大河内正敏担任董事长。此后，又成立了"RIKEN 产业集团"（被称为"RIKEN 康采恩"），其中包括机床、镁、橡胶、飞机零件和合成液等众多产品生产企业。在鼎盛期，该集团拥有 63 家公司和 121 家工厂[①]。1939 年，理化学研究所的收入为 370 万日元，其中以专利收入、股息等形式从 RIKEN 产业集团收取的金额高达 303 万日元；同年，理化学研究所的研究经费投入为 231 万日元，实现了将知识转化为经济价值再反哺科研的目标。当时，理化学研究所资金雄厚、研究经费充足，被称为"科学家乐园"。

截至 1945 年，理化学研究所的科研人员发表的论文有 2004 篇，其中西文论文有 1164 篇；在日本国内申请专利约 800 项，在国外申请专利约 200 项[②]。该所在培养研究人员方面做出了很大贡献。众所周知，二战后获得诺贝尔奖的汤川秀树和朝永振一郎两位博士，其研究工作都是在理化学研究所打下的基础。

理化学研究所的实验室和设施在 1945 年 4 月的轰炸中遭到严重破坏。1948年 3 月理化学研究所被迫解散，改组为科学研究所有限公司——株式会社科学研究所，物理学家仁科芳雄担任初代社长。1955 年 8 月，正式颁布了《株式会社科学研究所法案》，研究所开始接受政府出资。但该所仍然无法摆脱预算不足与业绩不佳的困境，再次陷入生存危机之中。

日本科学技术厅为谋求重新恢复研究所的潜在研究能力，起草并向国会提出了《理化学研究所法案》，旨在将该研究所定位为特殊法人，并由国家提供资金支持。该法案于 1958 年 4 月通过并公布，同年 10 月，"特殊法人理化学研究所"成立，并明确其作为非营利法人团体，由政府和工业界提供财政支持。当时，因位于东京都旧址内的陈旧设施已使用多年，其发展受到了限制，1967年研究所总部迁至埼玉县北足立郡大河町（现为和光市）。理化学研究所陆续建立了 40 个实验室，研究范围包括核物理、固体物理、应用物理、基础工程

① 理化学研究所. 理研の歴史[EB/OL]. https://www.riken.jp/medialibrary/riken/pr/publications/anniv/riken100/part1/riken100-1-1-1.pdf[2022-10-06].

② 胡智慧. 日本理化学研究所的研究与发展[J]. 中国基础科学, 2001, (4): 48-52.

技术、无机化学、生物化学、微生物学及有关的科学领域。1984 年，理化学研究所在筑波科学城（位于茨城县筑波市）设立了生命科学筑波研究中心，致力于研究生命科学和基因技术的所有分支。1986 年，理化学研究所开始实施前沿研究计划，旨在通过发展基础研究来探索面向 21 世纪科学技术的新学科。该研究所于 1990 年在仙台市建立了光动力学研究中心，1993 年又在名古屋市建立了仿生控制研究中心，2000 年又启动了 3 个生命科学研究中心，即发生与再生科学综合研究中心、植物科学研究中心和基因组科学综合研究中心。现在，理化学研究所已发展成为由 50 多个实验室和支撑机构组成的综合研究所，其研究领域十分广泛，研究设施和装备也非常先进。它拥有重离子环形回旋加速器（RRC）和世界最大的超高亮度的 X 射线同步加速器辐射设施"SPring-8"，以及从 1997 年开始建立的大型环状超导加速器[①]。

　　2003 年 10 月，研究所改制成为独立行政法人理化学研究所，隶属文部科学省，由 2001 年诺贝尔化学奖获奖者野依良治担任独立行政法人时期的初代理事长。2015 年 4 月，随着日本独立行政法人改革的推进，研究所变更为国立研究开发法人，正式成为国立研究开发法人理化学研究所，京都大学原校长松本纮担任国立研究开发法人时期的初代理事长。

二、使命与定位

　　理化学研究所作为国立研究机构，承担着与国家利益和安全相关的战略性重大科技问题的研究和任务，其提出的定位是：要做世界一流的理化学研究所，创造科学价值，为未来社会做出贡献。主要内容包括：①吸引世界上最优秀的人才，提供最好的研究环境；②解决科学创新和全球性问题，齐心协力保护人类和地球；③面向未来，投资下一代的科技工作者。

　　理化学研究所的使命是把研究所建成世界闻名的基础科学研究机构，同时为社会发展做出重要贡献。根据社会的需求，必须不断开拓新的研究领域，特别要围绕国家目标开展重点领域的研究，包括：①实施前沿研究领域的自然科学研究，创造出在世界上屈指可数的研究成果；②给科学界建立最好的基础研

---

① 胡智慧. 日本理化学研究所的研究与发展[J]. 中国基础科学, 2001, (4): 48-52.

究设施，并提供充分使用这些设施的机会；③设立新的科学技术研究系统和培养年轻的研究人员；④把研究成果还原给社会。

三、组织架构

理化学研究所是严格按照《国立研究开发法人理化学研究所法》设立的，实行理事会制度，其最高领导是理事长，由文部科学省主管大臣选任。理事长主管主任委员会，处理财务运行和其他重要问题。研究所还有 5 名理事和 2 名监事，理事由理事长任命，辅佐理事长管理业务，监事由文部科学省主管大臣任命。他们和理事长组成了共有 8 人的理事委员会，定期召开理事长、理事会议。理化学研究所设有多个咨询顾问委员会，包括 RIKEN 咨询委员会（RAC）、各研究中心咨询委员会（AC）、RIKEN 战略委员会、RIKEN 科学家委员会、研究中心负责人委员会，由日本国内外学术界和工商界的著名人士组成，主要研讨理化学研究所未来发展的战略方向和研究课题等，向理事长提供咨询和建议（图 13-5）。

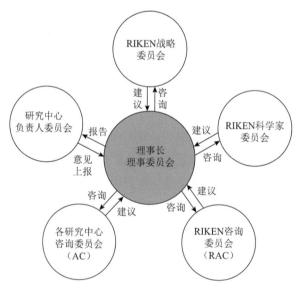

图 13-5　理化学研究所咨询委员会组织架构图
资料来源：根据国立研究开发法人理化学研究所《2020 年度事业报告书》
（https://www.riken.jp/medialibrary/riken/about/reports/projects/projects2020.pdf）绘制

理化学研究所下设部门和机构（图 13-6）可分为支撑服务部门、研究组织

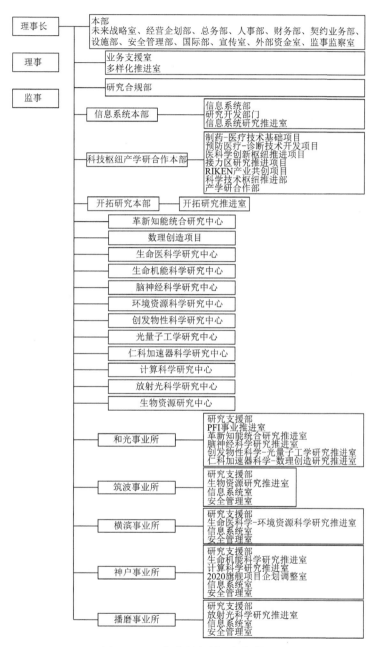

图 13-6 理化学研究所组织架构图

资料来源：国立研究开发法人理化学研究所. 2020 年度事业报告书[EB/OL].
https://www.riken.jp/medialibrary/riken/about/reports/projects/projects2020.pdf[2021-06-24]

和地方事业所。其中，支撑服务部门包含未来战略室、经营企划部、总务部、人事部、财务部、契约业务部、设施部、安全管理部、国际部、宣传室、外部资金室、监事监察室、业务支援室、研究合规部等；地方事业所包含和光事业所、筑波事业所、横滨事业所、神户事业所和播磨事业所，负责本区域内各研究单元的协调工作。

理化学研究所的研究体系（图 13-7）则由战略研究中心、开拓研究本部、基础设施中心、信息统合本部、科技枢纽产学研合作本部 5 个部分构成。其中，战略研究中心负责开展符合国家和社会需求的战略性研究，如人工智能、量子计算等。开拓研究本部负责开拓新科学领域，支持可持续地创新创造。开拓研究本部的科学家负责开拓新的研究领域，在科技前沿领域有很大的科研自主权。基础设施中心主要负责大科学装置的建设、运行、维护和改造等，东京主要是人工智能产业，横滨主要是医学产业，播磨设有粒子加速器。信息统合本部负责统合和战略推进理化学研究所整体的信息基础构筑和运营，为理化学研究所信息技术利用者及研究开发部门提供信息技术支撑，并积极开展信息技术在跨领域跨学科中的应用研究开发项目。科技枢纽产学研合作本部推进与大学、研究机构、医院、企业等机构的合作研究，并将理化学研究所的科技成果回报给社会。

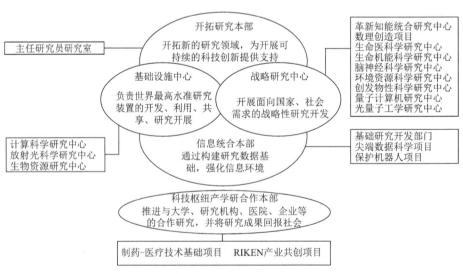

图 13-7　理化学研究所研究体系示意图

资料来源：根据理化学研究所官网（https://www.riken.jp/research/labs/index.html）资料绘制

四、任务来源及形成机制

（一）任务来源

日本的科技任务是自上而下部署的，文部科学省的各个委员会根据目前研究领域的科技水平确定需要着重部署的科研大方向和研究领域，之后部署给日本科学技术振兴机构。该机构科学家通过对同一领域的多次研讨凝练科研目标，再通过理化学研究所科学家委员会（包含主任研究员）的讨论，将科技政策变成科研项目。

（二）形成机制

理化学研究所不同研究体系的任务形成机制有所不同。开拓研究本部的科学家决定研究方向。战略研究中心则需要根据国家的战略任务需求来考虑，战略规划和科研经费一般按照 7 年时间安排。

五、经费结构及使用方式

（一）经费结构

理化学研究所的收入主要包括两部分，一部分为政府财政拨款，另一部分为包含受托研究收入等的"自己收入"。政府财政拨款是国家每年发放给理化学研究所的运营费、设施设备费用等，用于理化学研究所开展研究开发事业。为了提高国家财政拨款资金的使用效率，日本政府提出将拨付至理化学研究所的国家资金削减一定比例，理化学研究所需要通过研究业务合理化实施和获取外部资金等方式进一步研究活动的高质量发展。

其中，"运营费补助金"是由日本政府财政拨付给国家研究开发法人的，未限制特定用途，支持其开展独立自主的业务运营，在事后评价中，从机构法人是否正常运行的角度来检查运营费补助金使用的适当性。"特定先进大型研究设施相关补助金"是基于《关于促进特定先进大型研究设施共同利用的法律》设置的预算科目，由日本政府财政支持，主要用于大型放射线设施"SPring-8"、X 射线自由电子激光设施"SACLA"、超级计算机"富岳"等大型尖端研究设施的维护管理、共享使用等。"新一代人工智能技术研发基地形成事业费补助金"主要用于支持人工智能相关全过程的研究开发，包括从革新性人工智能相关基础研究，到利用人工智能提高科学研究效率，再到应用解决社会问题等。"自己收入"则指国立研究开发法人通过受托业务等获取的收入，其中包括"SPring-8"使用费收入、专利权收入等。2022 年度理化学研究所收入预算对比如图 13-8 所示。

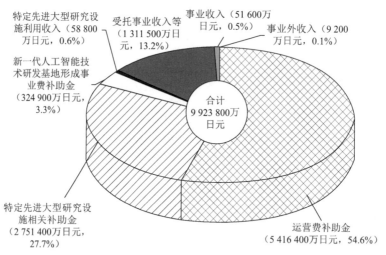

图 13-8　2022 年度理化学研究所收入预算

资料来源：根据理化学研究所官网（https://www.riken.jp/about/data/index.html）披露绘制

注：财政年度为 2022 年 4 月 1 日至 2023 年 3 月 31 日

理化学研究所的科研经费主要分为两部分：一部分是稳定性经费，理化学研究所固定职员的工资和研究费用主要来源于稳定性经费；另一部分是竞争性研究经费，其中获取金额、项目数最多的是科学研究费补助事业（即科研费），（表 13-2）。

表 13-2　理化学研究所 2018—2020 年度竞争性研究资金获取情况

项目	2018 年度		2019 年度		2020 年度	
	金额/百万日元	项目数/个	金额/百万日元	项目数/个	金额/百万日元	项目数/个
科学研究费补助事业（即科研费）	4 605	1 236	4 692	1 402	4 770	1 431
科学技术振兴机构相关事业	2 469	125	2 664	139	2 731	156

续表

项目	2018 年度		2019 年度		2020 年度	
	金额/百万日元	项目数/个	金额/百万日元	项目数/个	金额/百万日元	项目数/个
文部科学省相关事业	357	7	464	6	539	8
其他府省相关事业	175	13	178	12	454	12
日本医疗研究开发机构相关事业	4 192	96	3 157	100	4 109	96
合计	11 798	1 477	11 155	1 659	12 603	1 703

资料来源：理化学研究所. 财务报告书 2021[EB/OL]. https://www.riken.jp/medialibrary/riken/about/reports/financial/financial-reports2021.pdf [2021-12-06]

（二）使用方式

从理化学研究所支出预算来看，"研究中心等研究事业费"指分配给理化学研究所各研究中心，主要用作研究开发、研究数据基础搭建等，由研究中心负责人确定各中心资金用途和研究经费分配。"研究基础经费"即"事业所经费"，是指分配给理化学研究所各地方事业所，用于改善和支持各事业所研究设施及环境的维护和管理、青年研究人员的支持、信息环境的搭建、研究成果的转化应用等各项研究活动开展所需的费用。"管理费等"则包括人员费、税金和公共会费等运行所需费用。2022 年度理化学研究所支出预算如图 13-9 所示。

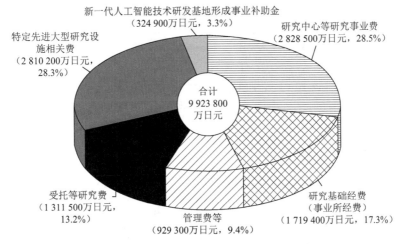

图 13-9　2022 年度理化学研究所支出预算

资料来源：根据理化学研究所官网（https://www.riken.jp/about/data/index.html）披露绘制

注：财政年度为 2022 年 4 月 1 日至 2023 年 3 月 31 日

六、人事制度

（一）用人方式

截至 2023 年 4 月 1 日，理化学研究所固定人员总数为 3253 人，其中研究人员 2684 人，占固定人员总数的 82.5%；研究人员中任期制员工为 1941 人，占研究人员数的 72.3%；长期雇佣人员则为 743 人，占研究人员数的 27.7%。考虑到理化学研究所大多数研究领域需要开展中长期的研究，且为了吸引更多优秀的研究人员在理化学研究所能够更加稳定地致力于研究，因此理化学研究所在进行公正且严格的评价的基础上，目标将没有任期限制、长期雇佣的研究人员比例扩大至 40%。理化学研究所 2017—2021 年员工人数统计如图 13-10 所示，也表明无限期雇佣职员（研究系）人数呈增长趋势。

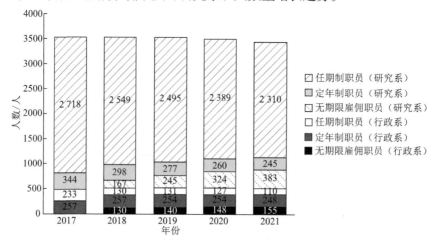

图 13-10　理化学研究所 2017—2021 年员工人数统计

资料来源：国立研究开发法人理化学研究所. 财务报告书 2021[EB/OL].
https://www.riken.jp/medialibrary/riken/about/reports/financial/financial-reports2021.pdf[2021-12-06]
注：统计人数为各年度末节点的人数

定年制职员（终身雇佣制）和无期限雇佣职员属于长聘制，任期制职员属于短聘制，短聘的科研人员聘期为 5—7 年。开拓研究总部的每个研究室都配备主任研究员，他们都为定年制职员。开拓研究总部充分认可主任研究员的科研能力，对主任研究员论文发表等学术指标没有要求，因此主任研究员可以按照自己的规划做研究。战略研究中心的科研人员一般是非长期聘用的，但也会给有长聘制的机动名额，战略研究中心的学术带头人是 5—7 年短聘制，所以需要快速出成果。有些科研人员既是开拓研究总部的主任研究员，也是战略中心的学术带头人，同时有 2 个实验室和 2 个团队。

理化学研究所有一半的职员是项目经理，其中既有专职项目经理，也有兼职项目经理。理化学研究所项目经理都是院士级的首席科学家，平均年龄在 55—60 岁，他们对整个科学界都很了解。理化学研究所将资金权限分配到项目经理，大学和科研机构向项目经理申请科研项目，接受项目管理。项目经理的权限非常大，负责项目拆分、项目分配、团队调配等，在项目实施过程中如果发现任何问题，有权力及时进行调整。

根据理化学研究所官网披露的 2023 年 4 月 1 日节点人员统计数据，理化学研究所的固定人员中女性为 1302 人，占固定人员总数的 40.0%，研究人员中女性为 1015 人，占研究人员数的 37.8%，而在研究管理人员（432 人）中女性为 35 人，占比为 8.1%。理化学研究所设置了"育儿和老人护理"咨询窗口和托儿设施等，采取多项措施为员工提供更加适应的工作环境。同时，理化学研究所在 2018 年专门设立了支援优秀女性科学家计划，不设置年龄和国籍限制，积极支持女性科技人才在理化学研究所开展科技研发并获取职业发展。

此外，理化学研究所也认识到国际合作是促进科学技术研究和开发的重要支柱，积极接受来自世界各地的研究人员、技术人员和学生。截至 2021 年 10 月 1 日，外籍研究人员已达 741 人，占总人数的 21.5%，其中 469 人为研究人员（包括兼职人员），不同地域外籍研究人员人数如图 13-11 所示。理化学研究所为外籍科

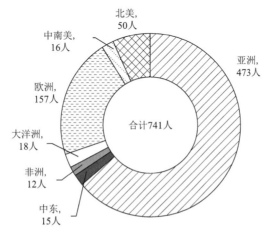

图 13-11　理化学研究所不同地域外籍研究人员数

资料来源：根据理化学研究所官网（https://www.riken.jp/about/data/index.html）数据绘制

研人员提供日语学习、孩子入学和入托等一系列服务，甚至根据非洲籍的科研人员的宗教信仰，为其准备了祈祷室，积极改善和保障外籍科研人员在理化学研究所的工作和生活。

（二）薪酬制度

理化学研究所的人员费支出主要来自政府拨付的运营费交付金和受托项目收入，2020 年度的人员费支出约为 300 亿日元（表 13-3），人员费支出中职员薪酬开支占比最大。理化学研究所职员的薪酬主要由三部分构成：一是基本月薪（固定部分），包括基本工资和各项补贴；二是绩效奖金，每年年中和年底绩效评价考核后发放；三是其他福利补贴[①]。

表 13-3　理化学研究所人员费支出统计　（单位：百万日元）

分类	2016 年度	2017 年度	2018 年度	2019 年度	2020 年度
董事报酬	113	120	121	128	129
职员薪酬	27 722	28 516	28 577	27 949	28 043
退休金	459	598	683	1 887	1 628
合计	28 294	29 234	29 381	29 964	29 800

资料来源：理化学研究所. 财务报告书 2021[EB/OL]. https://www.riken.jp/medialibrary/riken/about/reports/financial/financial-reports2021.pdf[2021-12-06].

理化学研究所长聘制职员和任期制职员实行不同的薪酬制度，根据《独立行政法人通则法》以及理化学研究所有关薪酬规定，其薪酬标准参考国家公务员的工资标准，每年的薪酬状况须上报主管部门审批，并面向社会公布，其中须对薪酬高于国家公务员的理由进行说明，从而接受社会公众的监督。根据理化学研究所公布的《2021 年度职员薪酬》报告（表 13-4），长聘制职员的薪酬待遇高于任期制职员，研究类职员的薪酬待遇高于事务·技术类职员，且理化学研究所职员的薪酬略高于日本同级公务员的薪酬，其中研究类职员平均年薪约是日本国家公务员的 1.084 倍[②]。

---

① 王玲. 日本独立行政法人研究机构薪酬制度探究[J]. 全球科技经济瞭望, 2014, 29(4): 27-35.

② 理化学研究所. 国立研究开发法人理化学研究所(法人番号 1030005007111)の役职员の报酬·给与等について[EB/OL]. https://www.riken.jp/medialibrary/riken/about/info/kyuyosuijyun03.pdf[2022-06-24].

表 13-4 理化学研究所 2021 年度职员薪酬状况（月薪制）

职员	分类	人数	平均年龄/岁	平均年薪/万日元		
				年薪总额	固定部分	绩效奖金
长聘制职员	事务·技术类	323	46.9	834.3	609.0	225.3
	研究类	126	54.1	1122.3	833.4	288.9
	总计/平均	449	48.9	915.1	671.9	243.2
任期制职员	事务·技术类	42	49.8	710.8	550.5	160.3
	研究类	0	—	—	—	—
	总计/平均	42	49.8	710.8	550.5	160.3
再任用职员	事务·技术类	6	61.7	558.7	558.7	0
	研究类	4	61.5	603.5	603.5	0
	总计/平均	10	61.6	576.6	576.6	0

资料来源：理化学研究所. 国立研究开発法人理化学研究所（法人番号 1030005007111）の役職員の報酬·給与等について[EB/OL]. https://www.riken.jp/medialibrary/riken/about/info/kyuyosuijyun03.pdf [2022-08-07].

在计酬方式上，理化学研究所对任期制研究人员基本上实行年薪制（表 13-5），并从 2008 年开始对新聘用的定年制研究人员也采取年薪制，以便为科研人员提供更加稳定的基本保障和潜心研究的环境。年薪制的年薪由基本年薪、绩效奖金、津补贴等组成，其月薪为年薪按 12 个月平均后再加上各项津补贴。月薪制的月薪由两部分组成：基本工资（大致固定）和各项补贴。在补贴方面，理化学研究所为长聘制职员提供岗位补贴、研究补贴、住房补贴、家庭补贴、加班补贴、交通补贴、特别地区补贴、放射线防护补贴、特殊岗位补贴、单身赴任补贴、管理职员特别补贴等。与长聘制职员相比，任期制职员补贴项目较少，只有住房补贴、交通补贴、加班补贴、特殊岗位补贴和放射线防护补贴。

表 13-5 理化学研究所 2021 年度职员薪酬状况（年薪制）

职员	分类	人数	平均年龄/岁	平均年薪/万日元		
				年薪总额	固定部分	绩效奖金
长聘制职员	事务·技术类	253	48.7	584.2	584.1	0.1
	研究类	238	47.8	1086.6	973.3	113.3
	总计/平均	491	48.3	827.7	772.7	55

续表

职员	分类	人数	平均年龄/岁	平均年薪/万日元		
				年薪总额	固定部分	绩效奖金
任期制职员	事务·技术类	621	47.0	498.0	497.9	0.1
	研究类	956	41.0	708.7	707.4	1.3
	总计/平均	1577	43.4	625.7	624.9	0.8

资料来源：理化学研究所. 国立研究開発法人理化学研究所（法人番号 1030005007111）の役職員の報酬·給与等について[EB/OL]. https://www.riken.jp/medialibrary/riken/about/info/ kyuyosuijyun03.pdf [2022-06-24].

（三）人才培养

理化学研究所将培养下一代研究者作为重大目标之一，设立多项培养青年科研人员的制度和方式。

一是面向在读博士生设置了"初级研究助理"（Junior Research Associate，JRA）制度。该制度面向与理化学研究所签订合作协议、开展共同研究或签署研究协作框架的合作院校中的在籍博士，其所属学科为数理科学、物理学、医科学、工学、化学、生物学，通过公开招募、选拔的方式每年聘用约 60 人进入理化学研究所接受指导并开展研究。合同期限原则为 1 年，但可根据其在理化学研究所期间的表现续约至 3—4 年，在此期间以取得博士学位为目标开展研究。理化学研究所为 JRA 聘用者提供每月 16.4 万日元的基本工资和上限为 5.5 万日元的通勤补贴。

二是面向外籍博士生设置了"国际项目助理"（International Program Associate，IPA）制度。理化学研究所根据与国内外高校和研究机构签订的合作协议，面向博士课程在读的国际留学生，设立了提供共同研究指导并可获得相应学位的联合培养制度。博士生在理化学研究所通常有 3 年的培养时间。IPA 待遇：支付每日生活费 5200 日元（每月约 15 万日元）；免费提供研究所内宿舍，当研究所内宿舍满房时，支付在研究所外的住宿费（支付额度有上限）；支付学生从所在国家至日本的往返旅费；支付旅居期间的旅行伤害保险（往返旅费及旅行伤害保险的支付仅限于长期 IPA 项目）。

三是面向博士学位取得 5 年内的青年科研人员，设置了"基础科学特别研究员"（Special Post Doctral Researcher，SPDR）制度。该制度为具有创新思维的青年科研人员提供理化学研究所的研究场所和设施，鼓励他们自设研究课题开展自主研究，并可以接受所在研究室负责人的指导，合同聘任期限为 3 年，每年聘用人数约为 60 人。理化学研究所针对 SPDR 聘用者采取年薪制，提供每月 48.7 万日元的基本工资、上限为 5.5 万元日元的通勤补贴，以及一定金额的住房补贴、赴任补贴等。

四是面向优秀青年科研人员设置了"白眉计划"（RIKEN Hakubi Fellows, Junior PI Program），即为青年人才提供初级学术带头人职位。该项目于 2017 年设立，对申请人的学历和资历不作限制，目的是为具有卓越才能的青年研究人员提供作为实验室负责人独立组建团队、推进开展研究的机会，鼓励青年人才在自然科学领域开展独创性、前沿性、无人区研究，包括与人文社会科学的交叉研究，培养更多具有广阔国际视野的科研管理者。理化学研究所根据"白眉计划"申请通过者的研究计划和进度，每年可为其提供 1000 万—4000 万日元的研究经费、相应的实验室空间，并配备导师进行指导。此外，理化学研究所还拥有招收研究助理和博士后研究人员的机会，合同期限最长可为 7 年，待遇方面年薪约为 1000 万日元，并提供通勤和住房补贴及各项福利保障。

七、绩效评价

日本政府对国立研究开发法人的绩效评价采用全面质量管理领域的 PDCA 循环管理模式，由主管大臣在国立研究开发法人审议会协助下确定法人研发机构 5—7 年的中长期目标，各法人机构据此制定中期计划和年度计划，并报主管大臣批准[①]。日本对国立研究开发法人开展绩效评价，采用目标导向的评价体系，同时兼顾业务运营的效率等因素[②]，可分为年度评价和中长期目标期间评价。绩效评价首先由法人进行自评价，主管部门按照中长期计划的实施状况等对研发法人的业务实施状况进行评价，之后则将自评价和主管部门评价结果上报至总务省进行核查，即综合评价。日本国立研究开发法人评价结果分为 S、A、B、C、D 五个等级，以 B 等级为合格标准、S 等级为最高评价。

---

① 张义芳. 美、英、德、日国立科研机构绩效评估制度探析[J]. 科技管理研究, 2018, 38(22): 25-30.
② 朱焕焕. 日本国有科研机构独立法人化改革经验对中国的启示[J]. 全球科技经济瞭望, 2021, 36(5): 42-47.

绩效评价结果将反映日本政府对国立研发法人机构的资金分配、组织架构和业务运营调整等环节。主管大臣将评价结果报告给综合科学技术创新会议，综合科学技术创新会议在修订评价方针和中长期战略目标时将参考这一评价结果[①]。理化学研究所作为国立研究开发法人，日本政府同样对其实行中长期目标管理和绩效评价。2016 年 10 月，国立研发法人理化学研究所开始成为"特定国立研究开发法人"，中长期目标实施和评价周期也从原来的 5 年更改为 7 年。目前，该研究所处在第 4 期中长期目标期间，即从 2018 年 4 月 1 日至 2025 年 3 月 31 日。理化学研究所 2018—2021 年各年度的绩效评价结果如表 13-6 所示。

表 13-6　理化学研究所 2018—2021 年各年度绩效评价结果

	评价框架	2018 年度	2019 年度	2020 年度	2021 年度
Ⅰ . 研究开发成果最大化及其他业务质量提升等相关事项	1. 以研究开发成果最大化为目标构建研究所运营体系	A	A	S	A
	2. 基于国家战略等推荐战略性研究开发	S	S	S	S
	3. 构筑和运营世界上最先进的研究基础设施	S	S	S	S
Ⅱ . 业务运营效率化的相关事项		B	B	B	B
Ⅲ . 财务内容改善的相关事项		B	B	B	B
Ⅳ . 其他与业务运营相关的重要事项		B	A	A	A
整体评价		A	A	S	A

资料来源: 文部科学大臣. 国立研究开発法人理化学研究所の令和 3 年度における業務の実績に関する評価[EB/OL]. https://www.riken.jp/medialibrary/riken/about/reports/mext/mext2021.pdf[2022-09-06].

此外，理化学研究所按照国家评价指南——《国家研究开发评价大纲性指针》《文部科学省研究开发评价指针》中对评价目的、对象、组织方式等的规定，对内部研发组织和活动情况进行了自评价，并聘请海外诺贝尔奖获得者等国内外权威专家组成外部评价委员会，积极构建国际化的评价体系(图 13-12)。理化学研究所开展的自评价可分为机构评价、研究课题评价、研究人员业绩评价。其中，机构评价又分为理化学研究所整体评价和理化学研究所内部各研究

---

① 王玲. 日本国立研发法人制度分析[J]. 全球科技经济瞭望, 2018, 33(8): 1-10.

中心评价。RAC 和 AC 分别对理化学研究所整体和各研究中心的研究活动开展和运营等进行评价并提出建议，AC 的评价结果提交至理事长和研究中心负责人，直接反映在研究中心研究计划制订和预算及人员等各项资源分配中，而RAC 的评价意见和建议将直接应用在理化学研究所下一期中长期计划制订中。理化学研究所针对各研究课题组建相应的评价委员会，原则上由研究课题所属研究中心对应的 AC 进行评价。评价分为事前评价和事后评价，对周期为 5 年以上的研究课题还会实施中间评价，评价结果则提交至研究中心负责人，反映在接下来的预算和研究计划制定中。针对研究人员业绩评价，理化学研究所会根据研究人员岗位、职位采取不同的评价办法，研究学术带头人则需要定期接受国际同行评议，而普通研究人员则需要接受委员会和研究学术带头人的评价，评价结果将直接运用于绩效奖金、调薪和晋升中。

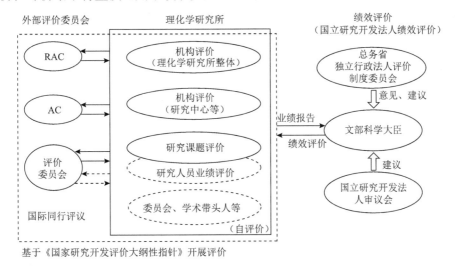

图 13-12　理化学研究所评价活动示意图

资料来源：根据独立行政法人理化学研究所 2007 年发布《理化学研究所における研究開発評価について》中RIKEN 研究开发评价活动示意图绘制而成，结合日本最新国立研究开发法人绩效评价制度有所修改（https://www8.cao.go.jp/cstp/tyousakai/hyouka/haihu64/siryo3-1.pdf）

八、合作网络

（一）国内合作

理化学研究所积极与大学、研究机构和产业界开展合作，通过签订研究合作协定、开展共同研究、召开研讨会等形式，推进理化学研究所与外部研究者、学生的交流，并于 2015 年推出"科学力展开计划"，明确提出要在科学技术创新中起到"科学技术枢纽"的重要作用，进一步搭建并强化研究开发网络，从而推动提升科技创新实力。其中，与东京大学、京都大学、日本东北大学等日本国内知名大学开展多领域、多方面合作研究和人才交流。例如，以理化学研究所-京都大学数理解析研究所据点为中心推动数学物理学科的交叉与融合研究，利用理化学研究所的成像技术、图像解析技术和广岛大学的数理模型等优势开展高端细胞成像和分析技术开发研究，设立大阪大学·理化学研究所科学技术融合研究中心等。

另外，理化学研究所为了实现研究成果最大化和解决社会课题，从需求探索、新技术开发课题凝练到面向产业化，通过开放创新和开展组织间合作，不断强化与产业界协同创新发展的能力。例如，以推动理化学研究所相关科技成果转化和实际应用为目的，在生物医药技术、预防医疗、诊断技术开发等方面与医疗机构开展合作。

（二）国际合作

理化学研究所积极与德国马普学会、中国科学院等世界顶尖研究机构、大学及各国政府机构签订研究合作协议、备忘录等，通过扩大包括共同研究、人才交流等方式在内的国际合作交流，实现优势互补，进而提高理化学研究所的国际影响力。截至 2020 年底，理化学研究所已经与 38 个国家和地区（包括国际组织）签订了 276 份协议、备忘录等。同时，以海外事务所为据点的研究合作也在持续推进，理化学研究所在新加坡、中国、欧洲等地设立了事务所，开展科学技术政策动向收集、研究交流等活动。理化学研究所在全球与多家研究机构[包括我国的中国科学院近代物理研究所、中国科学院上海光学精密机械研究所、上海交通大学、杭州未来科技城（药品领域）]合作，建立了联合研究中心。

九、成果转化

在技术转移体系建设方面，理化学研究所先后成立了技术转移办公室、知识产权战略中心（Centre for Intellectual Property Strategies，CIPS）、创新中心

（RIKEN Innovation Center，RINC）、理研鼎业（RIKEN Innovation）和科技创新集群（RIKEN Cluster for Science，Technology and Innovation Hub，RCSTI）等多个主体，形成了由研究所内设机构、非法人单元和企业法人组成的多类型技术转移参与主体，实现了科技研发与市场活动之间的高效沟通，加深了研究机构与市场主体之间的合作关系[①]。

理化学研究所有关技术转移、产学合作和知识产权等事宜，由 CIPS 负责。CIPS 作为理化学研究所内设机构，成立于 2005 年 4 月，主要负责理化学研究所有关技术转移、产学研合作、知识产权等工作，旨在加强理化学研究所各研究单元与市场尤其是企业之间的联系与合作，推动理化学研究所研究成果产业化。

RINC 成立于 2010 年，旨在深化研究人员与各类市场主体之间的沟通和联系，为各个研究所提供高效的技术转移转化服务。

理研鼎业，即"株式会社理研鼎业"，于 2019 年 9 月 5 日作为理化学研究所的全资子公司申请设立登记。该公司负责与产学研合作、技术许可等相关业务，旨在为理化学研究所谋求多元化的收入来源，以确保新的研究资金。理研鼎业秉承利用理化学研究所的研究成果造福社会，促进与行业合作伙伴的组织间合作以及寻求新的想法优化资金来源和改善理化学研究所研究环境的发展目标；旨在加强和改善市场主体（特别是私营企业）与理化学研究所之间的沟通、合作关系；承担理化学研究所知识产权发展战略规划及知识产权许可、转让等管理工作，并为理化学研究所从事技术商业化而成立的初创企业提供多方面的支持[②]。在合作研发、知识共享及科学传播等领域，充分利用理化学研究所各研究单元的研究资源，与市场主体建立更为广泛、深入的合作关系。

RCSTI 旨在通过各种类型的合作计划加强重点产业技术领域中学术界和工业界的合作，建立、完善研发网络，并致力于在理化学研究所与产业、企业之间构建一体化场所"接力棒区域"（baton zone）。①产业合作中心（RIKEN

---

① 肖冰, 饶远, 刘海波. 新型研发机构技术转移体系的比较与借鉴——基于日本理化学研究所案例[J]. 科技导报, 2020, 38(24): 62-68.

② 肖冰, 饶远, 刘海波. 新型研发机构技术转移体系的比较与借鉴——基于日本理化学研究所案例[J]. 科技导报, 2020, 38(24): 62-68.

collaboration centers），根据企业的需求和提案设立的研究组织"中心"，旨在解决中长期课题、与企业合作探索新的研究领域、培养产业化综合性人才等。截至 2022 年 4 月，理化学研究所设有 8 个产业合作中心。②理研产业融合合作研究制度（RIKEN integrated collaborative research program with industry），接受企业的提案与建议，理化学研究所与企业联合组成临时研究团队，企业需派出团队负责人，将企业和工业需求与理化学研究所尖端研究技术和成果相结合，和企业一同致力于研究成果的实用化，截至 2022 年 4 月，有 8 个研究团队正在开展相关合作研发。③理研产业共同创造计划（RIKEN industrial co-creation program），即理化学研究所和企业在多个领域开展全面合作的计划，汇聚理化学研究所和企业的研究人员、工程师研讨共同创造主题等，进而计划开展深层次的合作研究和大规模的协作等。④特别研究室/单元制度（sponsored laboratories/units），利用从企业或外部获取的研究资金，可聘请外部优秀研究人员或开展行业合作，将研究者积累的知识、技术尽量提供给更多的企业，为支持以实际应用为目标的研究和开发创造研究场所。⑤理研企业孵化·支援制度（RIKEN ventures），以将理化学研究所的研究成果回馈给社会为主要目的而设立，满足一定条件的企业可被认定为"理研创业企业"（截至 2021 年 4 月，认定中 16 家，累计 53 家），推动企业研究成果的迅速实用化和普及。

第四节　日本产业技术综合研究所

日本产业技术综合研究所（AIST）隶属于经济产业省，是日本最大的公共研发机构。该研究所专注于从基础研究到新产品开发的全方位研究，致力于创造出对日本产业和社会发展有用途、有价值的技术并进行实际应用，推动关键共性技术攻关和产业化，起到桥梁作用。AIST 在全国拥有 11 个研究据点，包括东京总部（东京都千代田区霞关）、筑波总部（茨城县筑波市梅园）和全国9 个地区研究基地，共计约 2300 名研究者，面向国家战略在 7 个领域开展相应的研究开发。

一、缘起和发展

AIST 的历史可以追溯到 1882 年农商务省设立的日本地质调查所。1925 年，农商务省被改组，通商产业相关行政业务从农商务省中独立划分出来，成立了商工省，随之地质调查所等试验研究机构被纳入商工省进行管理。1948 年，作为商工省隶属外部机构，工业技术厅成立，集合了 12 个试验研究机构。随后，1949 年以商工省为主体设立了通商产业省，在 1952 年工业技术厅改名为工业技术院。

工业技术院旨在通过全面开展与矿业、工业科学技术相关的试验和研究工作，提高生产技术水平并推广应用科技成果，进而为日本经济繁荣做出贡献。工业技术院内设总务部和标准部。总务部不仅负责人事、财务、审计等行政事务，还负责与通商产业省和下属试验研究所联络协调相关业务，以及结合区域特性拟定与调整促进矿工业科技创新的综合性措施。标准部负责工业标准的调查、制定、宣贯、推广，与国际标准化机构的联络协调，以及其他与国际标准化、工业标准认定、认可等相关事务。工业技术院下设 15 家试验研究所，主要包括两大部分：一部分为筑波中心，另一部分为地方研究所。其中，筑波中心作为工业技术院最大的研究据点，聚集了 70%—80%的研究人员，并由产业技术融合领域研究所、计量研究所、机械技术研究所、物质工学工业技术研究所、生命工学工业技术研究所、地质调查所、电子技术综合研究所、资源环境技术综合研究所等 8 个研究所组成；地方研究所则包含北海道工业技术研究所、东北工业技术研究所、名古屋工业技术研究所、大阪工业技术研究所、四国工业技术研究所、中国工业技术研究所、九州工业技术研究所等 7 个研究所。

2001 年 1 月，因中央省厅机构调整，通商产业部重组为经济产业省，工业技术院也相应变更了所属部门，成为经济产业省下属机构，同时变更名称为经济产业省产业综合研究所。同年 4 月，随着日本政府对国家科研机构开展独立行政法人化政策的改革，通过将此前工业技术研究所 15 个试验研究所和计量教习所进行整合重组（图 13-13），正式成立了独立行政法人 AIST。

2015 年 4 月起，又因国立研究开发法人制度的改革，根据相应法律修改变更成为国家研究开发法人产业技术综合技术研究所。2016 年 10 月，日本开始正式实施《关于促进特定国立研究开发法人研究开发等的特别措施法案》，AIST 被日本政府指定为"特定国立研究开发法人"的三家单位之一，作为国家科研机构的改革试点给予更大的支持力度和自主权。

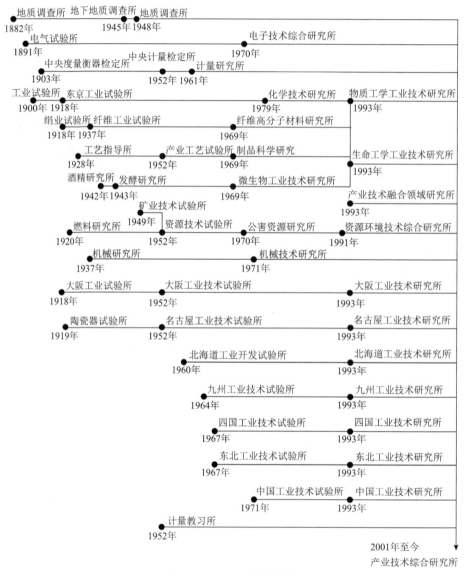

图 13-13 AIST 历史沿革

资料来源：根据 AIST 官网（https://www.aist.go.jp/aist_j/information/history/index.html）历史沿革图绘制

二、使命与定位

AIST 的目的是"通过综合开展有关矿工业科学技术的研究和开发等业务，提高产业技术并普及其成果"（《国立研究开发法人产业技术综合研究所法》第 3 条）。AIST 所进行的研究分为以下 7 个领域（5 个领域、2 个综合中心），分别设立了致力于特定课题的研究中心、具有持续性推进的研究部门。

（1）能源·环境领域由太阳能发电、可再生能源、先进电力电子的各研究中心和创能、电池技术、节能、环境管理、安全科学的各研究部门组成。

（2）生命工学领域由创药分子分析研究中心、创药基础、生物医学、健康工程学、生物工程学各研究部门组成。

（3）信息·人类工学领域由汽车人为因素、机器人创新、人工智能的各研究中心和信息技术、人类信息、智能系统的各研究部门组成。

（4）材料·化学领域由催化化学融合、纳米管实用化、功能材料计算机设计、磁性粉末冶金的各研究中心和功能化学、化学工艺、纳米材料、无机功能材料、结构材料的各研究部门组成。

（5）电子·制造领域由自旋电子学、柔性电子、先进涂覆技术、集成微系统的各研究中心和纳米电子、电子光技术、制造技术的各研究部门组成。

（6）地质调查综合中心由活断层·火山、地圈资源环境、地质信息的各研究部门和地质信息基础中心组成。

（7）计量标准综合中心由工程测量标准、物理测量标准、物质测量标准、分析测量标准的各研究部门和计量标准普及中心组成。

三、组织架构

AIST 根据《国立研究开发法人产业技术综合研究所法》设立，实行理事会制度。理事会的最高领导是理事长，由经济产业省主管大臣选任，同时设有 1 名副理事长、多名理事（10 人以内）以及 2 名监事。理事长是法人代表，总体管理 AIST 各项业务，监事负责业务和财务监察。理事会的职责主要包括确定科研方向、制定预算和经费分配方案、审议年度工作报告、决定人事任免，以及其他重大问题的决策，监事会负责监督决策的执行。为了进一步强化理事会的决策治理和执行能力，近年来 AIST 不断推进治理模式，比如，在 10 名董事中任命专职董事为研究开发负责人和运营管理负责人，并聘请外部产业界知名公司董事长担任兼职董事等。

AIST 从 2020 年启动了第 5 个中长期计划，并对研究组织架构进行了整合。目前，AIST 的下设部门和机构可分为研究推进组织、本部组织（研究管理部门）、研究基地。本部组织（研究管理部门）负责研发管理与运作，包括企划本部、信息推进本部、环境安全本部、总务本部、宣传部、安全·信息化推进部、创新人才部、监察室等。

研究推进组织主要负责开展具体的科研工作，在技术领域划分了 7 个领域，分别为"能源·环境领域""生命工学领域""信息·人类工学领域""材料·化学领域""电子·制造领域""地质调查综合中心""计量标准综合中心"。为了提高研究创新能力，在各领域内分别设立了相应的"研究战略部"，并按照研究工作和任务属性，采用不同的人员规模和组织方式，将研究单元分为研究部门、研究中心、研究室三类。研究部门专注目标导向的基础研究工作，重点开展 AIST 与企业之间的转化研究，主要针对具有长期目标、不受具体时间限制、需要保持连续性和不断开拓新技术领域的研究。研究中心是为响应产业与社会需求而组建的临时研究单位，以与研究机构、大学、企业合作为中心，具有明确战略目标的一定时限（3—7 年），针对需要优先集中投入研究资源（预算、人员等）且时限性强的先导性研究，中心主任全权负责中心运营。研究室则针对具有具体研究计划、相对短时效性强的研究，特别是跨学科领域的项目，研究措施和主要目标旨在满足政府急需的课题研究。这些不同类型的研究单元设置体现了 AIST 组织结构灵活开放、针对性强的特点。一方面，AIST 积极加强各领域间的技术开发合作，强调各单位间横向整合与纵向合作、跨领域合作研究，以及快速响应政府及产业临时性需要，彼此间确立分工与整合机制，提升研究弹性与效率。另一方面，强化与国内外学术单位和企业的合作，加快推动组织的开放性建设，通过共同研究、研究人员交换、聘请大学教授担任研究中心主任等方式，积极与国内外研究机构、大学、企业合作，提高研发能力，加速取得前沿技术。

AIST 设有东京本部和 11 个地方研究基地。其中，东京本部设立在经济产业省，主要负责接洽行政主管部门、规划整体性运作、收集信息、组织宣传、推进官产学合作等业务。筑波中心作为 AIST 研究功能的核心基地，聚集了约 70%的研究人员和设施，并涵盖研究所 7 个技术领域研究。AIST 整体组织架构如图 13-14 所示。

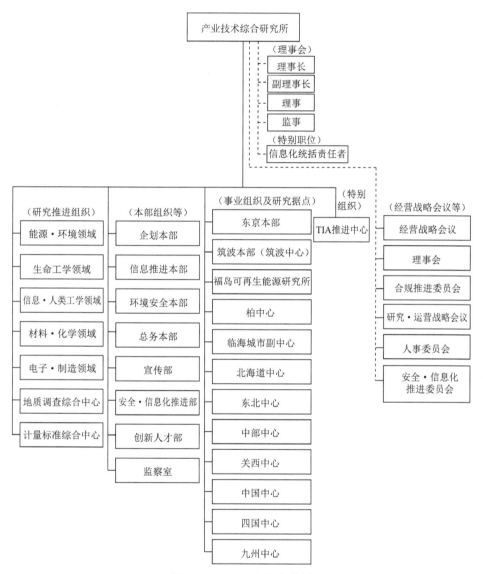

图 13-14　AIST 组织架构图

资料来源：根据产业技术综合研究所发布的《2020 年度事业报告书》（https://www.aist.go.jp/Portals/0/resource_images/aist_j/outline/enterprise-report/r02enterprise-report.pdf）绘制而成

四、任务来源及形成机制

（一）任务来源

AIST 的研究领域非常广泛，涵盖了生命科学、纳米技术和材料制造等多个领域。作为提供公共检测与服务的政府研究机构，更多地关注涉及公共安全、健康、环保等公共产品及技术研究的公益性领域。在技术研发方面，AIST 始终专注于产业技术发展的前沿领域，首先是能源、生态、环境等政府支持的长期性计划，其次也包括资源、测量标准、地质研究等基础性的共性技术，同时也包括生命科学、材料纳米技术、制造机械等提升国际竞争力、创造新产业技术的关键性产业共性技术。

为完成肩负的使命，AIST 的研究方向主要包括三个方面：①工业尖端研究，以创造具有国际影响力的新兴产业为目标，通过广泛的探索和领域融合推进技术创新；②长期战略性研究，为推进适应国家战略需求或预见将来国家有必要发展的长期性产业技术政策的制定与实施而进行的基础研究；③基础科学研究，为了提高自身的技术含量，按照自身承担的责任而进行的基础研究。

（二）形成机制

严密的研究主题确定方式是保持技术先进性的重要途径。AIST 甄选研发项目时强调技术优势，注重产业经济潜力。首先通过前景预测法进行技术预测，分析政府、产业和社会的需求，选择最优结果，初步形成研究主题；然后经产业界和经济产业省高层讨论，目标研究主题通过 AIST 上层管理人员和员工之间的讨论达成共识，由上而下确定切合产业与市场需求的战略目标和研究主题；最后将研究项目进行公示，供外界参与讨论。

五、经费结构及使用方式

（一）经费结构

AIST 具有较宽的资金来源渠道，主要分为三个方面：一是大部分经费由政府规划拨付，主要分为运营费交付金和设施维护补助金；二是通过与产业界合作研究或委托研究获取经费；三是通过技术转移机构进行技术授权获得企业资金支持。其中，运营费交付金占 AIST 总收入的比例最高，此外，日本政府不限制运营费交付金的具体用途，并且可以变更预定用途。如图 13-15 所示，2020 年度日本国家向 AIST 发放的运营费交付金为 623.9 亿日元。

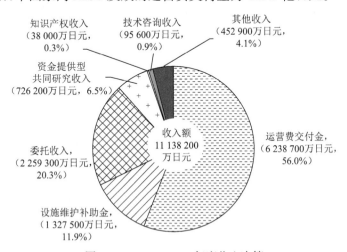

图 13-15　AIST 2020 年度收入决算

资料来源：根据 AIST 官网（https://www.aist.go.jp/aist_j/information/affairs/index.html）披露绘数据制

注：财政年度为 2020 年 4 月 1 日至 2021 年 3 月 31 日

（二）使用方式

在经费分配及使用方面，一方面，AIST 给予研究人员高额的费用，每年 AIST 研究人员费用占全部项目费用的比例近 30%，与直接研究费用持平；另一方面，AIST 也赋予科研人员更多的经费使用权，将研究经费预算制度改为决算制度，政府下拨的研发经费不受会计法及国有资产法的限制，可以跨年度使用，方便研究计划的规划与调整，有利于集中资金聚焦重要研究计划[①]。此外，政府对 AIST 采取企业会计制度，通过民营企业方式进行运作，赋予其财务自主权，无须自负盈亏。2020 年度 AIST 支出决算如图 13-16 所示。

---

① 魏润. 独立法人制度带来的创新爆发——日本产业技术综合研究所[R/OL]. https://mp.weixin.qq.com/s/a1hY-vGwA9yF_dqxc6yBwQ[2022-08-27].

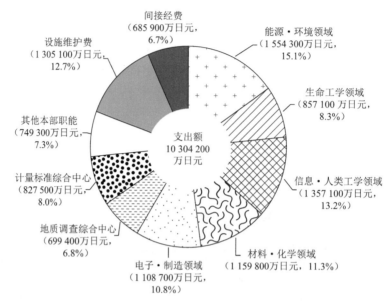

图 13-16　AIST 2020 年度支出决算

资料来源：根据 AIST 官网（https://www.aist.go.jp/aist_j/information/affairs/index.html）披露数据绘制

注：财政年度为 2020 年 4 月 1 日至 2021 年 3 月 31 日

六、人事制度

（一）用人方式

在人事管理方面，研究管理人员及职员由理事长任命。为提高研究人员的积极性，AIST 实行了科研人员任期制、能力薪酬制度等一系列新机制。

为增强研究人员流动性和激发研究人员创新性，日本政府在大学与科研机构之间推广实施交叉任职机制，引入年薪制，明确交叉任职期间不同机构负责缴纳健康保险、养老金与退休福利等比例，允许研究人员同时在不同的大学或同时在大学和其他的研究机构中工作，并保留他们原有的职位。AIST 从发掘技术萌芽以及为实践研究培养人力资源的角度出发，采纳并推广了双向任职机制，以此来加强与大学的合作。为兼任大学教师与 AIST 研究人员职位，并立足 AIST 为主要研究基地的杰出研究人员制定了量化目标[1]。

---

[1] 孟潇，董洁. 日本产业技术综合研究所的发展运行经验及对新型科研机构的启示[J]. 科技智囊, 2020, (8): 66-70.

（二）薪酬制度

AIST 职员的薪酬由基本工资、各项补贴和绩效奖金三部分组成。根据 AIST 公布的《2021 年度职员薪酬》报告，行政类职员的平均年工资为 693.3 万日元，研究类职员的平均年工资为 977.5 万日元。与理化学研究所发布的薪酬数据表现情况一致，长聘制职员的薪酬待遇高于任期制职员，研究类职员的薪酬待遇高于事务·技术类职员（表 13-7）。AIST 长聘制职员的补贴项目包括职责补贴、抚养补贴、加班补贴、住房补贴、交通补贴、寒冷地补贴、单身赴任补贴、资格补贴和极地观测补贴以及合作研究补贴[①]。任期制职员的补贴项目与长聘制职员相比则少抚养补贴和住房补贴两项[②]。此外，AIST 职员的薪酬也略高于日本同级公务员的薪酬，研究类职员的平均年薪约是日本国家公务员的 1.023 倍，事务·技术类职员的平均年薪约是日本国家公务员的 1.003 倍[③]。

AIST 根据员工的能力、经验、知识以及职务等级来确定相应的工资等次，基本工资可划分为 1—5 个等级，长聘制事务·技术类职员分为 5 个等级，分别是职员、主查、室长代理/主干/主查、部长/室长、部长。长聘制研究类职员的 1—5 级分别对应研究员（一般职员）、研究员（主管）、主任研究员、主任研究员/研究团队负责人、研究组长/副研究组长[④]。每个等级又分多个档次，薪级的增长则主要依据评估期内的工作表现。AIST 每年都会对职员进行个人业绩评价，评价由"业绩评价"（目标设定管理型）和"能力评价"两部分组成。业绩评价的结果直接反映在下一年度绩效奖金的发放上；能力评价的结果则通过职位晋升、人员配置等方式间接反映在工资等上。绩效奖金每年发放两次（6 月和 12 月），额度是以基础额作为 100 分[⑤]，由理事长根据评价结果确

---

① 産業技術総合研究所. 国立研究開発法人産業技術総合研究所職員給与規程[EB/OL]. https://www. aist.go.jp/Portals/0/resource_images/aist_j/outline/comp-legal/pdf/kyuyo-s.pdf[2022-10-06].

② 産業技術総合研究所. 国立研究開発法人産業技術総合研究所任期付職員給与規程[EB/OL]. https://www. aist.go.jp/Portals/0/resource_images/aist_j/outline/comp-legal/pdf/kyuyo-n.pdf[2022-10-06].

③ 理化学研究所. 国立研究開発法人産業技術総合研究所(法人番号 7010005005425)の役職員の報酬・給与等について[EB/OL]. https://www.riken.jp/medialibrary/riken/about/info/kyuyosuijyun03.pdf [2022-06-20].

④ 林芬芬, 严利. 日本科研人员薪酬分配现状及启示[J]. 中国科技资源导刊, 2017, 49(3): 56-60.

⑤ 按短期评价当年 3 月 31 日发放基本工资和各项补贴之和乘以 135% 计算，特殊职员按短期评价当年 3 月 31 日发放基本工资和各项补贴之和乘以 175% 计算。

定发放比例，浮动范围为 50%—200%（特殊职员浮动上限为 250%）[①]。

表 13-7　AIST 2021 年度职员薪酬状况

职员分类	分类	人数	平均年龄/岁	平均年薪/万日元		
				年薪总额	固定部分	绩效奖金
长聘制职员	事务·技术类	501	44.8	705.2	513.5	191.7
	研究类	1682	49.2	988.9	730.5	258.4
	总计/平均	2183	48.2	923.8	680.7	243.1
任期制职员	事务·技术类	1091	52	293.3	292.6	0.7
	研究类	231	51.7	558.6	558.6	0
	医护类	3	49.5	285.0	285.0	0
	总计/平均	1325	52	339.5	338.9	0.6

资料来源：理化学研究所. 国立研究開発法人産業技術総合研究所（法人番号 1030005007111）の役職員の報酬・給与等について[EB/OL]. https://www.aist.go.jp/Portals/0/resource_images/aist_j/comp-info/idpo/file/kyuuyosuijunR03r.pdf[2022-06-20].

（三）人才培养

AIST 注重官产学研部门之间的网络构建，充分利用自身研发资源优势，重视通过产学研开放合作，与国内外大学、企业开展共同研究，培养产业应用型人才。

（1）交叉任职制度。AIST 作为发挥桥梁功能的核心研究机构，设立了能够跨越组织壁垒的交叉任职制度，研究者可从属于多个机构或大学，根据所在机构或大学的职能要求从事研究、开发以及教育等工作。

（2）技术研修制度。AIST 面向在大学、企业、公共研究机构工作的研究人员、技术人员设立了技术研修制度，可以申请在一定期间内到 AIST 学习相关技术，学生也可以申请进入 AIST 实习，并获取研究指导。

（3）科研助理（RA）。为了帮助优秀的研究生专心于学业和研究活动，减少经济上的压力，AIST 面向研究生设立了科研助理岗位。科研助理可以参与 AIST 实施的研究开发项目，并将其成果应用于学位论文研究中。

[①] 王玲. 日本独立行政法人研究机构薪酬制度探究[J]. 全球科技经济瞭望, 2014, 29(4): 27-35.

（4）AIST 创新学校。AIST 创新学校是从 2008 年开始设立的年轻研究人员培养制度，以培养研究人员综合能力为目标，一方面有助于加深学习科学和技术方面的知识，另一方面锻炼培养与不同领域专家合作交流的能力。

（5）AIST 设计学校。AIST 设计学校以探索实际社会课题为对象，学习宏观设计、系统思考和趋势研判等方面的知识，培养具有前瞻意识、创新思维的实践型人才。

七、绩效评估

AIST 作为国立研究开发法人，日本政府对其开展绩效评价。从 2015 年开始，根据独立行政机关总则法的规定，经济产业省主管大臣在参考 AIST 自评价结果的基础上，对 AIST 进行了绩效评价。评价结果分为 S、A、B、C、D 五个等级，以 B 等级为合格标准，S 等级为最高评价，其绩效评价结果与经费拨付、组织调整、理事长薪酬等相挂钩。AIST 目标实施和评价周期为 5 年，目前正处于第 5 期中长期目标期间，即从 2020 年 4 月至 2025 年 3 月。2020 年度 AIST 自评价结果和主管部门评价结果如表 13-8 所示。为了确保自评价的客观性和可靠性，AIST 聘请了海内外有识之士，成立了自评价验证委员会及各领域分科会。在积极采纳外部专家评价意见，并对自评价报告内容进行充分验证后，该委员会将自评价报告提交至主管部门经济产业省。同时，AIST 专门在内部设立了评价部，负责研究所整体及各研究实施部门自评价相关工作，努力探索构建更为合理的自评价机制和方法。

表 13-8　AIST 2020 年度绩效评价结果

	评价框架	AIST 自评价结果	主管部门评价结果
Ⅰ. 研究开发成果最大化及其他业务质量提升等相关事项	1. 利用 AIST 综合能力解决社会课题	A	A
	2. 强化桥梁纽带作用，助推经济增长和增强产业竞争力	A	A
	3. 推进支撑创新生态发展的基础设施建设	A	A
	4. 搭建有利于研究开发成果最大化的研究所运营体系	B	B

续表

评价框架	AIST自评价结果	主管部门评价结果
Ⅱ. 业务运营效率化的相关事项	B	B
Ⅲ. 财务内容改善的相关事项	B	B
Ⅳ. 其他与业务运营相关的重要事项	B	B
整体评价	A	A

资料来源：AIST自评价结果来自国立研究开发法人産業技術総合研究所. 令和2年度自己評価書[EB/OL]. https://www.aist.go.jp/Portals/0/resource_images/aist_j/outline/enterprise-report/r2fy_evaluation_report.pdf[2021-06-09]；经济产业省评价结果来自経済産業省. 国立研究开发法人産業技術総合研究所の令和2年度における業務実績評価の結果について[EB/OL]. https://www.meti.go.jp/shingikai/kempatsushin/sangyo_gijutsu/pdf/017_s08_00.pdf [2021-08-27].

  AIST 构建了一套比较完整的科技评价体系和方法。针对各领域研究部门的管理和评估，采取了绩效目标管理的方式，即理事长与各研究部门主任一对一制定目标，并依据目标制定关键绩效指标（KPI）。在这种契约型的管理模式中，给予各研究部门一定的科研选择自由。由 AIST 本部汇总各领域研究部门 KPI 达成情况，并依据 KPI 达成度对各领域研究部门进行评价，评价结果与部分研究经费分配相关联。但是，KPI 达成度的评价结果不会关联至研究单元调整以及人力资源配置上，也不会与项目评价及个人评价挂钩。各领域研究部门的 KPI 主要包括从企业获取的资金额、论文的数量和质量、签订合同数、创新人才培养人数等。

  针对研究人员个人的评价，则由各研究部门负责实施，评价内容包括：在国内外专业学会发表学术报告的情况、研究成果申报专利的情况、参与对外合作研究的情况，以及内部人员合作与互助的情况等[①]。

  《科学技术创新综合战略 2014》提出，将"桥接"运营明确定位为 AIST 的核心任务，对 AIST 的绩效评估主要基于其资源分配的实施，而资源分配则重点强调从产业中获取资金，以及在"桥接"研究后期，从外部公司接受的合

---

① 张杰军, 雷鸣, 杜小军. 日本产业技术综合研究所管理体制与运行机制探析[J]. 中国科技论坛, 2005, (5): 136-139.

同研究等相关资金。对参与"桥接"研究的人员与团队进行评估也将有新的指导原则，不再以论文和专利等通常的指数作为标准，而是聚焦从私营企业或其他活动中获取的资金。根据德国弗劳恩霍夫协会的案例，从产业与许可收益中获取的合同研究金额，占相关财政年度运营开支拨款总额的百分比将作为获取外部资金的量化目标。这些引导 AIST 新技术商业化并发挥桥梁作用的举措使得 AIST 能够实现良性循环①。

八、合作网络

（一）国内合作

开放的协同创新方式是维持科研水平位于世界"第一梯队"的重要保证。AIST 保持内部、外部多方面合作的研究形式，注重外部研究人员的链接，为 AIST 提供源源不断的技术资源。AIST 专门成立了官产学研合作协调中心，并设立了"官产学研协调员"职位，以加强与外界的联系，掌握产业界需求和大学研究动态，推进官产学研合作。

（二）国际合作

AIST 积极构建全球合作伙伴关系网络，通过国际合作研究、研讨会、研究员派遣、访问学者等多种方式，推进有效的研究合作。AIST 积极接受来自世界各国大学、研究机构的外国研究人员，致力于构建研究人才的国际网络。2021 年度在 AIST 从事研究活动的外国研究人员共计 429 人，按地区来看，来自亚洲的研究人员超七成，其次是欧洲。

AIST 与 26 个国家和地区的 43 个机构签署了合作备忘录，其中与 21 个机构签订了全面战略合作备忘录。这些备忘录旨在解决全球性课题，并与海外研究机构实施共同研究和人才交流等，以推进搭建国际研究网络。目前，AIST 同谢菲尔德大学、奥克兰大学、上海交通大学等大学，以及德国弗劳恩霍夫协

---

① 孟潇，董洁. 日本产业技术综合研究所的发展运行经验及对新型科研机构的启示[J]. 科技智囊，2020, (8): 66-70.

会、法国国家科学研究中心、美国国家标准与技术研究院、中国科学院、中国计量科学研究院等研究机构建立了密切的合作关系。

九、成果转化

AIST 提出 full research 的理念和模式，旨在开展从基础研究、应用技术研究，到成果转化、产业化的全链条研究，突出技术研发与成果转化环节，在大学与企业界之间发挥桥梁作用，致力于综合、创新性地解决产业技术问题。

（1）建立知识产权管理制度，明确成果创新主体之间的利益分配机制。在专利权归属方面，规定与职务有关的发明，权利全归 AIST，并设有专门的知识产权部负责管理。在人员奖励方面，发明人可获得 25% 的授权收入，无最高额限制；或可获得 50% 的授权收入，最高为 1 亿日元[①]。

（2）建立创新协调员（innovation coordinator，IC）制度，积极对接企业、大学等外部创新需求。截至 2022 年 3 月，AIST 聘请了 58 名创新协调员，负责深入了解分领域或所在地方研究基地的前沿研究动态，准确把握产业和行业发展需求，预测其对产业界可能产生的影响。创新协调员与创新推进本部、研究领域、研究单元联合起来，从概念验证阶段到小试、中试再到产品化，结合技术优势为企业提供全流程的技术咨询服务，推进与外部企业、大学和机构的合作创新。

（3）建立技术成果推广制度，打通科技成果转化通道。为积极推动研发成果转移转化，AIST 于 2001 年成立了"产综研创新中心"（AIST Innovations，以下简称"创新中心"），成为日本政府认可的首个国立研究机构技术转移机构（TLO）。AIST 授予创新中心独占实施权，由创新中心以技术转让合同、专利实施许可合同、共同研发、委托研发等方式将技术成果转为普通实施权，方可授予企业进行下一步商业应用或技术发展，实现科技成果的有效转化（图 13-17）[②]。

---

① 朱婧. 国外典型机构开展科技成果转化经验及对广东的启示——日本国立先进工业科学技术研究所案例[J]. 广东科技, 2021, 30(11): 44-46.
② 朱婧. 国外典型机构开展科技成果转化经验及对广东的启示——日本国立先进工业科学技术研究所案例[J]. 广东科技, 2021, 30(11): 44-46.

图 13-17 AIST 技术授权路径

（4）建立初创企业扶持制度，助力创业企业孵化成长。AIST 建立了衍生企业辅助机制、创业企业支援制度，促进了研发技术到成果转化落地的有序衔接。一是设置衍生企业辅助机制，为衍生企业提供设施、设备、技术等方面的优惠，以及技术咨询、经营管理、法律事务咨询等方面的服务，以促进成果孵化。二是设立初创企业创业支援制度，根据 2018 年 12 月日本政府出台的《关于活跃科学技术创新产出的法律》（2018 年法律第 63 号，即《科技创新活跃法》），AIST 可向利用其自身技术转移孵化的企业进行出资，并于 2019 年完善了相关制度。以 AIST 出资为契机，同步推进拓宽民间资金筹措渠道，为创业企业成长的生命周期提供开发战略、促进技术转移、运作出资等相应的支持，以帮助企业成长。

第十四章

法国国家科研机构
——国家创新体系的架海金梁

第一节　法国国家创新体系

一、历史沿革

　　法国是典型的中央集权制国家，国家主导科技发展，在政府的直接干预下，进行科技管理和改革。法国国家创新体系的演化历程大致经历了以下四个阶段[①]。

　　（一）第一阶段（1939—1957 年）：大力发展科学研究事业

　　二战之后，法国国民经济陷入了国库空虚、工农业原材料严重匮乏的状态，为了迅速推进战后重建，夏尔·戴高乐将军深刻意识到大力发展科学技术的重要性和紧迫性，采取措施积极促进科学技术的发展。

　　一是集中有限资源与优势力量组建国家科研机构。围绕战后经济和国防建设需要，法国集中有限资源与优势力量，组建了两种类别的国家科研机构——以自由探索为主的"科技型"国家科研机构和以问题、应用与国家战略需求为导向的"工贸型"国家科研机构，以加强基础研究和应用研究。二是成立科研

---

① 方晓东, 董瑜. 法国国家创新体系的演化历程、特点及启示[J]. 世界科技研究与发展, 2021, 43(5): 616-632.

管理部门，以保障国家科研机构开展科学研究。1954 年成立了"科学研究与技术进步国务秘书办公室"，旨在加强对国家科研机构从事科学研究活动的集中、统一领导，同时围绕国家经济恢复发展和产业结构升级选择领域方向和设置目标，向决策和管理部门提供咨询建议。

（二）第二阶段（1958—1989 年）：加速构建国家科技计划、评价和咨询体系

1958 年 10 月 4 日，法兰西第五共和国成立，得益于先进的政治制度和相对完备的科研体系，在科学研究、高新技术、产业经济、文化教育等方面开启了"辉煌三十年"的历史。

一是建立并不断完善国家科技计划体系。1982 年第八个"五年经济计划"实施期间，法国政府开始颁布实施国家科技计划。在第九个"五年经济计划"实施期间，法国政府优化重组四类国家科技计划，重新制定了十余项重点领域国家研发计划，进一步优化了资源配置。二是构建多元、分类评价体系。在《科研与技术发展导向与规划法》（1982 年）和《科学研究与技术振兴法》（1985 年）两部科技法的指引下，法国相继组建了国家科学研究委员会、国家评价委员会（CNÉ）和国家科研评价委员会（CNÉR），分别负责对科研人员的绩效、成果和投入产出效益进行评价，政府主导的分类评价体系基本形成。三是建立两级重大科技决策咨询制度体系。设立"研究与技术高级理事会"（CSRT）和"议会科学与技术选择评价局"（OPECST），分别承担政府管理部门和议会两院的科技决策咨询工作，推进中央政府决策的科学化与民主化。

（三）第三阶段（1990—2014 年）：推进国家科技体制改革

20 世纪 90 年代至 21 世纪初期，法国政府自上而下进行了一次全面、深刻的国家科技体制改革，以应对全球第三次石油危机（1990 年）和金融危机（2008 年）的双重影响。

一是立法健全在编科研人员双向流动机制。1999 年 7 月，法国颁布了《科研与创新法》，允许在编科研人员在企业与原工作岗位间合理流动，着力破除制约科研人员创新创业的体制机制束缚，有效地激发了在编科研人员的创新创

业活力①。二是重构竞争性科研经费管理与分配体系。引入竞争机制，先后组建了两个独立、分类运转的专业化资助机构——国家科研署（ANR）和法国国家投资银行（Bpifrance），优化传统分散化的科研经费分配模式。三是重构科技评价体系。针对"多线并存、各有侧重"的科技评价体系，经过 2006 年和 2014 年两次变革，重组建立了"科研与高等教育评估高级委员会"（HCÉRES），从简化评价程序、丰富评价指标等方面优化科技评价活动。四是整合国家经济计划与重点领域研发计划。为了激发国家经济的增长动力，2009 年 7 月，法国政府废除"五年经济计划"和围绕十余项单一学科领域发展而并行制定的国家研发计划，颁布实施集科学研究、技术创新、经济发展、人才培养等目标于一身的综合性科技战略规划——"国家研究与创新战略"（SNRI）。五是不断完善科技决策咨询机制与机构。成立科技决策咨询机构，后期与 CSRT 整合为"研究战略委员会"（CSR），主要服务于总理及政府部门。

（四）第四阶段（2015 年至今）：多措并举提升国家创新体系的整体效能

近年来，全球新一轮科技革命和产业变革正孕育兴起，法国政府紧抓新一轮科技革命和产业变革的历史机遇，多措并举提升国家创新体系的整体效能，以捍卫世界科技强国地位。

一是优化科技战略规划选题和绩效评价机制。为抢占全球科技创新战略制高点，法国政府在起草第二期国家综合性科技战略规划——《法国—欧洲 2020》期间，主动与欧盟"地平线 2020"计划的优先研究领域对接，并以绩效评价为指引，引导国家科研机构人员主动参与。

二是成立创新委员会（CI）领导颠覆性创新。2018 年 7 月成立创新委员会，对国家创新政策重点方向和推进突破性创新的具体举措，以及创新支持政策提出建议②。

三是积极探索建立新型科研组织模式。顺应"融合科学"研究范式发展趋势，法国政府委托国家科研署以项目招标的形式出资组建 10 家"融合"研究

---

① 杨健. 法国在科技创新中的政府作用及对我国的启示[J]. 世界经济情况, 2010, (2): 68-72.
② 王晓菲. 法国《2019 年财政法》发布科技创新措施与预算重点[J]. 科技中国, 2019, (4): 94-96.

所，坚持问题导向、多学科融合，强调独立法人机构牵头、多方共建，构建虚拟式、网络化的科研组织模式，鼓励本国产学研机构采用协同式创新和互补式创新的方式，寻找解决全球重大挑战和科学难题的新方法、新突破点。

四是组建军民两用关键技术攻关资助机构与联合资助体系。2018 年 9 月，法国国防部组建由军队参谋总长直接领导的国防创新署（AID），致力于资助能够服务于国防和军队的民用科技创新项目。同时，法国政府要求国家科研署、国家投资银行和国防创新署三大资助机构围绕关键技术攻关，建立联合资助体系，以推动事关国家战略布局和国防现代化建设需求的基础研究成果快速转化为社会生产力。

五是大力加强中型科技基础设施和人才队伍建设。2017 年 5 月，法国将高等教育与研究部（MESR）改组为高等教育、研究与创新部，统领本国高等教育、科学研究与技术创新发展。2020 年 7 月，高等教育、研究与创新部向国民议会提交《2021—2030 研究计划法案》，从提高竞争性基础研究项目资助规模、加大中型科技基础设施建设力度、扩大科研人员规模等方面加大研发投入，以期提振法国科学研究事业、捍卫国家科技主权以及世界科技强国地位。

二、科技管理体制

法国科研创新组织结构体系分为政府层、资助机构层、研发主体层三个层级（图 14-1）。

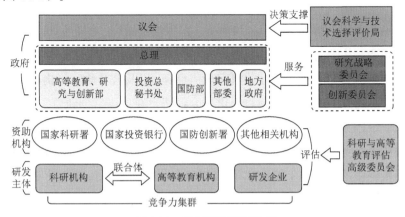

图 14-1 法国科研创新体系

资料来源：邱举良，方晓东. 建设独立自主的国家科技创新体系——法国成为世界科技强国的路径[J].
中国科学院院刊, 2018, 33(5): 493-501

（一）政府

政府层面，构成法国科技战略规划和政策制定体系。主要由议会，总理府，高等教育、研究与创新部，投资总秘书处（SGPI），国防部，其他部委，以及地方政府等组成，负责制定国家科研创新战略及政策，拟定总体发展目标和预算。

议会负责审议，其下属议会科学与技术选择评价局负责提供专业咨询和评估，为议会审议国家长期科技战略规划、政策提供决策支持。研究战略委员会依据 2013 年 7 月颁布的《高等教育与研究法案》成立，既定主要任务是负责向政府就"法国 2020 战略议程"等国家科研战略的优先重点提出建议，主要服务于总理及其他政府部门。创新委员会由经济与财政部和高等教育、研究与创新部等相关政府部门，法国国家投资银行、国家科研署两家投资机构以及相关专业人士代表组成，经济与财政部部长和高等教育、研究与创新部部长共同领导，主要负责与创新相关的战略领导，包括根据评估与预测成果决定创新政策的主要方向和重点，提高创新政策之间的协调性，提高与地区和欧盟创新机制之间的协调性，促进法国的颠覆性创新及其成果的产业化。设立投资总秘书处，监督"未来投资计划"（PIA）等重大投资计划、协调欧洲投资计划（"容克计划"），按照总理授权行使相关职能。

（二）资助机构

资助机构层面，由法国国家科研署、国家投资银行、国防创新署和其他相关机构负责，主要进行科研计划制定和实施科研创新资金资助。

法国国家科研署负责为公共研究机构自身，以及公共研究机构与其他机构或私营部门合作开展的科研项目提供研究经费。在原国家创新署（OSEO）基础上成立的国家投资银行是法国国家科技金融的核心，主要负责向企业特别是创新型中小企业提供应用研究、转移转化研究、技术创新研究经费支持[1]。国防创新署围绕能够服务于国防和军队的民用科技创新项目，提出十二大优先资助领域，涵盖自动驾驶、地理定位技术、能源供给等。近年来，法国政府要求

① 方晓东, 董瑜. 法国国家创新体系的演化历程、特点及启示[J]. 世界科技研究与发展, 2021, 43(5): 616-632.

国家科研署、国家投资银行和国防创新署三大资助机构围绕关键技术攻关建立联合资助体系，目前，国家科研署和国家投资银行围绕基因疗法、生物技术等设立了联合资助专项，国家科研署和国防创新署围绕人工智能、量子技术等设立了联合资助专项。

法国高度重视科研创新评估，历经多次改革，2014 年 11 月根据总统签署的第 2014-1365 号关于科研和高等教育评估高级委员会组织和运作的法令，成立了"科研与高等教育评估高级委员会"，全面负责国家科研机构、高等教育机构、基金资助机构、国有大型研发企业等科研或资助活动的定期评价。其中，对公立科研机构和高校的评估每四年举行一次。

（三）研发主体

研发主体层面，由高等教育机构、研发企业、科研机构以及分布在全国的科研、创新及产业发展载体——竞争力集群等组成，具体开展实施科研创新、科技成果转化与技术转移活动。

高等教育机构是法国公共研发的重要力量。法国的大中型科学计划一般由国内科研机构承担，高校凭借其灵活的科研体制，在较小的科技计划方面发挥着重要作用，并与科研机构开展密集的联合研究。在高校的研发工作中，基础研究占绝对主导地位，其研发经费占研发总经费比一直高于 80%。

研发企业是法国研发活动的主体。2009 年，法国企业研发人员超过 22 万，占全国研发人员总数的一半；2010 年，企业资助的研发经费占全国的半数以上。企业研发力量高度集中于少数大企业集团，且主要集中在汽车、医药、航空航天三大领域。

国家科研机构在法国国家科研体系中占据着显著地位。法国国家科研机构拥有大型的科研设备和雄厚的资金，以满足国家重大需求、解决重大科技难题为首要使命，开展基础性、公益性、战略性研究，承担高校和企业无力开展或不愿意承担的高投资、高风险的大中型科研计划。法国国家科研机构与高校合作非常密切，几乎都与高校建立联合实验室，如 CNRS 自 1966 年实行与外界联合建立实验室的制度以来，已与法国 100 多所高校建立了合作关系，其中约 90%的实验室建在高校校园中。

法国在鼓励创新的同时，还重视高等教育机构、科研机构和研发企业之间的合作，制定了一系列协同创新政策与措施，如研究与高等教育集群、竞争力集群、科研退税制度等，以促进协同创新。

三、创新体系特征

经受 2012 年欧洲债务危机的重挫之后，奥朗德政府致力于从科技创新、高等教育和研究人才培养、产业复兴等方面振兴国家[①]，加强科研管理和科研能力建设，完善国家创新体系。

一是构建以国家创新战略和财政资助工具相结合的政策体系。制定了"法国—欧洲 2020""34 个新工业计划""未来工业计划""未来投资计划"等一系列国家创新战略，并以"未来投资计划"为主线，对法国卓越领域的科学技术与工业发展进行大规模的资金投入，以支持创新发展。同时，成立国家投资银行，整合全国银行资源，为中小企业和中型企业提供更便捷的融资渠道。2010—2019 年，法国研发经费总投入稳步增长，其中，企业研发经费投入优势明显，占比超过 60%，政府研发投入占总投入比在 12%—15%，总体呈下降趋势（图 14-2、图 14-3）。

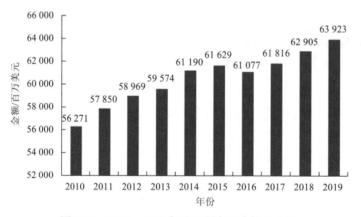

图 14-2　2010—2019 年法国研发经费投入总额

资料来源：OECD Statistics. https://stats.oecd.org/index.aspx?lang=en#[2022-05-12]

---

① 筱雪. 法国科技创新体系建设的最新进展[J]. 全球科技经济瞭望, 2015, 30(9): 27-32.

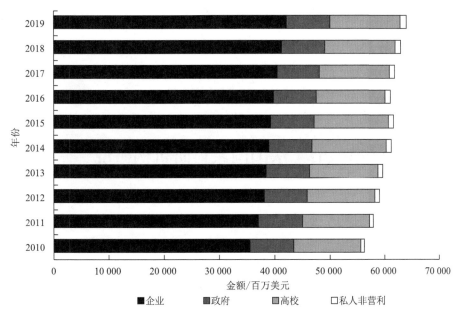

图 14-3　2010—2019 年法国研发经费来源构成变化态势
资料来源：OECD Statistic. https://stats.oecd.org/index.aspx?lang=en#[2022-05-12]

　　二是建立"大学-科研机构"共同体。将同一区域的综合性大学、工程师院校、科研机构通过"权限委托"组成联合体，对全国高校、科研机构按区域进行重组，实现集群内高等教育机构的资源转移与共享，共同参与国际学术竞争，共组建 25 个共同体。另外，逐年加大高等教育和研究预算，注重高素质人才的培养；打破高等教育的栉梏，促进科研机构、高校和企业的合作，提升科技成果开发和成果市场化效益。

　　三是加强"竞争力集群"建设。在卓越技术和尖端工业领域，构建以竞争力集群、卓越技术研究所为发展主力的技术创新体系。这个体系聚集了法国最尖端的产业与研究力量，实现了高校、企业研发机构、公共研究机构、各级政府、技术转移服务平台等各大创新主体的协同创新。自 2005 年起，法国分 3 个周期实施竞争力集群计划，先后确定形成了 71 个市场导向性集群，涉及航空与空间、生物技术、能源与动力等十六大产业技术领域，超过 7000 家科研机构、企业参与其中；2016 年法国政府在充分评估的基础上，将国家级竞争力集群缩减至 61 个，同时建立集群发展平台共享网络，集中资源优化配置。促进公私领域协同创新，如实施卡尔诺研究所计划，鼓励公共研究机构和私人研发企业之间的协同创新；2006—2015 年，法国政府已挑选成立 3 批卡尔诺研究所，根据 2015 年法国高等教育和研究部关于卡尔诺研究所的报告，不到 10 年时间，卡尔诺研究所已达到同类机构德国弗劳恩霍夫协会研究所的水平[1]，成为欧洲第二大应用型研究所联合体。

第二节　法国国家科研机构概况

一、国家科研机构基本情况

法国国家科研机构布局极具特色，主要分为三类[2]。一是科学院，属于学术界最高荣誉性、咨询性机构，作为国家的智囊，由院士组成，主要负责参与国家科技战略的制定。例如，法国总统直接领导下的法兰西科学院，是法国在科技方面取得最高荣誉的院士活动最为集中的地方，对院士的管理模式类似我国的中国工程院。二是国家级大型科研院所，即通常所指的法国国家科研机构，由法国高等教育、研究与创新部直管，或与其他国家部委联合管理，主要负责落实国家科技战略部署，开展各项基础研究活动，如 CNRS。三是内设机构或共建实验室，包括各高校的研究所、实验室，以及高校、公共科研机构分别或共同与企业共建的研究小组或联合实验室，主要负责开展各项基础研究或应用研究、技术开发等。

二、国家科研机构资助概况

法国国家科研机构主要分为三类，即科技型、工贸型和管理型，2018 年约有 10 万名研究人员从事公共科研工作[3]。2019 年，法国政府科研投入约 79 亿美元，从经费投入类型来看，基础研究投入占比约为 30%，应用研究投入占

---

① 筱雪. 法国科技创新体系建设的最新进展[J]. 全球科技经济瞭望, 2015, 30(9): 27-32.

② 吴海军. 法国国立科研机构整体布局及管理情况介绍[J]. 全球科技经济瞭望, 2015, (12): 25-29.

③ 李志民. 法国科研机构概览[J]. 世界教育信息, 2018, (7): 13-16.

比最高，约为 60%；试验开发投入占比较小，但近年来逐步加大，约为 10%，如图 14-4 所示。

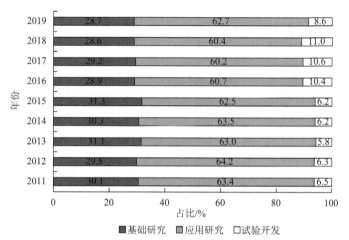

图 14-4　2011—2019 年法国政府投入研发经费按类型分布情况

资料来源：OECD Statistics. https://stats.oecd.org/[2022-05-12]

注：因四舍五入的原因，个别年份数据加和不等于 100%

科技型研究机构的经费主要来自政府拨款，其主要任务是促进整个科技领域的研发与进步、科学知识的传播以及以研究为目的的培训等。法国国家科学研究中心属于这一类研究机构，具有多学科、综合性特点；其他科技型研究机构更多关注专门领域和专门学科，如法国国家农业科学研究院、国家信息与自动化研究院、国家健康与医学研究院（INSERM）、国家发展研究所（IRD）、国家人口研究所（INED）、国家交通及国土整治与网络研究所（IFSTTAR）、国家环境与农业科技研究所（IRSTEA）等。

工贸型研究机构实施与企业相同的管理制度，具有完全的自主决策权，经费来源于政府拨款和机构创收，包括环境与能源控制署（ADEME）、国家工业环境与风险研究院（INERIS）、地质与矿产调查局（BRGM）、原子能与可替代能源委员会（CEA）、辐射防护与核安全研究所（IRSN）、农业国际合作研究发展中心（CIRAD）、国家太空研究中心（CNES）、海洋开发研究院（IFREMER）、保罗-埃米尔·维克托极地研究所（IPEV）等。

管理型研究机构的行政管理、财政预算、会计制度均参照科技型研究机构，经费主要来源于政府，如国家就业研究中心、国家教育学研究所等。

此外，法国也有一些采取基金方式管理的公共科研机构，如巴斯德研究院、居里研究所、癌症防治中心国家联合集团、国家艾滋病防治研究署、国家基因研究中心等，其经费主体来源于政府和公共利益机构。

第三节　法国国家科学研究中心

法国国家科学研究中心成立于 1939 年 10 月 19 日，是法国高等教育、研究与创新部直接管辖的国家科研机构，也是世界领先的研究机构之一。其总部设在法国巴黎，并在世界多地设有海外代表处，包括在华盛顿特区、布鲁塞尔、北京、东京、新加坡、比勒陀利亚等。《法国国家科学研究中心中国合作进展情况（2018—2019 年版）》手册数据显示，CNRS 拥有约 32 000 名科研人员、工程师与技术人员，在法国设有 19 个区域委员会，其下设 10 个专业研究所。截至 2018 年，CNRS 在法国本土的研究机构中，约有 95%与法国各地的大学、高等工程师学校及其他科研机构保持着合作关系。截至 2020 年 12 月 31 日，CNRS 已培养出 22 位诺贝尔奖得主与 12 位菲尔兹奖得主。每年由中心评审并颁发金奖，该奖被视为法国科学界的最高荣誉[1]。在 2020 年 11 月 1 日至 2021 年 10 月 31 日的自然指数排行榜中，CNRS 在机构成果产出方面位列世界第 4。根据 2021 年 SCImago 世界机构排名，CNRS 在文章发表数量方面排名第 2，仅次于中国科学院，位列哈佛大学之前。

一、缘起和发展[2]

法国是世界上最早建立科研机构的国家之一，CNRS 作为欧洲境内最大的国家科研机构，为法国乃至全世界人民提供了丰富的科技成果。纵观 CNRS 的发展历程，具体可以分为以下几个阶段。

---

① 法国国家科学研究中心中国代表处. 法国国家科学研究中心中国合作进展情况（2018—2019 年版）[EB/OL]. https://cn.ambafrance.org/IMG/pdf/livret_2018_ch_4.3mo.pdf[2022-01-22].

② CNRS. L'histoire du CNRS[EB/OL]. https://histoire.cnrs.fr/[2022-01-22].

（一）CNRS 的起源（1939—1945 年）

CNRS 于 1939 年 10 月 19 日根据法兰西第三共和国总统阿尔贝·勒布伦（Albert Lebrun）的法令创建，成立于二战初期，其任务是开展基础和应用研究，以提升国家的整体科技水平。在科学家的倡议下，法兰西第三共和国把 CNRS 的建立列为优先事项。1926 年因"物质结构的不连续性"这一工作而获得诺贝尔奖的物理学家让·佩林（Jean Perrin）投身于此事业。在罗斯柴尔德基金会（Rothschild Foundation）的支持下，他成功地创建了物理化学生物学研究所。在此基础上，佩林于 1930 年获得埃里奥特（Herriot）政府的批准，成立了国家科学基金，5 年后成为国家科学研究基金（Caisse Nationale dela Recherche Scientifique）。1936 年，总理莱昂·布鲁姆（Léon Blum）任命让·扎伊（Jean Zay）领导教育部，在他的主持下，设立了一个负责研究的副国务卿职位。第一位被任命的人是伊雷娜·约里奥-居里（Irène Joliot-Curie），她在上任后不久就辞职了，随后佩林接手。此时一个大型全国性机构的想法已经出现，而由于当时的国内外局势推迟了它的启动，CNRS 直到 1939 年才正式成立。

（二）战争、解放、重建（1945—1960 年）

1940 年 5 月，德军的进攻中断了 CNRS 在 7 个月前开始的动员工作。然而这并没有阻止该中心一些优秀项目的出现，其中之一是由 1970 年获得诺贝尔奖的年轻物理学家路易斯·奈尔（Louis Néel）开发的用于保护船只免受德国磁雷伤害的一种工艺，该工艺被英国海军部采用。法国解放后，从 1944 年 8 月到 1946 年 2 月担任 CNRS 主席的弗雷德里克·约里奥-居里（Frédéric Joliot-Curie）和 1950 年的继任者乔治·泰西埃（Georges Teissier）努力让"科学工作者"参与制定国家的科学政策和研究目标。战后不久，虽然预算仍然有限，但是 CNRS 开始稳步成长。它不仅每年在巴黎地区开设新机构，而且在法国其他地区也越来越多，其研究中心在格勒诺布尔、马赛、斯特拉斯堡、图卢兹等地生根发芽。

（三）科学、跨学科和技术转让（1960—1980 年）

戴高乐将军的重新掌权标志着法国研究黄金时代的到来。研究机构分配的资金以前所未有的速度增长，在 1958—1960 年以恒定值翻倍，直到 1969 年 CNRS 的预算仍以年均 25% 的速度增长。这对新实验室的开设、设备投资和人员招聘产生了积极的影响。许多新的研究机构成立，其中包括于 1967 年成立的从事新兴计算机科学领域的国家信息与自动化研究所（IRIA，1979 年以 INRIA 的名义成为国家机构）。该阶段创建了两个 CNRS 国家研究所——国家宇宙科学研究所（INSU）和国家核物理与粒子物理研究所（IN2P3），前者用于研究天文学和地球科学，后者用于研究核和粒子物理。为了弥补两次世界大战期间大学系统的不足，CNRS 于 1966 年通过"联合实验室"的概念与学术界开展了卓有成效的合作，这一改革一直保持到现在，如今近 95% 的 CNRS 实验室都按照这一原则与大学或其他研究机构合作运作。1975 年，CNRS 启动了跨学科研究计划，包括致力于太阳能的发展、与法国工业界加强联系、更大程度地向社会开放等。

（四）法国研究的旗舰（1980—2000 年）

20 世纪 80 年代初弗朗索瓦·密特朗（François Mitterrand）当选法兰西第五共和国总统后，CNRS 获得了新的动力。他的第一个任期标志着新国家研究部的成立，这一时期还建立了两个新的研究机构：1981 年建立的农业与环境工程研究院（CEMAGREF），专门研究农业、食品和环境等领域，以及 1984 年建立的法国海洋开发研究院（IFREMER），主要研究海洋科学。CNRS 成为第一个公共科技机构，根据 1982 年通过的法律及 1984 年法令的实施，其人员被授予公务员地位。CNRS 的作用包括参与法律规定的所有国家创新计划，其中有基础研究和应用研究。在 CNRS 内部，这些行动催生了新的跨学科项目，致力于能源、原材料、材料科学、海洋知识等研究。除了这些跨学科项目之外，CNRS 还创建了新的科学部门来构建 CNRS 在所有研究领域的行动。20 世纪 90 年代初期，该中心拥有 7 个部门，涵盖核与粒子物理、数学与基础物理、工程科学、化学、科学宇宙、生命科学、人文和社会科学。这些部门在 2010 年更名为"研究所"，并对研究领域进行了扩充，如从 21 世纪初开始应对生态和环境挑战。

（五）昨天、今天和明天（2000 年至今）

80 多年来，CNRS 不断努力重新定义法国的科学领域和研究政策，展示了其巨大的发展能力。自成立以来，CNRS 一直鼓励研究人员之间进行交流，后来在世界各国开设办事处、建立实验室等。作为欧洲多边关系的先驱，20 世纪 70 年代，在首席执行官休伯特·居里安（Hubert Curien）的领导下，CNRS 在创建欧洲科学基金会方面发挥了重要作用。在接下来的 10 年里，它参与了欧洲研究的大多数倡议。直到今天，它在国际科研领域仍享有很高的知名度和认可度。

二、职能定位①

CNRS 的科学组织是 CNRS 科学工作局（DGDS）。在 CNRS 科学工作局内部，CNRS 研究所是实施该机构科学政策、监督和协调实验室活动的机构。CNRS 的 10 个研究所由来自 CNRS 或大学相关领域的专家指导，与职能部门在国际政策、技术转让和创新、科学技术信息等问题上密切合作。

（1）化学研究所（INC）。INC 的使命是开展和协调涉及新化合物开发、原子水平分子结构等研究。

（2）生态与环境研究所（INEE）。INEE 的使命是发展和协调生态以及环境领域的研究，包括生物多样性和人类与环境的相互作用。

（3）物理研究所（INP）。INP 的使命是发展和协调物理学研究，有 2 个主要目标：了解世界和应对当今社会面临的挑战。

（4）生物科学研究所（INSB）。INSB 的使命是发展和协调生物学研究，旨在了解生命的复杂性，研究范围从原子到生物分子，从细胞到整个有机体，乃至人类。

（5）人文与社会科学研究所（INSHS）。INSHS 的使命是开展关于人类的研究，将人类作为语言、知识的创造者以及经济、社会与政治的参与者。

（6）工程与系统科学研究所（INSIS）。INSIS 的使命是通过发展研究所

---

① CNRS. The CNRS institutes[EB/OL]. https://www.cnrs.fr/en/cnrs-institutes[2022-01-22].

核心学科来促进"系统"方法，从而确保基础研究、工程和技术之间的连续性。

（7）国家数学与交互作用研究所（INSMI）。INSMI 的使命是从基础研究到应用发展和协调不同数学分支的研究，并助推构建法国数学体系以及融入国际科学领域。

（8）国家宇宙科学研究所（INSU）。INSU 的使命是创建、发展和协调国内外天文学、地球科学、海洋科学、大气科学以及太空科学相关研究。

（9）信息学与其相互作用研究所（INS2I）。INS2I 的使命是组织和开发计算机科学以及数字技术项目。

（10）国家核物理与粒子物理研究所（IN2P3）。IN2P3 的使命是发展和协调核物理、粒子物理以及天体粒子领域的研究，并且借助大型科研设施进行研究[1]。

三、组织结构[2]

CNRS 自设立之初就由科学家领导，这种治理模式使其能够将资源用于研究，其组织结构如图 14-5 所示。CNRS 由管理理事会和管理委员会负责机构管理。其中，管理理事会是 CNRS 的决策机构，它包括 CNRS 总主任兼首席执行官、首席科学官、首席资源官、首席技术转让官和总主任内阁秘书。CNRS 总主任兼首席执行官须具备学术权威，经法国教研部提名后由部长内阁会议任命，每届任期 4 年，最多连任两届[3]。管理委员会包括管理理事会、10 位研究所所长以及通信联络处。CNRS 的科学组织是科学工作局，行政机构是资源工作局，区域组织是区域办事处。

（1）科学工作局（Scientific Office）和总主任一起执行该机构的科学政策。下设 7 个服务部门，同时协调 CNRS 的 10 个研究所的活动，并与区域、国家、欧洲和国际层面的各种研究参与者组建伙伴关系。在此框架内通过区域办事处与资源工作局进行密切合作。

---

① 法国国家科学研究中心中国代表处. 法国国家科学研究中心中国合作进展情况（2018—2019 年版）[EB/OL]. https://cn.ambafrance.org/IMG/pdf/livret_2018_ch_4.3mo.pdf [2022-02-24].

② CNRS. The CNRS institutes[EB/OL]. https://www.cnrs.fr/en/cnrs-institutes[2022-01-22].

③ 吴海军. 法国国家科研中心及其管理制度建设[J]. 全球科技经济瞭望, 2014, 29(2): 33-40, 76.

（2）资源工作局（Resources Office）和总主任一起执行该机构的行政和财务政策，负责开发支持研究的人力资源和活动。下设 8 个服务部门，以及 2 个职业健康与安全部门，并在此框架内通过研究所与科学工作局密切合作。

（3）创新工作局（Innovation Office）包括业务关系处（DRE）和 CNRS 创新（CNRS Innovation）。作为连接研究和工业的纽带，CNRS 创新成立于 1992 年，是一家上市有限公司，拥有 25 年的创新技术行业支持和转让经验，为项目提供技术评估、分析制定运营战略服务等。业务关系处是创新工作局指导创新政策的重要机构，推动和支持 CNRS 合作伙伴战略，有助于技术转让以及扩大 CNRS 的影响。

（4）区域办事处（Regional Offices）是 CNRS 合作伙伴的首要代表。这些办事处在管理和支持法国境内实验室方面发挥着重要作用，特别是协助了工业项目和欧洲计划的实施。18 个区域办事处受托对实验室进行直接管理，并负责当地合作伙伴和相关政府部门的联络。

（5）CNRS 的众多实验室是该组织的"基石"。大多数实验室都是联合研究机构，将学术界和工业界的合作伙伴聚集在一起。CNRS 大约有 1100 个实验室，它们分布在法国各地，其中绝大多数是与大学、高等教育机构或研究组织相关的联合研究机构。除这些实验室外，还有国际联合机构，其数量自 2010 年以来显著增加①。

（6）行政理事会（CA）负责与科学委员会协商分析并确定事关国家文化、经济和社会发展需求相关政策的方向，其制定了与产业界、各高校以及国际组织的合作原则。

（7）国家科学研究委员会由科技委员会、下属 10 个研究所的科技委员会、41 类学科的科技委员会和 5 个跨学科的科技委员会组成，其作用是建议和评估研究。通过研究分析每年提交的约 20 000 份报告，国家科学研究委员会制定相关科学政策，分析研究其形势和发展前景，参与人员招聘并且监督研究机构的科研活动。国家科学研究委员会由 1000 多名国内外专家组成。

（8）CNRS 基金会（CNRS Foundation）是在 CNRS 成立 80 周年之际创立的机构，用以支持其科学家的工作。CNRS 基金会由董事会管理，董事会确定

---

① CNRS. Research in the laboratory[EB/OL]. https://www.cnrs.fr/en/research-laboratory[2022-01-24].

基金会的一般政策、制定战略方向、投票表决预算以及批准账目[①]。

在综合管理相关机构中，通信联络处（DIRCOM）、国防和安全官（FSD）、数据保护办公室（DPD）、内部审计处（DAI）、道德委员会（COMETS）、协调部（Ombudsperson）、伦理官/检举人（Ethics Officer/Whistle Blower）以及科学诚信官（Scientific Integrity Officer）是向总统报告的理事机构。其中，道德委员会成立于1994年，是一个独立的咨询机构，与CNRS行政理事会有联系。

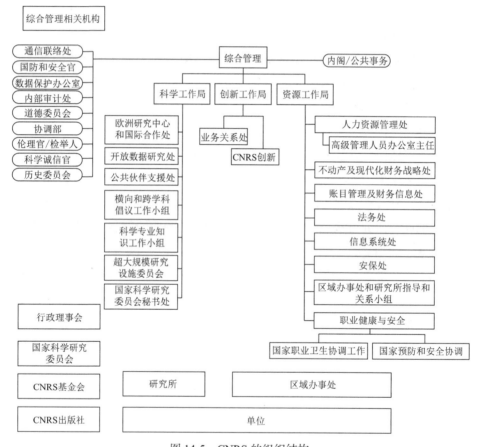

图 14-5　CNRS 的组织结构

资料来源：CNRS. Le CNRS[EB/OL]. https://www.cnrs.fr/fr/le-cnrs[2022-01-24]

---

① CNRS La fondation. La fondation CNRS[EB/OL]. https://fondation-cnrs.org/la-fondation-cnrs/ [2022-01-24].

四、任务来源及形成机制

（一）任务来源①

CNRS 超过 75% 的科研经费由国家财政拨款，其他为自有资源收入，其科研组织架构体系呈现出自上而下的集中式管理特征。CNRS 是法国最大的研究机构，法国政府赋予其为社会提供知识的职责。为完成这一国家使命，CNRS 明确了五项任务：一是进行科学研究，开展"有利于国家科学发展、技术进步、社会进步和文化进步的研究"；二是转让研究成果；三是分享知识，其知识分享面向科学界、媒体以及普通大众；四是研究训练人才，欢迎各类研究人员、博士生和博士后研究员；五是为科学政策做贡献，CNRS 与其合作伙伴一起参与国家研究战略，同时对科学问题进行评估。

（二）形成机制

CNRS 的 10 个研究所都在各自的领域开展基础研究，主要是以研究人员感兴趣的方向为指引，旨在突破知识的局限性。但是，CNRS 有必要确定优先事项。CNRS 与法国教研部每四年签订一次《目标与绩效合同》，由法国政府确定科研项目计划并提供科研经费，CNRS 按照合同约定开展相关研究②。2020 年 1 月 27 日，CNRS 签署了《2019—2023 年目标与绩效合同》，确定了至 2023 年 CNRS 在科研与管理上的发展目标与行动方向，该合同可以作为期满后绩效评估的依据。该合同规定了 CNRS 至 2023 年优先发展的六大领域以及应重点针对的六大社会挑战，并在对外合作、支持创新、国际化、开放科学、人力资源、重大科技基础设施、科研支撑等方面确定了相关发展重点③。

---

① CNRS. Contrat d'objectifs et de performance 2019-2023——entre l'état et le centre national de la recherche scientifique[EB/OL]. https://www.cnrs.fr/sites/default/files/news/2020-02/COP_V9_3101_web.pdf [2022-02-23].
② 吴海军. 法国国家科研中心及其管理制度建设[J]. 全球科技经济瞭望, 2014, 29(2): 33-40, 76.
③ 中国科学院科技战略咨询研究院. 法国国家科研中心确定 2019～2023 年发展方向[EB/OL]. http://www.casisd.cn/zkcg/ydkb/kjqykb/2020/202003/202006/t20200616_5607336.html [2022-02-23].

五、经费结构与支出

  法国教研部是 CNRS 联合实验室的主要经费渠道，下分为教育部和研究部两大部门。其中，教育部主要负责提供联合实验室中隶属于大学的研究人员的工资，研究部负责提供来自 CNRS 的科研人员的研究经费。无论是教育部还是研究部拨付的经费，分别按照联合实验室中来自大学或者 CNRS 人员的数量进行稳定拨付。联合实验室共建双方每四年要签订一次运行合同，并签署协议规定共同派遣研究人员的数量，以及双方按照各自人数提供经费的方式[①]。

  2020 年公共服务费用补贴（subvention pour charge de service public）为264 131 万欧元，占比 75.78%。其自有资源（ressources propres）收入占总收入的 24.22%，同比下降 1.88%。其中，自有资源收入包括以下几个方面：研究合同，包括对未来的投资；提供服务和销售产品；专利和许可证使用费；未指定用途的赠予和遗赠；其他补贴和产值（图 14-6、表 14-1）。研究合同收入中根据合同单位不同可分为 6 个部分，2020 年，国家科研署占比最大，高达 25.61%，金额为 1.8174 亿欧元；其次是其他公共机构和企业，金额 1.7322 亿欧元，占比 24.4%。2020 年和 2019 年 CNRS 研究合同收入明细见表 14-2。

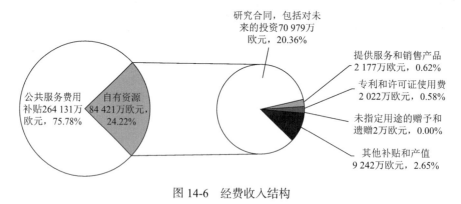

图 14-6　经费收入结构

---

① 肖小溪. 法国政府研发经费投入机制及对我国的启示[J]. 中国科技论坛, 2014, (11): 11-15, 40.

表 14-1　经费收入明细表

类别	2020 年		2019 年	
	金额/百万欧元	占比/%	金额/百万欧元	占比/%
公共服务费用补贴	2641.31	75.78	2632.00	73.9
自有资源	844.22	24.22	930.99	26.1
研究合同,包括对未来的投资	709.79		792.61	
提供服务和销售产品	21.77		34.12	
专利和许可证使用费	20.22		12.09	
未指定用途的赠予和遗赠	0.02		0.12	
其他补贴和产品	92.42		92.04	
总计	3485.52	100	3562.99	100

资料来源：*2020 UNE ANNÉE AVEC LE CNRS.*

表 14-2　研究合同收入明细表（包括对未来的投资）

类别	2020 年		2019 年	
	金额/百万欧元	占比/%	金额/百万欧元	占比/%
国家科研署	181.74	25.61	205.88	25.97
其他公共机构和企业	173.22	24.40	196.40	24.78
社区	47.05	6.63	67.97	8.58
欧洲联盟委员会	133.46	18.80	140.43	17.72
国家	65.67	9.25	57.96	7.31
私营部门	108.64	15.31	123.97	15.64
总计	709.78	100	792.61	100

资料来源：*2020 UNE ANNÉE AVEC LE CNRS.*

　　2020 年，CNRS 总支出为 33.8 亿欧元，相比 2019 年有所下降，其中，工资单（masse salariale）支出最多，为 25.6 亿欧元，占比 75.75%；其次是支持功能（fonctions support），约为 1.57 亿欧元，占比 4.65%，相比 2019

年，此项目支出减少了近一半的金额。2020 年和 2019 年 CNRS 支出明细表见表 14-3。

表 14-3　2020 年和 2019 年 CNRS 支出明细表

类别	2020 年		2019 年	
	金额/百万欧元	占比/%	金额/百万欧元	占比/%
支持功能	157.20	4.65	315.54	9.16
工资单	2560.50	75.75	—	—
化学研究所	66.96	1.98	391.88	11.38
生态与环境研究所	27.09	0.80	165.28	4.80
物理研究所	76.16	2.25	330.48	9.60
工程与系统科学研究所	41.90	1.24	243.44	7.07
国家数学与交互作用研究所	6.37	0.19	72.79	2.11
国家宇宙科学研究所	63.92	1.89	334.39	9.71
信息学与其相互作用研究所	17.13	0.51	136.93	3.98
国家核物理与粒子物理研究所	41.48	1.23	215.88	6.27
生物科学研究所	122.83	3.63	605.03	17.57
人文与社会科学研究所	27.27	0.81	329.24	9.56
研究所外的科学业务	6.85	0.20	—	—
研究所和 CNRS 以外的科学业务	—	—	93.86	2.73
CNRS 之外的科学操作	23.52	0.70		
大型基础设施	130.59	3.86	121.97	3.54
信息科学与技术	10.55	0.31	—	—
其他联合行动	—	—	86.82	2.52
总支出	3380.32	100	3443.53	100

资料来源：*2020 UNE ANNÉE AVEC LE CNRS.*

总的来看，2020 年经费收入相比 2019 年有所下降，虽然其公共资源补贴有所上升，但自有资源收入部分减少较多；而 2020 年的支出相比 2019

年有所增加。

六、人事制度及薪酬制度

（一）人事制度[①②]

2020 年，CNRS 拥有员工超过 32 000 名，其中包括近 8000 名合同工，女性员工占总员工数比例超过 40%。同时拥有超过 26 500 名科学家（其中超过 16 000 名研究人员、超过 9000 名工程师和近 1000 名技术人员）、近 6000 名行政管理人员（其中 4000 多名工程师和 1900 多名技术人员）。2020 年，CNRS 招聘了 550 多名终身聘用人员，其中包括 250 名研究人员和 300 多名工程技术人员。CNRS 相关实验室的终身聘用员工分为研究人员和教学人员、工程师和技术人员两大类，其中前者占比 67%；非终身聘用员工有 7353 人，其中研究人员占比 32.6%，拥有博士学位的人员占比 34.9%，工程师和技术人员占比 32.5%[③]。

1. 修订后的 HRS4R 行动计划

人力资源研究战略（Human Resources Strategy for Researchers，HRS4R）主要内容包括 CNRS 人力资源战略、内部分析，以及 2016—2020 年人力资源研究战略。作为对 HRS4R 战略文件的补充，《修订后的行动计划》概述了由 HRS4R 指导委员会进行的中期评估所述的 HRS4R 行动计划迄今取得的成就。该评估使此修订计划得以建立，截止时间为 2021 年底。对于以下这些领域，CNRS 制定了与宪章和准则相关的目标（表 14-4）。

---

① CNRS. Human Resources Strategy for Researchers[EB/OL]. https://www.cnrs.fr/sites/default/files/download-file/HRS4R-en.pdf [2023-06-07].

② CNRS. PLAN d'actions révisé[EB/OL]. https://www.cnrs.fr/sites/default/files/page/2022-12/hrs4r_2019.pdf [2023-06-07].

③ CNRS. 2020 Une Année Avec le CNRS[EB/OL]. https://www.cnrs.fr/sites/default/files/pdf/RA_CNRS2020_web-compress%C3%A9.pdf[2022-01-27].

表 14-4 《修订后的行动计划》

优先领域	原则（《欧洲研究人员宪章》《研究人员招募行为准则》）	目标
研究伦理与职业责任	1 研究自由（宪章） 2 伦理原则（宪章） 3 专业责任（宪章）	促进对伦理原则和义务论原则的尊重
	4 专业态度（宪章） 5 合同和法律义务（宪章） 6 问责制（宪章）	确保遵守监管要求并且有效利用公共资金
	8 传播、利用成果（宪章） 9 公众参与（宪章）	促进研究成果的开发和传播
	10 与监管人员的关系（宪章） 11、26 监管（宪章）	提高对年轻研究人员的指导水平
招聘	31 招聘（宪章） 34 公开透明度（准则）	使招聘政策更加透明（内部和外部）
	32 招聘（准则） 34 公开透明度（准则）	增加吸引力（加强对工作机会的沟通）
	33 选择（准则） 35 优劣判断（准则）	改进选择程序
工作条件	16 工作条件（宪章） 7 良好的研究实践（宪章）	提高工作生活质量，加强社会行动体系
	15 研究环境（宪章）	继续和加强在卫生、安全等领域的措施
	15 研究环境（宪章）	预防社会心理风险
	16 工作条件（宪章）	促进工作/获取信息的灵活性
不歧视	14 不歧视（宪章）	改善残疾人的职业状况
	19 性别平衡（宪章） 14 不歧视（宪章）	促进职业性别平等
	14 不歧视（宪章）	提高对国外科研人员的接待程度和工作条件
培训和职业发展	12 持续职业发展（宪章） 20 职业发展（宪章） 22 获得研究培训和持续发展（宪章）	实施 2015—2018 年培训导向计划所预见的行动，促进人员的职业发展
	12 持续职业发展（宪章） 21 流动的价值（宪章）	支持研究人员的职业发展
	37 认可流动经验（准则）	认可研究人员职业生涯中的价值流动

2. 招聘

CNRS 主要通过竞争方式招募终身聘用研究人员（公务员）。根据同僚组成的小组进行选拔，通过对候选人的优点和价值进行评估形成透明的征聘程序。CNRS 向所有国家的国民开放竞争，因此对外国研究人员越来越有吸引力。同招聘公务员一样，招聘合同研究人员也不受任何国籍条件的约束。CNRS 在 2013 年推出了一个就业门户网站，允许提供合同代理的工作机会。招聘广告中介绍了所需的知识和技能以及工作条件。招聘程序由《固定期限合同章程》（Le contrat de travail à durée déterminée）制定，其中规定了候选人选择的原则以及聘用条款等。CNRS 所采用的 HRS4R 方法已成为改进合同人员招聘程序的杠杆，目的是标准化招聘方法以及加强招聘过程的可追溯性。鉴于每年征聘大量合同工作人员，有必要向参与招聘的人员提供适当的工具。为此，CNRS 采用了一种自下而上的方法，这项工作可以为所有 CNRS 机构提供一份解释招聘过程的指南。该指南补充了 CNRS 固定期限雇佣合同章程的内容，并提供了在招聘过程中需要遵循的程序细节。它还提供双语工作模板描述和候选人评估表，以协助负责招聘的人员。

3. 职业支持

CNRS 采取切实行动促进研究人员的职业发展和个人发展。

（1）个人支持行动。①由研究所为新工作人员举办欢迎研讨会；②由人力资源服务部门向外国工作人员提供行政援助；③对候选人的支持：研究人员（研究经理或研究主任）在试用期（1 年）中从多次面谈中受益；④在合同签订期间，为合同代理人提供支持，对期限超过 1 年的固定期限合同持有人进行常规面谈，并在合同结束时进行面谈（CNRS 的固定期限合同章程）；⑤在全国委员会对研究人员的专业活动进行评估后（如有必要）提供支持；⑥在部分研究所内，研究人员（研究主任）在招聘后的 4 年内接受该研究所科学副主任的面试。

（2）支持职业发展的培训行动。CNRS 为每个人提供了能够协调组织的科学优先事项和自身发展愿景的职业规划。通过国家培训行动和专科学校开展了 500 多项培训行动，其中包括面对面、远程培训以及"在线培训师"电子学习课程。对于一些未完成的行动，特别是支持女性研究人员的职业发展和为女性博士/博士后研究人员提供指导，已被作为平等委员会工作的一部分。

4. 新的员工晋升方式[①]

《专业路径、职业和薪酬》（Parcours professionnels, carrières et rémunérations, PPCR）协议的实施为所有员工提供了新的发展机会，并对不同职位员工的晋升方式做了一定的调整，具体措施见表 14-5。

表 14-5 员工晋升方式

分类	职位	晋升方式
	研究经理（DR）	•拥有 3 年以上 CR 工作经验的 CR 均可获得 DR 2 等级
	研究主任（CR）	•对于已达到第 7 级并具有至少 4 年实际服务的初级 CR（CRCN），可以选择进入高级 CR（CRHC） •从 2020 年起通过竞争性考试，招聘人数在 15%的限度内
A 类	研究工程师（IR）	•除了通过专业考试的方式进行选择外，在联合行政委员会（CAP）通知 IR 1 已达到第 5 级之后的选择获得 IR 等级
	设计工程师（IE）	•在设计师普通级（IECN）的课外获得 IE 等级（在第 8 级至少有 1 年的并且在 A 类中至少有 9 年的实际服务） •增加 IR 职位的选择性任命机会
	助理工程师（AI）	•增加 IE 职位的选择性任命机会
B 类	研究技术员（T）	•增加 AI 职位的选择性机会 •T 晋升的新条件
C 类	技术研究助理（ATR）	•ATR 晋升的新条件

（二）薪酬制度

CNRS 于 2017 年 9 月 1 日制定了《兼顾职能、约束、专长和专业承诺的薪酬方案》（RIFSEEP），该方案适用于工程师和技术人员的公务员以及其他技术人员，旨在提高职能绩效。该方案包括两个部分：职能、职责和专业知识的补偿（IFSE），年度薪酬补充（CIA）。其中，IFSE 包括所有工作人员的基本工资，其数额根据职级确定；另外，承认与职能组有关的技术和专业知识的

---

① CNRS. Présentation du RIFSEEP[EB/OL]. https://maremuneration.cnrs.fr/vos-perspectives-devolution [2022-01-27].

数额。另外，对于指导、监督、协调或设计职能等需要相关技术和专业知识的任命，会分配额外的 IFSE 份额。对于特定限制（如预防助理）或某些职位的暴露程度不同也会支付额外份额。此外，工程和技术职能部门可能需要通过分配额外的 IFSE 金额来确认薪酬。年度薪酬补充是对员工专业能力和服务方式的认可。在这种情况下，专业价值、履行职责时的个人投入、作为一个团队的工作能力以及对集体工作的贡献都受到重视。RIFSEEP 原则上不包括任何其他同类补偿计划，即与职责或服务方式有关的任何其他奖金或津贴。在特殊情况下，某些奖金和津贴仍然可以累积。RIFSEEP 不适用于 CNRS 合同工以及属于研究团队的公务员[①]。

2016—2021 年，CNRS 对 A 类、B 类和 C 类工作人员实施了 PPCR 协议，薪酬表格升级并且改善了薪酬前景。其中三类工作人员的职位可分为不同的等级，如研究经理分为杰出研究经理、一级优秀研究经理和二级优秀研究经理三个等级（表 14-6）。此外，杰出研究经理下还设有不同的等级。二级优秀研究经理下也有 7 级，其专业指数为 667—1067，且不同的等级有特定的专业指数。PPCR 协议是对三类工作人员进行职业重估和重组的措施。

表 14-6　职位专业指数表

分类	职位	细分职位	专业指数
A 类	研究经理（DR）	杰出研究经理	1173—1329
		一级优秀研究经理	830—1173
		二级优秀研究经理	667—1067
	研究主任（CR）	高级研究主任	643—972
		初级研究主任	474—830
	研究工程师（IR）	高级研究工程师	680—1067
		一级研究工程师	608—830
		二级研究工程师	435—735
	设计工程师（IE）	高级设计工程师	575—821
		初级设计工程师	390—673
	助理工程师（AI）	—	368—627

① CNRS. Présentation du RIFSEEP [EB/OL]. https://maremuneration.cnrs.fr/presentation-du-rifseep [2022-01-27].

| 382 | 科研机构管理——组织视角下的政府与科学

续表

分类	职位	细分职位	专业指数
B 类	研究技术人员（T）	杰出研究技术员（TCE）	392—587
		高级研究技术员	356—534
		初级研究技术员	343—503
C 类	技术研究助理（ATR）	一级高级技术研究助理（ATRP1）	355—473
		二级高级技术研究助理（ATRP2）	341—420
		技术研究助理	340—382

PPCR 协议所谓的"奖金-指数点转移"机制，是指通过将奖金金额转换为额外增加的指数点，从而提高未来养老金的价值。所有公务员，无论其级别如何，都将以明确的方式获得指数点，其中 A 类公务员将增加 9 个指数点，B 类公务员将增加 6 个指数点，C 类公务员将增加 4 个指数点。每一步对应一个增加的指数，用于计算工资：年指数总工资由增加的指数乘以指数点的年值得到。自 2017 年 2 月 1 日起，该指数点的年值被设定为 56.2323 欧元。作为回报，指数点分配将使 A 类公务员每年从奖金中扣除 389 欧元，B 类公务员每年从奖金中扣除 278 欧元，C 类公务员每年从奖金中扣除 167 欧元，此操作的前提是年内支付的奖金数额相等或更高，扣除金额将显示在工资单上[①]。部分职位指数变化如表 14-7 所示。

表 14-7　修改后的职位专业指数表

分类	职位	细分职位	专业指数
A 类	研究主任（CR）	一级研究主任	499—825
		二级研究主任	463—589
	设计工程师（IE）	高级设计工程师	705—793
		一级设计工程师	561—680
		二级设计工程师	383—664
	助理工程师（AI）	—	361—612

---

① CNRS. Parcours professionnels, carrières et rémunérations[EB/OL]. https://maremuneration.cnrs.fr/parcours-professionnels-carrieres-et-remunerations [2022-01-31].

续表

分类	职位	细分职位	专业指数
B类	研究技术人员（T）	杰出研究技术员（TCE）	389—582
		高级研究技术员（TCS）	347—529
		初级研究技术员（TCN）	339—498
C类	技术研究助理（ATR）	一级高级技术研究助理	345—466
		二级高级技术研究助理	328—411
		技术研究助理	325—367

CNRS 公务员薪酬主要由指数工资组成，其中每年总收入约等于专业指数乘以指数点值。对于不同的专业指数，其工资和居住津贴以及家庭治疗金额都不相同。部分专业指数即薪酬表金额如表 14-8 所示。CNRS 合同雇员薪酬的规则是根据合同的性质制定的，每月工资可能包含家庭工资补助（费率取决于抚养子女的数量）以及部分报销通勤费用[①]。

表 14-8　CNRS 合同雇员薪酬构成表　　（单位：欧元）

专业指数	薪水 + 居住津贴			补充 + 家庭治疗		
	1 级	2 级	3 级	2 个孩子	3 个孩子	+1 个孩子
309	1491 + 98	1462 + 64	1447 + 98	73 + 79	183 + 56	130 + 81
310	1496 + 66	1467 + 32	1452 + 66	73 + 79	183 + 56	130 + 81
311	1501 + 35	1472 + 01	1457 + 35	73 + 79	183 + 56	130 + 81
312	1506 + 04	1476 + 70	1462 + 04	73 + 79	183 + 56	130 + 81
313	1510 + 72	1481 + 38	1466 + 72	73 + 79	183 + 56	130 + 81
314	1515 + 55	1486 + 12	1471 + 41	73 + 79	183 + 56	130 + 81
315	1520 + 37	1490 + 85	1476 + 09	73 + 79	183 + 56	130 + 81
316	1525 + 20	1495 + 58	1480 + 78	73 + 79	183 + 56	130 + 81
317	1539 + 68	1509 + 78	1494 + 84	73 + 79	183 + 56	130 + 81
318	1539 + 33	1519 + 25	1504 + 21	73 + 79	183 + 56	130 + 81

注：2017 年 2 月 1 日，该点的年度价值为 56.2323 欧元，1 个孩子的家庭治疗补助为 2.29 欧元。

[①] CNRS. Remuneration of civil servants [EB/OL]. https://carrieres.cnrs.fr/en/remuneration-des-fonctionnaires/ [2023-06-07].

七、评估①

评估适用于整个组织，包括实验室、研究人员、工程师和技术人员，相关评判标准有科学出版物、奖项、科学界的认可和技术转让等。

（一）评估 CNRS

2016 年，一个国际咨询委员会评估了 CNRS 的所有活动，咨询委员会发布了一份报告，对 2016—2025 年 CNRS 面临的主要挑战提出了分析和建议，特别指出了其预算问题。

（二）评估实验室

联合研究单位每五年由独立的国家管理机构——科研与高等教育评估高级委员会进行评估，评估由学术界或私营部门的专家委员会完成，并公布报告。

（三）评估研究人员

国家科学研究委员会负责对研究人员进行评估，并监督他们的职业生涯。研究人员每年提交一份关于他们研究进展、科学出版物、教学和技术转让活动的报告，对科学活动和研究的评估坚持"同行评议"原则。

作为开放科学政策的一部分，CNRS 于 2018 年 7 月 14 日签署了《旧金山科研评估宣言》（DORA）。这是一项旨在避免使用文献计量学并且依赖于定性评估的承诺，同时也考虑到各种各样的研究活动。各部门和跨学科委员会对研究人员的评价遵循以下四项原则：①评估的是结果本身，而不是是否发表在知名期刊或其他高知名度的媒体上；②对提交评价的产出所作的范围、影响和个人贡献优于其详尽清单；③评估应考虑到所有类型的研究产出，特别是发表的数据和产生结果所需的源代码；④如果其类型允许，所有引用的产品应在多学科开放档案库（Hyper Article Online，

---

① CNRS. Research [EB/OL]. https://www.cnrs.fr/en/research[2022-02-22].

HAL）[①]或其他可能的开放档案中提供。

八、合作网络

（一）实验室合作形式

"合作"无疑是 CNRS 最重要的关键词，也是它在世界国家研究机构中最为明显的特征。科研机构之间或科研机构与大学之间的合作并不鲜见，但如此大规模地与高校、其他科研机构以及企业合作，联合建立实验室却是法国所独有的[②]。截至 2020 年 12 月 31 日，在 CNRS 的 1464 个研究和服务机构中，法国国内科研混合单位、服务和研究机构（USR）、直属研究机构（UPR）、研究单位（UR）、国际研究实验室（IRL）、发展研究培训（FRE）以及标记研究团队（ERL）共计 1002 个，占比为 68.44%。服务机构中，直属服务机构（UPS）、混合服务机构（UMS）共有 132 个，占比为 9.02%。此外还有研究组（GDR）、服务组（GDS）、研究联合会（FR），共计 330 个，占比为 22.54%。2020 年，CNRS 发表了 55 000 份出版物，其中超过 60%的出版物是与国外实验室合作完成的。在国际合作方面，截至 2020 年 CNRS 有近 80 个国际实验室。

（二）国际合作形式[③]

自 2014 年以来，CNRS 采取了两种国际科研合作形式：①预框架合作形式——国际科研合作项目（PICS）和合作交流项目（PRC）；②框架合作形

---

① 2005 年 7 月，HAL 项目启动，它是存储传播多学科的已发表或未发表的科学研究论文的开放仓储，旨在长期保存法国的研究成果，并通过免费获取的方式传播这些成果。之后，法国其他一些机构，如法国 INRIA 也将自己的机构知识库纳入这个体系。最初，INRIA 库只面向物理学家，后来向 INRIA 所有研究人员开放，为方便科学家存储文章，也便于图书馆员创建元数据，INRIA 设计了专门的用户界面，提供研究人员上传自存、浏览下载的服务。资料来源：温欣，刘兹恒. 西班牙、法国开放存取的实践与成果[J]. 中国教育网络, 2015, (11): 68-69.

② 孙承晟. 法国国家科研中心及其合作制度[J]. 科学文化评论, 2008, 5(5): 46-59.

③ 法国国家科学研究中心中国代表处. 法国国家科学研究中心中国合作进展情况（2018—2019 年）版[EB/OL]. https://cn.ambafrance.org/IMG/pdf/livret_2018_ch_4.3mo.pdf[2022-01-22].

式——国际科研混合机构（UMIFRE/UMI）、国际联合实验室（LIA）和国际科研网络（IRN）。

PICS 是由两个研究人员共同开展的科研项目，其中一人来自 CNRS 下属实验室，另一人来自海外科研合作机构。国际科研合作项目为期 3 年，不可延期。该项目可以提供"国际补充经费"，用于资助国际交流互访、研讨会和工作会议的组织安排、实验室的日常运营及小型设备的添置。国际科研合作项目由 CNRS 进行选拔和资助，该项目的基础是双方已建立研究合作关系，即：在科研杂志上，与海外合作伙伴已联合发表一篇或多篇文章。

PRC 是由两个科研团队联合开展的科研项目，其中一方为 CNRS 下属实验室，另一方为外国研究机构或高校，且符合相关的资助条件，由 CNRS 与其他海外机构联合筛选。

UMIFRE 是一种研究机构，由法国外交部和 CNRS 联合领导。它由所在国及法国社会科学领域的研究机构共同开展，这些科研混合机构是法国对外文化教育中心（IFRE）网络的一部分。

UMI 是联合实验室，拥有与法国国内科研混合机构同等的地位。国际科研混合机构的负责人由 CNRS 与合作机构共同确定，负责人指导管理国际科研混合机构的所有资源。无论实验室位于法国还是在合作机构所属国，国际科研混合机构都需要在法国本土选择一个合作机构作为它在法国的接待机构，该机构被称为"镜像单位"（site miroir）。

LIA 是不具备法人资格的"无国界"实验室。它由 CNRS 下属实验室和其他国家实验室的研究团队共同组成，这些实验室共享人力和物力资源，旨在联合实施共同确立的研究课题。国际联合实验室由两位科研负责人共同指导管理，他们负责制订科研计划，并将计划交由指导委员会进行评估。指导委员会由各合作机构代表和国际联合实验室之外的科学研究人员组成。

IRN 是具有重点科研主题但无法人的国际科研机制。它集结了 2 个国家的多所实验室，由科学委员会协调管理，该委员会由相关实验室代表组成，并设有 1 位总协调人。一旦获批，各参与机构将签署协议，协议内容包括科研项目介绍、科学指导委员会成员以及预算。

九、成果转化[①]

1999 年法国制定了《技术创新与科研法》，准许研究人员创办企业、开放自己的研究成果或为企业提供技术支持。科研人员只需向主管部门报备，即可兼职或自主创业，个人可获得科技成果转化最高 50%的经济收益。CNRS 鼓励科研人员积极推动科技成果的转移转化。自 CNRS 成立的早期，研究人员就开始申请专利，并与工业界进行合作。自 2011 年起，CNRS 进入世界百强创新机构行列[②]。就专利申请而言，电池、生物标志物、化妆品、机器人、成像和人类免疫缺陷病毒是最多产的领域。据统计，2020 年 CNRS 的专利申请数量新增约 700 件，累计超过 7000 件，成为法国第六大专利申请机构。

CNRS 致力于技术转让，并授权工业参与者和企业家使用其专利技术。为了识别和促进创新研究项目，CNRS 与其工业合作伙伴建立了预成熟过程。这是使用内部资金来支持新兴技术的早期发展阶段，努力使其开花结果并帮助其进入市场。这一承诺以多种方式加速技术转让，包括申请专利、创建初创企业、追求技术成熟以及建立新的工业伙伴关系。2020 年，CNRS 有 86 个预成熟项目，其中 58 个是 2020 年的新增项目。

CNRS 与行业联合研究机构为与企业的合作研究提供了模板，它们包括中小型公司和跨国公司。此外，它们还可以采取多种形式，如法国和国外的联合实验室或研究机构、开放实验室（open labs）和法国国家科研署的中小企业实验室。这种合作在机械工程、系统科学以及化学领域非常普遍。2020 年有累计近 170 个 CNRS 与行业联合研究机构，其中新创建了 30 个。

CNRS 每年创建近 100 家初创企业，截至 2020 年，已经累计创建了 1500 家。2020 年，初创企业超过 13 年的生存率约为 62%，是全国比率（约 30%）的 2 倍。此外，CNRS 与大型集团签订了近 20 项框架协议，其中 2020 年新增了 2 项[③]。

---

① CNRS. Innovation[EB/OL]. https://www.cnrs.fr/en/innovation [2022-01-31].

② 盛夏. 率先建设国际一流科研机构——基于法国国家科研中心治理模式特点的研究及启示[J]. 中国科学院院刊, 2018, 33(9): 962-971.

③ CNRS. 2020 UNE ANNÉE AVEC LE CNRS[EB/OL]. https://www.cnrs.fr/sites/default/files/pdf/RA_CNRS2020_web-compress%C3%A9.pdf[2022-01-27].

第十五章

英国国家科研机构
——国家创新体系的领先基础

第一节　英国国家创新体系

一、历史沿革

（一）萌芽与探索阶段——市场推动的科技创新

有学者认为[①]，英国国家创新体系建设的发展演变历程主要分为三个阶段。第一阶段是国家创新体系的萌芽与探索阶段，起于18世纪60年代英国开始的工业革命。此时科技创新的特点是以内生性、自发性为主，主要面向市场应用，由市场推动，企业是创新主体，侧重于解决社会生产中的实际问题。到19世纪末，英国政府、高校和科研机构在创新体系建设中的作用得到加强，政府加强对科技创新的支持力度，如增加拨款资助、建立国家实验室等，高校和科研机构主要承担基础研究、培养技术人才等责任，为国家创新体系进入第二阶段奠定了基础。

[①] 王胜华. 英国国家创新体系建设: 经验与启示[J]. 财政科学, 2021, (6): 142-148.

（二）形成与发展阶段——政府推动的协同创新

第二阶段是国家创新体系的形成与发展阶段，开始于 20 世纪后半叶。此时，英国政府开始重视国家创新体系的建立，推行科技创新政策，促进公共部门和私人部门间的科研合作。90 年代，英国政府将科技创新上升为国家战略，强调政府引领作用，加大对科技创新研究的经费支持，并设立科技预测推动委员会为科技创新政策规划制定提供指引。在该阶段，基于政府的积极推动，"政产学研"有机融合、协同创新的机制基本形成，高校和企业成为创新活动的主体，政府主要通过政策引导的方式调节高校和企业在创新活动中的互动方向，国家创新体系趋于稳定发展。

（三）改革与深化阶段——政府主导的面向创新目标的框架调整和完善

21 世纪后，英国国家创新体系进入第三阶段，即改革与深化阶段。英国政府根据新一轮科技变革的发展趋势，采取了一系列改革与深化措施，对国家创新体系基本框架进行了调整和完善，以保持其创新型国家前列的地位。2001 年，英国政府启动了公共部门研究开发基金和高等教育创新基金计划，以促进科技成果的开发与转化；2004 年，商贸与工业部下成立技术战略理事会，英国政府发布《科学与创新投资框架（2004—2014 年）》，以加强发展战略规划，强化部门间及创新主体间的合作，提高科技资源配置；2007 年，英国创新署（Innovate UK）成立，通过设立弹射中心（Catapult Centre），实施知识转移伙伴计划（Knowledge Transfer Partnerships，KTP）、智慧资助项目（Small Firms Merit Award for Research and Technology，SMART）、小企业创新项目（Small Business Research Initiative，SBRI）等支持企业成长，加强成果转化；2016 年，成立商业、能源和产业战略部（Department for Business，Energy & Industrial Strategy，BEIS），代替原商业、创新和技能部（Department for Business，Innovation and Skills，BIS）以及能源和气候变化部（Department of Energy and Climate Change，DECC），主要负责商业、产业战略、科学研究和创新、能源与清洁发展、气候变化等相关事务，通过支持企业和长期增长，生产更便宜、清洁的本土能源，以及利用创新使英国成为"科学超级大国"，引领整体经济转型。

2023 年 2 月 7 日，英国首相苏纳克宣布，将 BEIS 拆分成 3 个部门，分别是科学、创新和技术部（Department for Science, Innovation & Technology, DSIT）、能源安全和零排放部（Department for Energy Security and Net Zero, DESNZ）以及商业和贸易部（Department for Business and Trade，DBT）。DSIT 的成立被认为标志着英国政府开始尝试建立全面协调的国家科研和创新体系，英国首相办公室表示，DSIT 旨在推动创新，提供更好的公共服务，创造新的、薪酬更高的工作岗位，并促进经济增长。英国的创新目标依然是确保在其战略领域处于技术强国的前沿地位，政府预算也大幅增加公共财政 R&D 投资。DSIT 成立一个月后，于 2023 年 3 月 6 日发布了《科学技术框架》。该计划是 DSIT 的首要工作，旨在建立跨部门的协调方式促进政府各部门间的联动。《科学技术框架》提出，英国将投入超过 3.7 亿英镑的政府资金，聚焦五项关键技术领域，包括人工智能、工程生物学、未来通信、半导体和量子技术，通过 10 项关键行动在 10 年内将英国技术发展提升到全球科技的前沿，巩固英国作为全球科技超级大国的地位。这 10 项关键行动包括：识别关键技术；确定目标；研发投资；才能和技能；科技公司融资；采购环节；国际合作与机会；物理和数字基础设施；法规和标准；创新公共部门。

二、科技管理体制

英国科技管理体制分为议会、内阁及政府各部门 3 个层次（图 15-1）。议会的职能是审议科技相关立法、政府科技预算，监督科技政策制定和执行及科技管理情况。议会于 2016 年 5 月审议通过的《高等教育和研究法案》（Higher Education and Research Bill），是近几年来英国科技管理改革的法律基础，决定了现行科技管理体制的基本结构。内阁由议会产生，对议会负责，管理多个科技相关部门，如国防部（Ministry of Defence，MoD），交通部（Department for Transport，DfT），环境、食品和农村事务部（Department for Environment, Food and Rural Affairs，Defra）等。2023 年初新成立的 DSIT 下属机构主要包括：4 个行政机构（建设中的"数字英国"、英国知识产权局、英国气象局、英国航天局）；3 个非政府部门的公共机构[英国高级研究与发明机构（ARIA）、英国研究与创新署（UKRI）、信息专员办公室（ICO）]；英国版权裁判庭；2 家公共企业（国家物理实验室和英国地形测量局）；其他机构（政府科学办公室、电话收费服务管理局、英国共享商业服务有限公司等）。

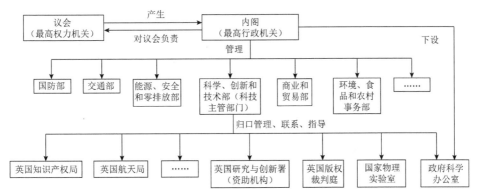

图 15-1　英国科技管理体制关系图

注：DIST 归口管理、联系、指导的机构有 15 个，其中有 3 个非政府部门的公共机构，除 ARIA 和 UKRI 之外，还有信息专员办公室

　　UKRI 是英国统一的科研创新资助机构，整合并统一管理 9 个非政府部门公共机构，包括 7 个研究理事会，以及英国创新署和英格兰研究（Research England），分别承接了原 7 个研究理事会和英国创新署的角色、功能和职责，以及英格兰高等教育拨款委员会中研究与知识交流的功能，从而可以连接各类创新主体共同推动创新系统的健康发展，确保英国在研究和创新方面的领先地位。整合后的 UKRI 继续贯彻霍尔丹原则[①]，认为资助研究项目的决定权最好由研究者掌握，故 9 个资助机构依然是根据《高等教育和研究法案》及皇家宪章成立的独立法人实体，具有其自治性和自主权，即 UKRI 需移交给各机构其活动领域内的职能（如资助政策及具体项目管理工作等）。其中，7 个研究理事会分别为艺术与人文学科研究理事会（Arts and Humanities Research Council，AHRC）、生物技术与生物科学研究理事会（Biotechnology and Biological Sciences Research Council，BBSRC）、经济与社会研究理事会（Economic and Social Research Council，ESRC）、工程与自然科学研究理事会（Engineering and Physical Sciences Research Council，EPSRC）、医学研究理事会（Medical Research

---

① 霍尔丹原则的主要观点是个体研究提案最好由研究者自己通过同行评议来做出决定。

Council，MRC）、自然环境研究理事会（Natural Environment Research Council，NERC），以及科学和技术设施理事会（Science and Technology Facilities Council，STFC），为各自相关行业和领域的研究提供支持；英国创新署支持开展以商业为导向的创新，如支持开展弹射中心的相关建设工作并统筹管理，通过面向产业需求选择部分技术进行商业化前期开发，弥补科学研究与技术商业化之间的空缺，使得产业界得以开发利用新兴技术；英格兰研究支持英格兰高校开展研究和知识交流的相关活动（表 15-1）。

表 15-1　UKRI 的 9 个资助机构概览

机构名称	活动领域
艺术与人文学科研究理事会	艺术和人文
生物技术与生物科学研究理事会	生物技术和生物科学
经济与社会研究理事会	社会科学
工程与自然科学研究理事会	工程与自然科学
医学研究理事会	致力于提高人类健康的医学和生物医学
自然环境研究理事会	环境和相关科学
科学和技术设施理事会	天文学、粒子物理学、空间科学、核物理，以及任何该列提到的活动领域的研究设施的提供和运作
英国创新署	商业导向的创新
英格兰研究	支持英国高等教育提供者开展研究和知识交流活动

资料来源：由笔者整理绘制。

三、创新体系特征

从英国国家统计局公布的英国 2008—2019 年研发支出的情况来看，英国总的研发支出占 GDP 的比例自 2012 年以来是逐年上升的（表 15-2），说明其对创新的重视程度也在日益增加。从英国各类主体在研发费用的支出表现（表 15-2）和资助情况（表 15-3）来看，英国创新体系存在以下特征。

（1）商业企业是英国创新系统中的主要力量，2008—2019 年，其研发支出占各类主体总研发支出的比例基本稳定在 60%—70%，对研发费用的资助比例基本在 44%—55%，总体上有增加趋势，从 2016 年起超过 50%。

（2）高等教育（如高校）是英国研发支出的第二大主力，其研发支出占各类主体总研发支出的比例基本在 23%—27%，但总体上有下滑趋势，其对研发费用的资助主要来源于高等教育拨款委员会，占各类主体总资助的比例在 6%—10%，自 2009 年起也呈下滑趋势，尽管 2018 年和 2019 年有所回升，但仍低于 2014 年之前的资助比例。

（3）政府部门和 UKRI 等的作用主要体现在对研发支出的资助上。尽管在研发支出的表现方面，其占比（6%—10%）没有商业企业和高等教育高，且有下滑趋势，但其对研发费用的资助是仅次于商业企业的第二大主体，基本在 19%—24%，与近年来英国政府科研体制管理改革、新成立 UKRI 加强科研资助的统筹是相吻合的。实际上，自 20 世纪 90 年代以来，英国创新体系的一个主要特征是不断加强政府科技创新统筹协调的力度，成立 UKRI 以强化英国的战略性跨学科研究和科技成果商业应用。

（4）政府前瞻性和计划性地部署国内科技力量，公共科研机构侧重于以国家科技发展战略需求为导向，形成全球领先的基础研究能力。英国政府根据国家自身的科研能力，围绕国家整体发展需求，着重部署战略科技力量开展重点领域的基础研究，以促进产业化发展和培养人才。根据部署，目前英国国家战略科技力量主要可以分为四类（图 15-2），第一类是以 7 个研究理事会为主，重点支持的一批独立的或大学代管的研究所/研究中心/研究部/国家实验室；第二类是以前英格兰高等教育拨款委员会为主，重点支持的一批大学自建实验室；第三类是由英国创新署重点支持的多家技术与创新中心；第四类是由政府部门直接管理的实验室/研究中心等少数科研机构。其中，研究理事会重点支持的研究所/研究中心/研究部/国家实验室和政府部门所属的研究机构主要组成英国公共科研机构[①]，侧重于根据政府部门制定的国家科技发展战略，在各自领域开展基础性、前瞻性、全局性研究，形成全球领先的基础研究能力，故其研发支出占比虽然不如商业企业和高等教育领域高，但仍是英国创新体系的重要组成部分。大学自建实验室主要支持大学开展科研工作和教学实践。技术与创新中心重点关注应用研究，搭建科研与产业间的桥梁，使国家确定的战略优先领域中科学成果转化为现实生产力。

① 刘娅. 英国公共科研机构技术转移机制研究[J]. 世界科技研究与发展, 2015, 37(2): 212-217.

表 15-2　英国 2008—2019 年研发费用的支出表现（以部门划分）（按当期价格计算）

年份	2008	2009	2010	2011	2012	2013	2014	2015	2016	2017	2018	2019
总计	25 072	25 341	25 885	27 163	26 978	28 768	30 286	31 477	33 180	34 773	37 264	38 520
政府部门/百万英镑	1 348	1 406	1 372	1 321	1 391	1 503	1 391	1 321	1 335	1 339	1 495	1 539
UKRI/百万英镑	1 041	1 097	1 141	1 035	804	814	819	771	837	866	1 109	1 123
政府部门和 UKRI/百万英镑	2 389	2 503	2 513	2 356	2 195	2 317	2 210	2 092	2 172	2 205	2 604	2 662
占总计的百分比/%	9.53	9.88	9.71	8.67	8.14	8.05	7.30	6.65	6.55	6.34	6.99	6.91
商业企业/百万英镑	15 814	15 532	16 045	17 452	17 409	18 617	19 982	21 018	22 580	23 669	25 126	25 948
占总计的百分比/%	63.07	61.29	61.99	64.25	64.53	64.71	65.98	66.77	68.05	68.07	67.43	67.36
高等教育/百万英镑	6 272	6 640	6 675	6 828	6 854	7 295	7 489	7 670	7 707	8 144	8 740	9 067
占总计的百分比/%	25.02	26.20	25.79	25.14	25.41	25.36	24.73	24.37	23.23	23.42	23.45	23.54
私人非营利/百万英镑	595	666	652	526	520	539	605	697	722	754	794	843
占 GDP 的百分比/%	1.59	1.62	1.59	1.63	1.56	1.59	1.62	1.63	1.65	1.67	1.72	1.74

资料来源：根据英国国家统计局数据整理。

表 15-3　英国 2008—2019 年研发费用的资助情况（以部门划分）（按当期价格计算）

年份	2008	2009	2010	2011	2012	2013	2014	2015	2016	2017	2018	2019
总计	25 072	25 341	25 885	27 163	26 978	28 768	30 286	31 477	33 180	34 773	37 264	38 520
政府部门/百万英镑	2 703	2 939	3 044	3 022	2 933	3 649	3 632	3 640	3 559	3 666	3 111	3 228
UKRI/百万英镑	2 765	2 908	2 958	2 942	2 666	2 894	2 954	2 909	2 891	3 110	4 140	4 358
政府部门和 UKRI/百万英镑	5 468	5 847	6 002	5 964	5 599	6 543	6 586	6 549	6 450	6 776	7 251	7 586
占总计的百分比/%	21.81	23.07	23.19	21.96	20.75	22.74	21.75	20.81	19.44	19.49	19.46	19.69
高等教育拨款委员会/百万英镑	2 227	2 395	2 303	2 257	2 185	2 266	2 290	2 218	2 207	2 236	2 492	2 859

续表

年份	2008	2009	2010	2011	2012	2013	2014	2015	2016	2017	2018	2019
占总计的百分比/%	8.88	9.45	8.90	8.31	8.10	7.88	7.56	7.05	6.65	6.43	6.69	7.42
商业企业/百万英镑	11 511	11 362	11 443	12 413	12 624	13 159	14 329	15 610	17 518	18 670	20 267	20 660
占总计的百分比/%	45.91	44.84	44.21	45.70	46.79	45.74	47.31	49.59	52.80	53.69	54.39	53.63
高等教育/百万英镑	30	23	27	64	66	71	84	130	155	55	74	65
私人非营利/百万英镑	1 247	1 279	1 267	1 293	1 316	1 408	1 461	1 590	1 678	1 799	1 819	1 766
海外/百万英镑	4 589	4 436	4 842	5 172	5 188	5 321	5 536	5 381	5 172	5 237	5 361	5 583

资料来源：根据英国国家统计局数据整理。

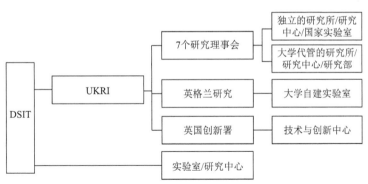

图 15-2　英国国家战略科技力量构成

资料来源：由笔者整理绘制

第二节　英国国家科研机构概况

一、公共科研机构基本情况

（一）英国公共科研机构的划分

如前所述，英国公共科研机构主要由两类机构组成，一类是政府部门所属的研究机构,另一类是由研究理事会重点支持的研究所(中心/部)/国家实验室。根据英国皇家学会的有关解释,研究理事会机构(research council institutes, RCIs)也是公共部门研究机构(public sector research establishments, PSREs)的子集,但仍将其区分说明。基于此,下文分别以 PSREs 和 RCIs 指代前文所提到的两类英国公共科研机构。

根据英国皇家学会提到的政府科学办公室给出的有关定义①,PSREs 指做研究的公共机构的集合体,它们通过为政策制定者提供科学建议,在政策传递中发挥战略作用,以政府、产业、社会提供关键科学服务等方式支撑政府工作。由于政策和治理变化、研发预算削减,以及转向短期项目资助等原因,相比其他国家,英国 PSREs 数量格外低,英国皇家学会 2020 年 9 月公开的列表中有 53 个,且在规模、历史和功能上也有较大差异。在规模上,英国公共卫生部和原子武器研究机构(Atomic Weapons Establishment)都是较大型的机构,雇员超过 5000 人;环境、渔业与水产养殖科学中心(Centre for Environment, Fisheries and Aquaculture Science),英国国家核实验室(the National Nuclear Laboratory)等是较小型的机构,雇员数量在 500—1000 人。在功能上,考虑到政策及政府部门运营需求的广泛性,一些公共科研机构是高度研究密集型的,如国防科技实验室(Defence Science and Technology Laboratory),目的是开发新技术;其他公共科研机构的使命是在国家运转中扮演关键的运营和监管角色,如英国环境署(Environment Agency)。

RCIs 指 7 个研究理事会之一作为主要资金提供者对其进行长期投资的研究机构,或在某些情况下由某一个研究理事会所有的机构,英国皇家学会 2020 年 9 月公开的列表中有 39 个。RCIs 通常被称为 UKRI 机构(UKRI institutes)或战略性资助机构(strategically funded institutes),均有资格从所有研究理事会中获得拨款。此外,英国皇家学会还补充说明,除了普通研究机构之外,英国医学研究理事会根据需要资助一些目标更聚焦的研究单位。其中许多研究单位设立在大学内,并且达到了研究所的规模,如牛津大学的医学研究理事会人口健康研究单位(MRC Population Health Research Unit)。根据英国皇家学会

---

① The Royal Society. The role of public and non-profit research organisations in the UK research and innovation landscape [EB/OL]. https://royalsociety.org/topics-policy/publications/2020/uk-research-organisations/ [2022-02-23].

于 2020 年 9 月公开的列表，MRC 研究单位、研究中心和研究所共有 44 个，其中有一部分也包含在 RCIs 列表里。

（二）两类公共科研机构的设置

PSREs 多是政府部门出于对其业务特殊性、资产所有权以及发展历程等方面的考虑，直接管理其资产。一个比较典型的例子是英国的国家物理实验室（NPL）。作为英国国家测量基准研究中心，NPL 需要确保国家测量体系建立的精确性和一致性，并对外作为国家代表机构，与各国际组织、各国计量中心联系，工作内容具有基础性和公共性，故其虽以公司形态存在，法定名称为 NPL 管理有限公司（NPL Management Ltd，NPLML），但实际为政府直接管理的公共企业，由 DSIT 全资拥有并统筹管理，以保障社会公共利益的实现和保证英国在国际相关话语权的代表性。

RCIs 根据国家科技发展战略需求，鼓励基础性或具有高度创新性和风险性的探索性研究，承担了主要的公共科研任务。根据其机构存在形态，此类科研机构可再细分为两类。第一类是由研究理事会主管的研究所（中心）/国家实验室，运行上较为独立。这类机构通常成立时间较长，在研究、资源、团队、成果等方面已经积累了雄厚的实力。虽然它们的研究领域较为宽泛，但具有长期性、确定性，故可以开展长期探索性研究以解决本领域的关键性问题，并为国家战略性支持方向提供研究业务支撑。第二类是由研究理事会等机构发起建立和统筹管理，但运行上更侧重于由大学代管的研究所（中心/部）。其实体根植于大学，主要研究力量来源于大学本身的资源，如阿伯里斯特维斯大学生态、环境和农学院。这类机构主要是由各研究理事会根据自身业务规划设立，依托已有相关研究优势的大学，以在大学里新建研究部门或将部分研究部门移交给大学管理的形式进行建设，具有特定的研究方向和预期目标。此类机构多通过较长一段时期的持续扶持和培育来开展特定研究领域内的重大和颠覆性探索，形成定向卓越研究能力，可内化成大学的长期研究能力，并在此过程中建设可多方共享的研究设施和建立不同领域间的合作。

（三）公共科研机构的组织形态

从组织形态来看，英国公共科研机构可以分为具有独立法定身份和无独立法定身份两种（表 15-4）。具有独立法定身份的机构通常采用公司制形态运行，包括担保有限责任公司和少数常规性的有限责任公司，如 NPL 等。无独立法定身份的机构大致可分为两类。一类是科研业务活动涉及社会公共福祉的机构，相关业务活动投入规模大、期限长，且难以吸引私营经济长期介入，故由公共部门所有并直接管理以对其进行长期稳定支持。另一类是设立于大学等机构内部的科研机构，多为公共资助机构（如研究理事会）所有或大学所有。

表 15-4　部分英国战略性科研机构的组织形态示例

身份	组织形态	机构
具有独立法定身份	担保有限责任公司	卫星应用中心、药物发现中心、细胞和基因疗法中心、高端制造中心、未来城市中心、能源系统中心、数字化中心、离岸可再生能源中心等
	其中兼具慈善组织身份	厄尔勒姆研究所、皮尔布莱特研究所、洛桑研究所、约翰·英纳斯中心、巴布拉罕研究所、英国阿尔茨海默病研究所
	有限责任公司	国家物理实验室
	其中兼具慈善组织身份	弗朗西斯·克里克研究所
无独立法定身份	公共机构的内属部门	生态水文中心、国家海洋中心、英国地质调查局、医学研究理事会分子生物学实验室、卢瑟福·阿普尔顿实验室、达斯伯里实验室、奇尔波顿天文台、英国天文技术中心等
	大学内属部门	卡文迪许实验室（剑桥大学）、伦敦医学科学研究所（伦敦帝国学院药物部）、罗斯林研究所（爱丁堡大学）、大气科学国家中心（利兹大学）、综合流行病学研究部（布里斯托大学）

资料来源：刘娅. 英国国家战略科技力量运行机制研究[J]. 全球科技经济瞭望, 2019, 34(2): 40-49.

二、公共科研机构资助概况

与其他创新主体相比，英国公共科研机构研发经费的支出相对较少，其主要研发经费来源是政府和 UKRI。英国国家统计局于 2021 年 8 月公布的统计数据显示（表 15-5），2020 年，研发费用支出最多的部门是商业企业，支出 259.48 亿英镑，约占英国研发支出总数的 67.4%；政府部门和 UKRI 共支出 26.62 亿英镑，仅约占英国研发支出总数的 6.91%。在研发费用资助方面，表现最突出

的依然是商业企业,共投入206.6亿英镑,约占英国研发支出来源总数的53.6%,
但其中约98%的资金都流向了产业界内部;政府部门和UKRI共投入75.86亿
英镑用于资助英国研发活动,约占英国研发支出来源总数的19.7%,可以看出,
政府部门和UKRI也是英国研发活动资金的重要来源,其中用于资助高等教育
研发支出的占比最高,约为41.2%(约31.28亿英镑);约23.23亿英镑用于
其本身的研发活动支出,约占其研发活动支出来源的87.3%。从政府研发支出
的类别来看(表15-6),根据OECD的数据,2011—2014年,政府在基础研
究方面投入占比最高,均高于45%,但呈逐年下降态势;在试验开发方面投
入占比最低,均不高于20%,但呈逐年上升态势。2015—2017年,政府在应
用研究方面投入占比最高,均高于45%,符合BEIS成立时加强应用领域的
积极承接的目标;在试验开发方面投入占比仍最低,均不高于15%,但呈逐
年上升态势。从2018年起,政府投入在基础研究和应用研究方面占比相近,
但基础研究占比略高。总体而言,英国政府在基础研究和应用研究方面投入
较高,符合其形成全球领先的基础研究能力,在重点领域促进产业化发展的
战略目标。

表 15-5 英国 2019 年按部分资助与支出的研发费用(单位:百万英镑)

		支出研发费用的部门						
		政府部门	UKRI	高等教育	商业企业	私人非营利	总计	海外
资助研发费用的部门	政府部门	1 353	151	421	1 202	102	3 228	637
	UKRI	49	770	2 707	634	198	4 358	109
	高等教育拨款委员会	—	—	2 859	—	—	2 859	
	高等教育	4	17	—	28	17	65	
	商业企业	15	66	362	20 192	25	20 660	5 875
	私人非营利	28	52	1 247	75	364	1 766	—
	海外	90	66	1 472	3 818	137	5 583	—
	总计	1 539	1 123	9 067	25 948	843	38 520	—

资料来源:根据英国国家统计局数据整理。

注:金额按当期价格计算;总计数据与各部分单独四舍五入后求和之间可能存在差异。

表 15-6 英国 2011—2020 年政府研发费用的支出情况（以研发支出类别划分）

年份		2011	2012	2013	2014	2015	2016	2017	2018	2019	2020
	合计	3 586.622	3 269.902	3 359.328	3 231.581	2 019.705	3 077.28	3 071.154	3 563.774	3 567.644	3 896.311
研发类别	总计/百万美元 基础研究	1 768.268	1 552.639	1 570.602	1 470.804	1 267.906	1 293.566	1 054.429	1 566.047	1 522.015	1 592.755
	应用研究	1 368.347	1 220.834	1 248.647	1 198.573	1 386.699	1 396.916	1 567.768	1 396.671	1 394.368	1 507.772
	试验开发	450.007	496.429	540.079	562.204	366.399	386.883	449.123	601.056	651.26	795.783
	百分比/% 基础研究	49.30	47.48	46.75	45.51	41.97	42.03	34.33	43.94	42.66	40.88
	应用研究	38.15	37.34	37.17	37.09	45.90	45.39	51.05	39.19	39.08	38.70
	试验开发	12.55	15.18	16.08	17.40	12.13	12.57	14.62	16.87	18.25	20.42

资料来源：根据 OECD 统计数据库数据整理，最后访问时间为 2023 年 6 月 5 日。

注：测量方式为以 2015 年不变价购买力平价美元计算。

第三节　英国国家物理实验室

一、概况

英国国家物理实验室（NPL）是英国国家测量基准研究中心，也是英国最大的政府实验室之一，是英国 DSIT 主管的一家国有企业。其创建于 1900 年，是全世界历史最悠久的标准测量机构之一[1][2]。

NPL 是英国国家计量系统（UK National Measurement System，NMS）的

---

① EnWik. National Physical Laboratory(United Kingdom)[EB/OL]. https://enwik.org/dict/National_Physical_Laboratory_(United_Kingdom) [2021-02-24].

② NPL. About us [EB/OL]. https://www.npl.co.uk/about-us [2022-01-25].

重要组成部分，是英国在国际计量委员会（CIPM）和欧洲国家计量机构协会（EURAMET）的代表机构。作为国家计量院，NPL 的主要任务是维护英国国家计量标准并为英国工商业提供最先进的测量技术，确保测量的一致性和可追溯性。

英国许多杰出的科学家曾在 NPL 工作过，其中包括对石英钟做出重要改进的戴维·威廉·戴伊（David William Dye）以及金属疲劳研究领域的先驱赫伯特·约翰·高夫（Herbert John Gough），在二战期间，悉尼·戈尔茨坦（Sydney Goldstein）和詹姆斯·莱特希尔（James Lighthill）曾在此分别从事分阶层理论和超声波空气动力学的研究。NPL 还诞生了一些影响世界的重要发明和科学成就。例如：1946—1947 年，艾伦·图灵（Alan Turing）在 NPL 开展了全球首台自动计算机的设计建造工作；1955 年，路易斯·埃森（Louis Essen）成功研制出全球第一台高精度铯原子钟，使基于原子时的秒定义在国际上取得了共识；1966 年，唐纳德·戴维斯（Donald Davies）提出了通信网络包交换技术，并于 70 年代在 NPL 组建了局域网，为因特网的发展奠定了基础；1975 年，布赖恩·基布尔（Bryan Kibble）提出瓦特天平构想，并在 NPL 与伊恩·罗宾逊（Ian Robinson）共同建造了 2 座瓦特天平，分别用于测量国际单位制基本单位中的"安培"和用于定义质量单位的"普朗克常量"，为国际单位制实现全部由自然常数定义做出了突破性贡献；2010 年诺贝尔物理学奖颁给了石墨烯的发现者和研究者，NPL 有关"量子霍尔效应"的实验为其提供了关键性证据；2011 年，NPL 的铯原子钟 NPL-CsF2 精度与 1.38 亿年的误差为正负 1 秒；2012 年，世界首台室温微波激射器在 NPL 诞生，极大地扩大了微波激射器的应用范围[1][2]。

2020 年，在新冠疫情的影响下，英国政府面向全社会提出"呼吸机挑战"，NPL 积极响应，组织团队进行研发，设计出了低成本的微型呼吸机 PocketVent。该产品的体积与笔记本电脑相当，非常轻巧便捷，此外其 1000 英镑的成本仅为常用商业呼吸机的 1/25，能够大大降低财政负担。该项目组成员以青年科学家为主，最终获得了皇家工程学会颁发的疫情特别贡献奖[3]。

NPL 的资金来源主要分为两部分，其核心部分是实验室承担国家计量系统

---

① NPL. Measurement is critical[J]. New Electronics, 2020, 53(20): 12-14.

② NPL. Our history [EB/OL]. https://www.npl.co.uk/history [2015-12-31].

③ NPL. NPL management limited: annual report and financial statements(2020)[EB/OL]. https://www.npl.co.uk/about-us/corporate-information/npl-management-limited-2020-v15-(final-and-signed) [2022-02-01].

相关任务取得的收入，其余部分来自技术交易与相关服务收入。2020 年 NPL 全年营业额超过 1 亿英镑，比上年增长了 2.3%，人均营业额达到了 10 万英镑①。

二、职责使命

NPL 是英国最高的国家级计量机构，也是世界领先的卓越研究中心，在科学技术研究中发展和应用最精确的测量标准。NPL 的使命是通过精准测量事业推动国家繁荣，提高国民生活质量。除此之外，NPL 还承担着基础研究、创新成果应用以及知识服务等任务。NPL 的主要职责包括：①开展计量科学相关研究；②建设和维护国家计量基础设施；③维护国家量值溯源体系，保持量值国际等效；④确保量值的精确统一，为营造公平高效的商贸活动环境提供基础支撑；⑤为政府、商界和社会各界培养、输出专业人才，支撑经济和民生高质量发展。

三、历史沿革

NPL 自 1900 年成立以来，已经走过了 120 余年的历史。它最初受到德国国家计量学院的启发而成立，经历了两次世界大战的动荡，在 20 世纪末英国政府大规模私有化浪潮中作为改革先锋探索了公有私营模式，直至 21 世纪初重新收归政府经营。作为法定的国家计量院，NPL 的历史比其他国家的同类机构更加复杂曲折，折射了英国政府对科研创新与产学研合作的观念随着时代变迁而发生的演化。

（一）建立

19 世纪中期，由科学爱好者自筹资金运营的矫天文台（Kew Observatory）开始为外界提供有偿的天文设备及其他科学设备的测量校准服务，到 1880 年左右，该业务已成为矫天文台的主营业务。同一时期，随着英国各大学物理部门的创建和扩张，物理仪器设备的测量校准需求也日益增加，物理学家们不断呼吁政府建设一个由国家资助运行的科学机构，以维护原始基准、提高实验准

---

① EnWik. National Physical Laboratory (United Kingdom)[EB/OL]. https://enwik.org/dict/National_Physical_Laboratory_(United_Kingdom) [2021-02-24].

确性并负责开展长期试验。经过几年的沟通与筹备，英国政府最终同意由财政出资建立一个公共机构，指定由皇家学会进行管理，并明确要求实验室建立一个不少于 42 个席位的董事会（包含 4 名皇家学会职员和 24 名会士）和一个规模稍小的由英国皇家学会职员任主席的执行委员会。1900 年，英国皇家学会选出了 NPL 的第一任主任——理查德·泰特利·格莱兹布鲁克（Richard Tetley Glazebrook），实验室的设立目标是"仪器校准、材料测试以及物理常数的测定"，全部成员均为公务员身份[1][2]。

最初，英国政府计划将 NPL 建设在矫天文台，但由于天文台所在的里士满镇议会强烈反对而不得不重新选址。经过数个月的协商，最终实验室的地址选在了伦敦西南部特丁顿的灌木公园（Bushy Park），一直到今天，这里仍然是 NPL 的总部所在地。1902 年，威尔士亲王亲自为实验室的落成典礼剪彩，这是他成为皇家学会会士后完成的第一项任务，这项殊荣充分体现了英国学界对 NPL 的重视程度。在落成典礼上，威尔士亲王指出，NPL 是英国首次实现由国家出资参与科学研究，NPL 的建成和运行将推动科学知识向日常的工商业实践转移扩散、打破理论与实践之间的藩篱、将科学与商业紧密联系起来。所以，要保持英国在商业上的领先地位就必须建立起像 NPL 这样的机构。可以看到，NPL 从建立之初就肩负着连接科学界与产业界、实现科技成果转移转化的使命[3][4]。

（二）发展

在第一次世界大战期间，NPL 的人员规模迅速扩大，从 1914 年的 200 人扩增至 1917 年的 420 人，同时实验室的主要任务也转变为满足战时产品供应。1918 年 4 月，应皇家学会的要求，对 NPL 的资助责任转移到了科学与工业研究部（Department of Scientific & Industrial Research，DSIR，研究理事会的前身），皇家学会只负责实验室的学术管理以及实验室主任的人事任命。这一管理模式

① 王胜华. 英国国家创新体系建设: 经验与启示[J]. 财政科学, 2021, (6): 142-148.

② Klug A. The Royal Society and NPL[A]//The Royal Society. Notes and Records of The Royal Society of London[C]. London: The Royal Society, 2001: 150-152.

③ NPL. Our history [EB/OL]. https://www.npl.co.uk/history [2015-12-31].

④ EnWik. National Physical Laboratory (United Kingdom) [EB/OL]. https://enwik.org/dict/National_Physical_Laboratory_(United_Kingdom)[2022-01-25].

一直延续到 1964 年[①]。

在此期间，NPL 作为公益性的政府研究机构，一直紧密跟随英国政府的方针政策：在国家提出简政放权时期，NPL 主动将部分分支实验室剥离；在政府推行中央集权时期，NPL 吸收了一些地方实验室加入体系。随着 20 世纪 60 年代英国大科学扩张时期的到来，NPL 也很快转变了理念，迅速适应了以顾客-合同形式开展应用研究的运营模式[②]。

（三）改革

1979—1997 年，英国保守党政府对国有企业进行了长达 18 年的大规模私有制改革，NPL 与许多公立研究机构都经历了这一管理改革浪潮，许多科研院所或实验室在此过程中转变为私有制。当时主管 NPL 的是 DTI，其下辖的多个国有实验室都面临着所有制改革问题。经过长时间的辩论，参考外部咨询公司的建议，DTI 决定对 NPL 采取 GOCO 模式，主要出于六个方面的原因：一是 NPL 具有公共产品属性，政府必须保留控制权；二是在引入商业管理的同时，政府仍保留改变管理模式的自由；三是 NPL 需要保持对工业界的独立性，不能完全转为商业化运作，以防止发生垄断或其他风险；四是获得快速执行能力；五是最大程度地减轻政府财政压力；六是在 NPL 作为国家计量机构开展国际合作时必须保持非私有制身份[③④⑤⑥]。

1995 年，DTI 与 Serco 集团签约，NPL 成了英国首个 GOCO 模式运行的机构。Serco 集团是一家总部位于英国汉普郡库克镇的运营管理公司，作为政

① EnWik. National Physical Laboratory (United Kingdom) [EB/OL]. https://enwik.org/dict/National_Physical_Laboratory_(United_Kingdom)[2022-01-25].

② Clapham P. NPL's history: a record of service and flexibility[A]//The Royal Society. Notes and Records of The Royal Society of London[C]. London: The Royal Society, 2001: 153.

③ EnWik. National Physical Laboratory (United Kingdom) [EB/OL]. https://enwik.org/dict/National_Physical_Laboratory_(United_Kingdom) [2021-02-24].

④ Boden R. Science, Standards and Infrastructure Provision Through the PFI—A Case Study of the National Physical Laboratory [R]. Manchester: Manchester Business School, 2009.

⑤ NAO. The Termination of the PFI Contract for the National Physical Laboratory [R]. London: The Stationery Office, 2006.

⑥ NPL. Government owned contractor operated—the NPL outsourcing experience[EB/OL]. https://eprintspublications.npl.co.uk/2211/1/nmc2001-12.pdf [2018-02-02].

府服务承包商，其业务主要集中在治安、健康、交通、法律、移民、防务和市政服务等领域，主要承包英国政府的外包项目，同时也在欧洲大陆、中东、亚太地区和北美地区开展业务[①]。

为了管理和运营 NPL，Serco 集团成立了 NPL 管理有限公司。在 Serco 集团与 DTI 的合同中规定：NPL 的固定资产属于 DTI，且继续执行 DTI 的研究计划；NPL 的员工已经转入 NPL 管理有限公司，不再由政府支付养老金；NPL 每年收入的 80% 来自 DTI 的项目委托，另外 20% 来自竞争合同；在保证 NPL 发挥国家标准机构职能并以完成 DTI 委托项目为首要任务的前提下，NPL 管理有限公司可利用 NPL 不动产开展商业竞争；NPL 超过一定限额的盈利收入可由 NPL 管理有限公司与 DTI 共享，但必须投入到 NPL 的发展建设中[②]。

另外，为了保证 NPL 在基础研究方面的重要作用不会因商业运作的压力而受到负面影响，DTI 指定英国皇家学会和英国皇家工程院成立咨询委员会，负责定期对 NPL 做出综合评估。

GOCO 模式降低了 NPL 的中间运营成本，提高了学术产出并吸引了私人部门的投资。根据 Serco 集团提供的数据，到 2012 年，NPL 的 GOCO 模式共为政府节约了 30% 的中间运营成本，学术引用和私人投资规模均增加到了之前的 2 倍[③]。

（四）回归

尽管在 GOCO 模式的运作下，NPL 在人力资源管理、资金使用效率以及学术成果产出上都取得了显著进步，但随着时间的推移，职业经理人管理模式与科学研究团队之间的矛盾分歧也逐渐显现出来。

第一，Serco 集团作为一家专注于运营管理的商业公司，与政府签订的一般为 5—10 年的短期合同，这使得其难以避免地更加关注短期利益和目标。然而，这与 NPL 立足长远的属性相背离，随着时间的推移，这种根本理念的"撕

---

① Wikipedia. Serco [EB/OL]. https://en.wikipedia.org/wiki/Serco#Science[2021-12-31].
② 周寄中, 蔡文东, 黄宁燕. GOCO 模式及其对我国国家科研院所体制改革的启示[J]. 中国软科学, 2003, (10): 95-100.
③ Plimmer G. Time called on Serco's NPL contract[EB/OL]. https://www.ft.com/content/19e53b8a-4085-11e2-8f90-00144feabdc0 [2022-01-25].

裂"愈加外显并造成了实质的影响。第二，Serco 集团作为以管理运营为核心能力的企业，秉持着效率第一的理念，如果将科学研究单纯作为商业合同进行管理，难免会降低科学家追求卓越与全力探索的研发热情，从而导致机构整体凝聚力不断下降。第三，Serco 集团将 NPL 人员简单划分为管理阶层和科研职工，将作为 NPL 真正核心的科学技术人员视为普通公司职员来管理，造成了二元对立，使得科研人员的积极性不断下降。第四，尽管 Serco 集团开展了许多公共部门与私营企业合作（PPP）项目，但较为欠缺在科学领域的管理经验，尤其是对科研绩效的重视程度不足，例如在对员工设定的绩效评价指标中，15 个核心指标中只有 1 项与科学素养相关，其管理重心的错位可见一斑。另外，据工作人员透露，在 Serco 集团的管理下，NPL 内部的文化氛围日益紧张，科学家的意见得不到重视、管理方针日渐脱离科研机构职责使命等问题也愈演愈烈[1][2]。

这些都预示着 NPL 的 GOCO 模式将会终结。

2012 年底，英国政府决定在 2014 年委托运营合同到期后不再与 Serco 集团续约，而是将 NPL 收回政府经营。政府在声明中指出，继续延长现有合约难以进一步发挥 NPL 的应有作用，为了加强 NPL 在基础研究与应用测量科学方面的实力，应该从学术界为 NPL 寻找大学或应用科学研究机构作为战略合作伙伴，以更好地开展研究和培养人才[3]。

在 BIS（此时 NPL 的主管部门已由 DIT 转为 BIS，NPL 主管部门的变迁参见表 15-7）下属的国家计量办公室（National Measurement Office，NMO）2013 年发布的战略伙伴招募文件中提出了改革后 NPL 的发展目标，主要分为三个方面：一是作为国家计量院继续支撑英国的计量科学发展，内容包括保持卓越的科学素养、支撑英国经济发展、拓展研究基础和促进科学与工程发展、保持世界领先地位，以及与其他国家标准测量机构的合作；二是继续发挥社会

① de Podesta M. NPL reflections: the serco legacy[EB/OL]. https://protonsforbreakfast.wordpress.com/2020/06/30/npl-reflections-the-serco-legacy [2022-01-25].

② de Podesta M. Why did I leave NPL[EB/OL]. https://protonsforbreakfast.wordpress.com/2020/05/17/why-did-i-leave-npl/ [2020-05-17].

③ NMO, BIS, The Rt Hon David Willetts. Future operation of the National Physical Laboratory (NPL) [EB/OL]. https://www.gov.uk/government/speeches/future-operation-of-the-national-physical-laboratory-npl [2012-11-27].

资源在基础研发中的积极作用,通过吸引更多私人部门在基础研发以及在国家测量系统的投入,提高研发效率;三是服务产业并培养人才,主要包括在特丁顿总部以外的其他地方建立分支机构,增进 NPL 与产业界的联系和设立博士后工作站,为产业界培养专业人才[①]。

表 15-7　NPL 主管部门的变迁

时间	主管部门
1900—1918 年	英国皇家学会
1918—1964 年	科学与工业研究部
1964—2007 年	商贸与工业部
2008—2009 年	创新、大学和技能部
2009—2016 年	商业、创新和技能部
2016—2023 年 2 月	商业、能源和产业战略部

资料来源:根据 NPL 年度报告整理。

2014 年,经过一系列招投标程序,思克莱德大学、萨里大学两所大学最终在竞争中胜出,于次年正式成为 NPL 的战略合作伙伴。经过 1 年的延长过渡期,英国政府与 Serco 集团长达近 20 年的合作于 2015 年正式结束,NPL 管理有限公司这一最初由 Serco 集团为管理运行 NPL 而成立的全资子公司被 BIS 收购,继续履行实验室的运行管理职能。此外,BIS 还通过产权投资方式总计投入了近 1 亿英镑以弥补 NPL 的定额给付养老金计划赤字,截至 2020 年底,NPL 的养老计划结余 3780 万英镑。DSIT、NPL 与战略伙伴的职能关系参见图 15-3[②③④]。

NPL 与两所大学的战略伙伴合作主要包含三个方面:一是在空间、健康与

---

① NMO. National Physical Laboratory: new academic partnership model[EB/OL]. https://www.gov.uk/government/publications/national-physical-laboratory-new-academic-partnership-model[2013-04-02].

② NMO. Future operation of the National Physical Laboratory (NPL) [EB/OL]. https://www.gov.uk/government/collections/future-operation-of-the-national-physical-laboratory-npl [2012-11-27].

③ NMO. The Rt Hon David Willetts. Universities of Strathclyde and Surrey selected as the preferred partners of National Physical Laboratory (NPL) [EB/OL]. https://www.gov.uk/government/news/universities-of- strathclyde-and-surrey-selected-as-the-preferred-partners-of-national-physical-laboratory [2014-07-10].

④ NPL. NPL management limited: annual report and financial statements(2020)[EB/OL]. https://www.npl.co.uk/about-us/corporate-information/npl-management-limited-2020-v15-(final-and-signed) [2022-02-01].

产业应用测量技术上开展合作研究；二是在全国范围内合作建立分支机构，以拉近实验室与社会和产业界之间的距离，更好地提供服务；三是在特丁顿总部建立更加活跃的研究社群，通过联合培养博士后来为社会输出高水平人才[①]。

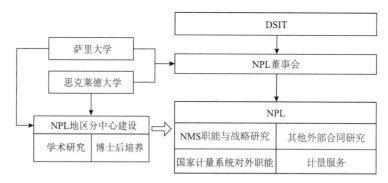

图 15-3　BEIS、NPL 与战略伙伴的职能关系图
资料来源：根据 NPL 组织框架及年度报告整理

四、组织结构[②]

目前，NPL 隶属于英国 DSIT，其管理结构从上至下可以划分为四层（部分图 15-4）：作为股东的 DSIT、作为决策层的 NPL 董事会、董事会组成的 4 个委员会，以及具体执行管理工作的行政团队。除了管理结构，DSIT 还设计了会计主任、经营绩效会议等机制作为机构的内部监督与绩效管理手段。

（一）DSIT（股东）

DSIT 作为 NPL 的全资股东，对实验室的职责主要包括：拟定和审核最高战略目标；向 NPL 董事会指派独立主席；向 NPL 派驻 1 名非执行主任；指导制定和修订包括长期商业策略、五年公司计划（corporate plan）以及商业绩效指标在内的主要商业决策；听取和保存执行总裁对 NPL 运行情况的年度报告。另外，在特定情况下，DSIT 还有权任命或辞退董事会成员。

---

① NPL. Strategic partners [EB/OL]. https://www.npl.co.uk/about-us/corporate-information/strategic-partners [2021-12-31].

② 本部分内容如无特别标注，资料均来源于：BIS. NPL framework document[EB/OL]. https://www.npl.co.uk/about-us/corporate-information/npl-framework [2022-01-25].

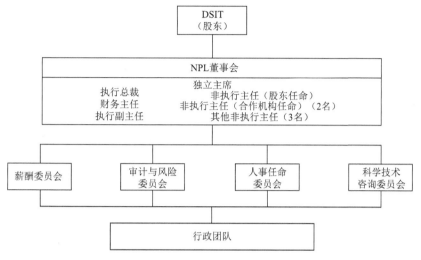

图 15-4　NPL 组织管理结构图

（二）NPL 董事会

NPL 董事会是 NPL 的直接决策机构，负责指导 NPL 行政团队开展工作，并对公司的健康、安全与环境政策以及社会合作职能履行情况进行独立调查。董事会的职责包括：制定长期发展目标和五年公司计划，制定年度预算和绩效指标，根据公司计划、年度预算和商业绩效指标开展机构绩效评估，进行管理过程中的主要风险评估，以及在新的商业领域拓展 NPL 业务范围。另外，NPL 董事会还有责任在必要时终止任何现有主营业务领域，并进行财务监督。

NPL 董事会由独立主席在征得股东同意的情况下组建，需要兼顾各成员的专业技能与工作经验、平衡执行主席与非执行主席之间的比例，理论上董事会最少应包括：1 名股东任命的非执行独立主席、1 名执行总裁、1 名股东派驻的非执行主任、1 名财务主任、若干名由主席同意的其他非执行主任、若干名非执行主任（主要职责是向行政团队提供专家建议与指导，其中包括 2 名合作机构派驻的代表主任）。

NPL 董事会主席由 DSIT 每三年任命一次，对 DSIT 负责。其职责包括领导董事会、确保董事会履行职责义务并对 NPL 的发展战略、工作计划与运行绩效进行监督，每季度召开一次董事会成员会议，除既定会议外，还可根据实际情况临时加开会议。现任董事会主席是格雷姆·里德（Graeme Reid）教授，其曾多年在政府与科学界的交叉合作领域开展工作[1][2]。

股东派驻主任作为股东代表在董事会任非执行主任，负责与股东联络并提出公司运行相关建议，同时确保董事会了解政府颁布的相关政策信息。股东派驻主任是 DSIT 的高级公务员，DSIT 有权在其不能履行职责时对其进行人员调整。

执行总裁由董事会任命，职责是领导和管理 NPL，以确保其按照公司计划和框架文件的要求实现建设运行目标（表 15-8）。

表 15-8　NPL 董事会职权范围　（单位：千英镑）

事项	执行总裁审批	董事会审批
1. 招标、投标与采购合同		
①新增或修改各类合同		
公司计划中包含的产品或服务	3000	公司计划中涉及的正常业务活动
公司计划中未包含的产品或服务，但属于正常业务活动	500/年	2000/年
合同涉及非正常业务活动	0	0
②有形固定资产出售	100	200
③非正常业务活动的有形固定资产出售	0	0
2. 支出		
任何具有突破性或争议性的物件（如超出一般商业预期）	0	0
①非经常开支		
公司计划外的非经常开支	500	1000
②运营开支		
公司计划中包含的供应合同成本、设备成本、间接成本、非经常开支、支出采购订单以及给供应商的预付款	3000	全权
③员工相关开支		
雇佣合同（基于年度工资总额）	100	100

① NPL. Corporate information [EB/OL]. https://www.npl.co.uk/about-us/corporate-information [2022-01-25].

② NPL. NPL management limited: annual report and financial statements(2020)[EB/OL]. https://www.npl.co.uk/about-us/corporate-information/npl-management-limited-2020-v15-(final-and-signed) [2022-02-01].

续表

事项	执行总裁审批	董事会审批
临时合同及顾问合同（年度总额，实际支出不低于 15 000 英镑）	100	100
终止雇佣处理	0	0
新增或调整薪资及福利待遇（超过 100 000 英镑）	100	100
④接待、礼品、捐赠		
接待客户（每次）	15	25
员工娱乐	5	10
礼品	0.5	2
捐赠（股东批准的预算计划外）	0	0
政治捐赠	0	0
⑤财务、财产、税务		
短期透支	0	0
公司信用卡、采购卡相关事项	全权	无
为完成顾客委托而进行的债券、担保等事项	100	2000
从事公司或非公司企业经营	0	0
除 BEIS 以外的财产租赁	500	2000
⑥其他事项		
其他具有突破性或争议性的物件（如超出一般商业预期）	0	0
合法权益、顾客权益的处置	250	500
冲销（不包含一般会计政策中的申请）	0	0
剩余物资出售	250	全权

注：表中没有列出的事项均需经 DSIT 审批通过后才能执行。

（三）委员会

董事会下设 4 个委员会，即薪酬委员会、审计与风险委员会、人事任命委员会以及科学技术咨询委员会。董事会负责确定各委员会的人员组成和职权范围，并且需要至少每年开展一次审查。需要指出的是，股东派驻主任必须是审计与风险委员会、薪酬委员会和人事任命委员会的成员，以确保 DSIT 对 NPL 机构运行的监督力度。

薪酬委员会负责机构的薪酬结构设计与人员激励政策制定。NPL 的薪酬水平设计标准主要参考五个方面的内容：一是确保符合 NPL 建设运行目标；二是能够吸引和激励高水平人才；三是执行主任的薪酬与实现公司计划的绩效表现挂钩；四是履行物有所值（value for money）原则；五是确保 NPL 薪酬水平与同类公共机构水平相持平。

审计与风险委员会负责对 NPL 进行监督审计与风险管理，主席由 1 名独立非执行主任担任。由董事会负责确保内部控制与风险管理体系的运行效率。

人事任命委员会负责主持每名董事会成员的委任程序并向董事会提出正式推荐，股东适时参与人事任命委员会主席的委任程序。

科学技术咨询委员会为 NPL 提供独立的战略咨询建议，重点关注如何提高发展质量、保持世界领先地位以及促成实验室与产业界的紧密合作。咨询委员会每 3—4 年就会对 NPL 工作质量进行评估，并对标国际标准[①]。

（四）行政团队

NPL 的行政团队负责机构战略目标与年度计划的具体执行和推动。主要组成包括 7 名成员，分别是首席执行官、执行副主任（兼任运营主管）、策略主管、科研主管、财务主管、人力资源主管及基础设施和支撑服务主管。另外，行政团队的职责还包括审查公务业务并定期向董事会汇报、建立和保持 NPL 与外部机构的联系以及人力资源管理等。

（五）其他设置

DSIT 的会计官员承担了 NPL 首席会计官员（Principal Accounting Officer, PAO）的职责，负责向上级主管部门提出 NPL 的发展目标框架建议，汇报 NPL 是否按照物有所值原则开展建设运行。同时，PAO 还负责监督 NPL 的日常运行、指出 NPL 存在的问题并适时介入处理、定期开展目标风险评估、及时向 NPL 提供政府的相关政策信息以及向 NPL 董事会及部门董事会汇报实验室相关活动情况。PAO 指派执行总裁担任 NPL 的会计官员，会计官员根据法案要求负责向国会汇报相关财务事宜。

NPL 于 2019 年 11 月设立了经营绩效会议，每月举行一次，参会成员为 NPL 行政团队人员，会议负责研究制定商务和运营决策，并向董事会做出汇

---

① NPL. Corporate information [EB/OL]. https://www.npl.co.uk/about-us/corporate-information [2022-01-25].

报。经营绩效会议下设人才、商业、科学与工程、资产与环境和网络变化 5
个子委员会①。

2018 年 12 月，NPL 管理有限公司组建了全资子公司 Celsius Health（现名
为 Thermology Health），并于次年设立了董事会，由 NPL 董事会管理。该
公司专注于高精度热成像技术，目前主要产品技术应用于糖尿病足的前期诊
断方面②③。

五、管理模式

NPL 的管理运行由政府、学术界和产业界共同参与。DSIT 作为 NPL 的全
权所有者，负责制定 NPL 的发展目标和战略规划，审定预算，提供运行经费，
并通过派驻专员等方式进行绩效评估和风险管理；作为 NPL 的技术支持和合
作伙伴，学术界与 NPL 共建区域分中心、特色实验室并进行博士后等产业人
才培养；产业界作为 NPL 的重要客户，一方面通过购买产品和服务为实验室
提供资金支持，另一方面作为咨询委员会的成员，通过实际生产中发现的技术
需求和产业发展趋势为 NPL 提供策略建议并引导应用研究方向。

（一）规划与预算

NPL 会定期提出公司计划，为未来五年制定战略规划。主要内容包括：
NPL 的宗旨与战略目标、为实现目标而制订的工作计划、绩效指标（财务和非
财务）、商业策略与目标、如何确保主管部门的优先权、计划开始之前两年的
绩效与成效、商业与监管环境的报告，包括董事会对于市场的评价和对竞争对
手的应对策略、可实现战略目标的投资计划、新业务或其他决定、包括人员需
求在内的资源需求预测、薪酬框架、非经常开支计划、主管部门与 NPL 协商
议定的其他事项。

---

① NPL. NPL management ltd report and financial statements(2015)[EB/OL]. https://www.npl.co.uk/about-us/
corporate-information/financial-statements-2015 [2022-01-29].

② NPL. NPL management limited: annual report and financial statements(2020)[EB/OL]. https://www.npl.co.uk/
about-us/corporate-information/npl-management-limited-2020-v15-(final-and-signed)[2022-02-01].

③ Celsiushealth. About Celsius Health [EB/OL]. https://www.celsiushealth.com/about-us/[2022-02-05].

在公司计划的第一年，NPL 会形成年度预算。公司计划在第一年开始前须报董事会及股东审议并通过。主管部门会对公司计划中需要考虑的事项提出要求，并在审议通过计划前与董事会进行沟通。从商业角度来看，NPL 可在必要时在网站公示公司计划摘要，但不可公开发布全文。年度预算经上级部门批准通过后，NPL 即可执行开支而无须向 DSIT 做出额外说明，但预算外的开支以及未经审核的新活动所产生的开支则必须征得 DSIT 同意。另外，NPL 还有义务在 DSIT 提出要求时就运行、绩效等相关信息做出详细汇报。

（二）经费来源

NPL 的经费来源主要包括来自 DSIT 的部门经费和其他收入两个部分，其中部门经费占实验室全部收入的六成左右。根据数据可以看出，NPL 自 2014 年重新变为 GOGO 模式后，总收入与部门经费均逐年上涨，但部门经费占比呈整体走低趋势，从 2015 年最高点的 62.28%下降至 2020 年的 55.11%，可以看出，NPL 在整体发展规模扩大的同时，其产业服务与市场盈利能力也在不断提升（表 15-9）[1][2][3]。

表 15-9　2014—2020 年度 NPL 经费来源情况

年度	部门经费/千英镑	其他收入/千英镑	总计/千英镑	部门经费占比/%
2014	47 503	32 389	79 892	59.46
2015	52 408	31 747	84 155	62.28
2016	53 714	34 596	88 310	60.82
2017	54 859	34 328	89 187	61.51
2018	56 113	39 610	95 723	58.62
2019	56 951	44 676	101 627	56.04
2020	57 321	46 686	104 007	55.11

资料来源：根据 NPL 年度报告整理。

---

[1] NPL. NPL management limited: annual report and financial statements(2020)[EB/OL]. https://www.npl.co.uk/about-us/corporate-information/npl-management-limited-2020-v15-(final-and-signed) [2022-02-01].

[2] NPL. NPL management ltd report and financial statements(2017)[EB/OL]. https://www.npl.co.uk/about-us/corporate-information/npl-financial-statements-2017 [2022-02-01].

[3] NPL. NPL management ltd report and financial statements(2019)[EB/OL]. https://www.npl.co.uk/about-us/corporate-information/npl-management-limited-2019-final-annual-report-an[2022-02-05].

NPL 作为 DSIT 所属的英国国家计量系统获得部门拨款，与此相对，完成 DSIT 的委托项目则是 NPL 的首要任务，任何其他业务不得与 DSIT 的委托相冲突。DSIT 每年向英国国家计量系统投入大约 6500 万英镑，主要支持先进制造、数字技术、能源环境和生命科学四个领域的科研项目，其中 80%的项目由 NPL 承担[①][②]。英国国家计量系统组成见表 15-10。

NPL 的其他收入则主要包括从其他政府部门获得的竞争性合同项目收入，以及向私人部门提供产品、服务、咨询、培训等获得的商业收入。在部门项目方面，NPL 合作的部门范围相对较广，包括英国研究与创新署，国家医疗服务体系（NHS），内政部（HO），内阁办公厅（CO），交通部，国际贸易部，卫生和社会保健部（DHSC），气象局（MO），环境部（EA），住房、社区和地方政府部（MHCLG），环境、食品和农村事务部等。例如，NPL 承担交通部的委托进行交通基础设施监控与醉驾立法等相关工作；为环境、食品和农村事务部以及金融服务管理局提供食品、农业、空气和水等方面的质量监控服务；英国国防科技实验室分 4 年向 NPL 投入了 700 万英镑用于建设量子导航仪元件等[③][④]。

在商业活动方面，NPL 能够为产业界提供各种有针对性的产品和服务，包括企业咨询、人员培训、校准服务和设备平台等，目前 NPL 服务的产业界用户已经超过 3000 个。NPL 的产业咨询服务范围十分广泛，包括产品、过程与模型的设计、评价与优化、标准管理体系应用、测量仪器设备的设计、研发与优化、前沿技术与专家咨询等多个方面。例如，NPL 的低温透射电镜技术（cryo-transmission electron microscopy）为 Oxford HighQ 公司的脂质体药物封装系统提供了亚纳米级的观测手段，帮助该公司的分子水平药物递送产品实现了商业化；NPL 的材料检测实验室通过先进的透气性测试、液体穿透性测试和

---

① AIRTO. A taxonomy of UK national laboratories[EB/OL]. https://www.airto.co.uk/wp-content/uploads/2021/03/MASTER_AIRTO_PRESENTATION_WED_31.pdf [2022-02-21].

② GOV.UK. UK national measurement system[EB/OL]. https://www.gov.uk/government/publications/national-measurement-system/uk-national-measurement-system [2022-02-21].

③ NPL. NPL management ltd report and financial statements(2017)[EB/OL]. https://www.npl.co.uk/about-us/corporate-information/npl-financial-statements-2017 [2022-02-01].

④ BEIS. UK Measurement Strategy—Confidence in Investment, Trade and Innovation [R]. London: Crown, 2017.

过滤效率测试帮助 Breathe Smarter 公司的电子自洁口罩改进了设计方案，加速了产品迭代并向商业化迈进；为自动驾驶汽车产业设计和搭建传感器测试行业标准模型，以消除业内分歧，提高合作研究绩效，加速自动驾驶汽车产业发展；帮助 Adaptix 公司将平板 X 射线源（flat panel X-ray source）压缩至亚微米水平，以研究表面下的化学反应，从而为该公司节省了几百万英镑的成本[①②]。

表 15-10　英国国家计量系统组成

中文名称	英文名称
国家物理实验室	National Physical Laboratory（NPL）
国家计量实验室	National Measurement Laboratory（NML）
国家工程实验室	National Engineering Laboratory（TUV-NEL）
产品安全与标准办公室	Office for Product Safety and Standards（OPSS）
国家齿轮计量实验室	National Gear Metrology Laboratory（NGML）
国家生物制品检定所	National Institute for Biological Standards and Control（NIBSC）

（三）绩效管理

NPL 的绩效考核指标来源于公司计划中设定的目标，每年的年度计划指标在投入使用前均需经过 DSIT 的审核批准，同时 NPL 董事会也会对绩效指标进行定期审核，并根据市场及政策环境进行及时调整。

NPL 每年须形成一份年度报告与账目表，内容需要覆盖上一财年 NPL 控制下的全部公司、子公司以及联合经营机构的主要活动与绩效情况。通过议会两院审核的账目表将在 NPL 的网站上公开发布，但可以不公开对 NPL 存在潜在商业损害的信息。

学术绩效的内部评价由研究主任负责，外部评价则由科学技术咨询委员会负责开展。另外 NPL 作为英国国家计量系统的主要成员，定期接受国际委员

---

① NPL. Consultancy [EB/OL]. https://www.npl.co.uk/products-services/consultancy [2022-02-22].

② NPL. Case studies [EB/OL]. https://www.npl.co.uk/case-studies [2022-02-22].

会的学术评价，该委员会由来自英国国内外的学术界和产业界专家组成[①]。

（四）区域中心

为了更好地拓展业务、服务产业和平衡研究能力，NPL 根据各地产业状况，在英国全国设立了 4 个区域研究中心，分别是北部中心、东部中心、南部中心和苏格兰中心。4 个中心分别依托当地大学开展针对区域特性的产业咨询、外包等商业服务活动，以及技术研发和人才培养工作，是 NPL 与产业界合作的重要机构（表 15-11）[②]。

北部中心位于哈德斯菲尔德大学，主要服务制造业与精密工程公司，领域集中在数字制造、石墨烯与 2D 材料、制药、空间测量以及工业物联网，研究内容包括先进工程材料、大规模机械测量、表面处理技术和制造测量等。北部中心还成立了制造业测量服务网络，以帮助中小型的制造业企业实现高质量发展[③]。

东部中心位于剑桥大学，集中了 NPL 的数据科学、电磁科学、量子技术和生命科学研究团队，提供的主要技术服务包括直流和低频电测量、电磁材料、制药、新药筛选、工业传感器和工业成像，通过数据技术、农业技术和生命科学技术服务产业界。

南部中心位于萨里大学，该中心与萨里大学非线性微波测量与模拟实验室和超太赫兹实验室合作，主要研究新一代通信技术，并为当地企业提供先进工程材料、电磁材料、石墨烯与 2D 材料和直流与低频电等领域的测量服务，另外南部中心还牵头开展英国 5G 研究。

苏格兰中心位于思克莱德大学，主要服务范围涉及智能电网、药品连续性生产以及先进制造，研究领域集中在数据科学、电磁学、空间测量以及医学物理学。

---

① NPL. NPL management ltd report and financial statements(2017)[EB/OL]. https://www.npl.co.uk/about-us/corporate-information/npl-financial-statements-2017[2022-02-01].

② NMO. Future operation of the National Physical Laboratory(NPL)[EB/OL]. https://www.gov.uk/government/collections/future-operation-of-the-national-physical-laboratory-npl [2022-01-25].

③ NPL. Manufacturer measurement network[EB/OL]. https://www.npl.co.uk/manufacturer-measurement-network [2022-01-25].

表 15-11　NPL 各区域中心情况

区域中心	依托机构	主要领域
北部中心	哈德斯菲尔德大学	数字制造、石墨烯与 2D 材料、制药、空间测量、工业物联网等
东部中心	剑桥大学	数据科学、电磁材料、新药筛选等
南部中心	萨里大学	新一代通信技术等
苏格兰中心	思克莱德大学	智能电网、药品连续性生产、先进制造等

（五）人才结构与培养

截至 2020 年底，NPL 雇佣职工 1042 人，其中科研人员 774 人，占 74.28%，行政人员 268 人，占 25.72%，与 2015 年相比总人数增加了 40.81%，但科研人员占比有所下降。2014—2020 年度 NPL 人员结构情况见表 15-12。

表 15-12　2014—2020 年度 NPL 人员结构情况

年度	科研人员/人	占比/%	行政人员/人	占比/%	总人数/人
2014	565	81.29	130	18.71	695
2015	591	79.86	149	20.14	740
2016	584	78.39	161	21.61	745
2017	579	75.29	190	24.71	769
2018	672	73.28	245	26.72	917
2019	732	74.31	253	25.69	985
2020	774	74.28	268	25.72	1042

资料来源：根据 NPL 年度报告整理。

截至 2023 年 6 月，NPL 分设 23 个研究团队（表 15-13），各个研究团队各自开展相应领域的技术研发、人才培养和对外服务。

表 15-13　NPL 研究团队技术领域分布情况

领域名称	领域名称
先进工程材料	质量与力学测量
生物计量	质谱成像
数据科学	医学物理

续表

领域名称	领域名称
尺寸计量	核计量
地球观测、气候与光学	量子技术
电化学	辐射剂量测量
电磁学	表面处理技术
电子与磁性材料	温湿度
排放与大气计量	时频
环境监测	超声
气体与量子计量	水下声学
石墨烯	

科学家是 NPL 的宝贵财富，对科学家的管理和激励一直是 NPL 在管理中最重视的部分。为了弥合 Serco 集团运营期间产生的管理层与科学家之间的隔阂，NPL 积极尝试建立管理层与科学家之间的双向沟通渠道，及时听取对方意见并做出改进，方法包括每季度 CEO 及其他主要领导会与全体员工召开沟通会议，每月高层管理人员与研究团队召开碰头会议，设立员工参与论坛及时听取职工反馈意见，CEO 开设博客（Blog）账号作为发布信息和团队建设的辅助手段。2017 年，NPL 还启用了专业的员工意见服务平台 Thymometrics，以提高内部沟通效率，建立更加良好的工作氛围。但一个机构的文化是长时间积累的结果，已经形成的分歧需要长期的努力才能弥合，未来 NPL 还需要在内部建设上投入更多的精力以确保完成自身职能并获得更大的发展[1]。

NPL 的计量科学博士后工作站（Post Graduate Institute for Measurement Science，PGI）分别在南部中心与苏格兰中心设站。PGI 的学生由 NPL、来自全英国 30 所大学和众多产业界的合作伙伴共同培养，其培养特点是人才在站期间与产业界的紧密合作以及丰富的成果转化经历。PGI 的培养经验作为吸引和培养产业人才的典型案例，被写入英国政府 2020 年《研究与开发路线图》

---

① NPL. NPL management limited: annual report and financial statements(2020)[EB/OL]. https://www.npl.co.uk/about-us/corporate-information/npl-management-limited-2020-v15-(final-and-signed) [2022-02-01].

中。2020 年，PGI 培养出站的博士后超过 140 人，其中 43%进入产业界或继续从事科研事业，总计在站和出站博士后超过 200 人；2015—2020 年 5 年间，PGI 发表论文超过 350 篇[1][2]。

（六）审计与风险管理

董事会与执行总裁负责为内部审计制定相应安排，以确保实现物有所值原则。内部审计依照《政府内部审计标准》开展。NPL 既可以委托政府内部审计局，也可委托其他审计机构开展工作。外部审计机构的选择须经董事会和股东的同意。

从战略层面到计划层面，NPL 在各个层次都进行了风险过程管理。董事会与审计委员会通过风险识别、风险评价、风险响应与监测等方式对全部关键环节进行风险管控，以确保 NPL 面对风险时能够做出最佳应对策略。

（七）与主管部门的联络机制

DSIT 内主管 NPL 的部门定期与 NPL 联络，审查其财务状况、运行绩效和支出情况，同时为 NPL 提供相关政策信息。NPL 有义务及时向主管部门汇报的内容包括：经审核的年度财务报表和期中财务报表、公司绩效季度报告、月度管理账户情况、待批准的年度预算以及其他主管部门要求提供的文件。

六、国际合作

NPL 作为英国国家计量机构在国际合作中肩负着重要使命，它是英国在国际计量委员会、欧洲国家计量机构协会和凡尔赛先进材料与标准项目（VAMAS）的代表机构，是欧洲精密工程与纳米技术学会（EUSPEN）、国际计量测试联合会（IMEKO）、国家标准实验室会议（NCSL International）和国际计量大会（International Congress of Metrology，CIM）成员，另外 NPL 也是

---

① NPL. About the PGI [EB/OL]. https://www.npl.co.uk/skills-learning/pgi/about-the-pgi [2022-01-25].

② UK Government. UK Research and Development Roadmap[EB/OL]. https://www.npl.co.uk/getattachment/skills-learning/PGI/About-the-PGI/UK_Research_and_Development_Roadmap.pdf.aspx?lang=en-GB[2022-01-25].

国际标准化组织（ISO）的成员。

2010 年，NPL 与中国计量科学研究院（NIM）签署了《中英计量合作谅解备忘录》，开展天线计量合作，其中一项重要内容是在中国计量科学研究院（昌平院区）设计建造天线测量标准装置。该装置于 2015 年投入运行，使我国成为继美国、英国、俄罗斯、韩国之后少数拥有高精度天线外推法测量系统的国家，结束了我国长期以来缺乏微波毫米波天线参数量值溯源技术的状况。2016 年，作为原备忘录的延伸和补充，双方签订了《NIM 与 NPL 计量战略合作谅解备忘录》，首次明确将两院合作提升到战略高度，标志着双方的合作已经突破了原有的技术合作层次，开启了中英计量战略合作新篇章[1][2]。

① 科技日报, 林莉君, 刘旭红. 我国成为第五个掌握高精度天线测量的国家——收发无线信号将更精准 [EB/OL]. https://www.cas.cn/kj/201504/t20150423_4343116.shtml [2022-01-25].

② 中国质量新闻网. 中国计量院与英国物理研究院签署战略合作协议[EB/OL]. https://www.cqn.com.cn/zgzlb/content/2016-04/19/content_2821850.htm [2022-01-25].

第十六章
韩国国家科研机构
——国家创新体系的重要力量

第一节　韩国国家创新体系

一、历史沿革

刚建国时的韩国是一个纯粹的农业国，几乎没有任何像样的工业体系。自20世纪60年代开始，历经半个多世纪的发展，韩国完成了由落后农业国向发达工业化国家的转变，创造了"汉江奇迹"，成功地迈入了创新型国家行列。在此过程中，韩国逐渐形成了三支科技力量，即政府资助的公共科研机构、研究型大学和少数大企业，其中战略科技领域的佼佼者成为国家创新体系的核心力量。整体来看，韩国国家创新体系的演化历程大致经历了三个阶段。

（一）第一阶段：由"工业立国"向"科技立国"转变，提升国家自主创新能力

朝鲜战争把韩国经济推到了崩溃的边缘，为了快速发展经济，韩国选择了"工业立国、贸易兴国"的国策。1962 年，韩国制定了第一个"五年经济发展计划"，以建立出口导向型工业国家为发展目标，同时成立了负责科

学技术宏观管理的"技术管理局"。1967 年，韩国政府在技术管理局的基础上成立了副部级的"科学技术处"，并于 1972 年颁布了《技术开发促进法》，1977 年建立了"韩国科学基金会"，旨在推动工业化进程。这一时期，韩国是典型的"拿来主义"者，企业的技术基础主要通过集中引进外国技术并加以消化吸收，以此迅速建立起了较为现代化的工业体系。模仿创新因具有投资少、风险小、见效快等特点，使韩国的技术水平一跃而起，接近发达国家水平，但也造成了韩国对外国技术的严重依赖，经济发展后劲不足[①]。为此，20 世纪 80 年代，韩国调整国家发展策略，开始了由"工业立国"向"科技立国"的转变，将提升国家自主创新能力作为主要发展目标。

（二）第二阶段：建立并逐步完善现代科技管理体系和科技发展支撑体系

进入 20 世纪 90 年代后，发达国家纷纷加强技术封锁，世界整体贸易环境日益严峻，1997 年爆发的亚洲金融危机更是重创了韩国经济。1998 年金融危机之后，韩国政府总结经济危机的经验教训，对国家科技体制进行了重大调整，科技发展战略开始由"引进与消化为主"向"自主创新与消化吸收并举"转变，强调产学研相结合，建立以民间研究开发体系为主导的科技创新体系。1999 年，韩国政府对 1997 年颁布的《科学技术创新特别法》进行了修订，将副部级的"科学技术处"升级为"科学技术部"，并在原"科学技术委员会"的基础上建立了"国家科学技术委员会"，负责科技发展规划战略审议等工作。同年，为了便于对公共科研机构的管理，提高资源利用效率，韩国政府颁布了《关于政府资助研究机构的设立、运作及育成的法律》，成立了基础技术研究会、产业技术研究会、人文社会技术研究会、经济社会技术研究会和公共技术研究会，对政府资助的公共科研机构进行分类管理。之后，各研究会进行了多次重组，合并成立了韩国科学技术研究会，负责 25 所政府资助研究机构的统筹管理和预算编制。2001 年，韩国政府颁布了《科学技术基本法》，明确了科学技术部等部委以及地方政府在科技管理中的地位和职责范围，并依据该法成立

---

① 鲍晓华. 韩国国家科技创新体系的建设及其启示[J]. 科技进步与对策, 2001, (7): 144-146.

了"科学技术企划评价院"（以下简称"企划评价院"），以更好地进行科技预测、技术影响评价和技术水平评价[1]。自此，韩国建立形成了较为完整的现代科技管理体系和科技发展支撑体系。

（三）第三阶段：优化资源配置，构建高效的科技管理体制

2017 年，为解决部门资源碎片化、重复投入、利益相互牵制、各部门发展规划衔接性差以及研发效率低下等顽疾，韩国对科技管理体制进行了一次深度改革。设立总统直属的"第四次工业革命委员会"，负责制定与第四次工业革命相关的综合性国家战略，以推动第四次工业革命引领的创新创业国家建设。将"创造科学部"更名为"科学技术信息通信部"（以下简称"信通部"），在其内部增设"科学技术创新本部"（以下简称"创新本部"），负责全国科技经费分配、制定科技创新发展战略、审议以及成果管理等工作。另外，将 500 亿韩元以上大型研发项目的立项权从企划财政部一并调整到信通部，信通部在国家科技管理体系中的核心地位得到前所未有的强化。成立"国家科学技术咨询会议"，将科学技术审议会职能与科学技术咨询会议职能进行合并，充当总统的科技智囊机构。至此，韩国所有的国家科技规划、执行和评估工作都集中在以"国家科学技术咨询会议"和"信通部"为中心的政府部门，管理权力高度集中，保证了科技政策和科技活动的顺利开展和高效运行。

二、科技管理体制

为培养战略性科技力量，强化国家创新体系核心力量，自 2004 年始，韩国不断加大科技体制改革力度，形成了较为完善的统筹管理体系，如图 16-1 所示。

---

① 李丹. 韩国科技创新体制机制的发展与启示[J]. 世界科技研究与发展, 2018, 40(4): 399-413.

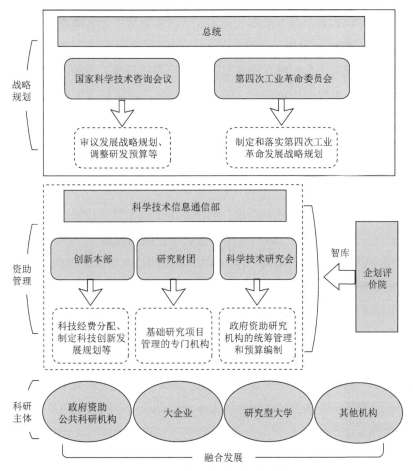

图 16-1 韩国科研创新体系[1]

资料来源：https://www.pacst.go.kr/jsp/pacstinfo/intro.jsp；https://www.msit.go.kr/index.do[2022-04-20]

（一）规划管理与资源配置体系

韩国的科技管理工作主要由信通部承担，并通过其下属的创新本部、研究财团、企划评价院履行组织管理与资源配置职能。创新本部负责全国科技经费分配、制定科技创新发展战略、审议以及成果管理等工作，以及 500 亿韩元以上大型研发项目的立项权，创新本部部长可参加国务会议，并有权参与重要议题决策。2009 年依据《韩国研究财团法》成立的研究财团，是负责基础研究

---

① 张翼燕, 宋微. 韩国文在寅政府科技创新动向[J]. 科技中国, 2018, (2): 86-89.

项目管理的专门机构，有 500 多名正式职工，采取理事会管理模式，由政府及民间人士共同组成，主要负责执行信通部和教育部相关研究项目和课题的管理、国际科技和人才合作项目管理以及人才培养等任务。企划评价院是韩国重要的科技智库，采取院长负责制，其主要职能包括国家科技创新发展战略及研发预算方案制定、世界科技发展趋势预测、未来技术预测评估、国家研发事业可行性调查分析以及国家研发项目与课题的绩效评估。

（二）审议与咨询体系

韩国"国家科学技术咨询会议"的前身为"国家科学技术委员会"，成立于 1999 年，是韩国总统直属的常设机构，负责科技发展规划战略审议、研发预算调整建议以及跨部门协调工作。2013 年被调整为非常设机构，职能弱化，新设立的"国家科学技术审议会"负责重大科技发展战略和相关法规的审议，并拥有国家研发预算分配方案调整建议权以及跨部门协调职能。2017 年，文在寅政府在"国家科学技术审议会"的基础上，整合科技政策审议、战略咨询等职能，成立了"国家科学技术咨询会议"。"国家科学技术咨询会议"由总统任委员长，浦项工业大学教授担任副委员长，委员主要由大学、研究机构和企业界人士担任。咨询会议保留原国家审议会的职能，同时充当总统科技智囊机构的角色。

第四次工业革命是文在寅政府的核心执政理念，为有效落实这一理念，韩国于 2017 年成立了第四次工业革命委员会，协调政府及产学研部门共同制定和落实第四次工业革命发展战略规划，其中包括与第四次工业革命相关的综合性国家战略、数据和网络基础构建，并承担审议和调整的功能[1]。第四次工业革命委员会是 6 个总统直属委员会之一，委员长由民间人士担任，下设委员会、创新委员会、特别委员会和咨询团，成员由政府和产学研界人士组成。该委员会定期召开会议，审议相关议题，进行跨部门协调，向总统提供政策建议。

韩国科学技术研究会隶属于信通部，下设理事会、企划评估委员会、运行协商会议三个组织机构，负责 25 所政府资助研究机构的统筹管理和预算编制。理事会是最高决策机构，理事长由信通部部长提名，总统任命，任期为 3 年。

---

[1] 张翼燕, 宋微. 韩国文在寅政府科技创新动向[J]. 科技中国, 2018, (2): 86-89.

政府赋予研究会四项职能①：一是制定政府资助研究机构的发展目标和扶持政策；二是加强对政府资助研究机构的有效管理，推动机构间开展原创、尖端技术融合研究；三是完善科研管理体制，营造对研究人员友好的创新环境和氛围；四是加强官产学研联动，打破机构间壁垒，促进研发机构与企业之间的合作与交流，提高科技成果转化率等。

（三）研发主体层面

20 世纪 90 年代以前，政府资助的公共科研机构一直是国家研发的绝对主体，是重要的基础技术和产业技术的生产者。随着企业创新力量的迅速发展，研发主体逐渐由政府过渡到大企业，近年来政府又将中小企业创新发展作为重点扶持对象，创新模式由单一主体创新向产学研协同创新方向转变。而研究型大学是韩国一支重要的科技创新力量，在基础研究、应用研究和创新型人才培养方面发挥着重要作用。

总体而言，韩国国家创新体系中各类战略性科技力量的分工较为明确，政府资助研究机构负责应用技术研发，大学负责基础研究，大企业负责产业技术开发、应用及相关基础研究。

三、创新体系特征

（一）政府资助研究机构

政府资助的公共科研机构是韩国重要的研发力量，承担着航天工程、核聚变、天文宇宙、核能技术等国家战略领域的研发重任，以及绿色能源、生物技术、生命科学、电子通信、新材料、化学和机械等领域的基础应用与产业化技术研发。一方面，政府通过政策引导，推动科研机构积极参与国家融合研究战略，鼓励 2 个以上科研机构与国内外产学研机构合作，组建融合型研发组织，涉及融合研究团、创新性融合研究、军民合作研究、融合研究可行性评估、融合研究集群等 5 种融合研究模式，共同开展跨领域研究，由研究会提供资金扶

---

① 韩国科学技术研究会官网. https://www.nst.re.kr/.

持研发。另一方面，成立韩国基础科学研究院（2011 年），组织整合全球资源，共同开展合作研究，形成网络集成式研发组织模式。目前，在化学、数学、物理学、生命科学、地球科学、融合研究等领域共设置了 28 个研究团，每个研究团作为一个大课题组，从事中长期、大型化融合性基础研究，政府给予 10 年的稳定支持。28 个研究团分布在全国 8 个地区，其中 5 个设置在基础科学研究院本部，23 个设置在大学。

（二）研究型大学

韩国国立研究型大学由政府主办，共有韩国科学技术院、蔚山科学技术院、光州科学技术院和大邱庆北科学技术院 4 所研究型大学。这些大学行政上隶属信通部，办学经费由信通部和教育部共同支持，研发经费则由信通部以委托项目的形式支持。大学拥有较大的管理自主权，采取国际化的管理模式，实行理事会领导下的校长负责制，面向全球招聘校长和教授，与世界科研机构有着密切的合作关系。课题研究是 4 所大学组织教学的基本方式，在韩国基础研究和应用研究中发挥着重要作用。

（三）大企业研发机构

韩国企业经历了 20 世纪 70 年代的"复制模仿"、80 年代的"创造性模仿"和 90 年代以来的"自主创新发展"三个阶段，创新能力显著提高，在电子通信、半导体、造船、钢铁、汽车和化工等六大领域异军突起。据 2016 年欧盟统计，三星电子、LG 电子、现代汽车公司和海力士 4 家企业进入世界百强研发投入企业名录，其研发领域主要涵盖 5G 通信技术、通信设备、电子、汽车、存储器、显示器和人工智能等，是韩国重要的经济支柱。

2010—2020 年，韩国研发经费投入稳步增长（图 16-2）。其中，企业研发经费投入占绝对优势，约占总投入比的 80%；政府研发投入占比比企业研发投入低，约为 10%（图 16-3）。近年来，韩国政府通过产学研合作机制和政策激励措施，积极促进三者在研发资源共享、研发领域等相互融合，融合发展成为韩国科技发展战略的重要理念。

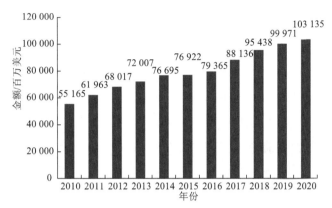

图 16-2　2010—2020 年韩国研发经费投入总额

资料来源：OECD Statistics[EB/OL]. https://stats.oecd.org/index.aspx?lang=en#[2022-05-12]

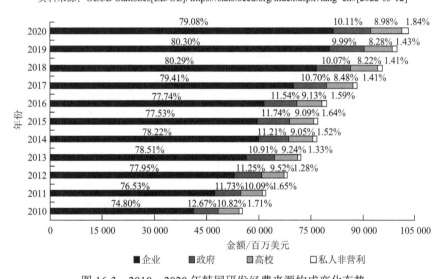

图 16-3　2010—2020 年韩国研发经费来源构成变化态势

资料来源：OECD Statistics[EB/OL]. https://stats.oecd.org/index.aspx?lang=en#[2022-05-12]

第二节　韩国国家科研机构概况

一、公共科研机构基本情况

韩国公共科研机构的前身是韩国国立研究机构，主要由韩国各级政府设立和运营，1998 年达到 74 家[①]。为激发创新活力、提高科技创新能力，韩国将国立研究机构的所有权和经营权适当分离，逐步由政府直接管理转变为政府资助，同时进行了优化整合，重组形成 25 所公共科研机构，如表 16-1 所示。政府资助的公共科研机构实行理事会领导下的院长负责制，各研究机构管理模式基本相同，院长和监事由研究会理事会任命，任期同为 3 年，监事负责对财务和机构运行实行监察监督。研究机构通常设置研究企划委员会、研究审议会和伦理委员会等，负责制定该研究机构的运行发展计划、审议重要事宜。

表 16-1　政府资助科研机构名单（25 所）

序号	名称	序号	名称
1	韩国科学技术院（KAIST）	14	韩国标准科学研究院（KPISS）
2	绿色技术中心（GTC）	15	韩国食品研究所（KFRI）
3	韩国基础科学支援研究院（KBSI）	16	世界泡菜研究所（WiKim）
4	国家核融合研究所（NFRI）	17	韩国地质资源研究院（KIGAM）
5	韩国天文研究院（KASI）	18	韩国机械研究院（KIMM）
6	韩国生命工学研究院（KRIBB）	19	韩国材料研究所（KIMS）
7	韩国科学技术信息研究院（KISTI）	20	韩国航空宇宙研究院（KARI）
8	韩国韩医学研究院（KIOM）	21	韩国能源技术研究院（KIER）
9	韩国生产技术研究院（KITECH）	22	韩国电气研究院（KERI）
10	韩国电子通信研究院（ETRI）	23	韩国化学研究院（KRICT）
11	韩国国家安全技术研究所（NSRI）	24	安全性评估研究所（KIT）
12	韩国建设技术研究院（KICT）	25	韩国原子能研究院（KAERI）
13	韩国铁道技术研究院（KRRI）		

资料来源: 雷璇, 马文聪, 颜坤, 等. 韩国政府出资研究机构的发展历程及对我国的启示[J]. 科技管理研究, 2020, (13): 120-127.

自 1966 年韩国第一所真正意义上的科研机构——韩国科学技术院建立以来，经过几十年的发展和多轮改革，韩国逐渐形成了覆盖主要科技和产业领域的现代研究机构体系。2020 年以来，25 个政府资助的公共科研机构承担着航

① 李丹. 韩国科技创新体制机制的发展与启示[J]. 世界科技研究与发展, 2018, 40(4): 399-413.

天工程、核聚变、天文宇宙、核能技术等国家战略性研发重任，同时开展绿色能源、生物技术、生命科学、电子通信、新材料、化学和机械等领域的基础应用与产业化技术研发，是韩国的"国策性（战略性）"研究机构。

二、公共科研机构资助概况

目前，政府资助研究机构预算经费由中央政府提供的运营经费和机构收入（课题经费和利息）两部分组成，2018 年总预算约 45 亿美元，其中政府出资占 42%，机构收入占 58%。

2010—2020 年，韩国政府投入的研发经费总量呈逐年上升趋势。从经费投入类型来看（图 16-4），近年来，基础研究投入略有减少，应用研究投入略有增加，变化不大，占韩国政府研发经费总投入比均不及 30%。试验开发投入占研发经费总投入比较高且稳中有升，约为 45%。

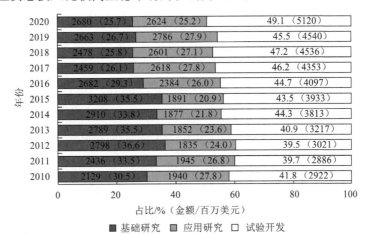

图 16-4　2010—2020 年韩国政府投入研发经费按类型分布情况

资料来源：OECD Statistics[EB/OL]. https://stats.oecd.org/index.aspx?lang=en#[2022-05-12]

第三节　韩国电子通信研究院

1976 年 12 月，韩国电子通信研究院（ETRI）根据《科学技术领域政府出资研究机构等的设立、运营和培育法》第 8 条成立。截至 2022 年 10 月 31 日，作为韩国电子信息通信方面规模最大的研究机构，韩国电子通信研究院有正式员工 2000 多人，旨在研究信息、通信、电子、广播及相关融合技术领域的核心和未来技术，通过创造增长动力和扩大成果，为国民经济和社会发展做出贡献。近年来，随着韩国逐渐重视 IT 领域信息保护与标准化建设，电子通信研究院作为主要研究机构，也参与了相关准则的制定。

一、缘起和发展

早在 20 世纪 60 年代，韩国就确立了"工业立国、贸易兴国"的国策，这一时期是韩国科技发展的起步阶段。20 世纪 70 年代，韩国政府鼓励企业建立自己的技术开发部门进行研发投入，培养企业的研发能力及技术创新能力。1972 年，韩国颁布了《技术开发促进法》。韩国大德科学园区也是在这一时期建立的。韩国电子通信研究院正是在这样的背景下诞生的[①]。

1976 年底建立的韩国电气研究与技术研究所（KERTI）、韩国电子技术研究所（KIET）和韩国通信技术研究所（KTRI）3 个实验室（涉及电气、电子和电信领域）是电子通信研究院历史的起点[②]。随后，1981 年 1 月根据科学技术处的研究开发体制整顿和运营改善方案，政府出资支持研究机构合并案的实施，韩国通信技术研究所和韩国电气设备试验研究所合并为韩国电气通信研究所[③]。1985 年 3 月，韩国电气通信研究所和韩国电子技术研究所合并，以适应全球信息化趋势，提出通信和电子领域的集成需求，标志着韩国电子通信研究所的成立。1997 年 1 月，根据修订后的《电气通讯基本法》，韩国电子通信研究所更名为韩国电子通信研究院。1997 年 4 月 2 日，电子通信研究院迎来了成立 20 周年，并提出了"引领人类福祉的研究院"的目标。

---

① 李丹. 韩国科技创新体制机制的发展与启示[J]. 世界科技研究与发展, 2018, 40(4): 399-413.

② ETRI. Overview [EB/OL]. https://www.etri.re.kr/engcon/sub1/sub1_02.etri[2022-02-22].

③ ETRI. 연혁[EB/OL]. https://www.etri.re.kr/korcon/sub7/sub7_03.etri[2022-02-22].

二、特征

电子通信研究院是韩国信息通信领域规模最大的国家级科研机构，专业从事 ICT 融合的研发。

具备顶级研发性能，生产世界一流产品。电子通信研究院 2011—2013 年在美国专利评估中名列前茅，这得益于其在移动通信领域新技术的领导地位，以及在美国和世界各地申请相关专利方面的持续努力。在美国专利数据咨询公司 ipIQ 的 2013 年综合专利评估"专利计分卡"排名中，电子通信研究院也继续保持着对麻省理工学院、加州大学和斯坦福大学的领先地位[①]。

解决公众的生活问题，提高对中小企业的支持。电子通信研究院支持中小企业和初创企业提高其技术竞争力，主要关注中小企业和初创企业商业化战略的制定、商业化支持项目、知识产权的高效创造和利用，为培育中小企业和创造就业机会，努力完善技术转让和商业化的支持体系。技术商业化系统包括各种项目、高效的专利管理和利用，为了确保这些项目之间更紧密地合作，将整个过程整合到"ETRI 商业化支持平台"（ETRIplus）上。在平台项目的合作与协作的基础上，通过技术的商业化，创造经济价值，与中小企业建立双赢的合作伙伴关系[②]。

建立以结果为导向的评价模式。以结果为中心的科技管理的深层意义在于缩短研究人员与市场的距离，培养研究人员的市场意识和技术经营意识，使技术不再停留在高校、科研院所及企业内部，而是成为利润增长的一种要素，是未来技术商品化的必要铺垫，也是国家科技投入提高效率性和效益性的有效导向，这是政策背后的真正诱因。

三、组织架构[③]

韩国电子通信研究院的组织架构如图 16-5 所示。电子通信研究院的决策

---

① ETRI. ETRI was ranked NO.1 [EB/OL]. https://www.etri.re.kr/engcon/sub1/sub1_08.etri [2022-02-22].

② ETRI. Introduction [EB/OL]. https://www.etri.re.kr/eng/sub6/sub6_0101.etri?departCode=3 [2022-02-22].

③ ETRI. Introduction [EB/OL]. https://www.etri.re.kr/eng/sub6/sub6_0101.etri?departCode=2 [2022-02-22].

管理部门包括主席、执行副主席、监察部、国家安全技术研究所和公共关系部。国防材料与元件（DMC）融合研究部、大邱庆北研究中心、湖南研究中心和首尔 SW-SoC 融合研究开发中心受到决策管理部门直接管理。人工智能研究实验室、电信与媒体研究实验室、智能融合研究实验室、ICT 创意研究实验室、中小企业及商业化部、规划部门和行政部门受到执行副主席直接管理①。

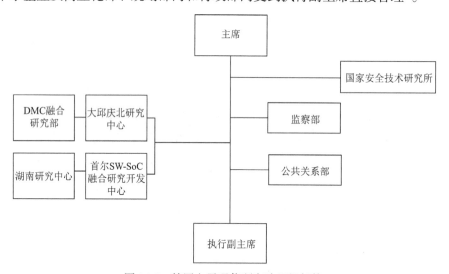

图 16-5　韩国电子通信研究院组织架构

（一）DMC 融合研究部

DMC 融合研究部包括国防射频元器件研究室、国防电源/传感器模块研究处和国防射频包装研究室。为了应对周边国家的变化和实现自主防卫，以及对国防核心材料和零部件国产化技术不断扩大的需求，DMC 融合研究部通过与国家科学技术研究委员会的政府资助研究机构、其他机构和公司的研发合作，开发国防武器系统核心半导体元件的本地化和平台持有的高级技术。DMC 融合研究部的主要研究方向为监视侦察雷达射频集成电路国产化和平台开发、电子雷管高压开关及光传感器国产化和平台建设，以及核心防御模块集成封装技术的开发。DMC 融合研究部的最终目标是通过提供半导体代工服务和建立国防部件半导体平台，建立适用于武器系统的部件独立计划。

---

① ETRI. 연구원 홍보[EB/OL]. https://www.etri.re.kr/korcon/sub3/sub3_0401.etri [2022-02-22].

（二）大邱庆北研究中心

大邱庆北研究中心下设地区产业信息技术融合研究室、人工智能应用研究室、机器人技术信息融合研究室、医疗信息技术融合研究室和智能农场应用研究处五个分部。为了提高大邱庆北地区的技术能力，从 2006 年开始，建立了大邱庆北研究中心，旨在加快智慧城市、智慧车辆、智慧医疗、智慧农业 ICT 融合，并支持技术商业化。电子通信研究院致力于为大邱庆北地区的中小企业提供技术支持。

（三）湖南研究中心

湖南研究中心包括人工智能融合研究室、光学 ICT 融合研究室、边缘计算应用服务研究室、能源情报研究处和光学包装研究室。它开展技术商业化活动，以开发基于湖南地区战略产业的领先技术，并开发定制技术，以培育湖南地区的中小型企业，同时推广电子通信研究院和湖南研究中心自主开发的技术，成为培育地区战略产业的技术中心。

（四）首尔 SW-SoC 融合研究开发中心

首尔 SW-SoC 融合研究开发中心包括人工智能融合研究室、SoC 基础设施研究科、内容情报研究室、智能制造应用研究室和区域 ICT 融合研究实验室 5 个部门。其前身是为培育系统半导体产业而成立的专用集成电路（ASIC）支援中心，成立于 1997 年，2012 年为发展 SW-SoC 产业而更名为"首尔 SW-SoC 融合研究开发中心"。首尔 SW-SoC 融合研究开发中心的目标是通过与地区 ICT 战略产业相关的研究开发，建立系统半导体技术开发的基础，发挥 SW-SoC 产业发展中的枢纽作用。通过打造人工智能融合技术和 SW-SoC 产业生态系统，支持区域未来主要产业和中小企业的发展，以及制定情报数字化转型和区域合作任务的重点政策，以追求人工智能软件和系统半导体产业的核心创新。

（五）其他机构的职能定位

此外，还有人工智能研究实验室、电信与媒体研究实验室、智能融合研究实验室、ICT 创意研究实验室、中小企业及商品化部、规划部门和行政部门。

中小企业及商品化部负责建立技术商品化体系，最大限度地发挥在电子通信研究院开发的技术的商业潜力，并支持中小企业提高其技术竞争力。规划部门从互信和创新的角度出发，致力于实现电子通信研究院数字化转型的愿景和战略。它包括管理策略部门、技术规划部门、项目战略部门和信息战略部门。行政部门由业务管理部、人力资源部、财务管理部组成，负责举办各种活动、安全及保安管理、设施维修等工作，其目标是建立"全球标准的行政管理体系"①。

四、任务来源及形成机制

（一）任务来源

电子通信研究院的管理目标是为未来的增长、面临的挑战做好准备，创造全球顶级研发成果，建立以开放、共享和协作为基础的研究文化，解决国民生活问题，并扩大对中小企业的支持。它的战略目标是建立以人为中心的自主智能和共存的超智能信息社会基础，实现超高性能计算，克服性能限制，实施安全、智能的超融合基础架构，提供超真实感服务，最大限度地提高沟通体验，并开发国家智能融合技术，为创新增长奠定动力②。

围绕战略管理目标制定了 2019—2022 年度推进计划书，该计划书规定判断一项任务推进与否的评估内容包括以下三个方面。第一，知识产权与研发（IP-R&D）建立项目化企划的执行系统方面：IP 经营战略及技术费收入结构改编（方案）是否已经建立；技术费收入是否累计达到 1650 亿韩元；确保核心（常用标准）专利及建立专利组合的实际应用；等等。第二，激活创新企业创业方面：创业企业（含研究所）累计是否达到 50 家；创业学院运营业绩（学员培养业绩）；是否挖掘创业可对接课题及创业扶持业绩，是否完善创业促进制度（兼职、团队创业、奖励等）；是否支持预备创业者走出去创造业绩；等等。第三，集中支持利用研发成果的企业方面：累计向现场派遣研究人员 150

名；支持研究基础设施的业绩、融合技术研究生产中心和海外中心的功能重新定位方案；创业企业 IPO 成果和出资收益；等等①。

（二）形成机制

根据 2019—2024 年研究项目计划书，经营规划办公室、业务战略办公室结合当下老龄化、信息化的发展背景，制定了以下五个战略目标：以人为中心构建与自主智能共存的超智能信息社会基础；超越性能极限的超性能计算；实现安全智能的超融合基础设施；实现沟通和体验最大化的超真实感服务；国家智能化融合技术开发，创造创新增长动因。未来重点推进的方向是突破技术瓶颈的关键源头研究，以及开发解决公共、国民生活问题的智能化技术②。在以上战略目标的指引下，分 2019—2021 年和 2022—2024 年两个阶段进行运作，并设定各项绩效目标。

首先，电子通信研究院以重点研究领域代表性成果、政策和需求分析为基础，制定战略目标，得出方向并提出战略目标。其次，根据制定战略目标的方向找出重点领域问题和解决问题的方向，并提出能够实现的战略目标。考虑电子通信研究院的推进方向和战略目标的方向、各战略目标的预算和人力的投资组合等因素，按战略目标差别分配，运行战略目标绩效管理体系，确保战略目标的实现，强化绩效责任。

五、经费结构及使用方式

政府出资的公共研发机构极大地促进了韩国科技的发展，科技发展又给韩国的经济增长带来了巨大的贡献。电子通信研究院在 1984—2012 年创造了 170 万亿韩元的收益。

---

① ETRI. 사전정보공개: 중장기 전략 및 경영목표[EB/OL]. https://www.etri.re.kr/kor/sub1/sub1_0401.etri?keyField=&keyWord=&page=2&infoCategoryCode=3&infoItemCode=96-(191028)+기관운영계획서_ETRI_F.pdf[2022-02-22].

② ETRI. 사전정보공개: 중장기 전략 및 경영목표[EB/OL]. https://www.etri.re.kr/kor/sub1/sub1_0401.etri?keyField=&keyWord=&page=2&infoCategoryCode=3&infoItemCode=96-ETRI+연구사업계획서+최종본(이사회+승인)_연구회제출(191120).pdf[2022-02-22].

（一）经费结构[①]

电子通信研究院的资金来源包括政府支持、其他业务收入、附带收入（其他）以及其他（表 16-2）。2020 年，政府支持占到收入来源的 14.7%，其他收入合计占到收入的 85.3%。

表 16-2　2020 年和 2019 年电子通信研究院资金来源情况

分类		2020 年		2019 年	
		金额/百万韩元	占比/%	金额/百万韩元	占比/%
政府支持	直接收入				
	捐款	90 095	14.5	90 766	14.8
	赠款	—	—	—	—
	负担金	—	—	—	—
	转移收入	—	—	—	—
	附带收入（直接）	1 082	0.2	1 023	0.2
	间接收入				
	业务收入	—	—	—	—
	委托收入	—	—	—	—
	独家收入	—	—	—	—
	附带收入（间接）	—	—	—	—
	合计	91 177	14.7	91 789	15.0
其他收入	其他业务收入	451 715	72.6	446 030	72.7
	附带收入（其他）	77 790	12.5	73 619	12.0
	其他	1 210	0.2	1 743	0.3
	其他收入合计	530 715	85.3	521 392	85.0
收入总合计		621 892	—	613 181	—

注：“—”为在 2018—2023 年未显示有这方面的收入，故为空值，下表同。

2020 年和 2019 年捐款[②]分别占到总的政府净支持收入的 98.8 和 98.9%，见表 16-3。如图 16-6 所示，2020 年电子通信研究院的项目资金为 6486.25 亿

---

① ETRI. 수입 및 지출 현황 [EB/OL]. https://alio.go.kr/item/itemReportTerm.do?apbaId=C0251& reportFormRootNo= 31401&disclosureNo-report_2021041302189762.pdf [2022-02-22].

② 捐款指本年度政府预算中编列的出场费收入额。

韩元，获得项目资金的项目数为 650 个，相较于上年增长约 7%。

表 16-3 2020 年和 2019 年政府净支持收入

分类	2020 年		2019 年	
	金额/百万韩元	占比/%	金额/百万韩元	占比/%
捐款	90 095	98.8	90 766	98.9
赠款	—		—	
负担金	—		—	
转移收入	—		—	
委托收入	—		—	
附带收入（直接）	1 082	1.2	1 023	1.1
总计	91 177		91 789	

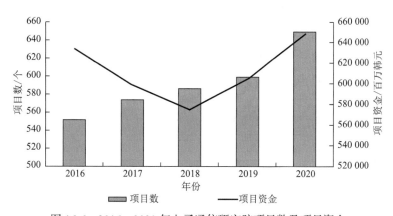

图 16-6 2016—2020 年电子通信研究院项目数及项目资金

资料来源：ETRI 2021 Brochure. 다운로드[EB/OL]. https://www.etri.re.kr/korcon/sub3/sub3_0404.etri[2022-02-22]

（二）使用方式

电子通信研究院 2020 年的总支出为 6218.92 亿韩元，支出分配在劳动力成本、运营费用、业务费用、借贷偿还和其他上。在总支出中，业务费用占比最大，为 46.4%（上一年为 48.9%），其次是劳动力成本，占比为 35.0%（上一年为 34.6%），见表 16-4。

表 16-4　电子通信研究院经费使用情况

分类	2020 年		2019 年	
	金额/百万韩元	占比/%	金额/百万韩元	占比/%
劳动力成本	217 926	35.0	211 918	34.6
运营费用	30 938	5.0	29 292	4.8
业务费用	288 438	46.4	299 273	48.9
借贷偿还	8705	1.4	7573	1.2
其他	75 885	12.2	65 125	10.6
总支出	621 892		613 181	

注：因四舍五入原因，最后一列占比加和数据不等于100%。

六、用人方式及薪酬制度

2020 年，电子通信研究院的管理人员和全职员工（此处特指一般全职员工）共 2367 人，其中管理人员 2 名。全职员工又指正式职工，包含普通正式职工 2239 名和无限期合同员工 126 名（表 16-5）。2020 年，非正式职工共 336 人，其中合同制 131 人、派遣人员 8 人、劳务（来自民间）197 人（表 16-6）。

表 16-5　2020 年电子通信研究院按职级分列的管理人员和全职员工（单位：人）

分类			人数
管理人员	机构负责人	常任定员	1
		常任职员	1
		非常任	0
	理事	常任定员	0
		常任职员	0
		非常任	0
	审计师	常任定员	1
		常任职员	1
		非常任	0
	其他		0
	常务委员名额（A）		2

分类			2020 年
正式职工	普通正式职工	合计（B）	2239
		定员　额外定员	50
		定员　弹性定员	0
		职员　合计	2153
		职员　全日制	2146
		职员　短期	7
	无限期合同员工	合计（C）	126
		定员　额外定员	0
		定员　弹性定员	0
		职员　合计	104
		职员　全日制	104
		职员　短期	0
员工总数（A+B+C）			2367

表 16-6 2020 年和 2019 年非正式职工数量 （单位：人）

分类			2020 年	2019 年
非正式职工	合同制	全日制	68	111
		短期	63	111
		合计	131	222
	正规职转换	转换计划（D）	55	10
		转换业绩（E）	5	4
		转换比率（E/D）	9.09%	40%
	其他		0	0
	所属人员	派遣	8	8
		劳务（来自民间）	197	277
		机构内部承包	0	0
		合计	205	285

续表

	分类			2020 年	2019 年
非正式职工	所属人员	正规职转换	转换计划（F）	178	0
			转换绩效（G）	151	0
			转换比率（G/F）	84.83%	0
	子公司			71	0

管理人员（机构负责人、理事、审计师）是按照法律或企划财政部批准和通知的定员标准。正式职工包括普通正式职工和无限期合同员工，指的是除管理人员以外的人员（包括在分公司和海外组织工作的职员）。全职指全职员工中除无限期合同员工之外的人员，全职（无限期合同员工）指合同无限期保障的员工。

所属外聘人员指公共机构不直接雇用，以派遣、劳务、内部分包等形式属于其他企业（劳务企业、派遣企业），在机关工作的人员。海外本地招聘人员有 2 人，其中北京研究中心全日制合同工 1 人，美洲技术传播中心全日制合同工 1 人。女性职员一共 306 人，进修职员一共 168 人。根据表 16-7，女性员工占比最高的职位是无限期合同员工，其次是原级技术职位，然后是原级行政职位，在其他较高层次的职位上女性员工占比相对较低。

表 16-7 2020 年按职级分类的人数以及女性占比

职位	职员人数/人	女性占比/%
管理人员	1	0.0
责任级研究职位	1286	13.6
高级研究职位	142	14.4
原级研究职位	109	12.8
责任级技术职位	55	9.1
高级技术职位	53	26.4
原级技术职位	15	46.7
责任级行政职位	117	13.7

续表

职位	职员人数/人	女性占比/%
高级行政职位	7	28.6
原级行政职位	28	39.3
独立定员	49	8.2
无期限合同员工	113	78.8

资料来源：ETRI. 임직원 수[EB/OL]. https://alio.go.kr/organ/organDisclosureDtl.do?apbaId= C0251 [2022-02-22].

（一）招聘

原则上，电子通信研究院在上半年和下半年各举行一次全职员工的公开招聘，必要时随时进行招聘，一般来说在 5 月和 10 月发布招聘信息，但招聘时间可能会根据研究人员的不同情况进行调整。合同员工根据人员运营情况，不定期地进行公开招聘，可以随时通过研究院网站进行确认。研究职位/技术职位在发布招聘公告后，按照"申请受理→文件录取→专业面试→综合面试"的顺序进行，行政职位在发布招聘公告后，按照"申请受理→文件录取→笔试→综合面试"的顺序进行，录取过程需要 2—3 个月的时间。提交单独证明材料（残疾人的福利卡复印件、就业保护对象证明）的，将根据相关法律给予优惠（加分）[①]。

聘用员工有试用期，新员工在试用期届满时签订聘用合同，合同期限不得超过 3 年。专业研究人员应当在义务从事期限届满之日内签订聘用合同。员工每 3 年签订一次雇佣合同，但在接到等待令后，无职责超过 3 个月的人员，经人事委员会审议后不得续约[②]。

（二）平均报酬

2018—2021 年全职员工平均报酬如表 16-8 所示。

---

① ETRI. 미래사회를 만들어가는 국가 지능화 종합 연구기관[EB/OL]. https://etri.recruiter.co.kr/bbs/appsite/faq/list [2022-02-22].

② ETRI. 인사규정[EB /OL]. https://www.etri.re.kr/preview/1573103553419/index.html [2022-02-22].

表 16-8　2018—2021 年全职员工平均报酬 （单位：万韩元）

全职员工分类	报酬分类	2018 年	2019 年	2020 年	2021 年
全职员工（一般全职员工）	基本工资	78 614	77 495	80 050	78 480
	固定津贴	802	742	966	945
	绩效津贴	7	0	0	0
	工资福利	2 306	2 285	2 308	1 000
	绩效奖金	25 542	30 903	24 285	23 958
	其他	341	286	275	266
	人均薪酬	107 612	111 711	107 884	104 649
	（男）	108 313	112 813	108 809	107 716
	（女）	102 757	104 574	102 071	95 235
	常年员工人数	2 056.23	2 192.00	2 166.27	2 167.00
	（男）	1 797.03	1 899.73	1 868.90	1 854.00
	（女）	259.20	292.27	297.37	313.00
	平均服务年限（月）	194	199	202	201
	（男）	196	200	204	203
	（女）	180	189	193	193
全职员工（无限期合同员工）	基本工资	34 533	34 153	30 977	22 760
	固定津贴	0	0	0	0
	绩效津贴	0	0	0	0
	工资福利	1 962	2 098	2 120	1 000
	绩效奖金	8 429	9 211	5 586	4 109
	其他	0	73	2	1
	人均薪酬	44 924	45 535	38 685	27 870
	（男）	47 427	46 660	43 269	30 856
	（女）	42 869	44 603	37 462	27 754

（三）预算福利

电子通信研究院的预算福利按照职级进行划分，分别为管理人员、全职员工（一般全职员工）、全职员工（无限期合同员工）和临时工。无论何种职级，享有的预算福利都包括两个方面，一个是工资福利，另一个是非工资福利，且工资福利的比重要远高于非工资福利。2020 年预算福利总支出为 693 688 900 万韩元。其中，工资福利中占比最大的是选择性福利计划，占到管理人员工资福利的 95.3%，其次是纪念品，占比 4.7%；非工资福利中占比最高的是医疗费用和体检费用，占到管理人员非工资福利的 52.7%，其次是选择性福利计划，占比 42.6%。管理人员、全职员工（一般全职员工）、全职员工（无限期合同员工）和临时工的预算福利结构在工资福利方面几乎一致，但在非工资福利方面有所不同（图 16-7—图 16-9）。

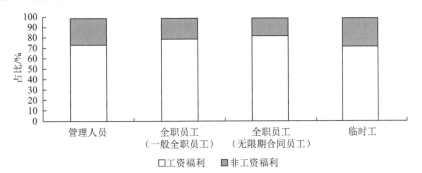

图 16-7　2020 年电子通信研究院预算福利占比

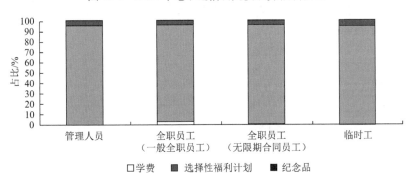

图 16-8　2020 年电子通信研究院工资福利占比

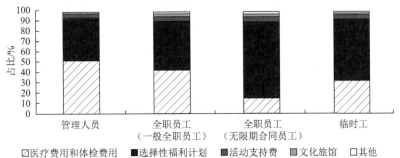

图 16-9　2020 年电子通信研究院非工资福利占比

资料来源：ETRI. 복리후생비[EB/OL]. https://alio.go.kr/item/itemReportTerm.do?apbaId=C0251& reportFormRootNo=20801&disclosureNo=#toc-123[2022-02-22]

（四）教育培训[①]

教育培训旨在通过开发员工的新知识和技能，提高员工在研究项目或相关业务中的效率。教育培训体系根据组织和个人发展的需要，分为基本素质培养教育培训、提高工作能力的教育和培训、支持自我能力发展的教育和培训。

其中，基本素质培养教育培训是培训新员工了解管理理念、目标和文化，分享他们作为员工的行为方式，并了解工作所需的知识和信息。文科教育，是为了促进研修院生活而开展的教育，如培养研究人员在工作中共同需要的内容或共同的兴趣。提高工作能力的教育和培训，一种是专业培训，指通过获得工作所需的专业知识和技能，保持和确保特定领域的专业知识而开展的培训。例如，派遣国内外机构从事研究项目和工作，掌握与工作相关的新知识、新技能，提高履职能力的培训。管理培训，指通过获得研究人员运营所需的管理知识和技能，以改进业务执行。支持自我能力发展的教育和培训，包括支持外语能力发展以及支持兼职学位课程教学，还包括支持学位教学课程，用于专业和专业领域的职业发展。

七、评估

电子通信研究院是韩国科技部下属的政府研究机构，由科技部进行评估，评估的目的是增加研究开发成果、加强竞争力和改善经营效果，在此过程中，韩国科学技术评价院参与评价工作[②]，并逐渐向以结果为中心转移。另外，电子通信研究院进行内部审查的程序包括审查计划的制订、审查员的选定和工作的安排、审查准备、审查实施和审查结果报告。内部经营业绩评估通过各直辖部门的分工和协作来扩大成果，并提高对外信誉度。不合格事项管理程序包括不合格事项管理对象的认定、不合格管理、发布整改措施书、整改措施的开展和管理、发布预防措施书、采取预防措施和报告已采取的整改措施或者预防措施结果。

---

① ETRI. 인사관리요령[EB/OL]. https://www.etri.re.kr/preview/1573138018639/index.html [2022-02-22].
② 乐慧兰, 赵兰香, 李犀南.韩国的科技计划评估和研究机构评估[J]. 科技与管理, 2002, (4): 111-112.

（一）外部审查

20 世纪 80 年代, 韩国科学技术评估以研究课题评价为中心; 90 年代开始, 随着研究开发事业的扩大和多样化, 引入了机构评估, 科学技术评估开始向以结果为中心转移。韩国的《国家研究开发事业成果评估及成果管理法》为建立以结果为中心的国家研究开发事业成果评估体系、评估结果应用于国家科技计划的调整过程及有效利用产出成果的管理体系提供了充分的法律依据。以结果为中心的评估制度的建立和应用过程可被划分为准备阶段、启动和完善阶段、全面实施阶段[①]。

（二）内部审查[②]

电子通信研究院研究员的内部审查原则上每年至少定期进行一次。如果经确定需要特别审查的, 或者有院长指示的, 可以进行特别审查; 主管部门负责人在审核时, 应当根据质量管理体系的运行情况和重要性, 制定审核方案, 并取得台账的裁决。

审查从启动会议开始, 确认评审组的介绍、评审范围、审核日程（时间分配）、审核地点等。被审查部门负责人或者研究业务负责人应当积极配合审查, 如提出、说明审查时需要的资料。评审组在结束会议时, 应当向被审查部门负责人或者研究业务负责人说明审查知识报告的要点和审查结果, 并终止审查。审查组组长应当编制审查结果报告, 并向主管部门负责人报告。主管部门负责人应当综合审查结果, 经台账批准后, 通知各所（本部）长。审查结果应当纳入质量管理综合审查范围。

（三）不合格事项管理程序

针对不合格事项[③]的管理, 主管部门负责人、研究业务负责人、部门负责

---

① 吴春玉, 郑彦宁. 韩国科学技术评价体系简析[J]. 科技管理研究, 2011, (22): 40-43.

② ETRI. 내부심사및부적합사항관리요령[EB/OL]. https://www.etri.re.kr/preview/1573185111601/index.html [2022-02-22].

③ 不合格事项的管理对象指的是: ①交付给客户的最终结果（研究、技术转让）中的不合格、客户投诉、客户满意度调查结果产生的不符项; ②特定业务研发流程运营过程中出现的不符项; ③在其他工作过程中, 由于影响质量而需要管理的事项。

人应当记录、管理业务过程中发生的不合格事项。研究管理和技术转让部门将研发最终结果转移给客户，并在发现不合格时，应制定并实施相应的处理标准，记录和管理发现的不合格情况。

接到整改报告的业务负责人或者部门负责人，应当在收到整改报告后 7 日内，采取包括不合格原因分析、防止再次发生等在内的整改措施；对整改需要 7 天以上时间的问题，应当制定整改方案，并在查处结果纠正措施的有关栏中载明纠正措施，送交出具整改报告的部门负责人。出具整改报告的部门负责人在发现潜在不合格事项时，应当在预防措施书的相应栏中注明潜在不合格内容，防止潜在不合格事项的发生，并通知相关部门进行整改。研究业务负责人或者部门负责人，应当定期向主管部门质量管理负责人报告已采取的整改措施或者预防措施的结果，并出报相关资料，供大家分享；直属部门质量管理负责人应当定期向所长或总负责人报告不合格情况，并将结果通知主管部门负责人，同时采取必要措施共享相关资料。

（四）内部经营业绩评估[①]

内部经营业绩评估的目的是为有效实现中期经营目标（经营成果计划书）做出贡献、通过以自律和责任为基础的各直辖部门的分工和协作来扩大成果，并以需求方为中心，通过成果检验提高对外信誉度。如表 16-9 所示，评估群被区分为 a 群（研究部门）、b 群（区域中心）和 c 群（经营部门），评价对象为直辖部门单位（或绩效目标单位）。

表 16-9　评估群分类

a 群（研究部门）	b 群（区域中心）	c 群（经营部门）
人工智能研究实验室	大邱庆北研究中心	项目战略部门
智能融合研究实验室	湖南研究中心	业务管理部
ICT 创意研究实验室	首尔 SW-SoC 融合研究开发中心	中小企业及商业化部
电信与媒体研究实验室		管理策略部门
		信息战略部门

① ETRI. 사전정보공개[EB/OL]. https://www.etri.re.kr/kor/sub1/sub1_04.etri?infoCategoryCode=2016 년도+경영평가+편람+및+경영실적+평가+결과.pdf[2022-02-22].

虽然评估的持续时间为 1 年，但评估业绩认定时间从 2 月开始，评估时间为当年的 12 月。评委为管理评估委员会（a/b 群、c 群）、直辖部门主管和院长。评级是根据年度工作表现进行绝对评价（满分 100 分，分三级评价）：90—100 分为 S 级、80—90 分为 A 类、低于 80 分为 B 类。评估结果可以用于绩效工资的评定，评选优秀部门等奖励，以及取代直辖部门主管的个人评估（表16-10—表 16-12）。

表 16-10　a 群（研究部门）：4 个研究所和 1 个本部评估体系及评分

区分	评估项目	评分
研究成果	（定量）机构关键绩效指标（6 个）：①影响因子排名前 20% 的 SCI 论文；②国际标准专利；③国际标准认可的标准撰稿书；④三级专利；⑤技术费用；⑥国际标准化组织主席	20 分
	（定性）经营绩效计划书中各绩效目标（14 个）的评价：开发技术的性能目标；成果的质量优越性及可操作性等	40 分
自主性	按直辖部门发展战略等制定的自律指标：围绕"自主绩效"指标库，按业务范围选择	30 分
经营成果	本年度经营成果的综合评价（peer review）	10 分
总计		100 分

表 16-11　b 群（区域中心）：3 个中心评估体系及评分

区分	评估项目	评分
研究成果	（定量）机构关键绩效指标（6 个）：①IF 前 20%SCI 论文；②国际标准专利；③国际标准认可的标准撰稿书；④三级专利；⑤技术费用；⑥国际标准化组织主席	20 分
	（定性）经营绩效计划书上研究部门绩效目标及经营部门评估实施计划中所涉及的各项目标：（绩效目标）开发技术的性能目标实现度、绩效的质量优越性及可操作性等；（推进计划）加强地区战略产业对接中小、中型企业扶持	40 分
自主性	按直辖部门发展战略等制定的自律指标：选择"自主绩效"指标 Pool 中心直辖部门	30 分
经营成果	本年度经营成果的综合评价	10 分
总计		100 分

表 16-12　c 群（经营部门）评估体系及评分

区分	评估项目	评分
研究成果	经营绩效计划书奖评出"经营部门"5 个绩效目标的推进计划（22 个）	70 分
	机构核心绩效指标（国际标准专利、国际标准认可的标准撰稿、国际标准化组织主席、专利利用率、科技创业、中小型企业合作）包含直辖部门指标作为定量指标评估	
	如果除机构核心绩效指标外，还存在特定于具体推进计划的定量目标（例如，根据"确保优秀人才计划"招聘的人数、女性招聘的比例等），则在定性评估时应该包括这些指标进行评估	
自主性	通过年初工作报告等推动当年重点推进事项：根据部门任务推进主要工作的业绩等	20 分
经营成果	本年度经营成果的综合评价	10 分
	总计	100 分

八、合作网络

（一）国内合作

电子通信研究院建立以开放、共享和协作为基础的研究文化，与政府、私人、公司、组织等进行研发合作和技术服务委托。电子通信研究院于 2020 年 12 月与大田广域市签署了合作谅解备忘录（MOU），旨在相互合作，开发构建基于人工智能的数字孪生平台所需的综合服务和技术。与大田广域市共同打造数字智能城市，建立数字云平台进行交通领域试点，全方位合作以解决人工智能为基础的社区问题，提高产业发展水平。2 个机构不仅将计划扩大到交通领域，还将扩大到教育、环境、福利等公共领域，以及包括生活实验室在内的市民个人生活看顾等产业领域。为此，电子通信研究院与大田广域市合作的人工智能战略合作委员人数从原来的 5 名增加到了共 20 名，委托了 ICT 所有领域的专家①。

电子通信研究院、信息通信政策研究院（KISDI）和软件政策研究所（SPRI）

---

① ETRI. 경영일반보도자료: ETRI-대전시, 디지털트윈 지능형 도시 만든다[EB/OL]. https://www. etri.re.kr/kor/bbs/view.etri?b_board_id=ETRI07&b_idx=18348 [2022-02-22].

通过在线会议提出了引领韩国数字新政和创新的人工智能技术战略、人才培养和产业政策方向。3 个研究机构于 2020 年 10 月举行"数字三角倡议行动 2020"（Digital Triangle Initiatives 2020）联合会议①。会议旨在展望未来数字社会，并以 ICT 研究成果为基础，为数字技术的发展和产业的利用提供未来战略的方向②。

电子通信研究院和韩国产业研究院（KIET）共同出版了《非面对面的社会：变革与创新》一书。韩国国内专家共同执笔，提出了"后疫情时代"社会面貌和产业生态圈以 ICT 为基础的革新方向和战略。该书分为三个部分，展望了"后疫情时代"各产业、企业、服务领域的面貌，并提出了应对这一变化的方向和战略意义，有望帮助决策者和相关技术研究人员制定研发战略，并培养技术力量③。

（二）国际合作

截至 2021 年 8 月 31 日，电子通信研究院与 45 个国家的 155 个机构达成了合作，通过各种合作伙伴关系建立全球网络，在世界各地分享其技术创新，帮助人类实现其梦想。④例如，2020 年，电子通信研究院与加拿大蒙特利尔学习算法研究所（Mila）开展人工智能研究合作，通过派遣专家研究下一代人工智能，提高研究竞争力。国内研究组将全面推进与人工智能领域世界顶级研究机构的研究合作，确保人工智能原始技术在国内人工智能技术的全球竞争力中发挥重要作用。此外，还将努力获得与北美洲国家先进的人工智能技术相关的国际合作机会。⑤

---

① ETRI. ETRI-KISDI-SPRi, 인공지능 전략·정책 컨퍼런스 개최[EB/OL]. https://www.etri.re.kr/kor/bbs/view.etri?keyField=b_title&keyWord=KISDI&nowPage=1&b_board_id=ETRI07&year_gubun=&b_idx=18340 [2022-02-22].

② ETRI. ETRI-KISDI-SPRi, 인공지능 전략·정책 컨퍼런스 개최[EB/OL]. https://www.etri.re.kr/kor/bbs/view.etri?keyField=b_title&keyWord=KISDI&nowPage=1&b_board_id=ETRI07&year_gubun=&b_idx=18340 [2022-02-22].

③ ETRI. 경영일반보도자료: ETRI, KIET 와 『비대면 사회 : 변화와 혁신』 도서 발간 [EB/OL]. https://www.etri.re.kr/kor/bbs/view.etri?b_board_id=ETRI07&b_idx=18554[2022-02-22].

④ ETRI. ETRI 2021 Brochure [EB /OL]. https://www.etri.re.kr/engcon/sub3/sub3_0101.etri[2022-02-22].

⑤ ETRI. 경영일반보도자료: ETRI, 밀라 연구소와 AI 연구협력 시작[EB/OL]. https://www.etri.re.kr/kor/bbs/view.etri?b_board_id=ETRI07&b_idx=18120[2022-02-22].

九、成果转化

在技术转移方面，专业化的技术交易机构发挥了重要作用。2000 年 3 月，韩国政府出台了《技术转让促进法》，并成立了国家技术交易所。国家技术交易所成立的目的在于构筑公共及民间部门有效的技术转让体系，搞活技术交易、技术评估以及企业交易，将各方资源有效地整合在一起，提高韩国产业的技术竞争力。为更好地实施技术开发和技术转移，韩国实行了技术转化师培养计划，对从事技术专业工作 10 年以上并具备高级技术职称或具有理工专业博士学位的人员，进行专门业务培训。经过培训，这些经验丰富、训练有素的技术转化师逐渐成为科技中介服务机构的领军人物，可以通过扩大技术开发资金支持来促进技术开发。例如，允许企业将利润的 20% 作为研究开发的投资，并在前 2 年将其作为亏损处理①。

2016—2020 年，电子通信研究院通过成果转化获得的收益总体呈现上升趋势，从2016年的373.37亿韩元上升至2020年的639.62亿韩元，增长约71.3%；成果的数量从 2016 年的 599 个下降到 2019 年的 257 个，2020 年小幅上升为304 个（图 16-10）。

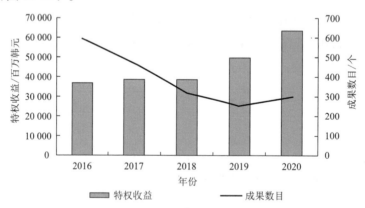

图 16-10   2016—2020 年电子通信研究院成果转化数目及收益

资料来源：ETRI. ETRI 2021 Brochure[EB/OL]. https://www.etri.re.kr/engcon/sub3/sub3_0101.etri[2022-02-22]

在电子通信研究技术转让的过程中，中小型企业占绝大多数。2020 年，

---

① 刘莉芳. 国外产学研合作成功经验总结及启示[J]. 商业时代, 2009, (5): 67-68.

中小型企业数量达到 288 个，其他企业数量为 3 个，中小型企业数量是其他企业的 96 倍，占据绝对优势，体现了电子通信研究院扩大对中小型企业的支持，解决公众生活问题的战略安排（图 16-11）。

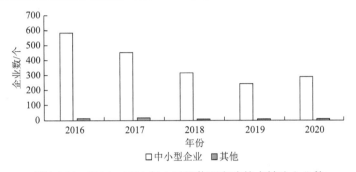

图 16-11　2016—2020 年电子通信研究院技术转让企业数
资料来源：ETRI. ETRI 2021 Brochure[EB/OL]. https://www.etri.re.kr/engcon/sub3/sub3_0101.etri[2022-02-22]

（一）技术转让企业的选择与签约

技术转让合同部门应当通过电子通信研究院网站、与转让对象技术有关的协会、新闻机构、互联网等渠道，汇总拟转让技术的内容、转让条件等信息，公布转让技术信息①。技术转让合同部门从希望转让技术的企业处收到技术转让申请书。希望转让技术的企业在提交技术转让申请前，应事先充分确认技术功能、性能以及运行状态等，并将结果记录在客户要求检查表上。技术转让合同部门负责人根据标准技术转让合同进行签订，但是在与对象企业协商过程中，对技术转让条件等发生变更的，可以变更标准技术转让合同。转让技术的实施权许可期限原则上以自合同签订之日起至次年 1 月 1 日为基准，为期 5 年。但是，如果用于技术和产品的经济寿命或测试使用，并考虑到非商业合同的目的，可以调整其期限。技术转让合同部门负责人应当按照有关规定，在与实施人签订技术转让合同后，将技术转让合同的签订结果，包括实施权人、实施权许可期限、合同金额、技术指导费、技术指导期限和技术转让事项账号等信息通知有关部门。

---

① ETRI. ETRI Knowledge Sharing Platform[EB/OL]. https://ksp.etri.re.kr/ksp/[2022-02-22].

（二）技术费的计算标准

技术转让合同应当灵活反映技术价值、客户需求、市场状况等要素，并根据双方协议自由制定技术收费条件；研究员应遵守相关规定，并考虑到政策变化情况等，以合理的水平提出标示的技术费条件。对于定额技术费方式，标准技术费有以下规定：大型企业投入研究费用的比例为24%；根据《促进中型企业成长和提高竞争力特别法》，中型企业投入研究费用的比例为18%；《中小企业基本法》规定的中小企业投入研究费用的比例为6%。

（三）技术费用的计算与征收

技术费由技术转让审议委员会根据《标准技术费条件》条款和《特殊技术费调理》规定，结合投入该技术的研究费用、经济性和适销性等相关因素进行计算。原则上应收取基本费用和固定技术费用，但考虑到实施者的财务状况，可以在签订技术转让合同时收取，也可以分批收取。销售利率使用费根据执行权人使用转让的技术生产销售产品的业绩收取，每年根据签订合同时与执行人协商确定的净销售额收取。

（四）技术指导与支持

转让技术如果包含技术指导，在编制技术转让计划书时，应当按照本年度研究员协议预算非项目单价和执行预算编制标准计算技术指导费。技术转让负责人应该在技术转让合同中设置技术指导相关条款，编制技术转让课题执行预算，并按照技术转让方案提供必要的培训、考试、现场指导和资料等。通过提高转让技术的技术完成度，直接在企业现场解决技术商业化难题，同时研究人员开发的研究成果也可以通过派遣研究人员等形式，在企业现场成功实现商业化[①]。

---

① ETRI. 기술이전요령[EB/OL]. https://www.etri.re.kr/preview/1569762025532/index.html[2022-02-22].

第十七章

俄罗斯国家科研机构
——国家创新体系的中流砥柱

第一节　俄罗斯国家创新体系

一、历史沿革

俄罗斯的国家创新体系建设起源于苏联时期，20 世纪 20 年代，苏联进入全面工业化时期，在引进先进技术的同时，开始着力建设包括设计局、科学院、企业实验室和技术车间等科技研发单位，特别是二战后，苏联不断扩建科研体系，到 20 世纪 70 年代，已经拥有数千家科研机构。其中，基础研究集中于各级科学院，应用研究集中于各专业部委，大部分的科技成果集中应用于国防综合体研发机构中。20 世纪 90 年代苏联解体，俄罗斯继承了苏联大部分的科研力量。1990 年，俄罗斯共有 4646 个研究开发机构、19 413 万名科技工作人员[①]。

苏联的国家创新体系建设具有明显的中央计划色彩，研究开发体系过度膨胀，内部结构僵化、部门间分割严重，科技与经济严重脱节，创新体系缺乏活力。1990 年，俄罗斯联邦成立后，为了摆脱科技危机、维护国家经济稳定和安全，俄罗斯加大对科技创新领域的投入，出台一系列旨在促进科技创新体系

---

① 刘卸林, 段小华. 转型中的俄罗斯国家创新体系[J]. 科学学研究, 2003, 21(3): 325-329.

总体发展的战略计划。自 20 世纪 90 年代以来，俄罗斯相继出台《1998—2000 年俄罗斯科学改革构想》《俄罗斯联邦至 2010 年及远期科技发展政策原则》《2002—2006 科学和技术优先方向研究与开发》《2014—2020 年俄罗斯科技综合体优先发展研发方向联邦专项计划》等一系列科技发展规划、政策和决议[①②]。

《俄罗斯联邦科技发展战略》（2016 年版）是俄罗斯第一份以总统令形式规划国家科技发展的纲领性文件[③]。该战略基于俄罗斯当前科技发展现状、面临的重大经济挑战和国际科技创新趋势，规划了面向 2035 年的科技发展目标和科技优先方向。《2013—2020 年国家科技发展计划》和《2019—2030 年国家科技发展计划》是俄罗斯国家层面出台的两个科技发展中长期规划[④]。《2013—2020 年国家科技发展计划》专注于科技发展，主要目标是增强俄罗斯的科技竞争力，确保科技在现代化建设中的主导作用；优先方向是充分利用俄罗斯积累的基础研究优势，创造条件支持实用技术研发[⑤]。《2019—2030 年国家科技发展计划》强调科技与经济社会的融合，旨在通过发挥国家智力潜力，高效组织科学技术创新活动，支撑国家经济结构转型升级。该计划分为两个阶段，涉及 5 个关键领域，俄罗斯政府将累计投入 10 万亿卢布支持该计划的实施。

此外，俄罗斯在基础研究、工业和农业等领域也制定了一系列专项研究计划。俄罗斯高度重视基础研究的顶层设计和规划，先后制定了《2013—2020 年俄罗斯基础研究长期计划》和《俄联邦基础研究长期计划（2021—2030）》，其中前者专注于基础研究本身，强调基础研究能力的构建与进一步发展；后者强调基础研究的使命和作用，主要任务是发掘俄罗斯的科学潜力，建立有效的科研管理系统，以提高科学对经济发展的重要性和需求[⑥]。俄罗斯政府将累计投入超过 2.1 万亿卢布用于支持该计划的实施。

---

① 翟翠霞, 郑文范. 当前俄罗斯科技发展战略特点及分析——《2007-2012 年俄罗斯按照科学技术综合优先发展方向研究与开发》联邦专项规划解读[J]. 科技成果纵横, 2008, (3): 46-47.

② 张丽娟. 俄罗斯六年科技创新发展总结[J]. 科技中国, 2018, (10): 89-91.

③ 贾中正, 李燕. 俄罗斯科技发展战略述评[J]. 红旗文稿, 2018, (24): 33-35.

④ 张丽娟, 袁珩. 俄罗斯新一期《国家科技发展计划》特点分析[J]. 全球科技经济瞭望, 2021, 36(1): 1-8.

⑤ 张丽娟. 俄罗斯科技与创新管理改革新动向[N]. 学习时报, 2014-06-09(A7).

⑥ 张丽娟. 俄罗斯基础研究长期计划[J]. 科技中国, 2021, (6): 90-92.

二、科技管理体制

俄罗斯采取以政府为主导的三级科技管理体制，通常由总统提出国家科技发展的最高方略，立法机关通过立法形式予以支持，政府负责实施。俄罗斯科技管理体系架构如图 17-1 所示。

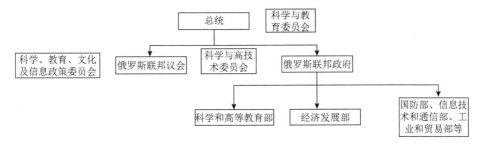

图 17-1　俄罗斯科技管理体系架构图

第一层级为总统。总统通常会在国情咨文中阐述国家科技创新政策的观点和主张，以确定俄罗斯科技及创新政策的基本方向，议会和政府对其考察评估后，形成确定的法律文件[①]。总统科学与教育委员会是直属于总统的咨询管理机构，负责通报国内外科技发展情况，研究和制定国家科技优先发展方向的大致方针，并向总统提供相关咨询和建议。

第二层级为俄罗斯联邦议会和俄罗斯联邦政府。俄罗斯联邦议会常设的"科学、教育、文化及信息政策委员会"和"科学与高技术委员会"通过立法手段对科技发展进行调控和管理。俄罗斯联邦政府通过财政拨款和政府令等手段为科技创新活动提供条件保障。

第三层级为联邦政府各部门。主要是科学和高等教育部（原教育科学部），其主要职能是制定和落实俄罗斯在科技创新活动、高技术、高等教育、国家科学中心、科学城、知识产权等领域的国家政策和规范性法律法规的监管措施，为科技创新活动和高等教育提供国家服务和信息保障。其他联邦部门（如国防部、信息技术和通信部、工业和贸易部等）负责管理相关领域研发活动预算和创新活动。

---

① 田浩. 俄罗斯国家创新体系研究[J]. 欧亚经济, 2015, (2): 52-67, 127-128.

三、创新体系特征

作为传统科技强国，面对新一轮科技与产业变革浪潮，俄罗斯大力推动科技创新发展，积极改革科技管理体制、经费拨付办法和科研组织机构，完善科技创新体系架构。从俄联邦成立初期的科学院、工业部门、高等院校三大体系，逐渐扩展出国家科学中心、国家研究中心、国家集团公司、斯科尔科沃创新中心、科学城、经济特区等科技创新力量。根据世界知识产权组织发布的全球创新指数排名，2021 年俄罗斯在创新生态系统中排名第 45 位。

俄罗斯自 2000 年以来国家财政收入大幅度增长，R&D 投入也逐年增加，2020 年达到 11 745 亿卢布。2000—2020 年俄罗斯 R&D 投入见图 17-2。虽然俄罗斯 R&D 投入绝对值增加很快，但 R&D 投入占 GDP 比重的增加并不明显，近年来还出现了同比下降和波动的情况。

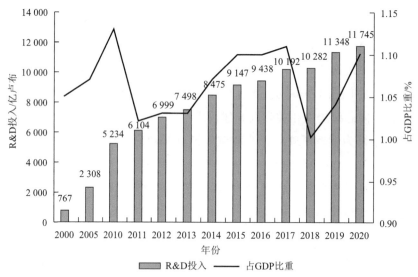

图 17-2　2000—2020 年俄罗斯 R&D 投入情况
资料来源：俄罗斯联邦统计局统计数据（http://www.gks.ru）

2010—2016 年俄罗斯科技 R&D 投入来源情况如图 17-3 所示，其中，2016 年俄罗斯 R&D 投入总额为 9438 亿卢布，政府 R&D 投入占比达到 68.17%，其次是企业，占比为 28.11%，高校、私营部门和国外机构 R&D 投入占比均不超过 3%。

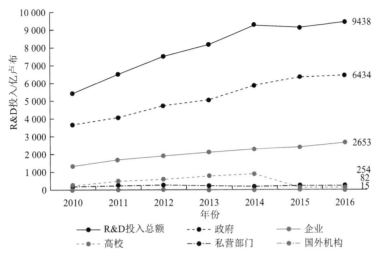

图 17-3 2010—2016 年俄罗斯 R&D 投入来源情况
资料来源：俄罗斯联邦统计局统计数据（http://www.gks.ru）

2010—2017 年俄罗斯民口 R&D 投入情况如图 17-4 所示，其中，2017 年俄罗斯用于民口 R&D 的总投入为 3402 亿卢布，其中用于基础研究 1186 亿卢布，占比 34.9%，用于应用研究 2216 亿卢布，占比 65.1%。

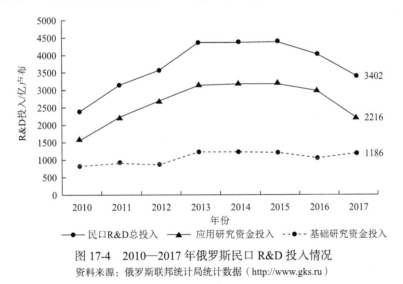

图 17-4 2010—2017 年俄罗斯民口 R&D 投入情况
资料来源：俄罗斯联邦统计局统计数据（http://www.gks.ru）

2020 年，俄罗斯科技研究人员总数为 679 333 人，与 2019 年相比有小幅减少。2020 年俄罗斯科技研究人员数量按类别划分为：研究人员 346 497 人，技术人员 59 557 人，辅助人员 158 298 人，其他人员 114 981 人（表 17-1）。

表 17-1　2010—2020 年俄罗斯科技研究人员情况　（单位：人）

分类	2010 年	2011 年	2012 年	2013 年	2014 年	2015 年	2016 年	2017 年	2018 年	2019 年	2020 年
总计	736 540	735 273	726 318	727 029	732 274	738 857	722 291	707 887	682 580	682 464	679 333
研究人员	368 915	374 746	372 620	369 015	373 905	379 411	370 379	359 793	347 854	348 221	346 497
技术人员	59 276	61 562	58 905	61 401	63 168	62 805	60 441	59 690	57 722	58 681	59 557
辅助人员	183 713	178 494	175 790	175 365	173 554	174 056	171 915	170 347	160 591	160 864	158 298
其他人员	124 636	120 471	119 003	121 248	121 647	122 585	119 556	118 057	116 413	114 698	114 981

资料来源：俄罗斯联邦统计局统计数据（http://www.gks.ru）。

第二节　俄罗斯国家科研机构概况

一、科研机构概况

俄罗斯拥有众多的科研机构。2020 年，俄罗斯科研机构总数为 4181 家，其中按结构划分为：研究机构 1566 家，设计院 239 家，设计和勘探机构 12 家，中试（大规模量产前的较小规模试验）生产企业 35 家，高等院校 1080 家，工业化生产单位 441 家，其他机构 808 家（表 17-2）。其中，国家科研中心和科学院系统重点院所是俄罗斯的战略科技力量主体，国家创新发展机构、企业和社会创新力量是俄罗斯的创新发展重点力量，高等学校和科学院系统其他院所是俄罗斯基础性科研力量，国防、能源等部门研发机构在科研基础设施建设和解决国家经济社会发展难题方面发挥着重要作用。

表 17-2　2010—2020 年俄罗斯科研机构情况　（单位：家）

分类	2010年	2011年	2012年	2013年	2014年	2015年	2016年	2017年	2018年	2019年	2020年
总计	3492	3682	3566	3605	3604	4175	4032	3944	3950	4051	4181
研究机构	1840	1782	1744	1719	1689	1708	1673	1577	1574	1618	1566
设计院	362	364	338	331	317	322	304	273	254	255	239
设计和勘探机构	36	38	33	33	32	29	26	23	20	11	12
中试生产企业	47	49	60	53	53	61	62	63	49	44	35
高等院校	517	581	560	671	702	1040	979	970	917	951	1080
工业化生产单位	238	280	274	266	275	371	363	380	419	450	441
其他机构	452	588	557	532	536	644	625	658	717	722	808

资料来源：俄罗斯联邦统计局统计数据（http://www.gks.ru）。

二、国家科研机构概况

　　截至 2021 年底，俄罗斯的国家科研机构主要分为三大类：联邦政府设立的科学院研究机构、国家科学（研究）中心和国防工业综合体。俄罗斯科学院是俄联邦最高学术机构，规模庞大且研究实力雄厚，在整个俄罗斯基础研究方面起到"火车头"的作用。国家科学（研究）中心的研究工作具有"风向标"的性质，在俄罗斯基础研究、应用研究及工业生产相结合方面发挥着重要作用。

　　俄罗斯科学院是国家学术机构，也是世界闻名的大型公共且非营利科学组织，拥有体系完整的科学机构、实力雄厚的科学队伍，在很多学科领域取得了举世瞩目的辉煌成就。截至 2021 年底，该院拥有 18 个学部、3 个分院、15 个地区性科学中心，下属研究机构超过 400 家，分布在 13 个学科[①]。截至 2022 年底已有 19 位学者先后获得诺贝尔奖，其中属于自然科学领域的有 11 位。俄罗斯国家级科学院包括六大科学院：俄罗斯科学院、俄罗斯农业科学院、俄罗斯医学科学院、俄罗斯建筑科学院、俄罗斯教育科学院和俄罗斯艺术科学院。科学院的主要任务是：根据《俄罗斯联邦长期基础研究计划》进行基础科学研究；解决包括科学院人才培养、人才素质强化在内的人才问题；完善俄罗斯国家级科学院实验设备和实验基地，以确保研究成果具有较高的水平；推动俄罗斯基础研究融入世界科学研究领域；提高科学的社会威信，推广基础研究成果；等等。

俄罗斯国家科学（研究）中心是一个国家级科研单位，专注于从事跨学科研究。1994—1995 年，俄罗斯政府批准了 61 个国家科学中心。然而，在 2014—2015 年对这些中心进行评估后，其中 18 个国家科学中心被取消资格。截至 2021 年底，俄罗斯共有 43 个国家科学中心，主要集中在核能、航空、航天、船舶等领域。库尔恰托夫研究所是俄罗斯高能物理和核物理领域最重要的研发机构，直属俄罗斯政府，下设七大研究机构，主要从事核能、基础物理、高能物理、纳米、生物和信息技术等领域的跨学科研究。同时，库尔恰托夫研究所致力于大科学装置的研发与建设，是俄罗斯构建大科学装置的核心力量，在俄罗斯境内实施的 6 个大科学项目中，有 3 个由该所牵头实施。另外，该所还负责代表俄罗斯政府参与国际大科学工程与计划，并协调俄罗斯国内各科研单位参与国际大科学工程。茹科夫斯基国家研究中心于 2014 年建立，其目的是研究和发展航空技术重点发展领域的新工艺，加快航空产业化进程，为国家经济发展提供科技支撑。该中心旗下共有 5 家航空系统研究机构。

俄罗斯国防工业综合体是一类专门从事军事装备及设备的生产和研发的企业和机构，主要分为科研中心、设计局、实验室和发射场等四类。科研中心主要从事基础理论研究，设计局主要为科研中心的成果建立模型和实验样机，实验室和发射场主要完成新产品测试，企业主要用于大规模生产经过测试和认可的样品。国防工业综合体集中了俄罗斯最优秀的科技研发人员，是国家整个

---

① 《俄罗斯国家科技创新体系及发展动态》（内部报告）。

工业极为重要的组成部分。截至 2015 年 7 月，俄罗斯联邦工业和贸易部批准注册的国防工业综合体共有 1355 家，员工总数 200 万人①。

第三节　俄罗斯科学院

俄罗斯科学院由彼得大帝于 1724 年 1 月 28 日根据颁布的管理参议院的法令成立②。俄罗斯科学院历史悠久、规模庞大、研究实力雄厚，是俄罗斯联邦的最高学术机构，是主导全国自然科学和社会科学基础研究的中心，是以联邦国家预算机构形式建立的非营利性法人实体。2021 年，俄罗斯科学院的收入总额为 4512.01 亿卢布，其中 42.72% 的资金来自联邦政府的财政预算拨款。2022 年，俄罗斯科学院院士总人数增加至 2116 人。俄罗斯科学院现设有 13 个学部、3 个地方分院和 15 个地区科学中心。

一、缘起与发展

（一）圣彼得堡科学院的创建

俄罗斯科学院的创建与彼得大帝旨在加强国家及其经济和政治独立性的改革密切相关。开明的俄罗斯彼得大帝自上而下地将其他国家科学团体的模式移植到俄罗斯，以最快的速度让科学在俄罗斯生根发芽。1724 年，彼得大帝颁布命令，在圣彼得堡创建科学院，1725 年科学院正式建立，当时被称为"皇家科学与艺术院"。俄罗斯科学院与其他欧洲国家的团体的不同之处在于，它一开始就是受国家财政支持并隶属于国家的科研机构，不像欧洲发达国家的科学院那样具有独立性。学院为科学家提供科学和技术服务，并从国家领取薪水。彼得大帝注意到学院的科学活动在世界范围内开展，于是邀请优秀的外国科学家加入科学院。科学院自成立后的几十年里，主要集中在数学、物理（自然）和人道

---

① 《俄罗斯战略科技力量研究》（内部资料）。
② РАН. Общие положения[EB/OL]. http://www.ras.ru/about/rascharter/general.aspx [2022-12-05].

主义 3 个领域开展科研活动。伟大的科学家莱昂哈德·欧拉的科学活动始于圣彼得堡科学院。这一时期，科学家在科学院的倡议下进行了复杂的科考研究，从俄罗斯的西部边陲到东部的勘察，进一步了解了俄罗斯的自然资源情况[①]。

（二）科学院早期的繁荣发展

1803 年，"皇家科学与艺术院"改称"帝国科学院"，1836 年改为"帝国圣彼得堡科学院"，到 1917 年 2 月才正式称为"俄罗斯科学院"，这个称谓一直持续到 1925 年。19 世纪初标志着俄罗斯地理研究史上步入辉煌阶段。1803—1806 年，在克鲁森施特恩和尤弗·利西扬斯基的领导下进行了第一次环球旅行。在 19 世纪上半叶，俄罗斯政府组织了近 50 次重大海上航行，科学院的自然主义科学家成员参加了这次航行。这段时间，俄罗斯科学院涌现出一大批杰出的数学家、物理学家、地理学家等。科学院通讯院士门捷列夫因开发化学元素周期表而享誉世界，巴甫洛夫院士是第一位因研究消化器官而获得诺贝尔奖（1904 年）的科学家[②]。

（三）在曲折中壮大

从 1917 年 2 月起，根据科学家大会的决定，帝国圣彼得堡科学院更名为俄罗斯科学院。1917 年之前，学院院长由政府和君主任命，而二月革命之后，院长职位依靠选举产生，第一位当选的院长是卡尔宾斯基院士。与 1917 年时相比，1925 年科学院的科学雇员人数增加了 4 倍，政府承认科学院在社会生活中日益重要的作用，宣布科学院为"最高的联盟科学机构"。1934 年，科学院从圣彼得堡迁往莫斯科。1938 年，学院已经有 8 个院系：物理和数学、工程、化学、生物、地质和地理、经济和法律、历史和哲学、文学和语言。

自 1918 年以来，在俄罗斯的广大地区开始创建科学院的分支机构和基地，这也成为今后院系、科学中心和地区分支机构发展的基础。1957 年，科学院西伯利亚分院成立，之后在普希诺、特罗伊茨克、切尔诺戈洛夫卡建立了专门

① PAH. Историческая справка[EB/OL]. http://www.ras.ru/about/history.aspx[2022-12-05].

② PAH. Концепция Развития Российской Академии Наукдо 2025 года[EB/OL]. http://edu.inesnet.ru/wp-content/uploads/2013/10/The_concept_of_development_RAN_sent_2013.pdf[2022-12-05].

的科学中心。

年轻的苏维埃政权与俄罗斯科学院的关系在一开始是很紧张的。但是，苏联当局充分认识到科学的力量，把国家安全和科学的发展紧密地联系在一起，在社会几乎所有机构都进行了外科手术式的革命之后，却唯独没有对俄罗斯科学院立即采取行动，尽力维持现状使其为苏维埃政权服务，对科学发展给予大量的预算投入。1925 年，俄罗斯科学院更名为苏联科学院，成为苏联时期国家科学的最高管理机构。20 世纪 50—60 年代是苏联科学院和整个苏联科学的黄金时期。1949 年 9 月 23 日，原子弹爆炸成功，1953 年 8 月 12 日，苏联的氢弹爆炸成功，1957 年 10 月 4 日，苏联发射第一颗人造地球卫星。1961 年 4 月 12 日加加林飞向太空。

（四）重新恢复俄罗斯科学院

1991 年 11 月 21 日，俄罗斯总统颁布 228 号命令，组建除苏联科学院之外的"俄罗斯科学院"。"将在俄罗斯领土内的苏联科学院的楼房、科研设备、船舶及其他财产移交给俄罗斯科学院。"在极其艰难的情况下，新任的俄罗斯科学院院长尤里·奥西波夫与苏联科学院共同努力，抵制来自权力部门的压力，为保存苏联科学院做出了不懈的努力。最终，两个并存的科学院合二为一。苏联科学院的大约 250 名正式院士和 450 名通讯院士，与刚诞生的俄罗斯科学院新选出的 39 名正式院士及 108 名通讯院士，联合组成"俄罗斯科学院"，它接管苏联科学院的研究设施。这样，苏联科学院总算得以延续下来[1]。

（五）俄罗斯科学院改革

2004 年，富尔先科出任俄罗斯科学教育部部长以来，一直主张对俄罗斯科学院进行改革，逐渐剥夺科学院自主管理权力。俄罗斯科学教育部宣称，要将接受国家预算拨款的研究所减少到 200 个，其余的研究所或改变所有制形式，或与企业签订合同寻求新的经费来源[2]。2004 年 9 月 1 日，俄罗斯科学教

---

① 周立斌，宋兆杰. 俄罗斯科学院今昔[J]. 科技管理研究, 2010, (16): 247-251.

② В.М.Полтерович. Реформа РАН: экспертный анализ[EB/OL]. https://www.perspektivy.info/history/reforma_ran_ekspertnyj_analiz_2013-08-29.htm [2022-12-05].

育部颁布《关于俄罗斯参与管理科学领域中财产的规定》。根据这个规定，俄罗斯科学院失去了自主管理的地位。国家拨款更多是针对某些具体的科学研究所，而不是像以往那样先拨给科学院，再由科学院拨给所属研究所。2006 年12 月 8 日，通过了修订后的俄罗斯 127 号联邦法律文件《科学与科学技术政策联邦法》，规定俄罗斯科学院院长由俄罗斯总统任命，科学院的章程由政府确认，除此，还剥夺了科学院自主管理科学院不动产的权力①。2007 年 2 月，政府制定了新的《俄罗斯科学院章程》，章程规定，科学院主席团不再拥有财权和行政权，管理科学院的工作由政府代表组成的观察委员会负责。2008 年 2月 27 日，政府颁布"俄罗斯基础研究大纲"，计划在 5 年内投入 2530 亿卢布，由政府代表组成的一个协调委员会负责落实这个大纲。长期从事基础研究的院士们的工作由此受到来自外部的监督。2010 年 4 月，政府发布关于发展科学的计划，计划的目的之一便是逐步把科学院的科学家吸引到大学。

2013 年 5 月，弗拉基米尔·福尔托夫当选俄罗斯科学院新一届院长，正式拉开了俄罗斯科学院改革的大幕。俄罗斯总统普京于 2013 年 9 月 27 日签署了《关于俄罗斯科学院、国立科学院重组以及部分俄罗斯联邦法律条款修正》的联邦法案。法案规定：科学院院长每届任期为 5 年，最多只能连任两届；政府在重组工作中的责任包括：在法案生效后 3 个月内任命俄罗斯科学院、农业科学院、医学科学院的清算委员会；确定评估俄罗斯科学院所属机构的标准和准则。俄罗斯科学院地区分院不再具有法人地位。普京同时签署了《关于联邦科研组织署》总统令，批准成立联邦科研组织署（The Federal Agency for Scientific Organizations，FASO），并通过其启动国家级科学院系统的改革重组程序，将原俄罗斯医学科学院和原俄罗斯农业科学院并入俄罗斯科学院，成立新的俄罗斯科学院，即"三院合一"。至此，俄罗斯科学院的职能已经"虚化"，只负责基础研究和探索性研究领域的咨询和协调工作。

联邦科研组织署承接了科研机构管理职能，行使原俄罗斯科学院、医学科学院及农业科学院移交过来的下属科研机构的创立者的权力，对下属科研机构的人事、资产和科研经费进行统一管理。根据 2013 年 10 月批准的《俄罗斯联

---

① Дмитрий Ливанов: наука ни при чем[EB/OL]. https://kapital-rus.ru/articles/article/dmitrij_livanov_i_ran_nauka_ni_pri_chem/ [2022-12-05].

邦科研组织署工作条例》，联邦科研组织署负责所有下属科研机构的日常管理工作，包括对下属科研机构拥有的联邦资产进行管理，任命下属科研机构的负责人，以及对联邦财政拨付给下属科研机构的经费进行分配，根据俄罗斯科学院的建议批准下属科研机构的发展计划，确定下属科研机构开展基础研究和探索性研究活动的国家任务，并会同俄罗斯科学院制定下属科研机构在《俄罗斯联邦长期基础研究计划》框架下开展基础研究和探索性研究的计划，参考俄罗斯科学院的意见对下属科研机构开展活动的成效进行评估，为下属科研机构提供法律法规支持和公共服务，等等。2015 年 1 月 15 日，俄罗斯科学院与联邦科研组织署签订了 6 份新的协作规定，进一步厘清了俄罗斯科学院重组后在"科学院管科研、科研署管经费"的基本模式下双方的具体协作关系。2018 年 5 月 15 日，俄罗斯联邦总统令将俄罗斯教育部拆分为俄罗斯联邦教育部和俄罗斯联邦科学和高等教育部，并将联邦科研组织署划归俄罗斯联邦科学和高等教育部管理。

二、组织架构

俄罗斯科学院管理层[1]包括全体大会、院长、主席团[2]，如图 17-5 所示。

（1）全体大会。全体大会是俄罗斯科学院的最高管理机构，由根据联邦法律和《俄罗斯科学院章程》选举产生的院士组成。学院主席团根据需要召开全体大会，但每年至少召开一次。全体大会的职责包括：①确定俄罗斯科学院工作的优先方向，以实现其活动目标；②每年向俄罗斯联邦总统和联邦政府提交一份关于俄罗斯联邦基础科学状况和俄罗斯科学家取得重要科学成就的报告，以及关于基础科学和探索性科学研究的优先发展领域的报告；③通过并向俄罗斯联邦政府提交关于下一财年联邦预算中规定的预算拨款金额和类型的建议，用于资助科研机构和高等教育机构开展基础科学研究和探索性科学研究；④听取和讨论俄罗斯科学院各院、各地区分院的报告；⑤选举俄罗斯科学院院士和

① РАН. Организационная структура Российской академии наук [EB/OL]. http://www.ras.ru/win/db/browse_adm.asp?P=.In-en[2022-12-05].

② РАН. Органыуправления Академии и порядок их деятельности [EB/OL]. http://www.ras.ru/about/rascharter/control.aspx[2022-12-05].

外籍院士；⑥通过学院章程、各院系、各地区分院和代表处的规定，对章程和规定进行修订；⑦组建学院各学部；⑧决定设立学院地方分院、学院代表处，并向俄罗斯联邦政府提交相关提案；⑨选举学院主席团、院长、副院长、主席团首席学术秘书长和学院各院系学术秘书；⑩起草设立俄罗斯科学院院士数量限制的提案并将这些提案提交给俄罗斯联邦政府。

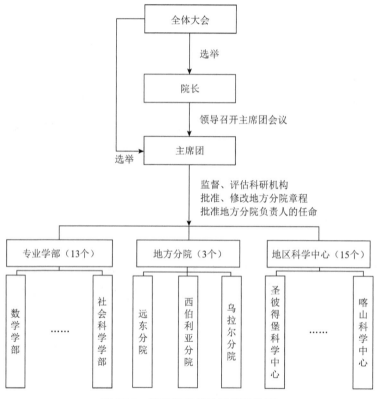

图 17-5　俄罗斯科学院组织结构图

（2）院长。院长是俄罗斯科学院的执行机构。院长由全体大会从本院院士中选举产生，每届任期 5 年，最多连任两届。院长 5 年任期届满后，有权继续行使科学院院长的职权直至选举出新一届科学院院长为止，但不超过任期届满后 6 个月。俄罗斯科学院院长的职责包括：①召开俄罗斯科学院主席团会议；②代表俄罗斯科学院；③与俄罗斯科学院主席团协商后，任命俄罗斯科学院地方分院和代表处的负责人，并授予任命书；④与俄罗斯科学院主席团协商后，向俄罗斯科学院全体大会提交俄罗斯科学院院章，以及有关俄罗斯科学院学部、地方分院和代表处的规定，或对以上内容做出的修订；⑤处理俄罗斯科学院日常管理工作中的其他问题。

（3）主席团。主席团是常设的集体执行机构，包括俄罗斯科学院院长、副院长，以及由俄罗斯科学院全体大会选举产生的不超过 80 人的主席团成员，科学院主席团任期为 5 年。科学院主席团成员根据学院各部门大会、学院区域分支机构大会（根据学院主席团确定的配额）以及学院院长的提议，从学院成员中选出。俄罗斯科学院主席团的职责包括：①召开俄罗斯科学院全体大会；②批准应俄罗斯联邦政府要求进行的科技计划和项目的审核结果，以及监督和评估国家科研机构的活动，无论其部门有无隶属关系；③批准科学院地方分院的章程和修改章程；④批准由俄罗斯科学院院长对俄罗斯科学院地方分院和代表处负责人的任命；⑤批准科研机构负责人的候选人；⑥通过俄罗斯科学院参与国际组织的决议。

俄罗斯科学院的研究体系包括专业学部、地方分院、地区科学中心和代表处。根据历史确立的地位和任务，到 2022 年，俄罗斯科学院按照学科和地区建立了 13 个专业学部、3 个地方分院和 15 个地区科学中心①。

专业学部的主要任务是开展实现科学目标的活动，并执行俄罗斯联邦立法和宪章规定的主要任务和职能，因此，专业学部不具有法人地位。参与俄罗斯科学院提案的准备工作，包括隶属于俄罗斯联邦政府的科学组织机构的科学发展规划，以自治形式创建的隶属于联邦科研组织署的科研机构进行的基础科学研究和探索性科学研究等②。截至 2022 年，俄罗斯科学院共设有 13 个专业学部，包括数学学部，物理学部，纳米技术和信息技术学部，能源、机械制造、力学与控制过程学部，化学与材料科学学部，生物学学部，地球科学学部，社会科学学部，历史与语言文学学部，全球问题与国际关系学部，生理学学部，农业科学学部，医学学部。每个专业学部根据俄罗斯科学院主席团制定的程序成立科学理事会。科学理事会的任务包括分析相关科学领域的研究状况，参与协调各部门下属机构和组织科学研究。科学理事会是科学咨询机构，成员来自

---

① РАН. Структура Российской академии наук[EB/OL]. http://www.ras.ru/sciencestructure.aspx[2022-12-05].

② РАН. Структура Академии [EB/OL]. http://www.ras.ru/about/rascharter/structure.aspx [2022-12-05].

俄罗斯科学院的科学家、高等教育机构的雇员、参与解决相关问题的部门和组织的代表。

地方分院的主要任务是组织和开展基础科学研究和探索性科学研究，以解决重要的科学问题。地方分院每年向俄罗斯科学院主席团提交活动报告，并参与编写俄罗斯联邦基础科学状况报告和俄罗斯科学家取得的重要科学成就报告，以及关于基础科学发展优先领域和探索性科学研究领域的建议。俄罗斯科学院地方分院有远东分院、西伯利亚分院和乌拉尔分院，其中最大的是西伯利亚分院，该分院下设了研究所、科研机构、科学服务组织，以及地区性科学中心。

俄罗斯科学院有 15 个地区科学中心，主要分布在俄罗斯和欧洲的部分地区。其中最大的是圣彼得堡科学中心，其主要任务是促进自然科学、工程科学、人文科学和社会科学领域基础研究的发展，包括面向解决本地区社会经济问题的研究工作；推动圣彼得堡科学院系统的研究机构科技潜力的增长；组织跨学科的研究工作；培养高级科技人才；扩大国际学术交流等。

2015 年 1 月 8 日，俄罗斯联邦政府网公布了由俄罗斯科学院、俄罗斯医学科学院、俄罗斯农业科学院"三院合一"后移交给联邦科研组织署的 1007 家下属机构清单，其中来自俄罗斯科学院、俄罗斯科学院远东分院、俄罗斯科学院西伯利亚分院、俄罗斯科学院乌拉尔分院、俄罗斯医学科学院、俄罗斯农业科学院的机构分别有 318 家、48 家、121 家、55 家、68 家和 397 家；根据机构类型，联邦国家预算机构有 826 家，联邦国有独资公司有 181 家①。为提高科研基础设施的使用效率和科研人员的工作效率、降低管理费用、促进跨学科项目的实施、促进科技成果产出、构建从基础研究到成果应用的转化系统，联邦科研组织署对下属科研机构进行了全面重组，并按照 6 个方向进行②，如表 17-3 所示。到 2022 年，经过一系列的整合，俄罗斯科学院共有 366 个下属科研机构。

---

① 中国科学院科技战略咨询研究院. 俄罗斯联邦科研组织署公布下属机构清单[EB/OL]. http://www.casisd.cn/zcsm/gwzc/201610/t20161017_4678090.html[2022-12-22].

② 中国科学院科技战略咨询研究院. 俄罗斯科学院科研机构的重组改革新进展[EB/OL]. http://www.casisd.cn/zkcg/ydkb/kjzcyzxkb/2015/201508/201703/t20170330_4768564.html [2022-12-22].

表 17-3　俄罗斯科学院科研机构的分类重组定位

机构类型	定位与作用
联邦研究中心	依托独特的科研基础设施和大科学装置，在国家战略领域和优先的科技方向上开展突破性研究和应用研发，为巩固俄罗斯基础经济部门的长期国际竞争力、促进具有国际优势的地区快速发展、保障俄罗斯战略性经济行业的竞争优势等提供科学保障。其研究方向有多学科、跨学科交叉的特点，相关的科技研发项目应该在机构内部的统一研发计划框架下进行合作与协调
国家研究院	面向基础科学前沿，以国内外同领域公认的现有知名科研机构为基础，通过研究所积累的数据、假设和理论为认识世界的构成和人类生命提供新的理念，为实现未来的应用与开发研究提供新的机会
联邦科学中心	侧重于应用研究与开发，主要任务是为即将投入批量生产的关键新技术、突破性技术提供科研支撑，并侧重于推动研发成果的商业化。原型开发、小试、中试的能力对于组建此类机构至关重要
地方科学中心	面向地区经济发展，以解决区域层面问题的多个科研结构为基础，并与高等教育机构、企业、地方政府、当地的创新基础设施等构成区域创新系统，开发所在地区的人才潜能，促进当地相关国民经济行业和产业的综合发展
高等人文与社会科学研究机构	在人文科学、社会政治学、哲学、历史学等领域对突出的社会问题与社会过程开展研究，并为政府部门提供专家分析支撑
联合科研基础设施中心	对科学图书馆、信息分析中心、科技预测中心等进行重组，为科研机构提供更系统、更深层次的信息保障，构建专家系统，执行国家科技预测计划等

三、任务来源及形成

现阶段，俄罗斯科学院的使命和定位是：①从事并发展基础科学研究和探索性研究，获取自然、社会和人类发展规律的新知识，以促进俄罗斯技术、经济、社会和精神世界的发展；②为国家机构和组织提供科学咨询服务；③促进俄罗斯科学的发展；④传播科学知识，提高科学的权威性；⑤加强科学和教育之间的联系；⑥提高科学工作者的地位和社会保障。

其主要职责包括：①为国家制定和实施科技政策提供建议；②审核大型科技计划项目；③在联邦预算的支持下，开展基础研究和探索性研究，并参与俄罗斯联邦基础科学研究远景计划的讨论和制定；④为国家机构和组织提供科学咨询和服务；⑤研究分析国内外的科学成果，并为俄罗斯联邦使用这些成果提出建议；⑥加强与科技活动主体的联系与合作；⑦围绕发展科学的物质和社会基础，提高科学、教育一体化水平，有效发挥基础科学的创新潜力，提高科学工作者的社会保障水平等方面提出建议；⑧宣传和普及科学知识及科技成果[①]。

2020 年，俄罗斯科学院制定了一项基础研究计划，该计划将在未来 10 年内实施。该计划虽然是由俄罗斯科学院制定的，但同时由执行国家任务的联邦执行机构、主要研究中心和大学共同实施。计划编制完成后，提交给俄罗斯联邦科学和高等教育部，由该部批准并修改方案。为了方便计划的实施，专门成立了基础研究计划协调委员会，并在俄罗斯联邦科学和高等教育部部长和俄罗斯科学院院长的共同主持下运作。基础研究计划协调委员会设有主席团，包括俄罗斯科学院的所有副主席和各专业学部的主席，委员会部门的结构接近于俄罗斯科学院专业学部的结构，但并不完全一致，而是结合了基础研究计划的实施内容。基础研究计划的每个研究主题都有几十个研究人员参与其中，包括俄罗斯科学院的人员和公司的代表[②]。

四、经费结构及使用方式

（一）经费结构

俄罗斯科学院科学活动的资金来源（包括外币资金）包括：①从联邦预算中获得的资金（联邦预算拨款）；②从公共和私人基金会收到的资金；③根据俄罗斯联邦立法和宪章开展创收活动所获得的资金，包括与俄罗斯联邦和其他国家的法人和个人签订的有偿民法合同；④财产及产权使用所得资金；⑤自愿捐款和其他捐助；⑥从其他来源获得的资金[③]。在俄罗斯年度联邦预算中不再单独列出俄罗斯科学院 3 个地方分院的经费，相反，地方分院的预算经费被包含在俄罗斯科学院的总经费中，由俄罗斯科学院分块下拨给 3 个地方分院。

2021 年，俄罗斯科学院的收入总额为 4512.01 亿卢布，比 2020 年增长了12.4%。服务性收入最高，为 2265.41 亿卢布，占比为 50.2%，其中包括为完成国

① РАН. Предмет, цели и виды деятельности, основные задачи и функции Академии[EB/OL]. http://www. ras.ru/about/rascharter/tasks.aspx [2022-12-05].

② РАН. СО РАН: научно-методическое руководство, интеграция, популяризация[EB/OL]. https://www.ras. ru/digest/showdnews.aspx?id=75602119-a5f6-4e3d-abde-27652a23b636 [2022-12-27].

③ РАН. Имущество и финансовое обеспечение Академии[EB/OL]. http://www.ras.ru/about/rascharter/finances. aspx[2022-12-05].

家任务的联邦预算拨款，为1927.46亿卢布，占俄罗斯科学院收入总额的42.7%，以及创收活动的收入，为345.25亿卢布；其次是补贴及捐款，为2195.09亿卢布，占比为48.6%；其余为财产收入，罚款、罚金收入，资产交易（处置存货）的收入等共为51.50亿卢布，占比为1.14%，如表17-4所示。

表 17-4　2021 年和 2020 年俄罗斯科学院收入明细　（单位：百万卢布）

项目	2021 年	2020 年
收入总额	451 200.7	401 488.7
服务性收入	226 541.2	206 703.2
联邦预算拨款	192 746.4	183 955.1
创收活动的收入	34 524.8	—
补贴及捐款	219 509.3	186 586.0
有针对性的补贴	194 509.3	—
补助金和补贴形式的捐款	25 000.0	—
财产收入	4 212.8	4 066.1
罚款、罚金收入	700.5	150.0
资产交易（处置存货）的收入	96.9	—
杂项收入	140.0	3 815.9
其他收入	—	29.5

资料来源：Отчеторезультатахдеятельности ФГБУ РАН за 2021 год；Отчет о результатах деятельности ФГБУ РАН за 2020 год[EB/OL]. https://new.ras.ru/en/work/otchyety-o-rezultatakh-deyatelnosti/[2022-12-05].

　　注：本表格中的数据为官网数据。

（二）使用方式

俄罗斯科学院根据俄罗斯联邦立法和宪章的规定，确定资金的主要支出方向。2021年，俄罗斯科学院的总支出为5687.35亿卢布，比2020年增长了34.8%。其中人员薪资福利支出（包括工作人员待遇和福利待遇）最高，为2850.74亿卢布，占比为50.1%；其次是购买产品、服务的费用，为2479.75亿卢布，占比为43.6%；缴税和罚款的费用为235.65亿卢布，占比为4.1%，国际捐助及其他支出占比为2.1%，如表17-5所示。

表 17-5　2021 年和 2020 年俄罗斯科学院支出明细　（单位：百万卢布）

项目	2021 年	2020 年
支出总额	568 735.0	421 862.0
工作人员待遇	118 744.6	104 662.1
支付劳务费	90 989.0	80 737.4
其他工作人员福利	361.9	277.7
强制性社会保险费	27 393.7	23 646.9
福利待遇	166 329.5	176 266.7
福利和报酬	165 752.7	175 813.6
在科学、文化和教育领域取得成就的个人奖金	576.8	453.1
购买产品、服务的费用	247 974.6	108 285.1
购买研究、开发和技术	6358.1	—
购买公共商品物资	83 944.5	5869.0
货物采购	137 837.9	102 416.0
购买能源资源	19 834.1	—
缴税和罚款	23 564.7	21 535.0
财产税	23 439.2	21 371.5
其他税种	74.6	60.0
罚款支付	51.1	103.5
其他	8881.6	8542.2

资料来源: Отчет о результатах деятельности ФГБУ РАН за 2021 год; Отчет о результатах деятельности ФГБУ РАН за 2020 год[EB/OL]. https://new.ras.ru/en/work/otchyety-o-rezultatakh-deyatelnosti/[2022-12-05]; РАН. Отчет о результатах деятельности ФГБУ РАН за 2020 год[EB/OL]. https://new.ras.ru/en/work/otchyety-o-rezultatakh-deyatelnosti/[2022-12-05].

注：本表格中的数据为官网数据。

五、用人方式及薪酬制度

（一）人员情况

俄罗斯科学院自主决定员工的数量和薪酬制度。官方披露的数据显示，截至 2017 年，俄罗斯科学院的员工总数为 123 691 人，其中科研人员的数量为 44 842 人，占比为 36.3%，如表 17-6 所示。整体来看，俄罗斯科学院员工总数逐年缩减，科研人员的占比逐年上升且逐渐稳定，这与 2013 年开启的俄罗斯科学院的改革有关。

表 17-6　2013—2017 年俄罗斯科学院人员情况

人员	2013 年	2014 年	2015 年	2016 年	2017 年
人员总数/人	139 185	138 399	128 298	127 306	123 691
科研人员/人	46 946	46 567	47 071	46 957	44 842
科研人员占比/%	33.7	33.6	36.7	36.9	36.3

资料来源：Основныерезультаты Реализации Функций И Полномочий Федерального Агентства Научных Организаций[EB/OL]. https://web.archive.org/web/20180331035733/http://fano.gov.ru/common/upload/library/2018/03/main/1.pdf[2022-12-05].

2013 年启动俄罗斯科学院改革时，总统普京强调"科学家普遍在哪个年龄段进行杰出的发明创造是众所周知的事实。目前院士的平均年龄偏高，应当年轻化，要用渐进的方式改革俄罗斯科学院科研人员的年龄结构"。俄罗斯科学院每三年进行一次院士选举，2022 年，俄罗斯科学院开启了最新一轮的院士选举，6 月 2 日公布的结果显示共选出了 302 名院士，其中 91 名院士（包括 22 名 61 岁以下的院士）和 211 名通讯院士（包括 41 名 51 岁以下的通讯院士）。俄罗斯科学院院士的年龄结构更加年轻化，选举前院士的平均年龄约为76 岁，而新院士的平均年龄刚刚超过 62 岁。俄罗斯科学院的院士总人数从 1814人增加到 2116 人，其中院士 890 人，通讯院士 1226 人[①]。

（二）薪酬福利

俄罗斯科学院员工的薪资来自联邦财政预算补贴、有偿服务及其他创收活动。其中，研究人员（包括研究助理）的平均月薪为 132 561 卢布，行政和管理人员的平均月薪为 510 615 卢布，其他工作人员的平均月薪为 82 141 卢布，如表 17-7 所示。行政和管理人员包括高级管理人员，因此这类人员的平均工资相当高。目前，俄罗斯科学院面临科学家工资不高、报酬偏低和社会保障制

---

① 俄罗斯卫星通讯社. 302 名新院士经选举后进入俄科学院[EB/OL]. https://sputniknews.cn/20220606/1041771819.html[2022-12-05].

度问题的困境，这导致研究人员的工作缺乏稳定性和积极性[1]。2022 年，俄罗斯联邦科学和高等教育部计划将"青年科学家"的概念引入法律，以确保需要被资助的科学家能够获得国家财政支持。将"青年科学家"暂定为从事科学、科学辅助或工程技术的 35 岁以下（相关法律规定的青年标准年龄界限）的科学工作者和教育工作者。科学家还可以申请俄罗斯科学基金会、总统资助青年学者基金会和各种地区性青年竞赛的基金[2]。

表 17-7　俄罗斯科学院员工的薪资　　　（单位：卢布）

员工分类	来自联邦财政预算补贴	来自有偿服务及其他创收活动	平均月薪总额
研究人员（包括研究助理）	130 945	1 616	132 561
行政和管理人员	501 482	9 133	510 615
其他工作人员	61 859	20 282	82 141
所有员工	104 600	11 236	115 836

资料来源：Отчет о результатах деятельности ФГБУ РАН за 2021 год. [EB/OL]. https://new.ras.ru/en/work/otchyety-o-rezultatakh-deyatelnosti/[2022-12-05].

六、评估与评价

2010 年 4 月，俄罗斯科学院科学机构效率评定委员会正式成立。10 月，俄罗斯科学院出台了《俄罗斯科学院科学机构效率评定委员会工作条例》《俄罗斯科学院科学机构效率评定方法》《俄罗斯科学院科学机构效率评定方法指标》[3]。在 2013 年改革之前，俄罗斯科学院的评估检查工作由俄罗斯科学院分院和科学院主席团负责，定期（不少于 5 年一次）对下属研究所的工作进行检查，必要时也可邀请外国专家参加，根据评估结果，可以提出改组或撤销研究所的建议。

---

[1] РАН. Академик РАН посетовал на отсутствие стабильности в работе российских ученых[EB/OL]. http://www.ras.ru/digest/showdnews.aspx?id=20cfba71-f37f-4646-812e-dc2ee674dd56 [2022-12-05].

[2] РАН. Минобрнауки вводит понятие «молодой ученый»[EB/OL]. https://www.ras.ru/digest/showdnews.aspx?id=59aa33ed-b0e2-4fe3-8c88-671164568117[2022-12-05].

[3] 胡智慧，王建芳，张秋菊，等. 世界主要国立科研机构管理模式研究[M]. 北京：科学出版社，2016.

在 2013 年改革以后，俄罗斯科学院的评估工作由俄罗斯联邦科研组织署负责，同时联邦科研组织署参考俄罗斯科学院的意见对下属科研机构活动的成效进行评估。在评估下属科研机构的成果时，联邦科研组织署成立了部门评估委员会并负责每 5 年对科研机构成果进行一次常规评估，俄罗斯科学院派专家参加该委员会并对评估结果提出建议，还规定了非常规评估的方式和评估结果的应用范围①；2018 年，俄罗斯联邦科学和高等教育部接管了俄罗斯科学院的评估工作②。

俄罗斯科学院组织在 2017 年进行了一次评估。在筹备阶段，成立了部门评估委员会，组建了 26 个研究领域的评估小组，每个评估小组都设有 1 个专家委员会。在此次评估过程中，已完成重组的下属科研机构可免于评估，共有 513 个科研机构接受评估。评估小组的专家委员会成员必须有一半以上来自非学术界，为了确保客观性，大学和其他部门研究机构的代表也可加入专家委员会。

在评估研究机构过程中，评估小组应指定 2 名专家参与评估工作，其中至少有一个人来自联邦科研组织署以外的机构，专家需回答 20 个左右描述该机构科学活动的问题，并准备一份专家意见表，指出该机构的优势和劣势以及制定其发展规划的建议。联邦科研组织署建立了一个信息和分析系统来支持整个评估周期的工作，各评估小组将必要的信息输入其中，专家可以通过系统分析获得科学计量和专家评价的结果。

评估结果将俄罗斯科学院下属研究机构分为三类，分别是领先机构、表现稳定机构和表现不突出机构。研究机构类别的最终划分是由部门评估委员会根据专家委员会的建议、科学计量学分析以及俄罗斯科学院专家意见来确定的。其中专家委员会在机构的初步分类提出建议方面发挥了主要作用。根据评估结果，研究机构类别可以升级或降级，但一般不会超过一个档次。

---

① 中国科学院科技战略咨询研究院. 俄罗斯科学院厘清与科研组织署的职权分工[EB/OL]. http://www. casisd.cn/zcsm/gwzc/201610/t20161017_4678315.html [2022-12-05].

②Wikipedia. Федеральное агентство научных организаций [EB/OL]. https://wikipedia.tel/%D0%A4%D0% B5%D0%B4%D0%B5%D1%80%D0%B0%D0%BB%D1%8C%D0%BD%D0%BE%D0%B5_%D0%B0%D0% B3%D0%B5%D0%BD%D1%82%D1%81%D1%82%D0%B2%D0%BE_%D0%BD%D0%B0%D1%87% D0%BD%D1%8B%D1%85_%D0%BE%D1%80%D0%B3%D0%B0%D0%BD%D0%B8%D0%B7%D0%B0 %D1%86%D0%B8%D0%B9#cite_note-14 [2022-12-05].

对于每个关键指标（如出版物、专利情况、发展情况、财务绩效等），其每个研究领域下所有机构统计数据的算术平均值为阈值。研究机构归入第一类的标准是其指标应至少超过阈值的 25%；归入第二类的标准是不得比阈值低 25%以上；如果更低，则属于第三类。评估研究机构时，通常使用 5—10 个主要指标和几个附加指标，其各自比重首先取决于研究机构定位是知识创造、技术开发，还是科学技术服务，如表 17-8 所示。如果主要指标和附加指标均高于各自的阈值，则将其归入第一类；如果主要指标低于阈值，则将其归入第三类；其他情况将其归入第二类[①]。

表 17-8　俄罗斯科学院评估指标标准

类别	主要指标	附加指标
知识创造	每 100 名研究人员在国际科学引文系统中索引的出版物数量	具有国家注册和（或）法律保护的智力活动创造成果的数量，加上每 100 名研究人员发布的设计和技术文件的数量，或者与从事研究和开发的雇员总数相关的竞争性融资收入的数量
技术开发	研发作品的数量加上设计和技术文件的数量	发表作品的数量加上使用研发作品的收入以及与研究人员总数有关的小型创新企业的总收入
科学技术服务	预算外收入与预算资金的比例	出版物和研发

俄罗斯科学院参与两个阶段的评估工作。首先，俄罗斯科学院的各部门根据从各研究机构收到的信息，对各研究机构的表现情况准备专家意见表，之后俄罗斯科学院接收部门评估委员会批准的初步分类结果，俄罗斯科学院可对此结果提出意见。如果出现分歧，部门评估委员会将做出最终决定。俄罗斯科学院评估关注研究机构的研究质量，而部门评估委员会则更关注研究机构的表现和潜力，包括基础设施、人员情况和实施情况。

七、合作网络

俄罗斯科学院广泛参与国内合作，包括与俄罗斯联邦行政当局、俄罗斯各

[①] РАН. По этапам. Как идет оценка институтов РАН[EB/OL]. http://www.ras.ru/news/shownews.aspx?id=498fff2b-5512-4940-a26a-85e6f2f96d0d&print=1[2022-12-12].

第十七章 俄罗斯国家科研机构——国家创新体系的中流砥柱 | 479 |

联邦区、产业界、大学和其他科研组织开展合作与交流，主要是通过签订合作协议的方式。例如，俄罗斯联邦经济发展部与俄罗斯科学院于 2009 年签订合作协议，确定合作宗旨，旨在制定和实施长期战略并确保在具体行动上相互协调，通过建立一个完整的系统使俄罗斯科学院参与高科技领域的发展。双方根据协议协调和拟定的联邦项目支持小型创新企业在高科技领域开展活动；制定和实施联合行动方案，以创新产品和参与科学活动；利用俄罗斯联邦经济发展部的经验，在俄罗斯科学院科学中心建立企业孵化器，协助俄罗斯科学院建立并维持现有的创新基础设施等[①]。

　　俄罗斯科学院参与国际合作，旨在使俄罗斯科学院在国际学术界取得领先地位，使俄罗斯进一步融入全球科学、技术和创新体系。俄罗斯科学院国际合作部作为直接参与俄罗斯科学院国际活动的机构，与俄罗斯科学院各部门一起布局俄罗斯科学院在科学外交和国际合作领域的战略规划和任务实施，确定科技合作领域的原则、优先事项、目标和主要活动，并建立实施工具和机制。俄罗斯科学院在科技领域开展国际合作，布局了 8 个合作方向，包括与外国科研机构共同组织参与基础科学研究和应用科学研究，在俄罗斯联邦政府规定的合作方向范围内完成合作，等等。俄罗斯科学院在 2021 年围绕 8 个方向完成了75 项政府规定的国际合作计划，见专栏 1。

专栏 1　俄罗斯科学院的国际合作方向布局

　　方向 1：与外国科研机构合作进行基础科学研究和应用科学研究。

　　方向 2：根据俄罗斯联邦总统和俄罗斯联邦政府的决定，代表俄罗斯联邦当局参与执行国际科学和技术方案的实施。

　　方向 3：与国外科学组织合作，参加、组织、开展科学活动。

　　方向 4：参加国际科学组织活动。

　　方向 5：俄罗斯科学院与外国科学组织签订科学、信息和其他合作协议，旨在开展科学交流，并在互惠的基础上传播科学成果。

---

① РАН. Сотрудничество с Российскими организациями[EB/OL]. http://www.ras.ru/about/cooperation/internalcooperation.aspx[2022-12-05].

> 方向 6：组织国际学术交流，旨在提高科研组织和高等教育机构的科学和教育工作者的资质和科学研究水平，并组织和实施科研人员的国际学术流动方案，包括培训和科学研究。
>
> 方向 7：建立俄罗斯国际科学联盟管理机构。
>
> 方向 8：促进与外国国家和非国家机构的科学、教育、文化、经济、信息等方面的联系[1]。

2019 年 3 月 12 日，俄罗斯科学院在华盛顿与美国国家科学院签订了在科学、工程和医学研究领域的合作协议，合作期限为 2019—2023 年。合作领域包括：①能源问题研究，包括新能源、可再生资源、能源效率和节能；②了解影响局部地区、区域和全球环境以及气候变化的因素，并采取措施减少污染及影响；③利用太空设备进行天体物理、月球和行星研究；④预防和应对自然灾害，减轻其影响；⑤基础和应用医学研究；⑥新型材料研究，以保护环境和创造舒适的生活环境；⑦教育、卫生和科研活动中的信息技术，经协商可在其他领域进行合作。合作形式包括但不限于专家访问、科技出版物和资料交流、各类学术会议和研究项目。酌情鼓励其他国家的专家参加科学院间的活动。开展国际科学院活动时需考虑双方签订的协议和资金。在开展联合活动时，各科学院将继续加强与国际原子能机构、世界卫生组织、联合国教科文组织等国际组织的合作[2]。

2019 年 11 月 4 日，俄罗斯科学院应用物理研究所与中国科学院上海光机所在上海签订了联合实验室合作协议。"SIOM-IAP 激光联合实验室"旨在通过各类国际合作项目和学术活动，加强双方科技人员的交流，并根据中俄两国在激光物理科技合作的需求，积极促进两国在激光领域科技合作[3]。2019 年 6 月 24 日，中俄大气光学联合研究中心在安徽合肥正式揭牌，成立中俄大气光学联合研究中心，双方将在激光大气探测技术、大气分子光谱学

---

① РАН. Государственное задание РАН[EB/OL]. http://www.ras.ru/governmentorder_order.aspx[2022-12-05].

② 中国科学院科技战略咨询研究院. 俄罗斯科学院与美国国家科学院签订合作协议[EB/OL]. http://www.casisd.cn/zkcg/ydkb/kjzcyzxkb/kjzczxkb2019/kjzczxkb201905/201906/t20190613_5321905.html [2019-06-13].

③ 中国科学院文献情报中心. 中国科学院与俄罗斯科学院合作共建激光联合实验室[EB/OL]. https://www.las.ac.cn/front/product/detail?id=d83f9b8aef15007814567a760980b3e8 [2022-12-05].

等研究和重大科学基础设施建设等方面进一步深入合作。以建设合肥综合性国家科学中心为契机，拟在俄罗斯的西伯利亚地区和中国的江淮地区建立并完善国际性大气光学"超级观测站"，协同推进解决大气科学关键科学问题的国际合作项目[①]。

---

① 中国科学院文献情报中心. 中俄将共建国际先进的大气光学研究中心[EB/OL]. https://www.las.ac.cn/front/product/detail?id=946add347b32c21258f9e7e48a18871d [2022-12-05].

第十八章

中国国家科研机构
——国家创新体系的中坚力量

第一节　中国国家创新体系

一、历史沿革

　　科研机构是从事研发活动的场所，是国家创新体系的重要组成部分和科技体制改革的主力军，在科学发展和技术演进过程中发挥重要作用。新中国成立以来，在以欧美模式为主的国立北平研究院、中央研究院基础上，参照苏联模式，形成了和苏联类似的自上而下集权式的科技管理体制。自 20 世纪 80 年代起，我国开始稳步推动科研机构改革。

　　1985 年开始，科研机构拨款制度改革、科研机构自主权逐步扩大、科研机构内部管理制度及产权制度不断完善，即促进科研机构面向经济建设阶段（1985—1998 年）。1985 年发布了《中共中央关于科学技术体制改革的决定》，科技体制改革全面启动，改革以"堵死一头、网开一面""科学技术工作必须面向经济建设"为主要思路，推进拨款制度、人事制度和组织结构的改革；1995 年全国科学技术大会提出"科教兴国"战略，要求把科技和教育摆在经济、社会发展的重要位置。此次改革将部分具备产业化转型能力的科研机构推向了市场化运作。

　　1999 年开始，科研机构分类改革采用了事业单位"分类改革"的思路，对科研机构进行了类别划分，将社会公益性科研机构按照是否具备市场能力、提供的科技服务是否能为科研机构带来经济回报等标准进行分类，即技术开发类科研机构转企改制阶段（1999—2001 年）。此阶段以推进具备条件的科研机构企业化转制为主线，对国家经济贸易委员会管理的 10 个国家局所属 242 个科研机构进行改革，对建设部、铁道部等 11 个部门所属 134 个科研机构进行改革，并将那些有面向市场能力的科研机构转制为科技型企业，整体或部分转制为企业，或转制为企业性质的中介服务机构。

2001 年社会公益科研机构开始实行分类改革，在"细化""深化"科研机构的分类发展上，不同类别的科研机构有了更专属、更清晰的职能定位和布局，建立了更科学的内部管理模式，开始尝试构建绩效评价机制。

2011 年至今，在科研事业单位分类改革过程中，随着市场经济对高度集权的管理体制和政治文化的冲击，以及科技对社会经济发展的引领作用，公立科研机构对政府的依赖性有所减弱，同时，双方不断寻求协调与平衡，使得公立科研机构改革能够与政府职能转变有效对接，将事业单位按照社会功能属性分为承担行政职能类、从事公益服务类和从事生产经营活动类三大类，启动了以"去行政化"和"分类改革"为主要标志的改革进程。

近年来，随着国民生活水平的提高和对科学研究的重视，全国 R&D 经费投入不断增加，呈现出了快速增长的势头，如表 18-1 所示。从 R&D 经费内部支出的三大组成部分来看，我国基础研究 R&D 经费内部支出所占份额有所提升，从 2000 年的 5.2%提高到 2021 年的 6.5%；应用研究 R&D 经费内部支出占比有所下降，从 2000 年的 17.0%下降至 2021 年的 11.3%，而试验发展 R&D 经费内部支出占比则从 2000 年的 77.8%增长至 2021 年的 82.3%。

表 18-1　2000—2021 年我国 R&D 经费内部支出情况

年份	R&D 经费内部支出/亿元				占GDP的比例/%
	总计	基础研究	应用研究	试验发展	
2000	895.66	46.73	151.90	697.03	0.89
2001	1 042.49	55.60	184.85	802.03	0.94
2002	1 287.64	73.77	246.68	967.20	1.06
2003	1 539.63	87.65	311.45	1 140.52	1.12
2004	1 966.33	117.18	400.49	1 448.67	1.21
2005	2 449.97	131.21	433.53	1 885.24	1.31

续表

年份	R&D 经费内部支出/亿元				占 GDP 的比例 /%
	总计	基础研究	应用研究	试验发展	
2006	3 003.10	155.76	488.97	2 358.37	1.37
2007	3 710.24	174.52	492.94	3 042.78	1.37
2008	4 616.02	220.82	575.16	3 820.04	1.45
2009	5 802.11	270.29	730.79	4 801.03	1.66
2010	7 062.58	324.49	893.79	5 844.30	1.71
2011	8 687.01	411.81	1 028.39	7 246.81	1.78
2012	10 298.41	498.81	1 161.97	8 637.63	1.91
2013	11 846.60	554.95	1 269.12	10 022.53	2.00
2014	13 015.63	613.54	1 398.53	11 003.56	2.02
2015	14 169.88	716.12	1 528.64	11 925.13	2.06
2016	15 676.75	822.89	1 610.49	13 243.36	2.10
2017	17 606.13	975.49	1 849.21	14 781.43	2.12
2018	19 677.93	1 090.37	2 190.87	16 396.69	2.14
2019	22 143.58	1 335.57	2 498.46	18 309.55	2.24
2020	24 393.11	1 467.00	2 757.24	20 168.88	2.41
2021	27 958.27	1 817.03	3 145.37	22 995.88	2.43

资料来源:《中国科技统计年鉴 2022》。

注:因四舍五入原因,基础研究、应用研究和试验发展三项之和与"总计"一栏的个别数据有细微差别。

我国 R&D 人员近 20 年有了显著的增加,特别是在党的十八大以后,增长速度更加明显。2016—2021 年,R&D 人员全时当量从 387.8 万人年增加到 571.6 万人年,如图 18-1 所示。其中,从事基础研究的 R&D 人员从 27.5 万人年增长到 47.2 万人年,从事应用研究的 R&D 人员从 43.9 万人年增长到 69.1 万人年,从事试验发展的 R&D 人员一直保持最高水平,从 316.4 万人年增长到 455.4 万人年。

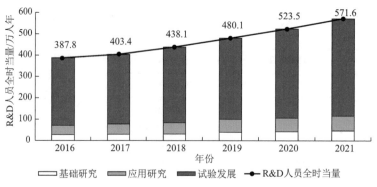

图 18-1 2016—2021 年全国 R&D 人员全时当量

资料来源:《中国科技统计年鉴 2022》

二、科技管理体制

当前，中国已经形成了一套完整的科技体系。最高决策层由党中央、国务院、全国人大和国家科技领导小组组成。其中：国务院与国家科技领导小组研究、审议国家科技发展战略、规划及重大政策、国家重大科技任务和重大项目，报请党中央决策同意后由相关部门、地方具体实施；全国人大从法律、制度方面进行保障、监督，并对科技经费预算与决算情况进行表决。

国家将科技管理职能划分到了科技部、财政部、国家发展和改革委员会等国务院所属的 20 多个部门和机构，由多个平级科技管理部门分工管理科技事务。2014 年开始，实施国家科技计划管理改革，打破条块分割，改革管理体制，统筹科技资源，加强部门功能性分工，建立公开统一的国家科技管理平台。2018 年，国务院机构改革后，科技部的科技工作统筹协调管理职能更加明确。在由部门和机构构成的统筹与执行层中，又可以分为统筹层和执行层。其中，统筹层由具有统筹协调职能的科技部、国家发展和改革委员会、财政部及其直属单位、地方部委组成；执行层则由国家自然科学基金委员会、工业和信息化部、农业农村部等部委，以及中国科学院等机构组成，如图 18-2 所示。

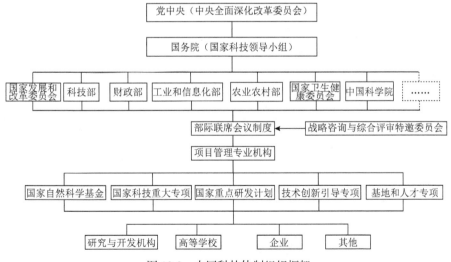

图 18-2　中国科技体制组织框架

资料来源：陈安, 崔晶, 刘国佳, 等. 中国科技体制及运行机制的特色与成效[J]. 科技导报, 2019, 37(18): 53-59

在权力集中的同时，充分发挥基层科研机构的自主性和能动性，政府以自上而下的方式制定政策、目标与战略，并由基层科研机构承担研究任务。

三、创新体系特征

国家创新体系是相互作用决定国家、企业创新绩效的整套制度，创新系统理论引入中国后得到了政策制定者的高度重视，从中央到地方各级政府相继出台政策，推出建立我国国家创新系统。

2006 年，我国开始建设创新体系，《国家中长期科学和技术发展规划纲要（2006—2020 年）》发布，正式提出了建设中国特色国家创新体系的战略，指出中国国家科技创新体系是以政府为主导、充分发挥市场配置资源的基础性作用、各类科技创新主体紧密联系和有效互动的社会系统。明确了政府职能，制定了发展规划，改革的重点在于深化科技体制与经济体制改革，促使产学研更好地结合，努力为激励自主科技创新、科技创新体系的建设、科研水平的提高扫清体制性障碍[①]。

创新资源、创新机构、创新机制和创新环境共同构成了我国国家创新体系，它们相互关联、相互协调。现阶段中国特色国家创新体系建设的重点包括：①建设以企业为主体、产学研结合的技术创新体系；②建设科学研究与高等教育有机结合的知识创新体系；③建设军民结合、寓军于民的国防科技创新体系；④建设各具特色和优势的区域创新体系；⑤建设社会化、网络化的科技中介服务体系。推进国家科技创新，要充分发挥国家创新体系在合理配置创新资源、促进各类创新机构密切合作和良性互动、完善创新活动的运行机制、保持创新活动与社会经济环境相协调等方面的重要作用[②]。

在我国创新体系中，政府、企业、院所高校、创新支撑服务体系相辅相成、四角相倚。政府\企业、院所高校等创新主体，通过互作关系，成为制度的制定者、活动的执行者、政策的受益者。院所高校作为一类主体，与企业、政府联结而成的"三螺旋"结构是国家创新体系的核心架构，三者交叠作用，进而

① 冯泽，陈凯华，陈光. 国家创新体系研究在中国：演化与未来展望[J]. 科学学研究，2021, 39(9): 1683-1696.
② 尹西明，陈劲. 科技自立自强与新型国家创新体系建设[J]. 群言，2021, (8): 15-18.

驱动创新螺旋上升发展。其中，院所高校是科技创新的源泉，企业是技术创新的主体，政府是技术创新的助推器，如图 18-3 所示。

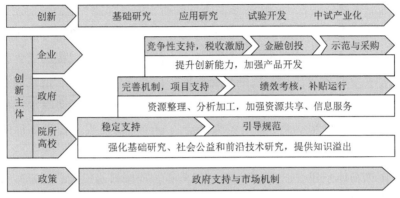

图 18-3　各创新主体在创新体系中的作用

资料来源：笔者根据整理的材料绘制

中国国家科研机构在中国特色的科研体制下对科技发展发挥着举足轻重的作用，在以政府为主导、市场化配置资源的基础上，科研机构作为科技创新主体将创新体系各个环节打通，将社会资源和社会系统紧密联系起来，是国家创新体系的重要组成部分。与高校的教书育人使命有所区分，科研机构是具有明确的研究方向和任务、从事研究与开发活动的重要载体，在职能分工上，科研院所比高校更全面地部署了包括基础研究、社会公益、应用研究在内的科技创新全链条研究任务，在贯通国家创新体系、强化知识创新体系方面发挥着中流砥柱的作用[①]。

第二节　中国国家科研机构概况

一、国家科研机构基本情况

科研机构是承担国家自主创新、促进社会产业升级、提高国家科研实力与

---

① 贺德方，周华东，陈涛. 我国科技创新政策体系建设主要进展及对政策方向的思考[J]. 科研管理，2020，41(10): 81-88.

创新能力的主要力量。就我国的发展现状来看,科研机构已经呈现出多种形态:从所有制及属性来看,包含了公立科研机构与民营科研机构;从具体表现形式来看,包含了高等院校、中国科学院下属院所,中央部委、地方政府及部队下属科学研究机构、企业所属科学研发机构,独立科学研究机构等多种形式;从战略定位来看,包含以提供科技服务为主的科研机构,以提出重大科研发现、推动科学技术进步为目标的科研机构,以产业化为目标、追求商业价值的科研机构等。除了上述这些类型科研机构外,还有一类新型研发机构异军突起,冲破体制机制壁垒,运用较为灵活的制度为科研人员提供更加便利的研究条件[1][2]。

我国创新体系建设以来,2007—2015 年,我国科研机构总量基本维持不变,地方部门属机构的数量保持在 3000 个左右,中央部门属机构的数量缓慢增加。随着改革的不断深化和经济的发展,我国科研机构总量呈现精减趋势,从 2016 年的 3611 个减少到 2021 年的 2962 个。与总体趋势不同,中央部门属机构数量不降反增,占比从 2007 年的 17.9%增加至 2021 年的 25.2%,如图 18-4 所示。

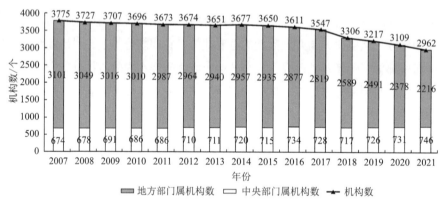

图 18-4　2007—2021 年我国科研机构数量

资料来源:《中国科技统计年鉴 2022》《中国统计年鉴 2021》

数据显示,2021 年我国国家科研院所数量(表 18-2)中,中国科学院所属研究所最多,有 106 家;其次是农业农村部,下属机构 61 家,包括中国农

① 吴英. 中外公立科研机构管理体制比较研究[D]. 上海交通大学硕士学位论文, 2009.
② 张义芳. 公立科研机构组织形态演变与政府治理模式选择[J]. 科学学与科学技术管理, 2009, 30(7): 49-53.

业科学院下属相关科研机构；中国社会科学院下属机构 40 家，国家卫生健康委员会下属机构 30 家，国家林业和草原局下属机构 21 家，自然资源部下属机构 14 家，其余中央主管部门下属机构不足 10 家。当前，基础类科研机构主要是中国科学院以及高校所属的相关研究所；应用型科研机构主要分布在工业和信息化部、交通运输部、应急管理部、农业农村部等行业主管部门以及中国科学院所属部分面向产业应用的研究所，如中国信息通信研究院、应急管理部信息研究院、中国科学院西安光学精密机械研究所等；社会公益类研究机构是指主要从事农业、气象领域等基础性研究，并产生社会效益的机构，如中国农业科学院、中国林业科学研究院、中国气象科学研究院等①。

表 18-2　2021 年我国部分主管部门所属科研院所数量 （单位：家）

主管部门	科研院所数量	主管部门	科研院所数量
国务院发展研究中心	7	国家市场监督管理总局	3
外交部	1	国家广播电视总局	1
科技部	2	国家体育总局	1
工业和信息化部	8	应急管理部	7
公安部	8	国家统计局	1
民政部	4	国家林业和草原局	21
司法部	4	中国科学院	106
自然资源部	14	中国社会科学院	40
生态环境部	3	中国地震局	5
住房和城乡建设部	4	中国气象局	9
交通运输部	4	国家粮食和物资储备局	1
水利部	4	中国民用航空局	2
农业农村部	61	国家文物局	1
文化和旅游部	4	国家药品监督管理局	2
国家卫生健康委员会	30	国家中医药管理局	1
海关总署	1	国家保密局	1

资料来源：根据 2021 年部分主管部门提供的清单汇总。

---

① 马名杰, 张鑫. 中国科技体制改革：历程、经验与展望[J]. 中国科技论坛, 2019, (6): 1-8.

尽管科研机构总量减少,但科研机构科研人员数量持续增长,2021 年 R&D 人员全时当量超过 46 万人年,比 2010 年增加了约 17 万人年,R&D 人员数量显著增加表明我国对科研工作的高度重视和人力资源投入的提升,如图 18-5 所示。

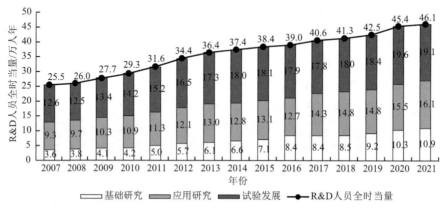

图 18-5 2007—2021 年我国科研机构 R&D 人员全时当量
资料来源:《中国科技统计年鉴 2022》《中国统计年鉴 2022》

二、国家科研机构资助概况

我国国家科研机构的科研经费主要来源于政府资金,占比从未低于 80%,企业资金投入占比在 4%以下,资金来源总体来看较为单一,详见表 18-3。

表 18-3 2007—2021 年我国科研机构经费来源   (单位:亿元)

年份	总计	政府资金	企业资金	国外资金	其他资金
2007	687.9	592.9	26.2	3.4	65.3
2008	811.3	699.7	28.2	4.0	79.3
2009	996.0	849.5	29.8	4.2	112.4
2010	1186.4	1036.5	34.2	3.4	112.2
2011	1306.7	1106.1	39.9	4.9	155.8
2012	1548.9	1292.7	47.4	5.1	203.8
2013	1781.4	1481.2	60.9	5.7	233.5
2014	1926.2	1581.0	62.1	9.1	273.8

续表

年份	总计	政府资金	企业资金	国外资金	其他资金
2015	2136.5	1802.7	65.4	5.0	263.4
2016	2260.2	1851.6	90.4	3.9	314.2
2017	2435.7	2025.9	91.9	4.4	313.6
2018	2698.4	2284.9	102.6	5.2	305.6
2019	3080.8	2582.4	118.7	5.0	374.7
2020	3408.8	2847.4	135.1	3.7	422.6
2021	3717.9	3007.1	203.9	4.3	502.6

资料来源：《中国科技统计年鉴 2022》《中国统计年鉴 2022》。

注：因四舍五入原因，"总计"一栏个别数据与表中后四列实际加和有细微差别。

2007—2021 年，我国科研机构 R&D 经费内部支出显著增加，从 687.9 亿元增长到 3717.9 亿元，增长超过 4 倍，如图 18-6 所示。比较表 18-1 与表 18-3，全国和科研机构的 R&D 经费内部支出均显著增加，但科研机构 R&D 经费内部支出在全国的占比连年下降，从 2007 年的 18.5%下降到 2021 年的 13.3%。

图 18-6　2007—2020 年我国科研机构 R&D 经费内部支出组成

资料来源：《中国统计年鉴 2022》

根据《中国科技统计年鉴 2022》和科技部相关统计，国家科研机构占全部科研机构总量的 25%，国家科研机构研发人员数量占全部科研人员总数的 80%，R&D 经费支出、发表论文、发明专利申请数、专利所有权转让及许可收入占比均超过 85%。由此可见，国家科研机构是各类研发活动的主力军，地方科研机构总量虽大，但从事研发活动，尤其是从事基础研究和应用研究活动占比偏低①。

三、新型研发机构发展现状

20 世纪 90 年代，一批科研机构在我国东南沿海地区迅速发展，此类科研机构在运营管理模式上大胆创新，采用投资主体多元化、建设模式多样化、运行机制市场化、管理制度现代化的企业运作模式，催生了"新型研发机构"这样一支重要科研力量。2016 年，《国家创新驱动发展战略纲要》首次从中央文件层面提出了"发展面向市场的新型研发机构"的目标。同年，《"十三五"国家科技创新规划》提出"鼓励和引导新型研发机构等发展""发展面向市场的新型研发机构，围绕区域性、行业性重大技术需求，形成跨区域跨行业的研发和服务网络"的目标，为新型研发机构建设提供了发展方向。2019 年 9 月，科技部印发了《关于促进新型研发机构发展的指导意见》，旨在大力倡导和支持新型研发机构建设发展，明确新型研发机构的性质、内涵、建设条件等，对新型研发机构建设工作进行了顶层部署②。

根据科技部火炬中心调查数据，截至 2020 年 4 月，全国新型研发机构数量达到 2050 家，成为有别于事业单位属性的传统科研机构的重要补充。传统科研机构的体制改革开展了 30 多年，但由于属性所限、历史包袱和路径依赖等问题，传统科研机构改革受到诸多局限。新型研发机构试图突破固有体制机制束缚，在体制建设和运行机制上进行新探索。目前，大多数新型研发机构是通过整合产学研资源形成的集研发、转化、孵化、投资等功能活动于一体的平台化组织。在发展过程中，新型研发机构以研发能力为依托，通过知识和技术输出服务，加快先进技术在企业和区域产业中的推广应用；以技术成果为纽带，联合产业基金和社会资本，技术、人才、资本、服务一体化推进，孵化培育科技型中小企业；以科教资源为基础，通过引进国内外优秀人才团队，培养科研领军人才和创新创业人才，实现产业发展和高端人才集聚；以仪器设备为支撑，

---

① 吴卫红, 陈高翔, 杨婷, 等. 中国科技管理组织结构发展研究[J]. 中国科技论坛, 2017, (7): 5-13.

② 《科技体制改革进展报告 2012—2020 年》编写组. 科技体制改革进展报告 2012—2020 年[M]. 北京: 科学技术文献出版社, 2021.

通过提供产业技术诊断、检测测试、系统设计等技术服务，推动企业创新水平提升和行业高质量发展[①]。

　　从分布区域的角度来看，东部地区拥有的新型研发机构最多，达到 1509 家，占我国新型研发机构总量的 73.6%，主要集中在江苏、山东、广东、浙江、福建，以上 5 省拥有的新型研发机构数量均超过 100 家，占全国总量的 61.4%。西部地区和中部地区新型研发机构数量分别为 300 家和 213 家，占全国总量的 14.6% 和 10.4%，其中，重庆、河南、四川等省市在新型研发机构建设方面表现较为突出，发展数量均超过 50 家。东北地区新型研发机构数量为 28 家，占全国总量的 1.4%（图 18-7）。

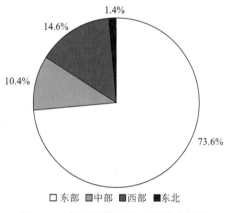

图 18-7　新型研发机构区域分布情况

　　从构成类型的角度来看，目前的新型研发机构涵盖了企业、事业单位、民办非企业和其他类型。其中，企业法人性质的新型研发机构占比为 57.8%，事业单位法人和民办非企业法人类型的新型研发机构占比分别为 27.3% 和 14.6%（图 18-8）。

　　从研发投入的角度来看，2019 年新型研发机构研发投入中位数为 393 万元，12.0% 的新型研发机构的研发投入强度（即研发投入占机构总收入的比例）低于 6%，15.8% 的新型研发机构的研发投入强度在 6%—20%，26.3% 的新型研发机构的研发投入强度在 20%—50%，16.2% 的新型研发机构的研发投入强度在 50%—80%，29.7% 的新型研发机构的研发投入强度达到 80% 及以上（图 18-9）。

① 《新型研发机构发展报告 2020》编写组. 新型研发机构发展报告 2020[M]. 北京: 科学技术文献出版社, 2021.

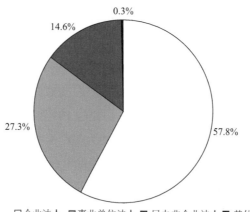

图 18-8　新型研发机构法人类型构成

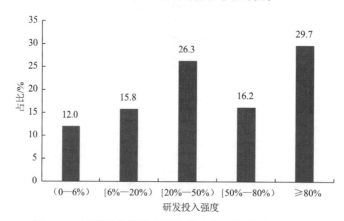

图 18-9　新型研发机构的研发投入强度情况（2019 年）

第三节　中国科学院深圳先进技术研究院

中国科学院深圳先进技术研究院（以下简称"深圳先进院"）是 2006 年中国科学院、深圳市人民政府及香港中文大学友好协商，在深圳市共同建立的，实行理事会管理模式。深圳先进院经过多年的发展积淀，已初步构建了以科研为主的集科研、教育、产业、资本于一体的微型协同创新生态系统，由 9 个研究所、多个特色产业育成基地、多支产业发展基金、多个具有独立法人资质的新型专业科研机构等组成。

一、使命及定位

深圳先进院积极探索体制机制创新，面向国际科学前沿，前瞻布局战略性新兴产业，通过多种方式促进科教融合和创新发展。深圳先进院提出提升粤港地区及我国先进制造业和现代服务业的自主创新能力，推动我国自主知识产权新工业的建立，成为国际一流的工业研究院的使命和愿景。具体做法是：面向应用研究，坚持学科交叉、集成创新的科研理念，加强与经济社会发展的相互协调和支持，融入区域性创新布局，加强对我国先进制造与现代服务业中核心和共性关键技术问题的研究，逐步形成具有特色的新学科，并促进学术影响和科技成果向周边和世界的辐射。

深圳先进院定位为发挥在建设创新型国家过程中的"火车头"作用，成为国家和人民可信赖、可依靠的战略科技力量，引领和支持我国可持续发展。提升粤港地区及我国制造业、现代服务业和医疗医药等领域的自主创新能力，成为新型国际一流的工业研究院。实现"一个引领、两个接轨、三个一流、四个能力"的目标。"一个引领"是指在国家创新体系和区域源头创新活动中起骨干和引领作用，包括核心技术、产业共性技术、人才教育、企业孵化等多方面的示范作用，成为新型国家研究机构的典范；"两个接轨"是指与国际学术水平接轨、与珠三角的产业接轨，这是实现"一个引领"的前提条件，只有顶天才能立地；"三个一流"是"人才一流、科研一流、管理一流"，这是实现"两个接轨"的基础；"四个能力"是发挥学科交叉特色，形成集成创新优势，建立经济预测机制，培养市场拓展能力[①]。

二、组织架构

深圳先进院采取的是理事会和国家科研机构共同主导的双轨制，实行理事会领导下的院长负责制。理事会由中国科学院、深圳市人民政府和香港中文大学三方共建，中国科学院担任理事长单位，深圳市人民政府、香港中文大学担任副理事长单位，并各委派1人作为研究院的领导班子成员参与研究院的管理

---

① 中国科学院深圳先进技术研究院[EB/OL]. https://www.siat.ac.cn/ [2022-10-15].

工作，从决策、执行和监督三个层面安排了各自的权力、责任和利益，如图 18-10 所示。中国科学院在人、事等方面充分放权，充分授权，充分保障先进院的组织创新[①]。理事会是深圳先进院的最高决策机构，负责决定深圳先进院的重大问题，制定修改章程，审议批准发展战略规划，确定科研方向，审议预算和经费分配，审议年度工作报告和任免深圳先进院院长、副院长，组织对院长及领导班子的定期考核评价。院长是深圳先进院的主要执行负责人，全面负责深圳先进院日常各项业务和工作。副院长协助院长工作，受院长委托主管某一方面的工作。理事会治理制度在很大程度上避免了行政力量对科研工作的过度干扰，有效地保障了深圳先进院的科研和运营效率，提高了人、财、物的资源配置。[②]目前，深圳先进院设立了科研部门、管理支撑、外溢机构和创新平台，旨在促进科研和管理的协调发展。

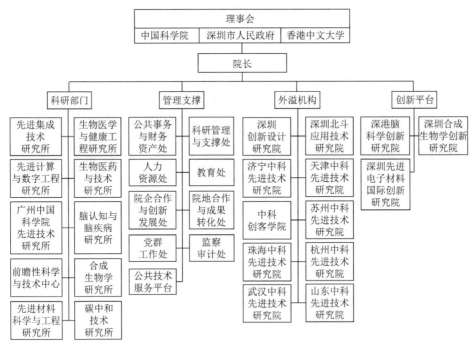

图 18-10　深圳先进院的管理架构
资料来源：根据深圳先进技术研究院官网资料整理

---

① 王能强, 罗锴, 刘兴, 等. 产研院体制机制及运行模式作用探析——中科院深圳先进技术研究院典型案例分析[J]. 科技与创新, 2017, (4): 15, 17.

② 樊纲, 樊建平. 国家战略科技力量: 新型科研机构[M]. 北京: 中国经济出版社, 2022: 100-101.

深圳先进院设置了十余个管理职能部门，负责相关的管理服务工作。

（1）科研管理与支撑处的主要职能是负责科研发展规划研究、科研项目策划与争取、科研活动实施与监督、科技成果管理、国际合作、网络信息化管理及服务、学术交流管理、图书馆建设和学术期刊编撰，以及采购工作。

（2）人力资源处的主要职能是负责人力资源规划、人力资源体系与各类人才队伍建设；人才引进及管理；薪酬制度及福利体系的建立；机构编制及人事档案的管理；牵头各类人才项目申请及管理工作；牵头落实 3H 工程①。

（3）公共事务与财务资产处的主要职能是负责财务规划，会计核算，财务过程管理与监管，预（决）算编制与执行，以及固定资产管理。组织指导各单元、部门和院属单位财务会计业务活动的开展和财经政策的贯彻执行。

（4）院企合作与创新发展处的主要职能是负责产业发展规划；负责组建产业联盟和行业协会，负责横向项目与院地合作项目的策划、争取及管理；负责重要科技展览、科普与扶贫工作；负责品牌宣传和文化建设。

（5）院地合作与成果转化处的主要职能是负责科技成果转化、知识产权布局、培育与运营维护、院地合作、产学研合作、外溢机构建设与管理、经营性国有资产运营与管理及公务接待。

（6）教育处的主要职能是负责合作办学的推进工作；负责院系规划与设置、学科建设与发展、招生与就业管理；负责国内外教育合作，以及博士后管理。

（7）党群工作处的主要职能是贯彻党管干部原则，负责干部管理日常工作。负责党组织建设工作；负责党员管理、组织发展、思想教育等各项工作；建立健全党建、群团相关工作制度；负责党委、工会、共青团等组织日常工作。

（8）监察审计处的主要职能是协助党委、纪委抓好党风廉政建设工作；开展反腐倡廉宣传教育；组织实施内部审计；负责信访问题调查核实处理工作。

（9）公共技术服务平台的主要职能是负责公共技术平台规划建设、运营管理和科研支撑及技术服务等相关工作；中国科学院所级服务中心和分析测试中心的运行和维护；生物安全和动物伦理安全的管理和实施；高等级生物实验室的建设和管理。

---

① "3H" 工程是 housing（住房）、home（家庭）、health（健康）的简称，是 2011 年以白春礼为院长、党组书记的中国科学院领导集体提出的旨在为科研人员安心致研解决后顾之忧，帮助科研骨干人才改善居住条件、解决子女择优园优学而入、缓解就医难并加强健康保障等的行政后勤支撑服务工作。

深圳先进院创建了9个研究所，包括中国科学院香港中文大学深圳先进集成技术研究所、生物医学与健康工程研究所、先进计算与数字工程研究所、生物医药与技术研究所、广州中国科学院先进技术研究所、脑认知与脑疾病研究所、合成生物学研究所、先进材料科学与工程研究所、碳中和技术研究所；多个特色产业育成基地，包括深圳龙华、平湖及上海嘉定育成基地；多个具有独立法人资质的新型专业科研机构，包括深圳创新设计研究院、深圳北斗应用技术研究院、中科创客学院、济宁中科先进技术研究院、天津中科先进技术研究院、珠海中科先进技术研究院、苏州中科先进技术研究院、杭州中科先进技术研究院、武汉中科先进技术研究院、山东中科先进技术研究院；3个创新平台，包括深港脑科学创新研究院、深圳合成生物学创新研究院、深圳先进电子材料国际创新研究院。深圳先进院目前已初步构建了以科研为主，集科研、教育、产业、资本于一体的"微创新体系"，将高校、研究院所、特色产业园区、孵化器、投资基金等产学研资创新要素紧密结合，不断促进技术需求方和技术供给方的有效结合，有效打通科技和经济转移转化通道，大大提高创新效率和效益，如图18-11所示。"研"指科研，深圳先进院着力研究信息技术与生物技术，重点布局健康与医疗、机器人、新能源与新材料、大数据与智慧城市等前沿科学领域，催生出了一批重量级科技成果，为我国攻克"卡脖子"技术提供了重要支撑。"学"指教育，深圳先进院一直坚持科教融合发展，不断创新学生培养模式。"产"指产业，深圳先进院致力于打造面向产业和市场需求的成果转化体系，积极推动科技成果运用于企业中，将其转化为生产力。"资"指资本，深圳先进院与社会资本合作，共同设立了5个产业基金，规模共达50亿元，并通过天使投资、风险投资等方式，促进科技产业的不断发展壮大。

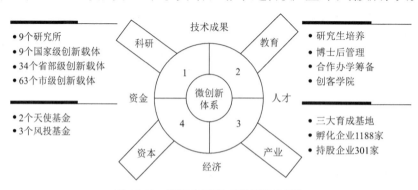

图 18-11　深圳先进院"微创新体系"

资料来源：樊纲，樊建平. 国家战略科技力量: 新型科研机构[M]. 北京: 中国经济出版社，2022: 90-91

三、任务来源及形成机制

截至 2021 年，深圳先进院成立了 9 个研究所，累计承担科研项目经费超 100 亿元，其中国家项目 22.83 亿元，中国科学院项目 13.75 亿元，广东省项目 9.81 亿元，深圳市项目 62.67 亿元；已建设 106 个国家/省部/市级重点实验室和工程技术平台；牵头组建全国首个医疗器械领域的国家级创新平台——国家高性能医疗器械创新中心；牵头获批深圳市脑解析与脑模拟、合成生物研究两项重大科技基础设施，合计 21.4 亿元，为深圳光明科学城首批启动项目，也是深圳综合性国家科学中心的核心载体和重要战略支撑；牵头建设深圳深港脑科学创新研究院、合成生物学创新研究院、先进电子材料国际创新研究院三项基础研究机构合计 35.5 亿元（均为 5 年期），聚焦重大科学问题和基础理论，开展前沿基础研究和应用基础研究，支撑前沿领域原始创新，解决"卡脖子"关键技术瓶颈，为粤港澳大湾区综合性国家科学中心建设提供多项重大条件支撑。

深圳先进院重点布局生命与健康、信息、先进材料等领域，在高端医疗影像、低成本健康、医用机器人与功能康复技术、城市大数据计算、合成生物器件关键技术、非人灵长类脑疾病动物模型、先进电子封装材料、肿瘤精准治疗技术等方面不断取得突破，重大科技成果不断涌现。科研项目布局情况具体如表 18-4 所示。

表 18-4　深圳先进院科研项目布局

类别	研究方向	研究任务
三个重大突破	高端医疗影像	重点围绕高场磁共振成像与多模态成像技术与装备、多功能生物医学超声与光声诊疗技术、基于新材料新器件的新型 X 射线/静态电子计算机断层扫描 CT 成像等三个方向上进行突破
	低成本健康	以先进医学传感与检测技术为主要研究方向，围绕微纳传感与生物器件、人体传感器网络（包括医学集成电路芯片设计、人体通信技术、可穿戴健康信息处理）、健康大数据（包括面向区域医疗和公共卫生的海量医疗健康数据分析、辅助诊断技术和面向精准医疗、个性化医疗的健康信息挖掘）开展研发工作
	医用机器人与功能康复技术	围绕医疗机器人、康复机器人、功能康复技术及系统和康复器件与材料开展研发

续表

类别	研究方向	研究任务
五个重点培育	城市大数据计算	重点突破大数据的高效采集、传输、分析处理、存储管理、融合挖掘等方面的关键核心技术，形成囊括基础硬件、系统软件、中间件、核心算法及应用指引的客户端和云端大数据技术体系
	合成生物器件关键技术	重点开展体内微生物组和疾病发生发展的相互作用关系研究，掌握微生物组在生物代谢过程中的相互作用，鉴定可能导致疾病发生的外部微生物因子，通过合成生物学方法改造微生物以及微生物组结构，使之能够特异性识别、靶向、干预病灶，达到有效预防或治疗疾病的目的
	非人灵长类脑疾病动物模型	定位脑科学研究新技术、脑疾病诊疗新技术、新药物研发和产业化应用与服务；建立非人灵长类脑疾病动物模型资源库，开展脑认知神经基础、脑疾病机制与治疗新策略的研究
	先进电子封装材料	定位高端电子封装材料研究与产业化。深入研究高密度电子封装材料的电学、热学、力学性能及其与器件集成等的关键科学问题。重点攻关电子封装无机材料、电子封装聚合物材料、电子封装集成技术，建成完整的电子封装实验工艺线
	肿瘤精准治疗技术	在纳米医药、免疫治疗等方向突破关键技术，研发纳米药物与纳米疫苗，创新生物制药以及纳米生物材料与光学诊疗设备

资料来源：深圳先进技术研究院的科研项目情况。

四、经费结构及使用方式

（一）经费结构

深圳先进院的经费来源于中央和财政稳定性支持、竞争性项目收入，以及企业合作及股权、专利转化等自有资金收入。2020 年，深圳先进院经费收入为 15.40 亿元，其中财政稳定性支持为 2.13 亿元，占比为 13.8%；竞争性项目收入为 12.23 亿元，占比最高，为 79.4%；企业合作及股权、专利转化收入为 1.04 亿元，占比为 6.8%，如表 18-5 和表 18-6 所示。

表 18-5　深圳先进院 2018—2020 年经费收入结构　　（单位：亿元）

法人	经费性质	项目类型	2018 年	2019 年	2020 年
中央	稳定性支持	中国科学院运行	1.06	1.68	1.13
		地方稳定支持	1.00	1.00	1.00

续表

法人	经费性质	项目类型	2018 年	2019 年	2020 年
中央	竞争性项目	中国科学院竞争项目	0.85	0.98	0.96
		竞争性经费	2.61	4.58	3.96
	企业合作及股权、专利转化	中央横向及转化	0.72	5.16	0.93
地方	企业合作及股权、专利转化	地方横向及转化	0.16	0.10	0.11
	竞争性项目	竞争性经费	2.53	1.21	4.90
其他			0.50	2.48	2.40
	总计		9.43	18.78	15.40

表 18-6　深圳先进院 2018—2020 年经费收入按类别分类情况（单位：亿元）

类别	2018 年	2019 年	2020 年
财政稳定性支持	2.06	2.69	2.13
竞争性项目	6.49	10.83	12.23
企业合作及股权、专利转化	0.88	5.26	1.04
合计	9.43	18.78	15.40

资料来源：深圳先进院调研资料（内部资料）。

中央、地方在科研项目方面给予了深圳先进院充分的支持。深圳市科技创新委员会对深圳先进院获得中国科学院院级运行经费给予配套支持的同时，鼓励深圳先进技术研究院积极承担中国科学院院级科研项目，保障项目的顺利实施，设立深圳市中国科学院院级经费地方配套资金，每年配套资金 1 亿元；对获评国家科技重大专项的科技项目、科技部和广东省科技厅设立的科研项目给予配套支持，按照不超过国家或省拨资金 1∶1 的比例予以配套资助，配套资助资金不超过单位自筹经费的 50%。

（二）使用方式

根据深圳先进院经费支出结果，人员费（含年终奖）占总支出比重为总支出的 40%—50%，尤其是 2019 年深圳先进院自有资金即股权转让收益的增加，给先进院发放人员薪酬及绩效提供支持，这对科研队伍的稳定起着决定性作用（表 18-7）。

表 18-7　深圳先进院 2018—2020 年经费支出结构

支出	2018 年	2019 年	2020 年
中国科学院/亿元	5.48	8.16	9.65
深圳先进院/亿元	2.86	3.40	3.83
合计/亿元	8.34	11.56	13.48
其中：人员费/亿元	3.62	5.78	5.79
人员费占比/%	43	50	43

五、用人方式及薪酬制度

截至 2021 年 6 月 30 日，深圳先进院员工总数为 1967 人，其中大学本科及以上学历者有 1928 人，所占比例达到 98.0%。其中，博士研究生有 987 人，占员工总数的 50.2%；拥有海外经历者达 719 人，占员工总数的 36.6%。员工平均年龄为 33 岁，高端科技人才年轻化趋势明显，保持了队伍的创新力和活力。

深圳先进院人才结构持续优化。以需求为导引，全面精准引才，高层次人才量质齐增，为湾区科技、经济发展提供源源不断的源头创新力。截至 2021 年 6 月 30 日，深圳先进院具有中高级职称者 1357 人（含管理人员），占员工总数的 69.0%。副高级以上专业技术人员 440 人，占员工总数的 22.4%。

（一）人员结构

深圳先进院的人员包括科学研究系列人员、工程技术系列人员和管理支撑人员，前两类人员在岗位设置上属于科技岗位，第三类人员属于非科技岗位。

1. "三层结构"的科学研究系列人员

目前已经形成了"三层结构"的科研人才队伍，分别为全职资深研究员和AF 教授、科技骨干人才、青年科技人才。

（1）全职资深研究员和 AF 教授。全职资深研究员是指全职在深圳先进院工作，并已达百人计划水平和要求，能起到领军作用的研究员。AF 教授为深圳先进院特聘回国兼职工作 2—3 月/年的海外知名教授，他们均为在国内外相关领域享有盛誉的"正教授"（full professor），具有扎实的功底和丰富的经验，比较熟悉国内政策和相关情况，愿意为国家科技事业做贡献。AF 教授的主要职责和角色定位为引导研究单元的科研发展方向、帮助选拔优秀科技人才、培养科研团队、指导项目申请与项目实施，培养青年领军人才和项目负责人。他们当中多数人在深圳先进院担任了研究单元主任，负责相关领域研究方向的引导、对研究单元副主任进行"传、帮、带"以及单元的人才队伍建设等工作，年龄主要分布在 42—55 岁。深圳先进院借助 AF 教授的海外影响力，加强了国际合作，目前已成功申请到一项"国际科技合作计划"项目。同时，通过他们的帮助，深圳先进院青年科研人才近距离接触海外高水平学术组织，逐步帮助骨干科研人才扩大在海外学术界、各种不同行业协会的影响力，从而扩大深圳先进院的国际影响。在 AF 教授的指导和帮助下，深圳先进院青年科技人才已成功牵头申请到 6 项国家高技术研究发展计划（863 计划）和 3 项国家自然科学基金项目。

（2）科技骨干人才。他们正值创新热情高、创新活力强、敢于挑战权威的时期，是深圳先进院的骨干科研人才，是培养成为学术带头人或项目负责人的主要对象。他们目前均为海外博士，平均具有 5—8 年工作经验，基本达到"百人计划"的要求；其年龄主要分布在 30—45 岁，大部分集中在 30—40 岁。其中部分人担任了研究单元副主任职务，在研究单元主任的指导下进行研究单元的管理、项目申请、项目实施等实体性工作，旨在提高其领导和组织科技创新的层次和水平。

（3）青年科技人才。主要为深圳先进院招收的具有博士学位的全职青年中高级科技人才，负责项目具体实施，是创新骨干的后备力量，年龄分布在 28—35 岁之间。深圳先进院注意对青年科技人才在政策举措上加强引导和营造氛围，在科研经费上给予稳定和必要的支持，鼓励其进行原始科学创新和关键技术创新。目前，深圳先进院的科研人员平均年龄约为 32 岁（不含学生），是科研和筹建工作的重要力量。

2. 工程技术系列人员

工程技术系列人员主要分布在公共技术平台和工程中心。公共技术平台主要为科技活动提供测试、调试、加工等技术支撑与服务，并向企业和其他科研单位开放，是区域技术创新平台的重要组成部分。公共技术平台的人员招聘主要考察工业测试、设备调试、加工经验等方面的能力。工程中心主要开展技术转移、成果转化与企业孵化等相关工作。依托深圳先进院的科研团队，寻求与企业合作，实现成果与产业的无缝接轨，切实建立以项目管理为中心的工业化管理体系和自主知识产权的新工业孵化器。对工程中心人员在考核与激励上进行了创新，鼓励员工与工业界的合作和知识产权的转移转化。所有工业合作开发工作激励均以项目为单位进行，并与项目的效益挂钩，对于非直接进入市场的产品部件或软件的开发，参照当前市场价格执行，根据效益对开发人员进行奖励。项目奖励实施贯穿在项目开发过程中，在项目开始前确定奖励额度和奖励标准；根据项目完成的质量，项目奖励将按预定标准进行调整。项目开发管理委员会或工程中心可根据项目重要性及项目难度调整奖励额度。

3. 管理支撑人员

管理支撑人员指担负领导职责或管理任务的，在科技成果转移转化和工业合作的过程中，从事产业化产品设计与开发，或为产业化工作提供支撑与辅助性工作的，为基础研究、战略高技术研究、经济社会可持续发展研究等工作提供支撑与辅助性工作岗位人员[①]。

（二）引才育才机制

深圳先进院坚持"人才强院"战略，坚持人才优先发展，创新人才管理模式，打造产业引才优势，营造良好的人才引培环境，持续不断地从海外引进科研人员，足迹遍布欧美顶级学府。充分发挥国家科研机构的品牌优势，依托国家部委、地方等人才计划，到2021年，累计引进院士11人，国家重点引

---

① 樊纲, 樊建平. 国家战略科技力量: 新型科研机构[M]. 北京: 中国经济出版社, 2022: 136-137.

才计划入选专家、国家杰出青年科学基金、"长江学者"、"国家高层次人才特殊支持计划"等"四青人才"88人次，中国科学院重点引才计划入选专家31人，另有986人次入选省市地方人才计划。柔性吸纳优秀非全时学者419人。

（1）多渠道引进海内外优秀人才。深圳先进院学习优秀企业在获取优秀人才上的成功经验，多渠道进行长期性招聘，通过建立好的评估机制选拔人才。国内人才的引进，主要通过网络招聘、校园招聘和定向搜索方式，结合科研规划、发展方向和重点研究领域，了解国内相关领域水平较高的高校和研究机构，定向搜索需要的人才。海外人才的引进，主要通过以下方式进行：通过回国工作的员工和来访的海外教授建立各种海外招聘渠道，网罗人才；参加中国科学院人事局组织的新建研究单元和中西部研究所美国招聘团赴美招聘活动；全世界范围内了解、掌握相关领域的高水平大学、研究机构和企业，定向搜索需要的高水平人才；借助深圳先进院搭建的学术平台或组织的大型活动，网罗优秀科技人才；通过国外华人组织、我驻外使领馆建立海外长期招人渠道。

（2）人才引进的重点定位在海外教授和刚毕业博士两个层次，并逐步带动中间年龄层次。海外教授可采用固定时限特聘兼职回国工作的模式；毕业不久的博士易于全职回国工作，是深圳先进院招聘的主要对象。深圳先进院建院初期，主要集中招聘青年学者，他们是科研的主力军，可借助"孔雀计划""英才计划"，应势而为广开进贤之路。统筹经费，定向支持高端人才。设置人才服务办公室，落实中国科学院3H工程，着力解决人才安居、体检就医、子女入学等问题。

（3）充分发挥国家科研机构的品牌优势吸纳人才，借助特区（地方）人才计划组建创新团队。院地合作三方共建下的深圳先进院，充分发挥了中国科学院的品牌优势、科研优势和特区政府的产业及区位优势，使得深圳先进院逐步成为地方高端人才的"储水池"和"梧桐树"。深圳先进院围绕地方科技产业重点布局方向组建创新团队，加强科技创新领军人才、青年科技人才的引进，受到了地方政府的大力支持与资助。截至2021年，共有28支团队入选广东省创新团队和深圳市孔雀团队，6支团队入选中国科学院创新团队。

（4）深圳先进院坚持"但求所用、不求所有"的人才观，实行更加开放的人才政策，柔性引才引智。一是在粤港澳大湾区的创新资源聚集和开放的科研环境下，深圳先进院与港澳地区及国外知名大学（研究机构）合作，面向民生需求、科技的未来发展趋势共同组建研究中心。在科研互动、共谋发展的过程中，来自海外各高校的教授积极推荐青年人才去深圳先进院。二是通过设立首席科学家、荣誉研究员、访问学者等"非全时学者"岗位，吸纳知名学者非全时工作。截至2021年底，在深圳先进院兼职的客座人员超过400位，与院内中青年骨干、优秀的年轻博士和学生组成三级人才梯队，在学科把握、队伍建设、人才评价等多方面起到了引领作用。

（5）深圳先进院致力于搭建全链条人才引进培养系统工程，每年投入逾1000万元人才引进培养基金，给予人才充足的科研启动经费，助力人才快速成长。同时设立深圳先进院优秀青年创新基金，加强对青年创新创业项目的培养和支持，依托中国科学院青促会，设立青年创新促进会小组，广泛展开青年学术交流，举办青年学术沙龙、青年论坛等活动，为青年人才提供了良好的学术氛围。

（6）与海外高校联合培养及学生互访，提高在学研究生的学术水平。深圳先进院与澳大利亚、加拿大等国高校建立了研究生互访机制。例如，先进集成技术研究所研究生赴澳大利亚国家信息与通信技术中心（NICTA）学习6个月。

（三）聘用机制

按照《深圳先进院岗位设置与岗位等级相关管理办法》，科技岗位包括自然科学研究系列和工程技术系列两类岗位，均按照国家通用专业技术岗位等级分为初级专业技术岗位（十二级至十一级）、中级专业技术岗位（十级至八级）、副高级专业技术岗位（七级至五级）、正高级专业技术岗位（四级至一级）由低到高排列。非科技岗位包括职级系列、管理工程师系列，其中管理工程师系列分为图书资料、编辑出版、科研辅助和产业化岗位，均分为初级、中级、高级由低到高的职级序列，如表18-8和表18-9所示[1]。

---

[1] 樊纲，樊建平. 国家战略科技力量：新型科研机构[M]. 北京：中国经济出版社，2022：136-137.

表 18-8　科技岗位概况

岗位	国家通用专业技术岗位等级	岗位等级	
		自然科学研究系列	工程技术系列
正高级专业技术岗位	一级	研究员一级	正高级工程师一级
	二级	研究员二级	正高级工程师二级
	三级	研究员三级	正高级工程师三级
	四级	研究员四级	正高级工程师四级
副高级专业技术岗位	五级	副研究员一级	高级工程师一级
	六级	副研究员二级	高级工程师二级
	七级	副研究员三级	高级工程师三级
中级专业技术岗位	八级	助理研究员一级	工程师一级
	九级	助理研究员二级	工程师二级
	十级	助理研究员三级	工程师三级
初级专业技术岗位	十一级	研究实习员一级（研究助理一级）	助理工程师一级
	十二级	研究实习员二级（研究助理二级）	助理工程师二级

表 18-9　非科技岗位概况

职级系列	职员系列	管理工程师系列			
		图书资料	编辑出版	科研辅助	产业化
高级	五级职员	高级管理工程师一级			
	六级职员	高级管理工程师二级			
中级	七级职员	管理工程师一级			
	八级职员	管理工程师二级			
初级	九级职员	助理管理工程师一级			
	十级职员	助理管理工程师二级			

建立合理的人员聘用期限结构，形成合理的人员流动机制，是保持创新活力的关键。目前，深圳先进院实行合同聘任制，聘用关系按聘用期长短分为 1 年期聘用、2 年期聘用、3 年期聘用、4 年期聘用和长期聘用 5 种，从聘用期

限上为促进合理的人员流动提供保障。深圳先进院博士/助研以上（含）人员的首聘期一般为 2 年，二次聘用期为 4 年，以保证中高级科技人才的合理流动与相对稳定；其他人员首聘期一般为 1 年，二次聘用期为 2 年。

通过客座学生机制，物色潜在员工。客座学生是指在所在院校完成了基础理论课程，到深圳先进院进行科研实践并完成学位论文的研究生，主要来源为国内重点高校或科研院所的学生。客座学生对深圳先进院筹建期的发展起到了生力军的作用。在深圳市科技和信息局主持的针对深圳高校、科研院所学生的"非共识项目"申请中，深圳先进院学生获得资助项目 6 项，排名第 2，仅次于深圳大学（共 11 项）；在深圳先进院举办的不同类型的大型活动中发挥了较大的作用，包括：深圳先进院开业仪式、2007 IEEE 国际集成电路技术与应用学术会议（IEEE ICIT 2007）、第八届和第九届中国国际高新技术成果交易会、第一届国际生物医学与健康工程研讨会、2007 年全国高性能计算学术年会（HPC China 2007）等，为深圳先进院的快速发展做出了贡献。深圳先进院被客座学生喻为他们"梦开始的地方"。由于深圳先进院尚未具备独立招收研究生的权限，挂靠兄弟院所招生的指标有限，客座学生在一定程度上满足了深圳先进院快速发展的需要。同时，客座学生亦是深圳先进院的潜在员工。

（四）薪酬制度

深圳先进院实行协议薪酬与密薪制度，通过合理确定薪酬水平、优化薪酬结构、改革主要负责人薪酬、完善考核评价和多渠道筹措资金来源一系列措施，积极探索建立一套符合新型科研机构特点的薪酬制度。深圳先进院在"三元"结构工资制的基础上，实施以岗位和绩效为重点的薪酬制度，向学术领军人物、学科带头人、学术带头人倾斜。深圳先进院针对"领军人才"实行协议年薪制，增强薪酬的竞争力和对人才的吸引力。深圳先进院通过购买国际保险、职业年金等方式，加强与国际标准接轨，持续增加绩优员工收入，提升人均福利待遇。

为了加强深圳先进院高端科技人才队伍的建设，深圳先进院结合目前国内的政策环境和深圳先进院实际情况，制定了《关于高端科技人才计划入选者工作经费支持的办法（试行）》，该办法对已入选有关国家和地方政府部分科技人才计划的高端科技人才予以定向工作经费支持，以充分发挥其在相关领域方向上的作用，鼓励和保障其为先进院发展做出更大的贡献[①]。

六、机构评估与人才评价

（一）机构评估

深圳先进院每年对研究所、研究单元、职能部门进行考核，对年度规划任务完成情况及完成质量、年度工作亮点进行评估。院长办公会根据各研究所、研究单元、职能部门的考核结果对各部门（单元）的年底绩效进行调节。深圳先进院还会动态根据科技布局调整需要和考核评估结果，对不符合科技发展趋势和学科布局、考核情况不理想的部门（单元）和学科，进行调整甚至撤销[②]。

（二）人才评价

深圳先进院深化人员聘用和岗位管理制度改革，坚持以问题为导向，推进人才分类发展、多元评价，实施分层分级分类考核，营造有利于人才成长的发展环境，促进人员有序流动。

（1）以创新与贡献为导向，优化人才评价激励机制。一是引入国际标准的同行评议制度选拔人才。高级职称人员聘用前，综合考虑其教育背景、科研方向、项目经历、科技成果产出情况，将候选人在同行业中的科研水平进行对比遴选。实施以国际同领域高级职称科研专家为主导，兼顾多学科交叉的同行评议制度，就候选人的科技成果与发展潜力，进行综合评议，选拔优质人才。二是实行分类人才考核制度。对不同岗位类别、不同学科领域、不同工作性质的人才实行差别化评价。从事自然科学研究工作的人员侧重于对其知识储备、科研水平、论文输出等方面的考核；从事工程技术工作的人员侧重于对其技术能力、科技转化、专利成果等方面的考核；管理和支撑岗位的员工则以用户评价为主，侧重于对其业务知识、服务水平、综合能力等方面的考核，实行多维度

---

① 樊纲，樊建平. 国家战略科技力量：新型科研机构[M]. 北京：中国经济出版社，2022：137-138.

② 樊纲，樊建平. 国家战略科技力量：新型科研机构[M]. 北京：中国经济出版社，2022：106.

评价。三是分层级赋予人才评价权限。在遵循深圳先进院年度考核工作方案基础上，各二级研究所根据实际情况制定本所考核方案。研究中心对中初级员工进行考核，副高级以上员工参加所级的考核评价，各个研究所的所领导及中心主任参加院级的考核评价。考核中既体现纵向的分层分级，又有横向的比较对比。

（2）自主评审，标准严格、程序规范。为进一步深化人事制度改革，激发研究所创新活力，在用人管理、岗位设置、薪酬分配等方面，集中向二级研究所下放人事人才管理权限。在材料所、合成所等新成立的二级单元试点开展自主职称评审、自主人员聘用、自主岗位定薪等，赋予用人单元和科研人员更多的人权、事权和财权，更好地凝聚、稳定和激励科研队伍。

（3）提升评价实效，强化人才评价结果运用。深圳先进院"分层、分级、分类"考核按"优秀""合格""不合格"3个等次评定结果，比例为20%、70%、10%。考评结果及时反馈，使员工明确知道自身的不足，改进提升。考核结果有很强的应用导向：一是对考核优秀者给予优秀员工表彰；二是对连续2年年度考核不合格者予以调岗、降薪或是解聘；三是绩效工资发放时将考核评估结果与绩效挂钩。"平者让，庸者下"，优胜劣汰的绩效激励机制，使深圳先进院员工的流动率维持在10%左右，保持了科研队伍的活力和竞争力。

七、合作网络

（一）开展各类学术交流活动

深圳先进院建立之初举办了多次学术会议。2007年，深圳先进院在深圳成功主办了2007 IEEE国际集成电路技术与应用学术会议、第一届国际生物医学与健康工程研讨会、2007年全国高性能计算学术年会等3次大型国际、国内学术会议；举办了36次集成技术、10次生物医学与健康、4期青年论坛讲座以及和深圳中国科学院院士基地共同举办的院士论坛等一系列学术讲座和讨论会。这些学术活动的开展，对学科方向建设、人才队伍建设以及科研能力的提升起到了促进作用。

为进一步促进科技交流与合作，2019年11月，深圳先进院承办第三届由中国科学院与日本理化学研究所联合主办的青年科学家研讨会，围绕"信息与生物技术的融合"进行了学术交流，旨在为双方青年科学家搭建沟通的桥梁、构建合作的网络，促进双方青年科学家的相互理解，实现优势互补，继续加深双方在新时期的合作。

（二）签订合作备忘录及战略合作协议

2014 年深圳先进院与德国史太白大学国际创业学院签署战略合作协议，根据协议合资成立"深圳中科史太白技术转移与教育有限公司"，并在此基础上共同筹建"中科史太白国际创客学院"，为产业界标杆企业、各类创客提供管理培训和创业指导服务，以及拓展工商管理硕士（MBA）以及工程硕士等教育项目。2016 年深圳先进院与曼谷杜斯特医疗服务集团（BDMS）南部集团共同签署了在医疗器械采购、医学转化及科研等方面加强合作的备忘录，约定双方将通过联合共建转化与研发联合实验室的方式，加强在术中成像技术、腹腔内窥镜技术及口腔 CT、MRI、微创手术介入等设备仪器引进的合作。双方将从用于骨科、脑肿瘤、血管疾病，以及骨骼肌功能障碍的预防装置的影像引导治疗技术合作开始，探讨最佳的合作模式和方法，以点到面，进一步展开全面实质性的合作。2020 年深圳先进院与泰国先皇理工大学在"云签约"仪式上签署战略合作备忘录，双方在学术和科学活动，教学课程、国际会议\研讨会\讲座，科研项目合作，人员交流，硕士和博士教育合作等多个领域开展全方位合作。

（三）联合培养人才、建立学生互访机制

深圳先进院与澳大利亚国家信息与通信技术中心建立学生互访机制，确定深圳先进院与澳大利亚国家信息与通信技术中心建立长期的学生互派访问交流机制，每年双方互派一定数量的学生到对方单位进行 3—6 个月的访问学习。

从 2015 年开始深圳先进院与美国韦恩州立大学联合培养工程博士，双方在材料工程、电子与通信工程、控制工程、计算机技术、生物工程等领域开展博士生联合培养。双方每年互派一定数量的博士生到对方院校开展学习和科研工作，同时加强师生之间的交流。深圳先进院将通过国际学生联合培养，拓宽国际教育领域，进一步提升国际办学水平。

（四）需求牵引项目合作

深圳先进院通过项目合作方式与周边地区乃至国内诸多企业建立了良好的合作关系。先后与闪联信息技术工程中心有限公司、美的集团有限公司、中集集团股份有限公司、航盛电子股份有限公司、泰山体育产业集团有限公司等17家企业开展深入合作，并主动针对企业需求，形成课题，协助企业提升产品科技含量，合作领域涵盖材料、动漫游戏、医学仿真、工业控制、机器人等方向。

（五）联合成立研究中心

深圳先进院积极开展与企业的深入合作，2007年8月，深圳先进院与中国科学院微电子研究所、华为技术有限公司、江阴长电先进封装有限公司联合发起成立高密度系统集成封装联合研究中心，从事高密度系统级封装技术的研究、开发、服务、产业化和人才培养，研究方向包括系统级封装的设计与仿真、基板材料与功能材料、基板工艺、微组装工艺、测试技术、可靠性等。各成员单位各自拥有较强的科研团队，联合研究中心根据总体科研方向和科研项目情况，对科研团队构成进行统一规划，依据各单位分工，给予指导。2017年4月，为更好地促进大数据技术在智能驾驶和无人车、无人机等发展领域应用，大大缩短研发周期，深圳先进院和韩国首尔大学大数据研究院联合发起并组建联合研究中心。联合研究中心将凝聚双方的学科优势，以自动驾驶加速计算为基础，以满足智能驾驶、无人车、无人机等应用领域发展需要为基本目标，突出高性能海量数据处理、高速迭代研发等科学问题研究。联合研究中心着眼于粤港澳大湾区的战略需求，探索跨基地、跨国合作的新模式，发挥各自的地缘优势，吸收和培养高水平科研人员，建设成为一个多学科交叉、科学研究与产业化并举的一流的联合研究中心[①]。

（六）牵头组建区域联盟协会

为深度挖掘产业共性需求和支撑产业发展，深圳先进院目前牵头组织成立了7个区域联盟和9个协会，如表18-10所示。2008年1月10日，牵头创立

---

① 中国科学院深圳先进技术研究院官网. https://www.siat.ac.cn/hzjl2016.

了中国第一个机器人产业协会以及产业联盟，会员企业 400 家，推动深圳机器人总产值由 2006 年的 5 亿元增加到 2019 年的 1257 亿元，建立了中国第一个机器人孵化器，先后参与 4 项国际和国家机器人标准的制定工作。

表 18-10　深圳先进院牵头共建联盟/协会

协会	区域联盟
深圳市机器人协会	深圳市北斗卫星导航应用联盟
深圳市人工智能学会	广东省机器人产业技术创新联盟
深圳市海洋产业协会	粤港澳大湾区先进电子材料技术创新联盟
深圳市仪器仪表行业协会	深圳市低成本健康产学研资联盟
深圳市合成生物协会	深圳脑认知脑科学技术与产业联盟
深圳市气象减灾协会	深圳市天使投资联盟
深圳市微纳制造协会	深圳市机器人产学研战略联盟
深圳电子信息产业协会	
中国创造力协会	

资料来源：深圳先进院的创新活动（内部资料）。

八、成果转化

截至 2020 年 12 月 31 日，深圳先进院累计申请专利 10 506 件，累计授权专利 4255 件，累计孵化企业 1188 家，持股企业 301 家。2020 年专利合作条约（PCT）专利申请数位居全球高校第一名，产业合作经费累计超 24 亿元。其中申请专利数、授权专利数、PCT 占比均处于中国科学院前列，发明专利授权率达 78%，领跑国内高校科研机构。

深圳先进院探索了一条"工程-技术-科学"（engineering-technology-science，ETS）的发展路径，即"EST 创新模式"，从提升生产制造的工程能力开始，逐步向核心技术研发、科学前沿发现延伸拓展。为了加快科技成果转化，深圳先进院每个研发团队都会配备一定比例的工程师，通过研究员与高级工程师一起攻关，极大地提高了科技成果转化的成功率[①]。

---

① 樊纲，樊建平. 国家战略科技力量：新型科研机构[M]. 北京：中国经济出版社，2022：122-123.

科技转化平台助力深圳先进院转移转化。深圳先进院有深圳中科育成科技有限公司、上海育成创新科技服务有限公司两个核心专业孵化器，孵化出了深圳中科强华科技有限公司、深圳中科讯联科技股份有限公司等一批控股、参股成立公司和自主创业创办的高新科技企业，通过构建成果转化区域网络，利用地方政策资源与深圳先进院人才、技术优势资源，建立"科研-转化-产业"全链条企业培育模式。建设新型专业化成果转移转化创新载体，借助在珠海、武汉、杭州、苏州、天津等地建立 10 家外溢机构，与地方政府和企业有效衔接，构建科技成果转移转化区域网络。深圳先进院成立了面向社会免费开放的主题产业专利数据库——深圳生物医药产业专利数据库，旨在促进生物医药产业的发展。

覆盖创新全周期的投资基金保障体系。基于"工研院"的定位，深圳先进院致力于推动研究成果的转移转化和资本运营，已注资成立"中科投资有限公司""深科投资有限公司"2 家投资管理有限公司。目前，深圳先进院的资本板块与社会资本合作成立了 5 个投资基金，已经形成包含天使投资、风险投资、并购基金等的资本保障体系，基金实现向深圳先进院内部项目适当倾斜的市场化运作。其中，中科育成科技有限公司、中科创客学院有限公司定位为天使投资；中科昂森创业投资有限公司、中科融信科技有限公司、红土创客基金定位为风险投资，基金规模接近 30 亿元。中科育成科技有限公司的单个项目投资规模在 200 万元以内，主要对早期项目提供场地、税务和法务咨询等服务；中科昂森创业投资有限公司基金投资规模单个项目一般在 200 万—2000 万元，最高一个项目可以到 5000 万元，主要给项目方提供资金和技术支持；正在筹划的中科并购基金，主要用来做并购和资产重组，单笔投资金额在 2000 万元以上[①]。风投基金在机械制造业、高端医疗设备、精密仪器、高新软件等领域进行了多项股权投资，获得了较高的回报。深圳先进院以市场需求为导向，建立知识产权分级分类管理机制，创新"转让+股权+技术合作+投资收益"模式，实现短期快速形成现金收入，中期提供持续技术服务支撑，长期实现股权价值变现目标。深圳先进院累计与华为技术有限公司、中兴通讯股份有限公司、创维集团有限公司、腾讯计算机系统有限公司、美的集团有限公司、海尔集团公

---

① 樊纲, 樊建平. 国家战略科技力量: 新型科研机构[M]. 北京: 中国经济出版社, 2022: 131-132.

司等知名企业签订工业委托开发及成果转化合同逾 700 个, 合作开展产学研项目申报超过 800 个。

建立保障成果转化的体制机制。一方面, 尝试借助资本运作加快科技成果的产业化, 将投资企业分红和专利售卖形成收益的 50% 用于奖励科研人员; 另一方面, 调整绩效考核体制, 加大产业化合作项目的绩效比重, 对国家纵向项目、深圳地方项目、产业化合作项目按照 1∶1.2∶1.5 的比例进行绩效统计, 将企业合作项目经费的 10% 直接奖励给开发团队。这些体制机制的设立不仅促进和激发了科研人员从事科技创新的积极性, 而且推动了科研活动与市场需求更加紧密地结合, 进一步提升了科技成果转化的效率, 更好地促进了科技与经济的结合①。

---

① 樊纲, 樊建平. 国家战略科技力量: 新型科研机构[M]. 北京: 中国经济出版社, 2022: 127.